LA VIE

DANS L'HOMME.

DIJON. — IMPRIMERIE J.-E. RABUTOT,

place Saint-Jean, 1 et 3.

LA VIE

DANS L'HOMME.

—

SES MANIFESTATIONS DIVERSES, LEURS RAPPORTS,
LEURS CONDITIONS ORGANIQUES;

PAR J. TISSOT,

Professeur de Philosophie,

Doyen de la Faculté des Lettres

DE DIJON.

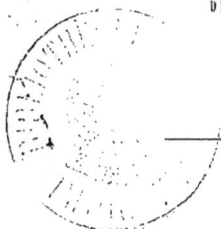

PARIS

VICTOR MASSON ET FILS

place de l'École-de-Médecine.

1861.

AVERTISSEMENT.

La partie la plus considérable de ce volume peut être regardée comme une esquisse complète de ce qu'il est convenu d'appeler proprement la psychologie expérimentale. Il pouvait donc sembler assez naturel d'y rattacher la psychologie rationnelle. On a cru cependant devoir renvoyer à une autre partie de l'ouvrage total, c'est-à-dire à un volume suivant, tout ce qui regarde la nature, la forme, la condition, l'origine et la destinée de l'âme. Tout cela, en effet, ne pouvait guère venir qu'après avoir exposé les deux ordres de faits, leurs rapports, leurs conditions organiques : en d'autres termes, la partie métaphysique ou de raisonnement nous a semblé devoir être précédée de toute la partie expérimentale ou de fait, comme d'une donnée nécessaire. Il est vrai que le quatrième livre du présent volume, qui a pour objet d'établir l'identité du principe de l'intelligence et de la vie, la nécessité d'un siége unique de cet agent dans l'organisme, fait déjà partie de la psychologie ration-

nelle par sa conclusion; mais par ses prémisses ou
points de départ il appartient plutôt à la psychologie
expérimentale. Il eût donc pu figurer aussi dans le
volume qui complète la pensée de celui-ci, comme il
figure dans le volume qui est le commencement de la
pensée de celui-là.

Quoi de plus naturel, en effet, après avoir assisté à
la démonstration de la séparation des *causes organiques*
ou instrumentales des fonctions de l'intelligence et de
celles de la vie par l'une des plus grandes renommées
scientifiques de notre temps, que de prouver, par
ses propres assertions, qu'il n'y a point, comme le dit
M. Flourens, séparation absolue entre la vie et l'intelligence; que le siége de l'une est le siége de l'autre;
qu'on a confondu les différentes causes instrumentales
des opérations diverses avec le siége de leur principe
commun, ou mieux avec une cause instrumentale encore, mais commune et plus profonde que les autres.
On ne démontrera pas la séparation absolue de la vie
et de l'intelligence dans leur principe, à la condition
d'établir seulement que les fonctions intellectuelles
diffèrent de celles de la vie, que les unes s'accomplissent par le moyen de tel organe central, les autres
par le moyen d'un organe différent, que les fonctions
de la vie subsistent après que celles de l'intelligence
ont irrévocablement cessé; mais bien en prouvant, ce
qu'on n'a pas fait: 1° que les fonctions intellectuelles
survivent réciproquement à l'abolition des fonctions
vitales; 2° que cette indépendance respective dans les

opérations ne tient pas uniquement à l'indépendance d'un système d'organes, mais bien réellement à une dualité de forces ou de causes substantielles. Tant qu'on n'aura pas prouvé ce dernier point, rien ne sera fait encore : le principe de la vie pourra être le même substantiellement que le principe de l'intelligence; seulement les conditions organiques de manifestations sous forme de phénomènes vitaux ou sous forme de phénomènes intellectuels seraient différentes. Ainsi, eût-on prouvé que l'intelligence fonctionne encore dans un organisme qui a cessé de vivre depuis peu, on n'aurait prouvé strictement qu'une chose, à savoir, que les conditions organiques de la vie ne sont pas celles de l'intelligence. Qui ne voit, d'ailleurs, que si l'intelligence ne fonctionne qu'à l'aide de l'organisme, il y aurait par là même un reste de vie dans un corps encore capable de servir à la pensée?

Puis donc qu'on ne pourrait démontrer l'existence de deux principes distincts dans l'homme, l'un qui serait le principe de la vie, l'autre qui serait le principe de l'intelligence, qu'à la condition de tomber dans cette contradiction : que la *vie* organique existe encore après la *mort,* nous pouvons être parfaitement sûr que la thèse de la *séparation absolue* de la vie et de l'intelligence, quant à la cause des deux ordres de phénomènes qui constituent les apparences de l'intelligence et de la vie, ne sera pas démontrée de si tôt, et même que le temps n'y fera rien.

On comprend, du reste, et c'est ce que nous avions

à faire voir ici, que nous ne pouvions guère séparer tout ce qui regarde l'unité du principe de la pensée et de la vie, l'*unité nécessaire du siége* de ce principe, si siége il y a, et quelle que soit la diversité des conditions organiques des fonctions diverses, de la partie de notre ouvrage où il s'agit de ces conditions. C'est une simple question de disposition et de méthode. Voilà comment, en tout cas, une partie de la psychologie rationnelle se trouve dans un volume, et une autre partie dans un autre volume.

Quoique ces deux ouvrages n'en forment en réalité qu'un seul, dont le titre commun serait : les *Manifestations de la vie dans l'homme, — leur principe commun et son histoire*, il est visible cependant qu'il y a là deux parties assez distinctes d'un même ensemble pour qu'elles puissent aussi former chacune un tout à part. Ce point de vue est celui auquel nous nous sommes arrêté; nous y avons trouvé cet avantage pour le lecteur, de pouvoir plus facilement s'en tenir à l'un ou à l'autre volume, sans être, en aucune façon, empêché d'y joindre celui qui le complète. Le premier volume convient davantage à ceux qui ne s'occupent que de psychologie, le second s'adresse plutôt aux lecteurs habitués à la physiologie transcendante ou métaphysique.

Si l'on ne doit trouver dans cet ouvrage ni un traité de psychologie, ni un traité de physiologie complets, c'est-à-dire aussi détaillés que l'état de la science le comporte, on y trouvera plus qu'ailleurs, nous le

croyons, une manière d'envisager les phénomènes
spirituels qui permet de comprendre comment l'âme
peut aussi être cause involontaire des phénomènes
organiques ; une manière d'envisager les phénomènes
organiques propre à faire sentir la nécessité d'une
cause spirituelle, qui agisse d'instinct, ici comme là.

Si nous avons réussi à mettre en lumière ce double
aspect, nous aurons contribué à rattacher dans la
science, comme le sont leurs objets dans la nature,
la psychologie et la physiologie. Nous aurons fait voir
que non seulement ces deux sciences sont essentiellement inséparables, qu'elles ne peuvent se passer l'une
de l'autre, qu'elles ne peuvent ni se faire ni se comprendre l'une sans l'autre, mais que le point de vue
qui les relie et les explique souverainement est le
spiritualisme.

Notre ouvrage est donc essentiellement psychologique. Toutefois, il contient un assez grand nombre
de faits physiologiques pour que nous devions nous
expliquer sur leur provenance. Nous les avons puisés
aux sources les plus autorisées ; vrais ou faux, contestés ou non, notre responsabilité à cet égard est à
peu près nulle. Nous avons poussé le scrupule de la
fidélité à ce point, de ne pas même altérer la forme
de l'exposition, toutes les fois qu'elle nous a semblé
satisfaisante, ou que le fond nous a paru exempt d'erreur. Et comme nous avons dû juger de ce dernier
point avec la plus grande réserve, il va sans dire que
les changements de forme capables d'altérer la pensée

*

des auteurs sont très rares. On peut donc regarder cette partie de notre travail comme aussi digne de confiance que si elle était sortie d'une plume moins novice.

Pour ne pas rompre l'unité de l'ensemble, ou ne pas sortir des proportions que nous avons adoptées, nous avons cru devoir renvoyer à la fin du volume des dissertations qui se rattachent aux sujets traités dans l'ouvrage, mais qui n'en sont pas une partie indispensable malgré l'intérêt scientifique qu'elles peuvent avoir, ou qui ont été par nous exécutées, dans d'autres temps, à un point de vue quelque peu différent de celui qui domine dans le volume entier que nous publions aujourd'hui.

Dijon, le 3 juillet 1861.

ERRATA.

Page 128, en titre, au lieu de : *Imagination*, lisez : *Imitation*.
Même correction à l'avant-dernière ligne de la même page.

LA VIE
DANS L'HOMME.

PREMIÈRE PARTIE

MANIFESTATIONS SPIRITUELLES ET CORPORELLES DE LA VIE;
LEURS RAPPORTS, LEURS CONDITIONS ORGANIQUES.

INTRODUCTION GÉNÉRALE.

I. La vie, comme effet, est cet ensemble de phénomènes incessamment variables qui s'observent dans
chaque être susceptible de formation, de développement,
de décadence et de mort.

Elle suppose une cause sans cesse agissante. Cette
cause est propre à chaque être vivant. Elle est la raison
de son individualité. Elle-même est donc individuelle.
Son mode d'action suppose en elle une constitution, une
loi qui explique à son tour toutes les diversités essentielles sous lesquelles apparaît son effet.

Cette loi, qui régit l'action de chaque force vivante,
est la raison intrinsèque et dernière de toutes les manières
dont se comporte la vie, comme cause, dans les manifestations diverses qui constituent l'espèce non seule-

ment quant à la forme, mais aussi quant au degré de développement, à la durée, à tous les mouvements de détail ou d'ensemble qui s'accomplissent dans l'individu.

Mais une multitude d'influences viennent modifier cette action dans chaque être vivant, et donnent ainsi naissance à l'infinie variété des accidents qui distinguent entre eux les individus d'une même espèce.

On emploie le mot vie pour indiquer indifféremment la cause ou le principe de la vie, et les effets de ce principe ou de cette cause individuelle, réelle et propre.

Souvent même on s'en sert pour exprimer ce qu'il y a de commun entre toutes ces causes ou tous ces effets. Il ne signifie plus alors qu'une idée générale, une pure abstraction, qu'il s'agisse de la vie comme cause ou comme effet. Il n'y a pas de vie générale comme cause, quoiqu'il puisse y avoir des agents qui soient cause de plusieurs individus ; mais ils n'en sont pas moins eux-mêmes des individus. Il n'y a pas de vie générale comme effet, bien qu'il y ait dans un nombre indéfini d'individus des caractères qui se ressemblent, et qui permettent de les détacher des sujets qui les revêtent, pour en former une idée générale.

Il n'y a donc pas de *nature* réelle comme cause universelle des individus qui composent le monde, pas plus qu'il n'y a une nature réelle comme effet universel. La nature n'est réelle, n'existe véritablement comme cause seconde que dans les agents individuels, dans les principes de vie de chacun d'eux. Elle n'existe réellement comme effet que dans les phénomènes individuels.

Mais comme toutes ces réalités individuelles ont des rapports d'influence, et qu'il y a des unes aux autres un commerce d'action et de réaction, elles forment par là un tout, un ensemble harmonique qui permet à l'esprit de le considérer par analogie avec un de ces touts organisés qu'on appelle des êtres vivants, tels qu'une plante, un animal. Il est clair, toutefois, que la dépendance respective des parties, leur solidarité réciproque, la coordination de leur mouvement, est beaucoup plus étroite dans un individu vivant que dans l'ensemble des êtres. Il faut, pour expliquer l'harmonie des parties d'un être vivant, un agent causateur unique et propre à cet individu; agent invisible sans doute, mais dont l'existence est aussi certaine qu'il est certain qu'il n'y a pas d'effet sans cause, aussi certaine encore qu'il l'est que chaque foyer propre de vie possède également son principe de vie propre, son âme.

L'*âme,* tel est le nom donné à toute cause seconde que la raison nous fait une nécessité d'admettre au fond de chaque être vivant.

II. Tout ce qui se manifeste dans un être semblable, tous les phénomènes qui s'accomplissent en lui, qui font partie d'un tourbillon de vie individuel, quelle que soit la nature de ces phénomènes, sont évidemment sous l'empire d'une force, d'un agent qui les contient dans une sphère unique, qui les domine tous, qui les contraint à ne former qu'un seul ensemble, qui les assujettit à une réciprocité d'influence, qui leur donne par là même une physionomie composée, celle d'un tout harmonique où chaque phénomène n'est ni pour soi seul ni par soi, mais où chacun d'eux est pour le tout, et dès lors complété par un autre. Et comme il faut une cause supérieure à ce petit monde de phénomènes amis ou

ennemis, qui s'appellent, se suscitent, s'allient, agissent
de concert, ou se contiennent, se repoussent, se limitent
et tendent à se détruire les uns les autres par un antagonisme harmonique et nécessaire pour obtenir le résultat final et d'ensemble qui est dans la nature et la destinée du sujet où se joue ce drame de la vie, cette cause
doit être une comme l'individu est un, puisqu'il ne peut
être un que par cela même qu'elle est une.

Peu importe donc que dans l'homme nous distinguions
des phénomènes insaisissables aux yeux du corps, des
phénomènes inorganiques ou spirituels d'une part, et
d'autre part des phénomènes qui permettent de considérer l'homme aussi comme faisant partie du règne animal. Tous ces phénomènes forment en lui un ensemble
vivant où tout se tient, où chaque partie en suppose
une ou plusieurs autres et en est supposée, où tout se
meut d'un mouvement propre et d'ensemble, suivant un
rhythme déterminé et avec une intensité variable. Ils
forment, dans leur diversité même, un effet dont l'ensemble harmonique ne permet pas de nier qu'il n'y ait
au-dessus d'eux tous une cause ordonnatrice ou productrice, ou tout à la fois ordonnatrice et productrice commune, unique, puisqu'elle est une force, un agent véritable. Cette cause unique, nous l'appelons l'*âme*.

L'âme est donc, à nos yeux, la seule cause de toutes
les manifestations de la vie dans l'homme, de la vie
organique ou végétative pure, de la vie instinctive et
animale, aussi bien que de la vie spirituelle la plus
élevée.

Tout ce qui doit suivre en est la démonstration.

III. Malgré l'unité complexe des manifestations de la

vie, il importe d'en distinguer les espèces, afin de les
mieux connaître en elles-mêmes et dans leurs rapports
ou leur ensemble.

Nous admettrons donc la division, naturellement indi-
quée et universellement reçue, en phénomènes spirituels
ou psychiques et en phénomènes organiques.

Les premiers sont l'objet de la psychologie, les seconds celui de la physiologie.

Si notre travail avait moins pour but l'ensemble et
le principe de la vie que la connaissance particulière
des détails qui en composent la phénoménalité diverse,
nous devrions donner ici deux traités complets, l'un de
psychologie, l'autre de physiologie. Mais tel n'est pas
notre objet.

Une esquisse des phénomènes spirituels nous suffira.
Nous serons encore plus sobre en ce qui regarde la
description des phénomènes organiques. Nous devrons
éviter avec le même soin les détails inutiles concernant
les phénomènes mixtes, c'est-à-dire ceux qui, par suite
de l'action plus manifeste encore de l'âme sur le corps
ou du corps sur l'âme, présentent une sorte de continuité dans les faits, malgré l'extrême différence qui
s'observe dans les éléments de ces faits immédiatement
connexes.

Toutefois, comme l'une des grandes causes de dissi-
dence entre les vitalistes didynamiques et les vitalistes
monodynamiques, mais spiritualistes, tient à ce que les
premiers se font une très fausse idée des opérations purement spirituelles de l'âme, s'imaginant que l'âme n'est
douée que d'une action délibérée, ou tout au moins
volontaire, libre et accompagnée de réflexion ; qu'elle

veut et sait tous les actes qu'elle accomplit; qu'elle les
exécute tous avec une intelligence raisonnée, dont elle
a conscience ; qu'elle connaît par conséquent tous ces
actes en puissance, et qu'ensuite elle en a conscience
comme faits : il importe, au plus haut degré, d'établir
de la manière la plus incontestable que l'âme n'agit
ainsi que dans ses actes consécutifs, ultérieurs, dans
ses actes les plus superficiels et pour ainsi dire en retour ou de réflexion. Il importe extrêmement d'établir
qu'elle en exécute une multitude d'autres qu'on peut
appeler primitifs, antérieurs, fondamentaux et directs
par où la réflexion ne passe point, où elle ne pénètre
point, où la conscience même n'a pas d'accès; actes qui
ne sont pas moins certains pourtant, pas moins admirablement en harmonie avec tous les autres, avec la
nature et la destinée de l'être qui les accomplit. C'est là
surtout le point de vue qui dominera tout le travail psychologique auquel nous allons nous livrer; point de vue
nouveau, presque entièrement inaperçu des physiologistes, et que les psychologues eux-mêmes sont loin
d'avoir toujours entrevu.

Nous ferons voir, nous l'espérons du moins, qu'au-
dessous de l'activité volontaire et libre, au-dessous de
la conscience, au-dessous des actes intellectuels réfléchis,
et avant tout cela, il y a dans l'homme, dans l'âme humaine, une activité spontanée ou même fatale, une multitude de faits qui émanent d'elle et qu'elle ignore, en
ce sens qu'elle n'en a pas conscience, une multitude
d'actes intelligents, mais d'une intelligence instinctive
ou qui ne sait point.

Longtemps, nous aussi, nous avons cru sur la parole

de nos maîtres, et d'après une observation superficielle, que nous savions presque le tout de notre âme; long-temps nous avons été persuadé que l'âme, en tant qu'elle se connaît, qu'elle s'affirme, qu'elle peut dire moi, qu'elle sent, pense et agit avec conscience de son action, de sa pensée et de son sentiment, est toute l'âme. Mais une étude plus attentive des faits nous a porté à conclure, enfin, tout différemment. Non seulement en ceci, comme en tout le reste, on ne connaît le tout de rien, mais, ce qu'il y a de pis, c'est qu'on n'en connaît pas l'essentiel, le fondamental.

Nous n'avons jamais partagé l'illusion de ceux qui se persuadent qu'ils saisissent d'intuition immédiate, comme ils disent, l'être de l'âme, son essence propre, confondant ainsi le *moi*, qui est une simple conception, avec l'*âme*, qui est une réalité.

Ils ne doutent pas davantage, et cette fois nous avons eu longtemps la même persuasion, sans même être aujourd'hui parfaitement assuré du contraire, que la présence d'une idée, d'un état quelconque dans l'âme, est toujours et nécessairement accompagnée de la conscience plus ou moins intense de cette idée, de cet état. Il nous semble cependant que c'est encore confondre ces états mêmes avec le regard de la réflexion qui peut ou non s'y appliquer; c'est confondre les états de l'âme avec les états du moi, avec les idées accessoires qui déterminent cette conception réfléchie.

Pour mieux nous rendre compte de la légitimité de notre doute à cet égard, rappelons-nous d'abord quelques faits bien connus : celui du peu de vivacité de certaines idées, de leur fugacité, du peu de traces qu'elles

laissent dans la mémoire; celui des états sensitifs qui ne
sont aperçus que par une attention particulière; celui
d'un courant de pensées tout spontané, qui règne au-
dessous de celui des pensées réfléchies dans la méditation volontaire sur un sujet librement choisi; celui
des perceptions irréfléchies sans nombre, dont nous
sommes assaillis dans une rue très fréquentée, et qui
servent à nous y diriger tout en pensant à autre chose.
C'est là comme les perceptions et les raisonnements de
l'animal, qui ne sait pas qu'il pense, qu'il raisonne ou
qu'il se conduit comme s'il raisonnait, et qui se trouve
avoir atteint le but sans y avoir pensé, sans le savoir.

Considérons ensuite, toujours en ce qui regarde plus
particulièrement l'état intellectuel, que la conscience de
l'idée n'est qu'un état dont le contraire n'est pas démontré impossible. On ne pourrait prouver *à priori* que
toute idée emporte conscience qu'autant qu'on établirait
qu'il y a une connexion nécessaire entre l'idée, comme
illumination de l'âme, comme âme connaissante, et le
retour de l'âme sur elle-même ou la réflexion pour
prendre connaissance de l'idée, pour en faire comme
l'objet d'une autre idée. Or, cette opération secondaire,
accessoire, consécutive, n'est pas la conséquence nécessaire de la première. Elle n'y tient point indissolublement, et ne peut, dès lors, être affirmée *à priori*. Elle
ne peut pas l'être *à posteriori* ou d'après l'observation.
L'expérience prouverait plutôt, comme on l'a dit, qu'il y
a une multitude d'états intellectuels qui traversent la
pensée sans laisser la moindre trace, sans qu'ils soient
affirmés ou reconnus par un acte consécutif de l'âme,
sans qu'ils donnent conscience d'eux-mêmes. Il en est

de même des actes de la volonté, quoiqu'en dise Maine de Biran. Rien ne prouve que la volonté réfléchie ou délibérée soit la seule possible, la seule réelle. Et dès lors, s'il peut y avoir une volonté sans délibération, sans conscience, quoique excitée et dirigée par une idée, cette volonté sera indélibérée, primesautière, spontanée, sans être fatale ni libre, puisqu'elle pourra être suspendue librement si la réflexion intervient, et qu'elle n'est pas délibérée dans le principe. Or, une foule d'actes primitivement volontaires, essentiellement tels même, des actes appartenant à la vie de relation, tels que la marche, la direction, la vitesse, etc., s'accomplissent, ou tout au moins se continuent sans qu'il y ait conscience de le vouloir à chaque instant de leur existence initiale ou de leur durée. Je livre ces quelques réflexions à la méditation sincère de ceux qu croient avoir pénétré le fond, le tréfonds de l'activité humaine, et qui pensent que la réflexion est, sinon le caractère exclusif qui distingue l'homme de la brute, au moins l'un des caractères fondamentaux. Si l'homme est encore un peu animal par ce côté-là, pourquoi l'animal ne serait-il pas déjà par là quelque peu homme? Pourquoi n'y aurait-il pas en lui des sensations, des perceptions, des actes sans retour de la pensée, de la sensibilité, de l'activité, ou plutôt de ce qui pense, sent et agit sur lui-même, ou du moins avec un retour si imparfait, si peu ferme, si peu net, que le moi qui pourrait en résulter ne fût pour ainsi dire que l'ombre de celui de l'homme? Est-ce que la réflexion humaine n'aurait pas elle-même passé par cet état rudimentaire, où le sentiment, la pensée et le mouvement ne sont encore que le mouvement, le sentiment et la pensée de l'animal?

Si Stahl avait mis ce point en lumière, il eût trouvé moins d'adversaires. Son tort à cet égard, c'est d'avoir admis comme deux *moi* dans une seule âme humaine : le premier, qui accomplit avec je ne sais quelle connaissance, quelle volonté et quelle conscience même les opérations de la vie purement organique ; le second, qui est le moi connu de tous, qui ne sait rien de ce que fait le premier, et qui n'y participe en rien. La difficulté ne serait guère moindre si, n'admettant qu'un seul moi dans une seule âme, comme il convient de le faire en réalité, on prétendait que la conscience qui le constitue s'étend à tous les états et à toutes les opérations de l'âme. La vérité est que l'âme est un principe susceptible d'une multitude d'états, capable d'une multitude d'actions dont le moi ne sait rien ; mais que tous les états et toutes les actions, qui tombent dans la sphère de conscience, sont nécessairement connus du moi ; qu'il y aurait même contradiction à ce qu'il en fût autrement, puisqu'il y a réciprocité parfaite entre la conscience et le moi. Mais il n'y a pas la même réciprocité entre l'âme et le moi.

C'est pour avoir méconnu cette différence entre le moi et l'âme, tout en reconnaissant qu'il y a des faits de l'âme dont nous n'avons pas conscience, que Stahl a été conduit à distinguer obscurément comme deux consciences ou deux moi dans l'âme humaine, dont l'un, plus profond que l'autre, en serait inconnu ; ce qui ne l'empêcherait point d'avoir ses états et ses actes propres, de même que le moi supérieur a ses opérations et sa conscience à lui. Nous aurons plus d'une occasion de prouver qu'il n'y a qu'un seul moi dans l'âme, mais qu'il y a deux modes d'action fort différents : le premier, le plus profond, qui est sans intelligence, sans volonté et sans conscience, sans qu'il y ait du moins la plus légère réflexion en tout cela (sans qu'il y ait moi par conséquent) ; le second, qui vient après l'autre, qui est pour ainsi dire à la surface de l'âme, et qui est toujours accompagné de conscience ou de réflexion.

IV. Quoi qu'il en soit de la justesse de cet aperçu, que nous abandonnons volontiers pour le moment, nous avons à déterminer maintenant l'ordre que nous suivrons dans l'exposition des phénomènes qui constituent l'ensemble de la vie comme effet.

Si nous voulons aller des faits aux raisonnements, du visible à l'invisible, du sensible à l'intelligible, et du plus facile à percevoir et à pénétrer à ce qui l'est moins, nous commencerons cette première partie par les faits psychiques, nous la continuerons par les faits organiques, et nous la terminerons par les faits mixtes.

Ce n'est pas que les faits purement organiques ne soient plus obscurs dans leur cause que les faits mixtes eux-mêmes, puisqu'envisagés par ce côté-là ils appartiennent tous à l'invisible. Mais envisagés comme phénomènes organiques purs et simples, ils sont du domaine de l'expérience externe, comme les faits spirituels sont du domaine de l'expérience interne. De plus, devant parler des rapports du physique et du moral, ou de la connexion des deux ordres de phénomènes simples, ou qu'on peut relativement regarder comme tels, nous ne pouvons visiblement étudier les faits mixtes qu'après avoir étudié les éléments dont ils se composent.

Quant à l'ordre respectif de ces derniers, il nous a

semblé que les faits psychiques nous étant plus et mieux connus que les faits organiques, la méthode nous fait également un devoir de les étudier tout d'abord.

Le même principe, qui veut qu'on aille du plus connu à ce qui l'est moins, nous prescrit de commencer par les faits psychiques les plus dégagés de l'organisme, et de descendre l'échelle des autres jusqu'à ce qu'ils se perdent pour ainsi dire dans la chair et le sang, et qu'il soit nécessaire de changer d'instrument.

V. Les physiologistes font volontiers des faits internes ou de conscience une partie du domaine total de la science de la vie; ils les regardent comme une dépendance du système nerveux, du centre cérébral surtout. Ils ont deux fois raison : la vie, conçue dans la plus vaste acception du mot, doit comprendre tous les phénomènes qui la manifestent, quelle qu'en soit la nature; elle doit être une, dans l'entière compréhension de sa diversité, comme est un le théâtre où elle se déroule, le sujet qui en revêt les formes diverses. La cause de cette diversité phénoménale doit être une encore, par la même raison; autrement, il y aurait en réalité deux agents, deux êtres dans un seul individu vivant. Ce qui approche de la contradiction.

Mais si des physiologistes, tout en reconnaissant le domaine entier de la vie et l'unité nécessaire de son principe dans chaque être vivant, affirment que ce principe est matériel, nous ne pouvons plus partager leur avis. Nous pensons, tout au contraire, que la cause naturelle, immédiate et unique de toutes les manifestations de la vie dans l'homme, c'est la cause de la pensée, le principe immatériel qu'on appelle l'âme.

A ce compte, la physiologie ne serait qu'une des grandes parties de la psychologie, comme on voulait naguère que la psychologie ne fût qu'une partie de la physiologie.

La première de ces prétentions n'a de fondement qu'à la condition de prouver : 1° l'existence en nous d'un principe incorporel capable de penser; 2° que rien ne s'oppose à ce que ce principe de la pensée soit aussi le principe des phénomènes organiques; 3° qu'il y a, tout au contraire, des difficultés incomparablement plus nombreuses et plus insolubles à supposer une cause propre, distincte de celle de la pensée, pour les phénomènes organiques; 4° enfin, qu'un très grand nombre de faits tendent à prouver qu'en réalité ce qui pense en nous est aussi le principe substantiel qui préside à tous les phénomènes purement organiques, à plus forte raison aux phénomènes mixtes.

La seconde des prétentions ci-dessus, celle qui veut faire de la psychologie une partie de la science totale de la vie, suppose, à l'inverse de la première, que les phénomènes spirituels, aussi bien que les corporels, sont le produit d'un agent matériel. Mais si l'on prouve que la pensée est impossible par un agent composé, corporel, il ne reste plus qu'à expliquer la vie organique elle-même par le principe de la vie spirituelle, à moins d'admettre un troisième principe, qui ne serait ni l'âme, ni le corps, ni une partie quelconque du corps. C'est l'hypothèse du vitalisme. Elle a contre elle toutes les difficultés qui s'attachent aux deux autres, indépendamment de celles, très nombreuses encore, qui lui sont propres.

VI. Un traité de la vie considérée dans l'homme, exécuté au point de vue du monodynamisme spiritualiste, comme nous le faisons ici, est donc un traité de psychologie, en prenant ce dernier mot dans sa plus vaste acception. Toutefois, comme les faits spirituels et les faits organiques sont de nature très diverse, il est bon de conserver la dénomination de Psychologie pour indiquer la science des premiers, purs ou mélangés, et de leur principe, et de réserver le terme de Physiologie à la science des faits de l'ordre organique, purs ou mixtes. D'où l'on voit qu'il y a un certain nombre de phénomènes qui sont comme la transition des spirituels purs aux organiques purs, et des organiques aux spirituels purs ; c'est comme un terrain neutre où la psychologie et la physiologie se rencontrent inévitablement, où elles sont appelées à se donner la main, à se prêter aide mutuelle.

Pourquoi, dans les faits extrêmes qui semblent être purement spirituels ou corporels, n'y aurait-il pas encore, comme condition dans les premiers, comme cause dans les seconds, intervention du corps et de l'âme? On s'abuserait singulièrement, en effet, si l'on croyait que ces deux choses n'interviennent concurremment que dans les phénomènes où leur action est le plus manifeste. Il est au contraire évident pour quiconque sait observer et raisonner, qu'ici, comme dans une foule d'autres cas, la prépondérance d'une sorte d'action n'exclut pas une autre espèce d'influence; qu'il y a seulement dégradation croissante d'une teinte à mesure qu'une autre teinte devient plus marquée. Voilà le naturel, voilà le vrai.

Toutefois, quand il s'agit de se rendre compte du

mouvement initial et régulateur, même dans les phénomènes en apparence purement organiques, il semble
nécessaire de l'attribuer exclusivement au principe spirituel.

Dans cette manière de concevoir l'homme, nous avons
tout à la fois : sa double nature; l'action et la réaction
de l'une sur l'autre; la subordination cependant de l'une
à l'autre; le caractère prépondérant, mais non exclusif
d'un ordre de phénomènes ou d'un autre; enfin, l'unité
harmonique de cette merveilleuse alliance.

LIVRE PREMIER.

FAITS SPIRITUELS, OU PSYCHOLOGIE EXPÉRIMENTALE.

———

CHAPITRE PREMIER.

Esquisse générale des faits internes. — Classification de ces faits.

Quatre genres de phénomènes se distinguent dans l'homme :

1° Les phénomènes cosmiques qui constituent ce qu'on appelle quelquefois, mais fort improprement, la vie universelle ou vie d'affinité, vie qui relie les grandes masses de l'univers entre elles comme les dernières molécules de la plus petite agglomération corporelle, suivant des lois d'attraction et de répulsion dont le secret n'est pas encore parfaitement connu. Si l'on ne sait pas le but de l'univers, si l'on ne peut affirmer qu'il est destiné à se reproduire et à périr, on peut dire tout au moins qu'il y a déjà là une force conservatrice, un mouvement universel d'action et de réaction entre les grands corps qui composent l'univers, une admirable unité dans l'action combinée de ces forces et dans l'effet général qui en résulte. Mais déjà la vie cosmique entraîne la décomposition et la recomposition, la transformation, puisque des étoiles diminuent de grandeur quand d'autres s'accroissent, et qu'il en est, sans doute, qui disparaissent même quand d'autres apparaissent pour la première fois.

2° Les phénomènes de la vie organique, où le sujet, au sein duquel cette vie se déploie, forme à lui seul comme un petit monde, malgré les liens étroits qui le rattachent à tout le reste, et où la conservation et la reproduction de l'individu se trouvent subordonnées au jeu harmonique d'une multitude d'appareils, formés eux-mêmes d'un nombre encore plus grand d'organes, où la variété des tissus se prête à une foule de formes et d'usages. Là déjà se révèle un savant dessein, un problème d'une extrême complication, et dont l'heureuse solution est une des plus admirables merveilles qu'il soit donné à l'homme de concevoir et de contempler.

3° Les phénomènes de la vie purement animale qui viennent s'ajouter à ceux des deux ordres de faits inférieurs, et qui les supposent, sont l'instinct, la sensibilité, peut-être un commencement de conscience, en tout cas un commencement de vie de relation, c'est-à-dire la perception, la motilité, et une certaine sociabilité dans quelques espèces.

4° Les phénomènes de la vie humaine sont surtout marqués par la raison, comme faculté productrice de connaissances spéciales, dont la conscience, le libre arbitre, la parole, la sociabilité, la religiosité ne sont que des conséquences.

La vie humaine, qui doit nous occuper plus spécialement, est étroitement mêlée, quoique à des degrés divers, aux vies inférieures ; elle y a ses racines cachées.

Et comme beaucoup de phénomènes qui tiennent de la vie animale donnent conscience d'eux-mêmes, ils appartiennent déjà par ce côté à la vie humaine.

Nous sommes en outre persuadé que le principe de cette triple vie dans l'homme est unique, c'est-à-dire que la force qui pense est aussi celle qui sent et qui préside à l'organisation. Seulement, ses fonctions sont d'autant plus obscures que ses opérations sont moins éclairées par la raison, et que nous en avons moins conscience. Cette question, du reste, appartient à la psychologie rationnelle, et ne doit être traitée qu'en dernier lieu. Mais nous devons répondre ici à une objection qu'il est naturel de nous adresser.

Pourquoi, dit-on, la force d'affinité ne serait-elle pas aussi celle de la vie organique, de la vie animale et de la vie intellectuelle ou humaine? En d'autres termes : pourquoi la vie individuelle des hommes, des animaux, des végétaux ne s'expliquerait-elle pas tout entière par une âme universelle, l'âme du monde matériel pur, qui déjà préside à la composition des petites masses comme à celle des grandes? Ou bien encore pourquoi le principe de la vie humaine proprement dite dans chacun de nous ne serait-il pas aussi le principe des phénomènes de la vie animale, organique et d'affinité en nous?

Nous répondons à la première objection : qu'il n'y a pas de bonnes raisons pour supposer une force unique dans le monde produisant sous toutes les formes, à des degrés divers, les phénomènes de la vie universelle; qu'il n'y a, en réalité, aucune vie universelle proprement dite, mais seulement des vies individuelles; que les rapports harmoniques qui existent entre les individus

sont dus sans doute au balancement des forces propres
à chaque individu ; que si ces individus sont eux-mêmes
composés, l'harmonie de leurs parties s'explique de
même ; qu'ainsi l'ensemble harmonique des choses, loin
d'être l'effet d'une force unique, est au contraire le résultat de la combinaison et du balancement inévitable
d'une infinité de forces particulières, destinées par le
Créateur à concourir ensemble à la production de l'ordre
universel ; que c'est ainsi que se produit l'ordre physique, ou ce qu'on appelle très improprement la vie au
plus bas degré, entre les grandes masses de l'univers,
et les éléments derniers des plus petites ; que ces forces
sont donc inséparables des dernières molécules de la
matière, et qu'elles sont d'autant plus nombreuses et
plus puissantes que ces molécules forment par leur réunion des masses plus considérables.

Si cependant il fallait une force vivante, unique, toute-
puissante et infiniment sage pour expliquer la formation
des masses diverses qui composent le monde par un
nombre plus ou moins considérable de forces individuelles : pour expliquer comment, par leurs réunions diverses, ces forces ne forment pas des masses plus grandes
ou plus petites ; pourquoi elles n'en forment pas une
seule ou une infinité ; pourquoi, encore, cette unité dans
l'ensemble : s'il fallait, disons-nous, pour expliquer tout
cela par une action immédiate une force distincte de
toutes celles qui composent le monde, et supérieure à
elles toutes, nous ne serions point embarrassés, puisque
Dieu est là. Mais tant que son action directe n'est pas
démontrée nécessaire, il n'est pas d'une saine méthode
scientifique de le faire intervenir. Or, rien ne nous em-

pêche de concevoir des forces cosmiques créées de telle façon qu'à leur insu, aveuglément, elles produisent l'ordre physique qu'on appelle l'harmonie du monde, et, par une sorte d'analogie, la vie universelle.

Mais la vie organique, animale et humaine sont tellement différentes dans leurs manifestations de la vie physique universelle, et les sujets, au sein desquels cette triple vie se développe à un degré ou à un autre, sont tellement distincts, tellement clos dans le cercle de leur organisme individuel, qu'il serait peu rationnel d'expliquer chacune d'elles, ou toutes les trois dans l'espèce humaine, par l'action combinée, développée même des forces individuelles qui sont la raison de l'ordre physique.

Nous verrons d'ailleurs que la vie humaine, dans un grand nombre de ses phénomènes, ne comporte pas cette multiplicité infinie de sujets.

Elle ne s'expliquerait pas mieux par l'unité d'une âme du monde, distincte de Dieu, ou par l'unité divine elle-même, puisqu'il serait alors impossible de concevoir la multiplicité des êtres dans le monde, surtout des êtres pensants, et la distinction du monde et de Dieu (1).

Ainsi, nous évitons, dans notre manière de concevoir la vie humaine, et le naturalisme et le panthéisme, sans préjudice pour l'unité harmonique formée entre l'homme

---

(1) Pour que le contraire de ce que nous disons là fût possible, il faudrait que le moi individuel ne fût qu'une conception, le produit multiple d'une fonction, d'une raison unique et universelle, et qu'il n'y eût aucun rapport nécessaire entre la multiplicité des idées-moi, et la nécessité d'une multiplicité de raisons et d'êtres; c'est-à-dire qu'il faudrait que la multiplicité des moi n'entraînât ni celle des raisons individuelles, ni celle des êtres. Nous y reviendrons.

et le monde d'une part, entre l'homme et Dieu de l'autre.

Il ne nous reste donc plus qu'à reconnaître la nécessité d'une âme propre à chaque organisme, mais à reconnaître aussi que cette âme est douée d'énergies plus ou moins nombreuses, suivant qu'elle peut élever la matière organisable du degré déjà considérable de simple végétal au degré plus élevé d'animal, ou au degré supérieur d'homme.

Mais nous ne voyons aucune nécessité d'abord à distinguer autant de grandes espèces d'âmes qu'il y a dans chaque espèce d'êtres organisés de degrés de vie : c'est-à-dire une âme végétative et une âme animale dans la bête, et une troisième âme, une âme raisonnable dans l'homme, en telle sorte que l'homme en eût trois, l'animal deux, le végétal une seule.

Il y a plus : nous comptons faire voir, par une induction fondée sur un grand nombre de faits et d'analogies, que le principe pensant est aussi le principe de l'instinct animal et de l'organisation.

Plutôt que d'expliquer les phénomènes des trois vies supérieures par le principe de l'ordre physique dans l'homme, mieux vaudrait déjà expliquer encore les phénomènes de la vie physique par le principe des trois autres vies. Seulement, il resterait à savoir comment tant de principes vitaux, présidant ailleurs aux phénomènes physiques, n'y produisent pas aussi les phénomènes de vies supérieures. A quoi l'on peut faire plusieurs réponses :

1° Il est impossible absolument que tous les phénomènes du monde se réduisent à la vie humaine pure et

simple, puisque cette vie suppose toutes les autres.
Même impossibilité pour la vie animale, — pour la vie
végétative. Il faut donc qu'il y ait une nature physique
pour que les trois autres natures soient possibles.

2° Il peut se faire ensuite que dans telle matière la nature physique seule soit possible; que dans une autre
matière, ou dans la même espèce de matière placée
dans des circonstances plus favorables, la vie végétative
puisse s'ajouter à la nature physique, et ainsi de suite.

3° Il est très possible encore qu'il y ait des principes
de vie de plusieurs sortes, doués d'énergies vitales à des
degrés divers, et qui produisent ici et là les degrés divers de la vie.

Une force ne se révèlera donc dans telle agglomération
matérielle que par les phénomènes de la vie physique;
une autre douée d'un degré supérieur d'énergie vitale
produira un végétal; une troisième produira de plus la
sensibilité et les autres attributs de la vie animale; une
quatrième, enfin, produira en outre la pensée humaine,
et sera par le fait une âme d'homme.

Et comme les quatre degrés de toute existence à nous
connue dans ce monde ont eux-mêmes des degrés très
marqués, et présentent dans chaque espèce de nombreuses variétés, les âmes de même espèce ne se ressem-
bleront qu'en essence, et point en intensité de puissance.
De plus, comme chaque principe vital est doué de plusieurs puissances ou facultés, et que les combinaisons
de ces facultés d'énergies diverses peuvent être très
variées, il en résultera pour chaque espèce une variété
indéfinie, telle que nous la voyons en réalité dans la
nature des choses.

Quoiqu'il en soit de l'unité du principe de toute vie dans l'homme, il est clair que dans l'étude successive de ces différentes vies, comme manifestation plus ou moins certaine d'un principe vital unique ou multiple, nous devons débuter par celle qui est pour ainsi dire superposée à toutes les autres, et qui est plus accessible au regard de l'esprit, à la conscience. Or, la vie humaine dominant la vie animale, et celle-ci étant comme surajoutée à la vie végétative, l'ordre naturel nous conduit à examiner d'abord les phénomènes de la première, puis ceux de la seconde, enfin, ceux de la troisième. Et comme les phénomènes de cette triple vie n'appartiennent à la phénoménologie de l'esprit qu'autant qu'on en a conscience, ceux qui ne sont pas dans ce cas n'appartiennent plus à la phénoménologie de l'esprit ou à la psychologie absolue; ils sont du domaine de la psychologie de relation.

Connaître, aimer, vouloir de préférence et sentir, tels sont les grands traits de la physionomie de l'esprit. Tel est aussi l'ordre dans lequel il convient de les étudier, si l'on veut aller du plus connu à ce qui l'est moins, de la vie humaine à la vie animale. Ainsi donc, la connaissance d'abord, la passion ensuite, la sensibilité enfin.

On peut s'étonner de ne pas voir figurer ici l'activité comme une troisième ou quatrième partie de la psychologie. La raison en est d'abord que l'activité n'est jamais activité pure et simple, qu'elle a toujours pour but et pour résultat soit le connaître, soit le sentir, et qu'à cet égard elle se rattache à ces deux sortes d'états du moi. Une autre raison, c'est que l'activité est partout, qu'elle produit tous les phénomènes, la connaissance, l'amour et le sentiment. A la vérité, ces phénomènes ne sont pas toujours produits volontairement, tant s'en faut; mais l'activité volontaire et libre ne diffère cependant pas essentiellement de l'activité spontanée ou même fatale; elle n'en diffère que par les accessoires de la réflexion, de la délibération et du choix; trois choses qui, d'ailleurs, ne sont encore que des modes d'action, et qu'il ne faudrait même pas trop approfondir pour y retrouver l'activité spontanée ou la fatale encore, racine de toute activité véritable, et sans laquelle il n'y aurait pas de début possible dans l'agir. Si vous voulez, en effet, qu'il y ait une activité qui soit essentiellement réfléchie et délibérée dans son principe, il vous faudra remonter indéfiniment de motifs en motifs pour échapper à ce qu'il y a de nécessairement spontané dans la manière dont chacun d'eux surgit à l'esprit. C'est-à-dire qu'une action pure de toute spontanéité dans les accessoires mêmes qui lui donnent le caractère de la réflexion et de la liberté, est absolument impossible, et que ces caractères ont toujours un moment qui n'est ni réfléchi ni délibéré. Nous sommes tellement soumis encore à la spontanéité dans certaines délibérations des plus réfléchies, que malgré tous nos efforts pour trouver et peser toutes les raisons d'une détermination, nous nous apercevons souvent trop tard que des considérations décisives nous ont échappé; et si notre résolution n'a pas été fatalement prise ainsi, il est du moins fatal qu'elle ne l'ait pas été autrement, c'est-à-dire d'après des motifs qui ne se sont pas présentés à notre esprit, malgré notre vif désir et nos consciencieux efforts pour tout voir et tout comparer.

Il est donc certain que l'activité fatale du principe pensant est la raison dernière de son activité spontanée et réfléchie; mais il ne l'est pas moins que tous les phénomènes internes sont marqués plus spécialement de l'un quelconque de ces trois caractères. A proprement parler, il n'y a d'activité fatale que celle qui, étant connue, ne peut être empêchée; l'activité fatale, en d'autres termes, est l'activité irrésistible. Pour qu'il y ait activité fatale, il faut donc deux forces en présence, en lutte réelle ou possible, et telle que l'une soit absolument impuissante contre l'autre. A ce compte, il n'y a aucune fatalité dans les êtres qui ne sont animés que d'une seule force, ou chez lesquels la réflexion n'est pas encore éveillée ou ne l'est pas suffisamment. A ce compte encore, les mouvements instinctifs n'auraient rien de fatal, et c'est bien ainsi que nous les envisagerons plus tard. Mais si par fatalité nous entendons, avec beaucoup d'auteurs, les mouvements qui s'accomplissent au dedans de nous sans que la volonté et la réflexion y soient pour rien, encore bien qu'ils puissent être suspendus ou empêchés par ces facultés si elles venaient à s'écarter à l'encontre; alors il y a là fatalité, mais fatalité purement négative, si nous pouvons dire ainsi. Cette espèce d'action, ce mode d'activité plutôt, peut en effet s'appeler indifféremment fatalité négative ou liberté négative, par la double raison, d'une part, qu'elle n'est pas une contrainte, et de l'autre qu'elle est dépourvue de la réflexion qui est la condition essentielle du libre arbitre proprement dit. La fatalité n'est plus ici une force en lutte avec une autre et plus puissante qu'elle ; elle est simplement une force aveugle, en ce sens qu'elle ne s'appartient pas, qu'elle n'est pas éclairée par une intelligence réfléchie. Ainsi entendue l'activité n'est fatale que parce qu'elle *s'ignore*, et ne peut ni se régler ni se contenir ; telle est essentiellement l'activité qui se déploie dans les actes instinctifs de l'enfant, celle qui se manifeste dans le premier moment de la sensation, de la perception, dans la production des conceptions, etc. Et remarquons encore que l'activité ne se contient ou se règle que par une action qui n'est elle-même ni contenue ni réglée par une troisième, sans quoi il faudrait remonter à l'infini pour avoir une raison d'agir.

L'activité spontanée est celle qui *se sait*, mais sans se vouloir, d'une volonté réfléchie du moins, et qui peut se suspendre ou se diriger sous l'influence de la réflexion. Au premier moment, ses actes sont fatals, en ce sens que n'étant pas connus, pas soupçonnés même, ils ne peuvent être prévenus, mais par cela seul qu'ils sont aussitôt connus que produits, et qu'ils peuvent être suspendus ou modifiés par la volonté, ils sont déjà libres dans leur durée, d'une liberté négative au moins.

Enfin, tout acte qui n'a lieu qu'après avoir été résolu, tout acte qui est prévu et voulu d'une volonté effective et non simplement d'une volonté pour ainsi dire de tolérance ou même d'adhésion ; un pareil acte est libre d'une liberté positive. Alors l'activité, non seulement se sait, mais encore *se veut*.

C'est pour ne pas avoir distingué ces trois sortes d'activité, ou plutôt ces trois grands modes d'action, et pour n'avoir tenu compte que de l'activité réfléchie, qu'on a été conduit à regarder le principe pensant comme passif dans les cas où l'activité est spontanée, et surtout lorsqu'elle est fatale. On n'a pas vu non plus le lien qui rattache entre eux ces trois modes d'action, et comment au fond de toute activité libre, il y a encore quelque chose qui ne l'est point.

Il faut donc bien distinguer les actes qui appartiennent au moi, ceux qui sont le fruit d'une volonté positive, de ceux qui se produisent sous les yeux du moi, mais sans être positivement voulus par lui, et surtout de ceux qui ne sont ni voulus ni connus de lui au moment où il s'accomplissent, mais qui sont le fruit de cette activité fatale, essentielle, primitive, inscrutable, dont l'âme est douée. Cette activité n'est plus celle du *moi*, c'est celle de *l'âme* seulement, comme âme, conçue dans ses profondeurs les plus ténébreuses, par opposition à l'âme considérée à sa surface, ou comme en possession d'elle-même par la réflexion, par la notion de *moi*.

Cette distinction entre l'activité de l'âme ou du principe vital dans l'homme, et l'activité du moi, nous permet de comprendre pourquoi, suivant ceux qui ne reconnaissent que l'activité réfléchie ou du moi, tous les phénomènes fatals ou même les phénomènes spontanés passeraient pour des états où le moi, l'âme elle-même était regardée comme purement *passive*. Erreur grave, et qui, en réduisant singulièrement l'activité du principe pensant, a donné naissance à une foule d'hypothèses chimériques ou dangereuses, telles que celle de plusieurs âmes, d'une action démesurée du corps sur l'âme dans l'homme, celle d'agents invisibles dont l'âme serait l'instrument ou le jouet; cette erreur, en réduisant l'activité de l'âme à celle du moi, a donc affaibli la cause du spiritualisme jusqu'à la compromettre. Il faut la relever et restituer à la psychologie la partie de son domaine que le matérialisme et un certain mysticisme ont usurpée sur elle. Nous tenterons cet acte de justice dans l'étude approfondie que nous nous proposons de faire sur les relations si difficiles à pénétrer entre le corps et le principe qui l'anime.

Le mot *faculté*, destiné à désigner les modes d'action de l'âme, ne pouvait s'entendre, dans le système qui restreint toute l'activité de l'esprit à l'activité du moi, que des modes d'agir volontaires; et alors l'activité fatale, l'activité spontanée elle-même dans une certaine mesure, se trouvait ou exclue de l'étude des opérations de l'âme, ou mal dénommée, ou transformée en passivité sous la dénomination non moins impropre de *capacité*.

Le terme de faculté a un autre inconvénient encore, c'est qu'il tend à faire concevoir une multiplicité de forces ou de puissances, de principes d'action dans l'âme, quand au contraire l'âme est une, et qu'il n'y a diversité que dans ses effets, dans ses instruments, dans la matière sur laquelle elle agit, dans les autres circonstances qui influent sur son action, enfin dans ses modes d'action mêmes. Nous préférons donc le mot *fonction* au mot faculté, parce qu'il fait mieux comprendre que la diversité des phénomènes psychiques ne tient ni à la diversité du principe de toute vie dans l'homme, ni à je ne sais quelle diversité de forces qu'on imagine volontiers au sein d'une force unique, mais simplement à la différence dans la manière d'agir d'une puissance une et indivisible.

Et comme les diverses fonctions elles-mêmes ne sont pas immédiatement connues, mais qu'elles sont des hypothèses nécessaires de la raison, fondée en cela sur le principe de causalité, il est naturel que nous partions des phénomènes pour passer aux facultés. Les facultés comme telles sont donc déjà de la psychologie rationnelle, tant il est difficile de séparer ce qui *se conçoit* de ce qui *se perçoit*.

Il faut bien distinguer encore une fonction véritable d'un mode accidentel d'agir dans l'accomplissement même d'une fonction.

Est fonction proprement dite, toute opération de l'esprit qui produit un état *sui generis* du moi, un phénomène particulier.

Est mode d'action pur et simple, toute opération qui ne produit pas d'état *sui generis* du moi.

Ainsi, toute opération de l'esprit qui détermine dans l'âme une sensation, une perception, une conception, un sentiment, une passion, etc., est fonction.

Toute opération au contraire qui, prise en elle-même, n'ajoute rien, ne change essentiellement rien à un état antérieur, mais seulement le fait connaître plus distinctement, ou prépare le jeu d'une fonction, est mode pur et simple d'action. Telle est l'attention, la réflexion, la comparaison, etc.

Il ne faut pas confondre non plus ce qu'il y a de général, d'abstrait, de non réel dans les productions de l'esprit avec ces productions mêmes. Il faut en dire autant des opérations qui donnent naissance à ces produits. Ainsi, par exemple, point de sensation, de perception, de conception en général, pas plus que d'acte général de sentir, de percevoir et de concevoir (1).

(1) Voir Appendice II, sur les *Facultés de l'âme*.

CHAPITRE II.

Faits cognitifs. — Ordre dans lequel ils doivent être étudiés.

§ I.

De la connaissance en général. — Ses espèces. — Différences.

La connaissance est un fait primitif, qui ne peut être défini sans qu'on tombe dans un cercle vicieux, ou dans le défaut d'expliquer le moins obscur par le plus obscur. La connaissance est donc ce que nous savons tous.

Mais on peut la décrire jusqu'à un certain point, en disant quelles en sont les différentes espèces. Elle comprend les états cognitifs de l'esprit connus sous les noms de PERCEPTION (par exemple la vue de *tel arbre* déterminé), de NOTION OU IDÉE GÉNÉRALE, ou simplement IDÉE (par exemple la notion d'*arbre*) (1), de CONCEPTION (par exemple la notion de *nombre*).

Avoir indiqué, par forme de description, les différentes espèces de connaissances, c'est avoir divisé la connaissance elle-même. Il y a donc trois grandes manières de connaître : *percevoir*, — *idéer*, — *concevoir* (2).

Ces trois manières de connaître, par cela qu'elles forment trois espèces d'un même genre, ont, comme genre, quelque chose de commun, et comme espèces, quelque chose de propre à chacune d'elles.

(1) Cependant le mot *idée* convient mieux, surtout dans notre langue, pour désigner une connaissance quelconque, sans distinction d'espèce ; c'est le terme générique.

(2) Voir Appendice III, sur la *Nomenclature des faits intellectuels.*

Elles ont de commun trois choses :

D'être des états de l'esprit, — caractère *subjectif;*

D'avoir une valeur objective cependant, — caractère *objectif;*

D'être connues de l'esprit, — accompagnées de *conscience.*

Ces trois caractères demandent quelques observations.

Toute connaissance, disons-nous, est un état de l'esprit, c'est-à-dire une modification ou détermination, un mode ou accident du principe pensant de l'âme, sans dire encore si l'âme connaît ou ne connaît pas cet état. C'est pour cette raison que nous ne disons pas d'abord que la connaissance est un état du principe pensant, considéré en tant qu'il se connaît, c'est-à-dire du *moi.*

Toute connaissance a une valeur objective en ce sens qu'elle a un objet propre, réel ou fictif, qui lui correspond, et qui, par conséquent, s'en distingue. C'est par là que le connaître se distingue du sentir, qui n'a pas d'objet, mais qui est lui-même un objet de connaissance, en tant que le sujet qui sent peut se concevoir sentant, et faire de son état l'objet de sa pensée.

Enfin, toute espèce de connaissance est plus qu'un état de l'âme, de l'âme considérée comme principe de vie pure et simple : c'est un état du moi, c'est-à-dire du principe de vie qui se conçoit, qui se constitue à ses propres yeux, et qui rapporte à soi ses états. Rapporter à soi ses états, les concevoir comme des modes de soi, les affirmer de soi, c'est en avoir conscience.

Mais pour en avoir conscience, il faut avoir d'abord la conception de *soi* ou de *moi*, conception qui est inséparable de la conception de *non-moi*, laquelle a pour objet immédiat les états mêmes du moi.

Mais nous traiterons plus facilement de la conscience quand nous aurons parlé de la raison.

Remarquons seulement qu'un état dont on n'aurait pas conscience serait pour nous comme non avenu ; ce pourrait être encore un état du principe de la vie, de l'âme en nous, mais ce ne serait pas un état du moi, puisque le moi ne le connaîtrait pas.

Toute connaissance proprement dite, telle du moins qu'on la conçoit ordinairement (1), suppose donc conscience. La conscience est donc moins une faculté particulière de connaître, qu'un caractère de toute connaissance véritable. Ce caractère est tellement essentiel, que l'on comprend très difficilement, non seulement qu'il y ait connaissance sans qu'on sache que l'on connaît, mais qu'il y ait sensation possible sans conscience de cette sensation, sans rapporter cette sensation à un moi. Ce qui conduirait à penser, ou que les animaux ne sentent pas s'ils n'ont pas de conscience, et c'est la seule bonne raison que les cartésiens en eussent pu donner, — ou que s'ils sentent, ils sont doués d'une certaine conscience, et par conséquent d'une certaine raison, d'un commencement de personnalité. *Res gravis!*

Nous venons de voir ce qu'il y a de commun entre

----

(1) Voir ce qui a été dit plus haut, et ce qui sera dit en parlant de Stahl, sur la connaissance irréfléchie ou sans conscience. Tout ce qui semble contraire à cet aperçu n'est que la manière commune de présenter les faits, et repose sur l'hypothèse que la conscience accompagne toute connaissance proprement dite, ou qu'on peut rapporter toute connaissance au moi comme à son sujet.

toutes les espèces de connaissances ; il faut voir maintenant ce qu'il y a de divers et de spécifique.

La *perception externe,* ou, plus simplement, la *percep-*
tion, a pour objet immédiat un état, une manière d'être
ou plutôt d'apparaître des choses extérieures en rapport
avec quelqu'un de nos sens, tel que l'odeur, la saveur,
le son, la couleur, la résistance, etc.

On appelle *perception interne,* ou mieux : *intuition,* la
connaissance de certains états du moi, qui ne sont pas
dus à l'action des choses extérieures sur nos organes,
par exemple les *sentiments* qui naissent en nous à la suite
de certains jugements en matière de vérité, de moralité,
de beauté ; les sentiments constitutifs des *passions* proprement dites en général, quel qu'en soit l'objet; les
états de l'esprit dans toutes les opérations qui sont étrangères à la perception, telles que l'attention, la comparaison; enfin, les *volitions* considérées en elles-mêmes.

Le mot perception peut donc être employé dans deux
acceptions, l'une spécifique et propre, suivant laquelle
il indique les états cognitifs à la suite de l'impression
des corps sur nos organes, sur les organes de la vue,
de l'ouïe et du toucher en particulier; l'autre générique
et moins propre, suivant laquelle il indique tout à la fois
les perceptions et les intuitions, c'est-à-dire les connaissances expérimentales immédiates, le caractère phénoménal, de fait, qui leur est commun. Il est facile de
reconnaître, à l'ensemble des expressions, si celui qui
parle ou qui écrit se comprend bien lui-même, et dans
lequel de ces deux sens doit être pris le mot perception.

Mais en réalité, la division des phénomènes en externes
et en internes est plutôt fondée sur un caractère acces-

soire que sur une différence essentielle. En effet, peu
importe l'origine interne, ou externe en apparence, des
états de l'esprit, s'il est prouvé, d'ailleurs, que l'esprit
agit aussi dans les sensations et les perceptions externes,
et que les prétendus phénomènes externes ne sont tels
qu'en apparence, que leur *objectivation* est l'œuvre même
de la raison, et que les agents extérieurs ne sont que la
cause occasionnelle parfaitement inconnue en soi de tout
ce qui se passe alors au dedans de nous, et qu'il n'y a de
vraiment connu enfin, dans ces sortes de phénomènes,
que les états internes.

Il est donc certain que la perception dite externe est
encore interne; qu'il y aurait contradiction et impossibilité absolue à ce qu'il en fût autrement. Mais il n'est
pas moins certain que ces sortes de phénomènes internes
ont un caractère d'objectivité qui leur est propre, et c'est
précisément sur ce caractère qu'on s'est fondé pour en
faire une classe à part. Mais il ne faut pas oublier que
tous les phénomènes, comme tels, sont essentiellement
internes, et qu'il eût été plus rigoureux de les distinguer,
non pas en externes et en internes, mais en phénomènes à *caractère immédiatement interne,* et à *caractère oc-
casionnellement externe.*

Quoi qu'il en soit, les phénomènes dits externes ont
pour forme spéciale, immédiate ou médiate, l'*espace;*
tous y sont conçus par leurs sujets, les corps; la forme
spéciale des phénomènes internes est le *temps,* en dehors
duquel aucun d'eux n'est possible.

Mais ce qui prouve bien que les phénomènes externes
sont aussi internes, c'est qu'ils sont encore plus nettement conçus dans le temps que dans l'espace.

Avec les matériaux fournis par la perception, certaines facultés, l'abstraction, la comparaison, la généralisation, etc., forment des *notions* plus ou moins complexes, plus ou moins générales, et qui s'éloignent ou se rapprochent ainsi plus ou moins de la réalité, suivant qu'elles sont elles-mêmes plus ou moins déterminées, la réalité étant déterminée universellement ou à tous égards. Les notions, occupant une sorte de milieu entre les perceptions et les conceptions, ne sont conçues que très imparfaitement dans l'espace et le temps, parce qu'elles n'ont plus d'objet phénoménal précis ou déterminé; elles n'appartiennent à l'espace et au temps que par leur matière, mais pas par leur forme propre, la généralité.

Enfin, il y a des connaissances qui se distinguent des perceptions en ce qu'elles n'ont pas d'objet phénoménal, quoique, comme états de l'âme, elles soient elles-mêmes des phénomènes, et qui se distinguent des notions en ce que leur matière ne provient pas des perceptions, et que leur incomplexité ne permet pas de distinguer en chacune d'elles des degrés divers de généralité. Les conceptions premières, du moins, ont un degré fixe de généralité, qui les fait appeler *universelles*. Elles s'unissent de plus entre elles, suivant une certaine loi, d'une manière irrésistible à l'esprit humain, ce qui les a fait appeler *nécessaires,* quoique, à vrai dire, il n'y ait de nécessaire, d'une nécessité de synthèse ou d'analyse, que la conception de *leur rapport.* Elles diffèrent aussi des simples notions par leur *formation;* elles sont séparées les unes des autres, et de l'élément phénoménal en compagnie duquel elles apparaissent d'abord à l'esprit, par une simple abstraction ; il n'est pas nécessaire, pour

leur donner le degré de généralité dont elles sont susceptibles, degré qui ne peut varier ni être erroné comme
celui des notions, de recourir à une série de comparaisons et d'abstractions.

Enfin, les conceptions se distinguent des perceptions
et des notions en ce que leur objet fictif n'est concevable ni dans l'espace ni dans le temps.

Les conceptions de la raison étant ce qu'il y a de plus
relevé, de plus proprement humain dans la pensée,
doivent être étudiées d'abord, si nous voulons suivre
l'ordre que nous nous sommes tracé, c'est-à-dire aller
progressivement des phénomènes de la vie humaine aux
phénomènes des vies inférieures. Nous continuerons
donc cette étude de la connaissance par les notions, et
nous la terminerons par les perceptions, tant internes
qu'externes.

§ II.

*Des connaissances rationnelles pures, ou des conceptions
de la raison.*

Les conceptions diffèrent à tant d'égards des autres
manières de connaître, qu'elles doivent être considérées
comme le produit d'une fonction spéciale de l'âme, et
cette fonction nous l'appelons du nom propre de *raison*.
En quoi nous sommes parfaitement d'accord avec l'opinion et le langage vulgaire, qui fait de la raison l'attribut essentiel de l'humanité.

Les conceptions sont donc dans toutes les intelligences humaines, comme le prouve le langage en général, et surtout les différents éléments qui le compo-

sent, et que les grammairiens appellent les parties du discours. Ecoutez parler, ouvrez un livre, un dictionnaire, une grammaire; toutes les idées, tous les mots, toutes les parties du discours seront des conceptions ou y aboutiront.

Tout homme qui parle, à un degré ou à un autre, le sourd-muet lui-même, a l'esprit rempli de conceptions.

C'est parce que l'esprit humain en est plein, parce qu'elles sont la vie de la pensée, parce qu'elles naissent comme d'elles-mêmes dans l'intelligence, qu'elles passent comme inaperçues, et que, destinées à tout faire concevoir, à répandre la lumière de la pensée sur tout, elles sont comme invisibles pour la plupart des intelligences peu cultivées. Elles sont si nombreuses, si évidentes, si spontanées, qu'on ne les cherche point, et que lorsqu'on s'avise de les chercher, on ne les voit distinctement nulle part, par la raison même qu'elles sont partout. Et quand on les a reconnues, on est tenté de s'écrier : Quoi! ce n'est que cela!

Non assurément ce n'est que cela, mais cela est tout ou presque tout. Cela est, du moins, l'essentiel de la pensée et de la connaissance. Et comme elles font de très bonne heure leur apparition dans l'intelligence humaine, comme cette apparition est d'abord obscure, puis de plus en plus lucide, mais sans effort, sans effort senti du moins; comme tout ce travail de dégagement, singulièrement favorisé par un langage tout fait, s'accomplit spontanément, on a été conduit à soutenir deux paradoxes très spécieux : le premier que les conceptions sont *innées*; le second qu'elles sont au contraire comme déposées dans le langage, qu'elles ont été données dans le principe à nos premiers parents *avec la parole* et *par la parole*, qu'elles se *transmettent* ainsi à travers la chaîne des générations, comme un dépôt divin que l'homme ne pourrait pas plus retrouver s'il venait à le perdre, qu'il n'a pu l'inventer une première fois.

Cette double illusion est si facile à concevoir qu'elle a pour elle l'apparence, mais ce n'est qu'une apparence.

En effet, si par idées innées on entend des idées de pure raison qui donneraient toujours conscience d'elles-mêmes, des idées véritables qu'on aurait réellement, et non pas seulement des idées possibles qu'on aura peut-être ou qu'on n'aura pas; il faut alors soutenir qu'à chaque instant de notre existence, depuis le premier moment jusqu'au dernier, nous avons présentes à l'esprit toutes les conceptions possibles, et que le plus ignorant des hommes en sait autant sur ce point qu'un Aristote ou un Leibniz, qu'Aristote et Leibniz en savaient autant à leur naissance qu'à leur mort. Ou bien il faut soutenir que les conceptions-mères seules sont toujours présentes à la pensée, et que le travail est nécessaire pour en dégager les autres. Or, la première de ces suppositions est trop contraire à l'expérience pour être admise. La seconde ne l'est guère moins, en ce qu'elle suppose la conscience constante de certaines conceptions fondamentales, puisqu'il est évident :

1° Que nous n'avons pas un grand nombre d'idées présentes à l'esprit en même temps;

2° Que les idées sont des états très mobiles, très passagers du moi;

3° Que les idées, par cela seul qu'elles sont des états dont le moi a conscience quand elles existent et tant qu'elles existent, ne sont rien (pour le moi) quand elles cessent de donner conscience d'elles-mêmes ; elles ne sont plus du tout dès qu'elles ne sont plus présentes à la pensée.

C'est donc en vain qu'on a voulu échapper à l'objection tirée de ces intermittences dans l'apparition des conceptions à l'esprit, en disant qu'elles sont alors comme *assoupies* dans l'âme, et que les circonstances ou l'étude les éveillent ou les réveillent, suivant qu'elles apparaissent pour la première fois, ou qu'elles réapparaissent à la pensée. Ce n'est là, disons-le, qu'une grossière métaphore, qui a l'inconvénient grave de convertir les idées en des entités, quand elles ne sont que des états.

Nous disons les idées, et non les conceptions seulement, parce qu'en effet il faudrait soutenir que les perceptions, une fois acquises, les notions, une fois formées, sont elles-mêmes endormies quand elles ne sont plus présentes à la pensée.

Comment, d'ailleurs, si le travail a la vertu de *faire sortir* (encore une métaphore !) certaines conceptions d'autres conceptions, ou d'en faire surgir de nouvelles par le rapprochement de celles qu'on a déjà ; comment, disons-nous, un travail analogue de l'esprit ne suffirait-il pas pour faire naître les premières, et faire apparaître les autres à leur heure ?

Pourquoi ne pas s'en tenir aux faits, qui nous disent que, lorsqu'on est placé dans telle ou telle circonstance, telle ou telle conception apparaît à l'esprit, avec ou sans effort, suivant le rang plus ou moins reculé qu'elle occupe sur le théâtre de la pensée ? Tout s'explique alors comme de soi-même, et l'apparition primitive de certaines conceptions, et leur réapparition, et la facilité avec laquelle les unes s'offrent à la pensée, et l'effort que d'autres exigent, au contraire, pour se montrer à l'esprit.

L'hypothèse de la révélation extérieure de ces idées par la parole n'est pas plus soutenable, puisqu'il faut déjà penser pour apprendre à parler, et que toute parole qui n'est pas l'expression d'une idée qu'il est de notre nature d'avoir sans la parole, n'est qu'un vain son. Ce qu'il y a de vrai dans cette hypothèse, c'est que la parole est un *excitant* de la pensée; mais il est faux que la parole *porte* essentiellement, naturellement la pensée avec elle. S'il en était ainsi, toute parole porterait son fruit, toute parole serait comprise. Or, la diversité des langues *positives*, la nécessité d'entrer par la langue *naturelle* ou par la langue maternelle dans la convention qui a présidé à leur formation, la difficulté fréquente de saisir la pensée de celui qui parle une langue à nous connue d'ailleurs, quelquefois l'impossibilité même d'y parvenir, tout cela prouve surabondamment le vice de la seconde hypothèse.

On a si peu besoin de la parole pour concevoir primitivement, que c'est la conception qui féconde la parole et lui donne sa valeur. A tel point que si celui qui l'entend ne peut la féconder, elle reste stérile. Il y a de la part de celui qui écoute une puissance de réaction toute personnelle, très variable, et qui, parcequ'elle n'est pas la même pour tous, explique la différence d'un même discours sur les membres d'une même assemblée.

Que de conceptions, d'ailleurs, n'ont pas les sourds-muets, conceptions qui n'ont pu leur être enseignées par aucune langue, avant surtout qu'ils aient reçu l'instruction dont ils sont susceptibles!

Pourquoi encore la diversité si grande des langues
avec des conceptions si parfaitement semblables ? Pourquoi enfin, des langues si impuissantes à rendre des
conceptions universelles ?

Il est permis de croire, en effet, que l'arbitraire n'étant
pour rien dans la formation des conceptions, elles sont,
comme la raison humaine, parfaitement uniformes pour
tous les peuples et tous les individus ; que toute la différence à cet égard consiste dans le degré de lucidité et
de conscience qui les accompagne, et dans le nombre
des conceptions ultérieures obtenues par un travail et une
culture plus ou moins approfondis.

Mais les conceptions spontanées, qui n'exigent aucun
effort pour être, sinon pour être plus ou moins nettement conçues, sont innombrables ; elles sont, comme
nous l'avons dit, l'âme de la pensée humaine en toutes
choses. Elles se mêlent aux notions, aux perceptions,
aux sensations mêmes. Elles constituent toutes les idées
de rapports qui sont de beaucoup les plus nombreuses,
si nombreuses même que les idées primitives ne se
constituent déjà que par une opposition mutuelle, par
un rapport.

Est-il nécessaire de montrer que les notions ne sont
formées qu'à l'aide des conceptions de *ressemblance,* de
différence, de *généralité* plus ou moins grande, que la
forme ou généralité est la même pour toutes, abstraction
faite du *degré ;* que la *matière* varie au contraire comme
les notions mêmes, et les distingue entre elles ? Que
leurs *rapports* sont innombrables ? C'est ainsi qu'on
peut, par exemple, les considérer en vue du nombre
des individualités qu'elles comprennent, ce qu'on ap-

pelle leur *extension*; en vue des idées élémentaires qui entrent dans leur composition, ce qu'on appelle leur *compréhension*; en vue de la parole qui les exprime, c'est leur *expression*; en vue de l'esprit qui les voit, c'est leur *réalité*; en vue etc.

Les perceptions externes ne sont-elles pas aussi conçues comme des états du moi qui ont leur cause efficiente dans l'action de l'âme, leur cause occasionnelle dans l'action des corps extérieurs sur nos organes, et leur cause instrumentale dans l'action de ces organes mêmes?

Prenons la perception en apparence la plus dégagée de toutes données rationnelles, la perception tactile d'étendue résistante : qu'y trouvons-nous ? la conception d'étendue, la conception de résistance, celle de force, d'action, de cause, de substance, de relation, de masse, de forme, de densité, etc.

Les sensations elles-mêmes seraient-elles connues de nous, si elles n'étaient pas rapportées au moi, comme à leur sujet; si elles n'étaient pas conçues agréables ou désagréables, ou indifférentes; si elles n'étaient pas rapportées à tel ou tel organe, comme à leur siége, à tel ou tel agent extérieur, comme à leur cause occasionnelle ou externe; si elles n'étaient comparées, distinguées, assimilées; si leur intensité, leur durée, leur mobilité, etc., n'étaient pas conçues?

On voit que les conceptions se mêlent également aux intuitions; elles sont aussi la lumière de ces sortes de perceptions. C'est grâce à elles que les intuitions deviennent des pensées, qu'elles sont rapportées à l'âme comme à leur sujet; qu'elles sont, comme tous les autres phénomènes internes, placées dans le temps ; qu'une certaine intensité leur est attribuée, etc.

Nous avons indiqué déjà les principaux traits qui distinguent les conceptions des autres espèces de connaissances ; mais cette matière veut être plus approfondie.

Les perceptions ont une réalité objective, mais phénoménale qui leur correspond ; les notions n'ont qu'une valeur objective ou d'application ; les conceptions qu'un caractère objectif, d'application souvent, mais d'une application encore plus éloignée de la réalité phénoménale que les notions, et surtout que les perceptions.

Les conceptions se distinguent des perceptions en ce qu'elles n'ont *pas d'objet sensible apparent*, d'objet phénoménal, ni externe, ni interne, bien cependant qu'elles se trouvent d'abord comme mêlées aux phénomènes, ou tout au moins occasionnées par eux, en ce sens qu'ils sont comme un excitant de la raison qui les produit.

Leur objet n'ayant rien de phénoménal déterminé, n'est donc *ni dans un espace, ni dans un lieu déterminé,* bien qu'elles puissent s'appliquer à des phénomènes déterminés. Mais ces phénomènes ne sont pas l'objet des conceptions ; ils en sont tout au plus la matière.

Il faut remarquer aussi que toute conception, par le fait qu'elle apparaît à l'esprit, est un état de l'esprit, un phénomène interne. Mais autre chose est une conception comme phénomène intellectuel ; autre chose son caractère cognitif, son *caractère objectif,* c'est-à-dire la propriété d'être conçue, par analogie avec les perceptions, comme correspondant à un objet différent d'elle, objet tout à fait fictif, mais dont la fiction même est une loi de la connaissance et de la pensée.

Il ne faut donc pas confondre le caractère objectif ainsi entendu, avec la *valeur* objective des perceptions, valeur telle, qu'elle correspond à une propriété particulière des choses perçues. Cette propriété est, du reste, parfaitement inconnue en soi, et il ne faudrait par conséquent pas la concevoir comme l'original, dont la perception serait la fidèle image : cette manière de concevoir la valeur objective des perceptions elles-mêmes, pour être assez vulgaire, n'est pas moins fausse.

Il faut distinguer encore la *valeur* objective des conceptions, et de toute connaissance en général, même des perceptions, d'avec la *réalité objective* (1). Aucune connaissance n'a de réalité semblable, puisqu'aucune n'est un objet en soi, que toutes sont, au contraire, nécessairement de simples modes de l'esprit, sans réalité propre.

Les conceptions se distinguent des notions, en ce qu'elles n'ont pas même, comme elles, des objets apparents, nébuleux, indécis et mal figurés, flottant devant les yeux de l'imagination, espèces de fantômes suspendus entre le ciel et la terre, entre les choses et le moi, qui n'appartiennent exclusivement ni au dehors ni au dedans, qui sont ici et là, qui sont dans un espace et un temps indéterminé, dans l'espace et le temps en géné-

---

(1) En résumé, le *caractère* objectif est sans valeur objective, et la *valeur* objective sans réalité objective. Le caractère ne s'applique proprement à rien d'extérieur ; la valeur s'applique à quelque chose d'objectif, en ce qu'elle est une manière de le concevoir ; la réalité serait l'objet propre et immédiat des conceptions. Les perceptions ont une réalité objective, mais phénoménale, qui leur correspond ; les notions n'ont qu'une valeur objective d'application ; les conceptions qu'un caractère objectif, d'application souvent, mais d'une application encore plus éloignée de la réalité phénoménale que les notions, et surtout que les perceptions.

ral, qui n'y sont toutefois que par leur matière, et nullement par leur forme ou généralité, véritables intermédiaires entre le monde phénoménal et le monde
rationnel pur, puisqu'ils participent de l'un et de l'autre.
Les conceptions *ne sont donc pas plus dans l'espace et le
temps en général* que dans un espace et un temps déterminés.

Elles n'ont donc *pas d'objet sensible indéterminé,* pas
plus que d'objet sensible déterminé. Qu'est-ce, d'ailleurs, qu'un objet sensible indéterminé, par exemple
le quadrupède en général, l'homme en général, etc.,
sinon une simple fiction de l'esprit pour fixer le résultat
de l'abstraction, et favoriser la parole? La parole s'attache aux prétendus objets des idées comme à des réalités, leur donne un corps et les immobilise pour ainsi
dire en les nommant.

Les conceptions auraient-elles un *objet insensible,* et
que pourrait être un pareil objet? N'est-ce pas là un assemblage de mots conçus par contraste, par opposition
à cet autre : *objet sensible,* sans que l'esprit qui le forme
y soit conduit par la nature des choses? N'est-ce pas là
un de ces exemples où l'esprit, en agissant sur les seuls
signes de la pensée, comme l'algébriste sur les signes
indéterminés des quantités déterminées, s'en aide pour
essayer de nouvelles pensées, bien plus que pour les
exprimer? Et, pour continuer cette comparaison du langage ordinaire avec la langue de l'algèbre, n'arrive-t-il
pas ici ce qui arrive au mathématicien, dans le traitement d'une équation, lorsqu'il finit par lire dans sa formule même l'absurdité de l'énoncé, l'impossibilité de la
question? Qu'est-ce, en effet, qu'un *objet,* si ce n'est

quelque chose qui se distingue du sujet, de son idée
même, de l'idée de cet objet; quelque chose qui est
comme en face de l'idée ou de l'esprit connaissant? Tout
objet n'est donc véritable qu'à la condition de frapper le
sens, d'être percevable de quelque manière, d'être *obja-
cens* ou de jouir d'une existence propre, indépendante
de la pensée, quoique de nature à être saisie par elle?
Cela est si vrai qu'une réalité qui serait tout à fait inac-
cessible à l'esprit, absolument insaisissable pour lui, serait bien encore une réalité sans doute, mais ne serait
pas, ne pourrait jamais être un *objet.*

Il faudrait donc, pour que les conceptions eussent
des objets, que ces objets fussent réels, indépendants
de la raison, existant sans elle comme en dehors d'elle;
que la raison fût passive en un sens lorsqu'elle les conçoit; que ces réalités pussent être ou n'être pas comme
toutes les réalités, puisque toute nécessité proprement
dite est un rapport d'idée à idée.

Sans doute quand la raison a conçu les idées qui lui
sont propres; quand elle les a conçues fatalement, sans
effort, sans même avoir conscience de cette opération;
quand elle leur a donné un objet, ou qu'elle a converti
ces conceptions mêmes en objets (car ici l'idée et l'objet sont très mal démêlés), elle subit une illusion invincible pour l'immense majorité des hommes; elle croit à
la réalité indépendante d'un objet tellement fictif qu'il
est entièrement son œuvre; mais comme cette œuvre
s'est réalisée sans que la raison l'ait voulu, comme elle
se fût réalisée par elle contre la volonté même du moi,
la raison est portée presque invinciblement à regarder
cette œuvre comme n'étant pas la sienne, comme étant

un état qui ne s'explique que par l'action d'un agent extérieur, de la même manière que les perceptions. Fausse analogie.

Comment, d'ailleurs, les conceptions pourraient-elles avoir les unes un objet, les autres pas? Si l'on admet que les unes peuvent exister sans objet, n'est-il pas logique de reconnaître que toutes peuvent être également un produit de la même fonction de l'esprit? Or, comment prétendre que la vertu, le vice, le bien et le mal moral, le beau et le laid, le grand et le petit, le droit et le courbe, le repos et le mouvement, la lenteur et la vitesse, l'ordre et le désordre, le positif et le négatif, l'être et le néant, etc., etc., ont également un objet, sont également des réalités?

Qui ne voit les conséquences monstrueuses d'une pareille hypothèse? Nous les ferons ressortir plus tard, et plus péremptoirement, lorsque nous parlerons du rapport des conceptions aux objets. Continuons l'énumération des caractères des conceptions, tenant ce point pour certain, que si ces sortes de connaissances ont un objet, cet objet du moins n'est pas sensible.

Les conceptions fondamentales ou premières, — toutes les autres n'en sont que des conséquences, — font de très bonne heure leur apparition dans l'esprit, et il serait difficile de dire au juste quand elles s'y montrent pour la première fois; la pensée proprement dite, le souvenir n'est possible que par elles, leur application serait donc nécessaire déjà pour observer leur présence.

Leur formation n'est donc *pas délibérée*, elle ne peut pas l'être, puisqu'il faudrait qu'elles fussent connues pour qu'on pût vouloir les réaliser, et qu'elles seraient au contraire toutes réalisées si elles étaient connues. C'est ainsi que nous sommes métaphysiciens avant toute réflexion, avant de le savoir.

Nous le sommes *sans effort*, sans effort volontaire du moins, puisque la formation de ces sortes d'idées s'accomplit indépendamment de la volonté.

Elle a donc lieu *spontanément*, comme d'elle-même, sans que le *moi* y soit pour rien, par l'activité spontanée du *principe pensant*, principe qu'il faut par conséquent distinguer du moi. Le moi se connaît, se pose nécessairement, mais son action ne peut être que volontaire. Le principe pensant plus profond que le moi, antérieur au moi, et qui en est la raison subjective, est doué d'une activité qui s'exerce sans qu'il le sache, sans qu'il le veuille. C'est cette activité profonde, originelle, qui produit les conceptions premières.

Bien loin que le moi puisse former et vouloir les conceptions primitives, il est lui-même la conscience tout entière, le produit de la conception de *moi*, par *opposition* à celle de *non-moi*. Les conceptions sont donc logiquement antérieures au moi, puisqu'elles l'engendrent. Mais il est vrai de dire que la conception qui produit le moi, et le moi lui-même qui en est produit sont simultanés. Il n'y a donc là qu'une antériorité logique ou d'antécédent à conséquent.

L'activité spontanée de la raison produit donc les conceptions non seulement sans effort, non seulement d'une manière indélibérée et sans la volonté, mais elle les produirait encore *contre toute volonté*, puisqu'il ne dépend pas de nous de ne pas concevoir quand et comme nous concevons. Les conceptions sont donc *fatales*. Nous sommes donc aussi métaphysiciens malgré nous.

A la vérité ce n'est pas là un caractère bien distinctif des conceptions, puisqu'à certains égards nous formons fatalement aussi des notions, par exemple les notions d'étoile, d'arbre, de pierre, etc., et qu'il ne dépend pas plus de nous de ne pas comparer, de ne pas abstraire et de ne pas généraliser, que de ne pas percevoir. Mais quand, à la suite de ces opérations, nous classons, quand nous concevons des ressemblances et des différences, des genres et des espèces, il y a déjà là une opération de la raison.

La sensation elle-même est nécessaire de cette nécessité, en ce sens qu'elle est inévitable.

On a trop souvent confondu le fatal, l'inévitable, avec le nécessaire. Si les conceptions n'étaient nécessaires que d'une *nécessité de fait,* en ce sens qu'elles se présentent à notre esprit malgré nous ; ou d'une *nécessité d'application,* en ce sens que nous les donnons inévitablement comme formes à certains phénomènes, à certaines notions, ou que nous les rapportons de même les unes aux autres ; ou d'une *nécessité d'abstraction et de généralisation,* en ce sens qu'elles se détachent comme d'elles-mêmes de tout ce qui n'est pas elles, et se présentent dans toute l'étendue de leur généralité propre : si elles n'étaient nécessaires que de cette nécessité, disons-nous, elles n'auraient rien de bien particulier. Mais la nécessité qui les distingue est une *nécessité de droit,* une *nécessité logique* ou de rapport ; nécessité telle que, l'une de ces conceptions étant donnée, l'autre l'est par là même : telles sont les conceptions d'unité et de multiplicité, d'affirmation et de négation, de substance et de mode, de cause et d'effet, de possible et d'impossible, de contingent et de nécessaire, d'absolu et de relatif, etc. Tels sont les jugements synthétiques *à priori,* où l'attribut, sans être essentiellement contenu dans le sujet, y est essentiellement attaché par l'esprit, tels que ceux-ci : tout changement a une cause; la ligne droite est le chemin le plus court d'un point à un autre; $7 + 5 = 12$; la vertu mérite; le mérite appelle le bonheur, etc. Tels sont les jugements analytiques *à priori,* où le sujet contient l'attribut de telle sorte qu'il suffit d'ouvrir pour ainsi dire le premier par l'analyse pour en tirer le second. Tels sont encore tous les raisonnements déductifs, où le moyen terme vient établir un rapport nécessaire de déduction entre les deux extrêmes.

La généralité des conceptions a quelque chose de particulier qui la fait distinguer, d'une part, de la singularité des perceptions, qui est aussi une totalité, mais individuelle ; — d'autre part, de la généralité des notions, et qui lui a valu le nom d'*universalité.*

Mais ici, comme pour la nécessité, les psychologues ont manqué de précision dans la doctrine, et vraisemblablement dans les idées. En effet, toute notion a une sorte d'universalité, et toute conception n'a qu'une sphère finie de généralité, c'est-à-dire une extension limitée; autrement, il n'y aurait pas plusieurs conceptions, mais une seule qui les comprendrait toutes.

Jusque là donc point de différence. Mais la différence consiste en ce que :

1° La généralité des notions est plus ou moins nette, suivant qu'on connaît mieux ou moins bien les notions élémentaires qui composent une notion complexe ;

2° Cette généralité est plus ou moins étendue, suivant le nombre plus ou moins restreint des notions élémentaires dont la notion complexe se compose (1);

3° La généralisation est plus ou moins bien faite, suivant que le choix des notions élémentaires est plus ou moins juste, et que leur nombre est complet ou qu'il ne l'est pas;

4° La généralisation souffre donc du plus et du moins; elle est sujette à des tâtonnements, à un travail plus ou moins heureux;

5° Elle tombe par conséquent beaucoup dans le domaine de la réflexion et de la science;

6° Elle est même un peu arbitraire, comme le prouve la diversité des définitions en cette matière, car les définitions ne sont ici qu'une pure analyse, conséquence d'une synthèse dont l'arbitraire fait tout l'arbitraire de l'analyse elle-même;

7° Les idées générales, étant plus ou moins bien faites, conviennent plus ou moins à l'objet auquel elles s'appliquent;

8° Et comme elles sont en partie l'œuvre de plusieurs opérations qui demandent une certaine précision scientifique, elles ne se rencontrent pas toutes dans tous les esprits, et celles qui s'y trouvent ne se ressemblent pas toujours complétement d'un esprit à un autre;

9° Enfin, les notions générales les plus faciles à for-

---

(1) Cette propriété des notions, de s'étendre à un nombre plus ou moins élevé de sujets, s'appelle *extension*; elle dépend évidemment d'une autre propriété qu'on appelle *compréhension*, et qui s'entend du nombre plus ou moins grand des notions élémentaires formant une notion complexe. Plus le nombre de ces notions élémentaires est considérable, plus est restreint celui des sujets auxquels elle s'applique.

mer, dépendent de la situation des sujets; elles varient indéfiniment suivant l'expérience très diverse en nature et en degré entre les hommes. Suivant qu'ils ont plus ou moins vu, qu'ils ont vu certaines choses ou certaines autres, leurs notions seront diverses en nombre et en nature.

Il n'en est pas ainsi des conceptions de la raison; par cela seul qu'elles sont indépendantes de l'expérience quant à la matière, qu'elles sont pour la plupart incomplexes, les primitives surtout, elles sont exemptes de toutes ces imperfections : œuvre de l'activité fatale de la raison, où la volonté et l'arbitraire ne sont pour rien, elles surgissent d'elles-mêmes dans l'esprit, et subitement, sans passer par le travail lent et souvent imparfait d'une comparaison répétée entre des sujets divers. La généralité des conceptions est donc, pour chacune d'elles, une universalité nette et rigoureuse, aussi rigoureuse, par exemple, qu'il l'est que tout changement a une cause, et qu'en dehors de ce qui change la notion de cause n'est point applicable. Cette netteté des conceptions leur donne un caractère d'*identité* dans tous les esprits, qui n'a pas été assez remarqué jusqu'ici. On peut donc dire qu'à la différence des notions, qui sont beaucoup plus identiques par les mots qui servent à les exprimer chez tous les hommes parlant la même langue, que par les notions élémentaires qui les composent, les conceptions sont essentiellement les mêmes pour tous les hommes, alors encore que les expressions destinées à les rendre seraient mal choisies; ce qui peut arriver. Il ne peut donc y avoir ici que des différences de langage, ou de manières diverses d'attacher les mots aux idées.

Les conceptions fondamentales ne sont pas moins universelles *subjectivement* que par leur objet apparent, puisqu'elles sont le fruit de la raison humaine spontanée, qui constitue l'humanité, et qui dès lors ne peut manquer à personne, à nul homme au monde. Par cette raison encore, l'universalité des conceptions ne peut souffrir ni des variations ni des exceptions suivant les temps et les lieux ; il n'y a ni exceptions ni modifications au principe que : tout changement suppose une cause, comme il peut se faire que la notion de telle espèce d'animal doive subir des modifications pour convenir aux animaux de cette même espèce dans un temps et dans un lieu déterminés.

Nous avons dit que les conceptions de la raison sont encore universelles, en cet autre sens qu'elles se trouvent au fond de toutes les autres espèces de connaissances, qu'elles les éclairent de la lumière qui leur est propre et en font des connaissances telles que les notions et les perceptions, ou tout au moins la matière d'une connaissance, comme les sensations et les sentiments. Nous pouvons appeler *logique* ou d'idée cette espèce d'universalité.

Un dernier caractère des conceptions, c'est que leur objet paraît être indépendant des conditions de temps et de lieu ; c'est encore là une sorte d'universalité. Elles ne souffrent pas, en effet, d'exceptions qui tiennent à ces circonstances, ni à quoi que ce soit qui subisse les lois du temps et de l'espace. C'est ainsi, par exemple, que tout événement supposera toujours et partout une cause, que tout mode supposera toujours et partout une substance. Nous concevons à merveille, en effet, qu'il en a dû être ainsi avant nous, qu'il en devra être ainsi après nous, loin de nous, en tout temps, en tout lieu, précisément parce que c'est nécessaire ou que le contraire est impossible. Ainsi l'*éternité des conceptions*, leur *universalité quant aux lieux,* ne sont que la conséquence de leur nécessité. On conçoit donc que beaucoup de psychologues ne parlent pas de l'éternité ni de l'ubiquité des conceptions, après avoir traité de leur nécessité; le principe emporte la conséquence. Mais il est bon cependant de se rendre raison de cette ubiquité et de cette éternité. Ce qui serait véritablement partout occuperait tout l'espace : ce serait un corps universel. Ce qui serait véritablement éternel remplirait la durée. De part et d'autre ce serait un phénomène externe et interne universel. Tout ce qui n'est pas phénoménal n'est en réalité ni dans le temps, ni dans l'espace, et l'ubiquité comme l'éternité n'est alors que l'indépendance où se trouve l'objet fictif d'une conception à l'égard du temps et de l'espace. Ainsi, les vérités mathématiques sont éternelles en ce sens négatif qu'elles n'ont rien à démêler avec le temps, qu'elles ne sont pas des phénomènes passagers, qu'elles s'imposent toujours et partout à la raison réelle ou possible. Et comme la raison est éternellement possible puisqu'elle est, les vérités mathématiques sont éternellement vraies, parce qu'elles sont des vérités nécessaires, et que la nécessité s'impose aux intelligences réelles ou possibles de tous les temps et de tous les lieux.

Pour montrer que la raison a ses données dans toute espèce de connaissance, il suffit de se rappeler que toute connaissance revient à l'une des trois classes plus haut indiquées, les perceptions, les notions et les conceptions, et de faire voir la part des conceptions dans les notions et les perceptions elles-mêmes. Les notions possèdent toutes une *généralité* plus ou moins étendue, qui n'est autre chose qu'une manière de les concevoir par rapport aux individus qui en ont fourni ou pu fournir la matière, et qu'elles embrassent. De plus, les notions forment entre elles une hiérarchie de *genres* et d'*espèces*, qui est une autre manière de les concevoir encore. En troisième lieu, elles sont considérées ou *abstractivement* ou *concrètement*; elles sont conçues comme des types *plus ou moins* nettement déterminés d'après lesquels les choses auraient, pour ainsi dire, été formées. Elles se conçoivent par *rapport aux mots* qui les expriment, *à l'entendement* qui les forme, à leur *degré de parenté* ou de ressemblance et de *différence*, etc.

Tout phénomène, en tant que phénomène en général, est déjà conçu comme la manifestation d'un *objet* à un *sujet*; et cette manifestation elle-même est conçue comme un *rapport* dépendant de la double nature de l'objet et du sujet, placés l'un et l'autre dans des *circonstances* telles que ce rapport puisse s'établir.

Voilà donc dans tout phénomène en général, conçu comme tel purement et simplement, quatre conceptions déjà, celles d'objet, de sujet, de rapport et de circonstances; conceptions sans lesquelles le phénomène ne serait pas conçu comme un phénomène, ne serait pas connu véritablement. Sans doute la plupart des hommes ne pensent point d'une pensée réfléchie à ces conceptions, mais elles n'en sont pas moins dans l'esprit de tous, comme il est facile de s'en assurer.

S'il s'agit des phénomènes internes, nous les trouvons

marqués des conceptions principales qui suivent : *interne*, *externe*, *rapport*; — *moi*, *non-moi*, *rapport*; — *multiplicité*, *unité*, *rapport*; — *variété*, *identité*, *rapport*; — *changement*, *permanence*, *rapport*; — *succession*, *durée*, *rapport*, *durée déterminée* (*temps*), *durée indéterminée* ou *absolue* (*éternité*), *rapport*; — *cause-moi*, *cause-non-moi*, *rapport*; — *effet-mien*, *effet-non-mien*, *rapport*; — *force*, *résistance*, *rapport*; etc.

S'agit-il des phénomènes externes, ils sont nécessairement accompagnés des conceptions suivantes : *externe*, *interne*, *rapport*; — *étendue*, *résistance*, *rapport*; — *étendue résistante* ou *déterminée* (*lieu*), *étendue non résistante* ou *indéterminée* (*espace*), *rapport*; — *dualité de force*, *rapport* ou *antagonisme*; — *matière*, *forme* ou *figure*, *rapport*; etc.

Les sensations elles-mêmes ont leur côté intelligible, qui en fait aussi des objets de connaissances. Nous y trouvons entre autres caractères rationnels : *mode*, *sujet*, *rapport*; — *ressemblance*, *différence*, *rapport*; — *force*, *faiblesse*, *rapport*; — *durée*, *non-durée*, *rapport*; — *agréable*, *désagréable*, *rapport*; etc.

La qualité d'être agréable, comme le plaisir, en général, n'est pas du tout une sensation : c'est une certaine manière d'être conçue de la sensation par rapport à la capacité de souffrir ou de jouir. Ce rapport est une conception; l'idée d'agréable ou désagréable est une notion.

La réalité invisible, en dehors du moi et du non-moi visible, est conçue comme cause indépendante et dernière, comme cause absolue, par analogie avec celles que nous connaissons. Comme celles-ci, elle se révèle par ses effets. Comme la cause-moi, elle est intelligente et libre. Raison dernière de tout ce qui est, elle possède éminemment et virtuellement toutes les qualités qui s'annoncent dans son ouvrage.

Enfin, et logiquement, sinon réellement au-dessus de cette suprême et dernière réalité invisible, mais universellement déterminée, comme toute réalité véritable, se placent par l'abstraction les conceptions de *substance*, de *cause*, de *réalité* ou d'*être* en soi ou en général, et leurs corrélatives de *mode*, d'*effet*, et de *néant*.

Si des perceptions ou connaissances phénoménales nous passons aux notions, nous trouverons, indépendamment des conceptions précédentes que supposent déjà les matériaux de toute notion, celles d'*abstrait* et de *concret*, de *ressemblance* et de *différence*, de *genre* et d'*espèce*, de *classe*, de *généralité* indéterminée, de *totalité*, etc.

On peut s'assurer encore de l'existence des conceptions dans nos connaissances en pensant qu'elles forment le tout ou une partie considérable, la partie intelligible par excellence :

1° Des sciences métaphysiques, c'est-à-dire de l'Ontologie, de la Théologie, de la Cosmologie et de la Psychologie rationnelles;

2° De la Logique et de la Grammaire générale;

3° Des Mathématiques et de la Mécanique;

4° De la Morale et du Droit;

5° De l'Esthétique;

6° Des Arts mécaniques et des Arts libéraux, où les conceptions de fin et de moyen, de grandeur et de proportion, d'harmonie, d'ordre, en un mot, sont d'une application constante, etc.

Une démonstration plus simple encore de l'universalité logique des conceptions, c'est qu'il n'y a de connaissance véritable qu'à la condition du jugement, et que tout jugement est essentiellement une conception de *rapport*.

La seule inspection du langage par rapport à la nature des idées qu'il exprime, celle des parties du discours, prouvent encore surabondamment que toute pensée humaine est une conception.

S'il est impossible d'énumérer les conceptions qui sont en nombre infini, on a du moins essayé de les *classer;* nous-même, nous venons de faire quelque chose d'analogue. On a fait plus, on a essayé de les systématiser, c'est-à-dire d'assigner leur rang respectif de primitives ou de secondaires, d'immédiates ou de médiates, en s'attachant surtout aux premières, comme aux conceptions-mères, les plus fécondes et les plus universelles dans leur application. Cette tentative remonte au moins jusqu'à Pythagore. On la retrouve chez les philosophes de l'Inde, mais surtout dans Aristote. La systématisation la plus rigoureuse est peut-être encore celle de Kant. D'autres ont été tentées en Allemagne, en Angleterre, en France, nous n'avons pas à dire ici avec quel succès.

En voyant le caractère objectif des conceptions, leur universalité, leur nécessité, leur éternité, il n'est pas étonnant qu'on leur ait cherché une *origine* plus ou moins mystique. La moins mystique peut-être est encore l'*innéité*, entendue en ce sens que ces idées naissent en nous, sinon avec nous, que leur cause efficiente est interne, qu'elles font de très bonne heure, certaines d'entre elles du moins, leur apparition dans notre intelligence. Mais il est contraire aux faits et à la vraie théorie des idées, de supposer que les conceptions soient des *entités* déposées en nous dès l'instant de la création de *notre* âme, ou de l'animation de notre corps, ou même de notre naissance; de supposer qu'elles y soient ou *éveillées,* donnant toujours conscience d'elles-mêmes, ou *endormies,* et qu'elles n'attendent que l'occasion de sortir de leur sommeil. On se met également en contradiction avec l'expérience en soutenant que les conceptions, en tant que nous pouvons les affirmer en nous, et ne fussent-elles que des états, ne sont pas constamment des états du moi, ou ne donnent pas toujours conscience d'elles-mêmes; qu'elles sont encore quelque chose quand elles ne sont pas présentes à l'esprit; qu'il y a des raisons pour que des conceptions soient ainsi présentes à l'esprit et d'autres pas; en termes différents, qu'il n'y a d'innées que les conceptions primitives subjectivement universelles, mais que les conceptions ultérieures s'expliquent par les procédés de la comparaison, du jugement, du raisonnement, etc. On ne fait pas attention que la conception la plus savante, la plus raisonnée, la moins immédiate, la moins intuitive en apparence, n'est toujours qu'un produit spontané de la raison, et que tous les procédés nécessaires pour la faire jaillir de l'esprit, *ne la produisent* pas à proprement parler, mais en *préparent* la production par la raison. Ce n'est qu'à la suite de ces préliminaires, par exemple de la double comparaison des deux extrêmes avec le moyen terme dans le raisonnement catégorique, que la raison produit spontanément, fatalement même, la conception de rapport entre ces extrêmes, de la même manière précisément qu'elle produit les conceptions premières dans les circonstances propres à favoriser son action.

Un autre vice des idées innées, considérées comme des entités dans l'esprit de l'homme, c'est qu'elles seraient des substances dans une autre substance. Et comme la substance du principe pensant est inétendue ou indivisible, il en résulterait quelque chose de plus inconcevable que la pénétrabilité des corps, à savoir, qu'une substance peut, tout en restant soi, être plusieurs et diverses substances, une infinité de substances ; et comme il y a beaucoup d'idées rationnelles possibles qui ne donnent pas conscience d'elles-mêmes, elles seraient dans l'âme, en tant que l'âme est considérée comme ayant conscience de ses états, des entités qui n'y seraient pas, et qui n'y seront jamais connues.

Qui ne voit encore que si les idées innées formaient autant d'entités dans l'âme, ces entités demanderaient, pour être *perçues* par l'âme, d'autres idées, lesquelles seraient aussi *contingentes* que les perceptions externes ou internes ? Que deviendraient, en ce cas, les caractères de nécessité, d'éternité ?

Il n'y a donc d'inné, ainsi qu'on l'a dit depuis longtemps, que la raison. Nous avons fait voir, du reste, en quel sens on peut admettre des idées innées ; mais il suffit que cette dénomination n'ait rien de clair par elle-même et qu'elle ait été souvent fort mal entendue, pour qu'elle doive être désormais bannie du langage philosophique.

Comme ses conceptions n'ont pas d'objet sensible, il n'est pas étonnant que certains esprits, beaucoup moins

spiritualistes qu'ils ne s'en doutent, dominés secrètement par l'imagination et l'empirisme, aient songé à
suppléer ici au défaut de l'enseignement de la nature
par un enseignement surnaturel. Suivant ces faux spiritualistes, notre intelligence serait passive et ne produirait aucune de ses connaissances; elle les recevrait
toutes : les unes des objets sensibles, au moins quant à
la matière; les autres d'une source surnaturelle, par le
canal de la tradition et par conséquent de la parole.

Ainsi, de la même manière que nous apprenons à
penser maintenant, en apprenant à parler, de même le
premier homme aurait reçu de son créateur la pensée et
la parole tout à la fois, surtout cette espèce de pensée
qui ne pouvait lui être enseignée par les sens, par les
objets extérieurs qui les impressionnent.

Cette théorie suppose faussement :

1° Que l'âme est passive dans l'origine de ses idées;

2° Que le langage porte naturellement avec lui l'idée;

3° Qu'il la communique à celui qui entend parler;

4° Que la pensée présuppose la parole, et n'en est
pas au contraire présupposée;

5° Que le rapport de la pensée à la parole est naturel
ou d'institution divine; etc. Toutes suppositions dont
nous établissons la fausseté dans notre philosophie du
langage, et auxquelles nous ne nous arrêterons pas ici
plus longtemps; les sourds-muets de naissance réfute-
raient déjà suffisamment cette théorie mystico-empi-
rique.

Une hypothèse moins sensualiste en apparence que la
précédente, mais d'un réalisme plus prononcé, c'est
celle qui, partant du principe pour le moins contestable

que toute idée doit avoir un objet, que cet objet doit produire l'idée par voie d'impression, de la même manière que les causes des phénomènes externes produisent en nous les perceptions en impressionnant les sens, suppose des objets aux conceptions. Et comme il faut, par analogie encore, placer ces objets quelque part, en faire ou des réalités distinctes, ou des modes de quelque réalité; comme, d'un autre côté, on ne peut placer ces objets dans le monde extérieur, dont ils ne font point visiblement partie ni à titre de substances, ni à titre de modes, on les place en Dieu. C'est en Dieu, par conséquent, que l'âme verrait les objets des conceptions; c'est là que serait la raison objective de ses idées; elle *voit en Dieu*. Ce système, qui remonte au moins à Platon, et qui a eu pour principal défenseur au XVIIe siècle Malebranche, n'est pas moins défectueux que le précédent.

1° Il suppose des objets aux idées, à toutes les idées.

2° Il se rend mal compte de l'objet des idées sensibles.

3° Il juge des conceptions par analogie avec les perceptions, par une sorte de similitude même.

4° Il distingue peu ou point entre les idées et leurs objets, parce que sa théorie de la perception est très défectueuse.

5° Il fait des unes ou des autres, parfois même des idées et de leurs objets, des entités particulières.

6° En plaçant ces entités en Dieu, si elles sont connues de Dieu, il faut que la connaissance qu'il en a soit un mode de son être; et alors il faut distinguer en Dieu ses idées et les objets de ses idées, plus le rapport entre ces deux choses.

7° Il faut, de plus, supposer que la connaissance divine elle-même n'est alors que perceptive, contingente, sans nécessité.

8° Il faut supposer encore que Dieu, sa substance, est comme un vase, une capacité qui peut renfermer une multitude infinie d'autres substances.

9° Ou bien que la substance divine restant une, pleine, indivisible, peut en même temps être autre qu'elle est; qu'elle peut, malgré son unité, son identité, sa plénitude indivisible, être plusieurs, diverse, vide et vaine, divisible enfin.

10° Si, au contraire, les idées en Dieu ne sont pas des entités, mais des états intellectuels, comment ces états, qui ne sont rien en soi, peuvent-ils être perçus par la raison humaine, si la raison humaine n'est pas la raison divine?

11° Et encore qu'ils fussent des entités en Dieu et que Dieu fût par là divisible, comment la raison humaine, à moins d'être la raison divine encore, pourrait-elle percevoir la substance divine?

12° Comment, si les idées sont des entités distinctes, concevoir leurs types dans leur généralité essentielle, par exemple l'essence du triangle, sans que cette essence soit un triangle, sans qu'il soit d'une espèce plutôt que d'une autre; l'essence du cercle, sans que cette essence soit un cercle d'un rayon quelconque? Ou bien y aurait-il en Dieu, non pas une essence nécessairement déterminée pour chaque espèce de chose, mais une essence individuelle pour chaque individu possible dans chaque espèce? S'il en était ainsi, non seulement on aurait une infinité d'individualités de chaque espèce, par exemple, une infinité de triangles et de cercles, mais on tomberait encore dans l'inconvénient beaucoup plus grave de n'avoir point en Dieu de types essentiels correspondant à nos idées d'espèces et de genres; de manquer, par conséquent, de lien ou d'unité propre à relier les individus en espèces, les espèces en genres, et ainsi de suite.

13° Comment aussi admettre des objets aux conceptions négatives, par exemple, à la conception de fini, d'erreur, de mal, de laideur? Comment en admettre pour les conceptions purement relatives, par exemple, pour les conceptions de petitesse, de grandeur, de vieillesse, de jeunesse, de vitesse, de pauvreté, de richesse?

14° Comment concevoir l'unité de la multitude d'objets qui composeraient nécessairement un seul individu, par exemple dans Socrate, l'être, la substance, la matière, l'étendue, l'organisation, la sensibilité, la spiritualité, l'humanité, la grécité, la qualité d'être de race ionienne, d'être athénien, etc., etc.? Car tout cela est idée, idée générale, conception même. Il y aurait donc dans Socrate autant d'entités que d'idées générales qui peuvent être conçues par rapport à lui! Et comme ces idées peuvent changer suivant les points de vue, de manière à former des contradictions relatives, par exemple, de façon à concevoir en Socrate la jeunesse et la vieillesse tout à la fois; comme enfin les objets, ainsi que les idées, doivent être déterminés, et ne peuvent l'être que par leurs contraires; il faut en conclure que les incompatibles, tels que jeune et vieux, être et non être, se rencontreraient nécessairement dans le même individu. Pour qu'il en fût autrement, il faudrait autant d'entités diverses que de points de vue divers sous lesquels le même objet peut être envisagé.

Nous insistons trop, sans doute, sur une hypothèse chimérique, dont l'absurdité a déjà été relevée par Aristote. Il suffit de renvoyer à ce grand maître : il a du premier coup réfuté tous les réalistes passés, présents et futurs.

Nous ne pouvons cependant point passer sous silence une autre hypothèse qui n'est, il est vrai, qu'une variante de la vision en Dieu, mais qui n'est ni moins mystique, ni moins erronée que les précédentes; nous voulons parler des idées conçues comme modes de la substance divine et de la raison universelle qui les perçoit, raison divine elle-même, et dont la nôtre ne serait qu'un fragment. La nature divine de cette raison se reconnaît, dit-on, à ce qu'elle est impersonnelle.

1° On confond ici l'impersonnel et l'involontaire, parce qu'ailleurs on a confondu la personne et la volonté. Ce qui fait le moi, ce n'est pas la volonté, c'est la conception de *moi* par opposition au *non-moi;* et l'activité libre, délibérée, voulue, ne peut venir qu'à la suite de la conscience, loin de la constituer. Pour vouloir avec la conscience d'un dessein, il faut donc avoir voulu d'abord sans cette conscience. Il y a donc une volonté d'abord instinctive, puis faiblement éclairée, puis davantage; les résultats extérieurs ou organiques sont plutôt connus que les volitions; les volitions sont ensuite remarquées, et enfin le sujet finit par avoir le secret de son activité, par savoir qu'il peut la gouverner, en un mot, par se savoir actif et libre. Ainsi, est impersonnel non pas ce qui est involontaire, mais ce qui n'est pas rapporté au moi, au principe pensant, en tant qu'il se connaît.

Avant l'activité volontaire et personnelle, il y a donc une activité involontaire, — impersonnelle en ce sens qu'elle s'ignore, qu'elle n'est pas délibérée, — mais qui appartient essentiellement au principe pensant, qui est humaine, subjective, personnelle en ce sens. Cette activité, en tant qu'elle produit les conceptions et qu'elle peut être regardée comme l'âme raisonnable, comme la raison, produit spontanément, fatalement même, toutes les conceptions premières, celles de moi et de non-moi, entre autres par conséquent, celle de personne ; elle les produit sans le savoir, sans le vouloir, sans en avoir l'idée. Elle ne peut, en effet, vouloir produire une idée qu'elle ignore, qu'elle ne possède pas encore, qu'il s'agit d'avoir pour la première fois. Il faut donc, pour pouvoir la reproduire volontairement, que la raison l'ait d'abord produite involontairement. Or, cette activité rationnelle, première, indélibérée, qui ne se sait point du tout d'abord, étant un fait nécessaire, est un fait incontestable ; c'est un fait humain, qui appartient au sujet pensant ; et ce sujet, pour n'être pas encore une personne, n'en est pas moins le principe actif en nous, et capable de devenir une personne.

La raison humaine, agissant en nous avant toute réflexion, toute conscience, produisant la réflexion et la conscience, le moi, nous est donc propre, en ce sens qu'elle fait partie de l'activité primitive et fondamentale de notre âme ; elle est humaine, subjective et très personnelle, exclusivement personnelle en ce sens, malgré le caractère de fatalité qui l'atteint, malgré les caractères d'universalité et de nécessité de ses produits. Du reste, cette fatalité, nous l'avons vu, n'est pas propre à ce genre de fonction; elle se retrouve, éminemment même, dans les sensations, dans les sentiments et les passions; elle se voit dans les perceptions, dans les actes de l'entendement, partout, en un mot, où il n'y a pas effet prévu, délibéré, ou tout au moins voulu avec réflexion et conception de la possibilité de ne pas le produire.

2° Si la raison humaine n'était pas humaine, si elle était divine, comme elle est d'ailleurs absolue, indivisible, comme elle n'est qu'un attribut divin, mais un attribut inséparable de sa substance, il faudrait bien que notre raison, aussi inséparable de notre être que la raison divine est inséparable de l'être divin, fût la raison de Dieu, comme notre substance serait la substance de Dieu, notre être l'être de Dieu, et qu'en fin de compte nous ne fussions rien substantiellement, intellectivement par conséquent.

3° Si les idées n'ont point d'existence en soi, comme cette fois on en convient, si elles ne sont que des modes de la raison, de la substance divine, comment ces idées pourraient-elles être perçues par une autre raison que par la raison divine qu'elles modifieraient? et si elles ne peuvent être perçues que par elle, comment se fait-il qu'elles le soient par nous? On retombe donc encore par ce côté dans le panthéisme, qu'on voudrait cependant éviter.

4° Si, au contraire, on prétend que la raison est divisible, s'il faut prendre à la lettre ces expressions, que notre raison est un *fragment* de la raison divine, com-

ment concevoir la Divinité divisible, ou ses attributs se
partageant sans que sa substance subisse le même sort?
Et ce partage même accompli, comment concevoir ces
fragments de raison par rapport à notre être pensant, à
notre substance propre? Sont-ils cette substance même,
ou en demeurent-ils distincts? S'ils sont cette substance,
la raison est donc une substance, et, de plus, une substance divisible? S'ils ne sont pas cette substance, au
contraire, s'ils ne sont point substantiels même, comment peuvent-ils être une vertu, une puissance, une
énergie de l'âme humaine? comment peuvent-ils être
cause d'idées en elle? La vertu de causalité dans le
principe pensant est-elle donc distincte de la substance
de ce principe? N'y a-t-il pas là un abîme d'absurdités
et de contradictions? Aime-t-on mieux que la raison divine soit comme un je ne sais quoi de substantiel ou de
non substantiel flottant en face de l'intelligence humaine, et où cette dernière a la vertu de percevoir les
conceptions? Retour grossier à l'empirisme; fiction inin-
telligible.

5° Il y aurait de plus dans cette fiction une impuissance
radicale à établir l'impersonnalité de la raison humaine.
En effet, cette raison et ces idées divines ne dispense-
raient pas l'âme humaine d'avoir une intelligence propre, une intelligence humaine pour communiquer avec
la raison divine, pour en percevoir les idées. Or, dès
qu'une semblable nécessité pèse sur nous, il faut que la
raison et les idées divines prennent la forme de notre
raison humaine, et dès lors les idées divines ne sont et
ne peuvent être pour nous, en tant qu'elles nous sont
connues, que des idées humaines; et les idées fussent-

elles restées inaltérables, parfaitement pures, en passant
de Dieu en nous (passage qui n'est qu'une métaphore),
il suffirait toujours que nous fussions dans l'impuissance absolue de l'établir, et que le contraire fût infiniment vraisemblable, pour que nous dussions penser que
nos conceptions les plus absolues, les moins humaines
en apparence, ne sont encore que des conceptions humaines cependant. Ce qui revient à dire que Dieu seul
peut concevoir en Dieu, que la pensée de l'homme ne
peut être qu'une pensée d'homme, et qu'à moins de
faire de l'homme un dieu, Dieu même, il sera toujours
illogique de lui donner en partage la raison divine. C'est
assez qu'il ait une raison analogue à celle de Dieu. Ainsi,
polythéisme et anthropomorphisme, ou panthéisme, tel
est le dernier mot de la raison divine dans l'homme,
telle que l'entend une certaine école.

Le système de l'impersonnalité de la raison humaine,
importation inconséquente et honteuse du panthéisme
germanique, n'est donc pas plus admissible déjà que les
systèmes antérieurs. C'est de l'empirisme déguisé, du
réalisme orné de métaphores, des absurdités résultant
d'une combinaison toute extérieure de mots et d'images
dont on ne s'est pas rendu compte. Ici, comme en beaucoup d'autres endroits, le poète et l'orateur nuisent
singulièrement au métaphysicien; et l'auteur, ébloui,
charmé par ses propres fictions, croit réellement avoir
des idées précises, profondes et justes, quand il n'a
dans l'esprit que des images. La fausse clarté de ces
images, leur convenance, leur harmonie, tout ce qui fait
cette lumière esthétique propre à satisfaire l'imagination, est une source de malentendus, d'obscurités et

d'erreurs aux yeux de la raison. Voilà pourquoi tel écrivain peut sembler fort clair à des esprits peu habitués aux abstractions et aux combinaisons des idées métaphysiques, et pourquoi, au contraire, sa métaphysique n'est qu'un vain jeu de mots, une illusion perpétuelle aux yeux des intelligences autrement trempées ou qui ont d'autres habitudes.

Un autre point de la métaphysique des philosophes dont nous parlons, fort difficile à concilier avec leur réalisme mystique, et même peu intelligible en soi, c'est que, tout en repoussant avec pleine raison l'existence d'objets correspondants à des idées abstraites, tels qu'une substance isolée de ses modes, l'être isolé de ses attributs, ils admettent cependant la substance modifiée, l'être déterminé. D'un autre côté, tout en ne donnant pas d'objet aux idées ontologiques abstraites, ils font de ces idées des idées absolues en général, ou plutôt de leur objet la substance de Dieu. Ils en font autant du beau, du bien et du vrai, quoique les conceptions de ces trois choses prises ainsi généralement soient à coup sûr des idées abstraites. Mais s'il n'existait en réalité que telle et telle beauté déterminée, tel et tel bien moral dans l'agent, telle et telle vérité particulière, et que Dieu fût tout cela, Dieu pourrait bien être tout, alors même qu'il serait quelque chose de plus encore. D'ailleurs, il resterait toujours à savoir si Dieu, tout en étant toute vérité, toute beauté, toute bonté singulière, ne serait pas encore la bonté, la beauté, la vérité en général, ou si ces conceptions prises abstractivement et universellement ont un objet, et un objet divin. Remarquons encore qu'il ne suffirait pas de nier, en ontolo-

gie, l'existence de l'être pur ou en soi, de la substance
pure ; et qu'on ne serait pas moins réaliste et mystique
pour soutenir l'existence et la connaissance de la substance et de l'être déterminés. Déterminés ou non, si
l'être et la substance sont quelque chose de distinct en
réalité de leurs déterminations, quoiqu'ils en soient inséparables, la question reste la même et le système est
également faux.

Rien n'est moins mystérieux ni plus simple, quand on
veut s'en tenir fidèlement à la méthode d'observation,
que l'origine des conceptions. L'âme, stimulée par les
sensations et les perceptions, non seulement perçoit et
sent, en quoi déjà elle agit ; mais de plus elle conçoit,
c'est-à-dire produit, en vertu d'une puissance à elle
propre que nous appelons raison, les idées de l'ordre non
phénoménal que nous avons appelées conceptions. Il
n'y a rien, dans cette théorie, qui soit en dehors des
faits, et tous les faits connus s'y trouvent. Rien de plus,
à moins de se jeter dans les hypothèses, les fictions
chimériques et les absurdités. Est-il donc si difficile de
reconnaître que l'âme, puisqu'elle agit, produit quelque
chose, quelques phénomènes intellectuels, comme elle
produit des volitions, des notions, des perceptions, des
sensations même? Pourquoi vouloir que les conceptions,
qui sont des états du moi, que nous reproduisons à
volonté, que nous cherchons, que nous trouvons même
souvent lorsqu'elles sont scientifiques, mais que nous
n'aurions jamais trouvées ni connues sans ce travail de
l'esprit ; pourquoi, disons-nous, vouloir qu'en tout ceci
l'âme ne produise rien, qu'elle soit plus passive que dans
ses autres fonctions, que ses états intellectuels ne soient

pas son œuvre, comme dans tout le reste, bien que des
causes occasionnelles interviennent dans la production
de ces sortes de phénomènes comme dans celle de tous
les autres? Il n'y a même aucune raison suffisante d'imaginer trois ou quatre sortes de facultés ou de fonctions
pour produire les notions de l'ordre non sensible, comme
le fait Kant, à savoir : une sensibilité pure ; un entendement, source des catégories; une raison spéculative
pure; une raison pratique pure ; un jugement pur ou
faculté du beau et du sublime. Non, par le fait, que
toutes ces sortes de connaissances n'ont pas d'objet sensible, soit médiat, soit immédiat : il faut que leur matière, comme leur forme, soit produite par l'esprit. Que
l'esprit fonctionne un peu différemment quand il produit des conceptions d'une espèce et d'une autre, cela
se peut; mais il nous semble que ce n'est guère plus
une raison suffisante d'admettre plusieurs facultés rationnelles, que la multiplicité et la variété des notions ne
seraient une raison d'admettre plusieurs facultés intellectuelles de généraliser, ou la diversité des raisonnements plusieurs facultés de raisonner. Distinguons les
produits de la raison autant que le bon ordre dans la
classification des conceptions l'exige ; mais ne multi-
plions pas plus sans nécessité les facultés rationnelles ou
intellectuelles que les êtres.

Il reste à savoir si, de ce que nous n'accordons aucun
objet propre aux conceptions de la raison, nous sommes
idéalistes purs, si nous nions toute réalité, et si, par
suite de cette négation, nous sommes convaincus de
scepticisme (1).

(1) V. Appendice IV.

Premièrement. Si notre analyse de la connaissance rationnelle est complète et fidèle, nous n'avons pas à nous occuper des conséquences. Or, nous ne croyons pas qu'il soit possible de trouver dans cette espèce de connaissance un fait, un élément, un caractère dont nous n'ayons pas tenu compte. Si l'humanité ne pense pas autrement qu'elle pense, et si nous avons tenu compte de tous les moments de sa pensée, ce n'est ni sa faute ni la nôtre si on ne trouve pas cette connaissance suffisante.

Deuxièmement. Nous ne nions point l'existence des choses : seulement, nous professons que la conception de réalité produite par la raison, et par elle appliquée fatalement dans certaines circonstances de la vie expérimentale, n'est point une intuition ; qu'elle n'a rien de commun en essence avec cet objet prétendu ; que nous ne connaissons par conséquent des réalités mêmes, comme de toutes choses, que les idées que nous en avons ; que ces idées sont par conséquent des lois de notre intelligence, et, si l'on veut, des lois des existences par rapport à nous, mais non pas des lois des existences prises en elles-mêmes ; que les conceptions ont d'ailleurs un fondement objectif et subjectif tout à la fois, en ce sens qu'elles sont l'expression naturelle du rapport qui existe entre le principe pensant et ce qui n'est pas lui ; qu'elles ne seraient pas plus ce qu'elles sont sans leur condition objective que sans leur cause subjective ; mais que si elles sont en cela un effet de l'objectif, l'objectif, en tant qu'il est conçu et comme il est conçu, est aussi un effet du subjectif ; que la reconnaissance de ces faits n'est que le résultat de l'analyse de la connaissance; que si cette analyse est fidèle et complète, il n'y a pas de scepticisme à ne pas la dépasser; que c'est là, bien au contraire, le seul dogmatisme raisonnable; mais qu'il y a mysticisme, illusion, dogmatisme excessif et chimérique à vouloir connaître plus et autrement qu'on ne connaît en réalité.

On peut résumer dans le tableau suivant les différentes positions possibles relativement à l'objectivité des idées en général :

1° Ni idées, ni objets, — mais quelque chose qui, n'étant ni l'un ni l'autre, est l'un et l'autre. — Scepticisme absolu, ou *identité absolue.*

2° Pas d'idées, rien que des objets ou des réalités. — *Réalisme pur, — scepticisme relatif.*

3° Pas d'objets, rien que des idées. — *Idéalisme pur, — scepticisme relatif.*

4° Objets et idées. — Connaissance des uns par les autres, — *sens commun.*

> *a*) Sans rapports naturels. — Harmonie préétablie, — *occasionalisme,* etc.
>
> *b*) Rapport d'analogie, de similitude. — *Théorie de la ressemblance.*
>
> *c*) Rapport d'identité numérique. — *Réalisme* ou *idéalisme pur.*
>
> *d*) Rapport de causation occasionnelle de l'idée par l'objet. — *Idéalisme critique.*

Quant au réalisme qui donne des objets aux conceptions et aux notions, la discussion peut se résumer comme il suit :

1° *Les idées ont un objet substantiel en Dieu.* — Alors il y a plusieurs substances en Dieu, autant que de con-

ceptions, — chacune d'elles diffère de toutes les autres,
— et il n'en est aucune qui soit toutes les idées, puisqu'aucune substance ne peut être elle et une ou plusieurs
autres ; — polythéisme, sans théisme supérieur, puisqu'il n'y a pas en Dieu d'unité de conscience qui s'é-
tende à toutes les substances composant l'assemblage
divin. Ce polythéisme serait donc une sorte d'athéisme.

2° *Les idées ont un objet substantiel en dehors de Dieu.*
— Alors, ces objets devant être éternels, immuables, nécessaires comme les idées elles-mêmes, sont indépendants de Dieu, sont pour ainsi dire autant de dieux. Et
Dieu lui-même n'en a pas l'idée, ou il la subit par voie
d'intuition rationnelle ; ce qui le soumet aux idées, et
n'en fait plus qu'un être subordonné à cet égard.

3° *En Dieu ou hors de Dieu, les objets substantiels des
idées sont impossibles,* parce qu'elles devraient être déterminées pour exister, et qu'elles devraient être indéterminées pour être des types. C'est ainsi, par exemple,
qu'un triangle, un cercle sont impossibles s'ils ne sont
tel triangle, tel cercle. Mais un triangle de forme et de
grandeur déterminées, un cercle d'un rayon déterminé
ne sont plus que des figures déterminées, et non des
types indéterminés de triangle et de cercle. On peut
dire la même chose de toute autre figure, de toute idée
en général, par exemple des idées de beauté, de vertu,
de vérité.

L'hypothèse des objets substantiels des idées, qui repose sur le faux principe que toute idée a un objet,
rendrait donc toute idée indéterminée, toute idée en
général impossible, loin d'en être la condition nécessaire.

Il n'y aurait plus de possibles que des idées singulières, en nombre infini dans chaque espèce, par exemple, une infinité d'idées singulières de cercles, parce
qu'il existerait une infinité de cercles, tous les cercles
possibles, mais point d'idée générale de cercle, parce
qu'il ne peut pas y avoir de cercle en général, attendu
la contradiction qu'il y aurait à ce que le cercle en général eût tous les rayons possibles à la fois.

D'ailleurs, si l'idée générale de cercle pouvait avoir un
objet, et si chaque idée singulière de cercle n'en avait
pas, l'ectype ou la copie serait plus parfaite que le
type lui-même, et manquerait en partie d'objet. Ce qui
détruirait encore l'hypothèse de la nécessité des objets
comme cause externe des idées.

4° *Si les objets de nos idées sont en Dieu à l'état d'attributs, et non à l'état de substances, la plupart des difficultés qui précèdent subsistent, et d'autres non moins
graves viennent s'y ajouter.*

a) Comment, par exemple, le nombre pourrait-il être
un attribut divin, en ce sens propre qu'il fût une qualité
spéciale, indépendante de quelque autre qualité à laquelle il s'appliquât comme idée pure et simple, comme
conception? Comment le nombre pourrait-il être en
Dieu, à titre même d'attribut, sans être tel ou tel nombre? Et s'il est tel ou tel nombre, comment ce nombre
pourrait-il être l'objet de l'idée d'un nombre inférieur
ou supérieur?

b) Comment, par exemple encore, l'étendue pure,
l'espace, s'il est tout en Dieu, sera-t-il l'objet de l'idée
d'étendue conçue dans les corps, sans être l'étendue
même de ces corps? ou bien l'étendue des corps ne se-

rait-elle qu'une illusion mensongère? — Ainsi, panthéisme ou scepticisme. Car ce qui vient d'être dit de l'espace peut se dire aussi de la résistance, de la matière par conséquent, de la réalité en général, et par conséquent aussi de toutes les réalités.

c) On peut se demander encore, ainsi qu'on l'a fait lorsqu'il était question de mettre à l'épreuve l'hypothèse des objets substantiels des idées, si ces objets, qui ne sont plus maintenant que des attributs divins, sont des attributs déterminés ou indéterminés; par exemple si le cercle en Dieu, mais à l'état d'attribut, est le cercle en général, sans rayon déterminé, ou s'il y a un rayon déterminé. Quelle que soit la réponse qu'on nous fera, la nôtre est prête : en effet, si Dieu est circulaire, et sans rayon déterminé, c'est un cercle sans rayon; s'il est circulaire, d'un rayon déterminé, c'est un cercle singulier, qui ne peut plus, dès lors, être l'objet de l'idée d'un autre cercle.

d) Notons en outre que Dieu, qui a pour attribut les idées, est dès lors non seulement un cercle, mais encore un triangle, mais encore un carré, mais encore un polygone quelconque, etc. Et si cette contradiction peut se soutenir jusqu'à un certain point en vertu de l'identité du cercle et du polygone d'une infinité de côtés, on se demande, toutefois, comment il sera bien distinctement toutes ces figures réunies? comment même il peut être une figure quelconque s'il n'a pas d'étendue? comment il peut renfermer les conceptions des formes solides s'il n'est pas solide? comment il est un solide s'il n'est pas matériel? Car il faut bien que la géométrie à trois dimensions soit en lui comme les deux autres. — Comment, au contraire, s'il est matériel, il peut être en même temps spirituel? — Comment encore l'esprit et la matière, comme objets de nos idées, pourraient n'être que des attributs divins? Comment la conception de substance et de réalité pourraient elles-mêmes n'être en Dieu que des qualités, des attributs, et non une substance et une réalité? Que signifie, d'ailleurs, la distinction toute logique, toute d'abstraction, entre la substance et les attributs, pour ceux qui ne voient dans une substance que des attributs substantifiés, et dans des attributs que des substances qualifiées?

e) Et encore que les objets de nos idées ne fussent que des attributs divins, comment pourrions-nous les percevoir sans être Dieu, puisque des états spirituels, tels que des idées, ne sont perçus que de celui qui les revêt? Si nous ne pouvons percevoir les états intellectuels de nos semblables, nous sera-t-il plus facile de percevoir ceux de Dieu sans en avoir conscience? Et pouvons-nous en avoir conscience sans être lui?

5° Mais il y a bien d'*autres difficultés* encore *dans le réalisme,* que les objets des idées soient des substances, divines ou non, ou qu'elles soient des attributs. En effet,

a) Si nos idées ont un objet, la raison elle-même n'est qu'une sorte de faculté perceptive, et les conceptions une autre espèce de perceptions, qui n'ont rien d'éternel, de nécessaire, d'immuable, d'universel; qui sont, au contraire, contingentes et variables.

b) Les idées pratiques, celles de justice, de bonté, de vertu, ne sont plus des règles de conduite; elles n'ont plus rien d'obligatoire; ce sont de pures percep-

tions, qui ont pour objet je ne sais quelle sorte de phénomène divin ou non, mais parfait, et qui ne peut demander à être réalisé, puisqu'il l'est tout entier.

Comment, toutefois, la vertu, qui n'est possible que
dans l'homme, puisque l'homme seul est porté à pé-
cher; comment, disons-nous, la vertu pourrait-elle être
en Dieu, d'une manière ou d'autre? Pourrait-elle, d'ailleurs, s'y concevoir sans être telle ou telle. Et cependant que signifierait en lui la piété filiale, le respect de
la propriété, etc.?

c) Les idées spéculatives, dont une très grande partie
sont négatives, mais non moins réelles pourtant, comme
idées, que leurs contraires, devraient donc toutes avoir
un objet : dès lors le néant, l'impossible, le contradictoire, le relatif, le fini, etc., n'existeraient pas moins
que l'être, le possible, le compatible, l'absolu, l'infini, etc. Mais comment une idée négative pourrait-elle
avoir un objet positif, ou que serait un objet négatif?

Il en est de même des idées corrélatives de petit et de
grand, de plus et de moins, de positif et de négatif, de
mouvement et de repos, de vitesse et de lenteur, de
jeunesse et de vieillesse, de vertu et de vice, de véracité
et de mensonge, de vérité et d'erreur, de beauté et de
laideur, etc., etc.

d) Le même individu ne pourrait plus être un individu; il n'y aurait plus rien de simple possible ; tout ne
serait qu'un amas d'incohérences : Platon ne serait plus
Platon, mais un ensemble d'essences indéterminées, par
exemple de réalité, de matérialité, de corporalité, d'organisme, de vitalité, de sensibilité, d'animalité, de spiritualité, d'humanité, de grécité, d'ionicité, etc. Que de

choses dans un homme! Et toutes ces choses n'en sont qu'une, Platon. Et encore ne parlé-je point de ce qui en fait un individu!

e) Mais si toutes ces choses sont autant d'essences, c'est-à-dire si toutes ces idées, et une infinité d'autres que je trouve applicables à l'immortel Athénien que je viens de nommer, ont un objet, et si ces objets sont les mêmes pour tous les Athéniens, pour tous les Ioniens, pour tous les Grecs, pour tous les hommes, pour tous les animaux, pour tous les végétaux, pour tous les corps, pour tous les êtres, comment se fait-il que Platon diffère par son essence de tout cela? Comment les individus sont-ils possibles? Et si les objets de ces idées ne sont pas les mêmes pour tous les individus auxquels ils s'appliquent, qu'on nous dise en quoi ils diffèrent, comment les genres et les espèces sont possibles? comment si ces individualités, objets éternels des idées, réalités véritables, ne peuvent être sujettes à périr, comment les individus qui en sont composés sont sujets à naître, à changer, à mourir? Est-ce que ces individualités n'existeraient point? ou si elles existent, n'y aurait-il rien en elles que nous puissions raisonnablement concevoir? Et si nous y concevons quelque chose, notre conception a-t-elle donc son objet véritable ailleurs? Et les individus ne participeraient-ils pas même de cet objet? Et s'ils en participent, comment s'opère cette participation? Les objets des idées sont-ils divisibles? Comment ne sont-ils pas épuisés ou tout au moins diminués par le nombre infini d'êtres qui en participent? Comment, s'ils sont indivisibles, ne sont-ils pas épuisés par un seul de ces êtres? Comment, enfin, si ces êtres n'en sont que des images, peuvent-ils avoir quelque réalité?... Voilà donc le réalisme qui, de peur de l'idéalisme, aboutit au nihilisme!

Nous l'avons vu tomber dans une foule d'autres excès, le sensualisme, le matérialisme, le polythéisme, le panthéisme, le mysticisme, l'athéisme même, suivant les directions diverses que lui impose la logique de son principe.

Nulle conception n'a été plus féconde en erreurs de toutes espèces, et il serait aussi curieux que facile de suivre ces aberrations sans nombre dans l'histoire des religions, des sciences et des systèmes de philosophie.

Nous n'avons jusqu'ici considéré la raison que comme faculté supérieure de connaître. Si nous voulions l'étudier dans ses produits divers, en faire la théorie complète, nous ferions entrer dans la psychologie toutes les sciences, toutes les sciences rationnelles pures du moins. C'est par là qu'elles se rattachent toutes à la psychologie; elles sont comme des rameaux qui se déploient sur le tronc de la raison, laquelle appartient à la psychologie, comme science partielle du principe de la vie dans l'homme. Nous renverrons donc à chaque science spéciale l'étude particulière des conceptions qui la constituent, et nous passerons à la seconde espèce de connaissances, les notions.

§ III.

Des connaissances expérimentales mixtes, ou notions de l'entendement.
— Opérations diverses de l'entendement.

Une notion étant une idée de l'ordre sensible, mais générale, elle comprend nécessairement deux choses : une *matière* d'origine sensible, et la *forme* de la généralité.

La *généralité* n'est que l'application possible d'une notion abstraite à un nombre plus ou moins grand de sujets, que ces sujets soient des réalités naturelles ou des réalités fictives, peu importe.

Ce résultat ne s'obtient pas, généralement du moins, sans un certain nombre d'opérations. Ces opérations sont : l'attention, l'abstraction, la comparaison, le jugement, la généralisation enfin. Et si la généralisation dépasse l'observation, il faut, de plus, que le raisonnement, par analogie ou par induction, n'intervienne.

Pour qu'une idée abstraite puisse être appliquée à un certain nombre de sujets, ou plus généralement à un certain nombre d'autres idées, il faut, en effet, que l'*attention* s'applique à la matière de cette idée, par exemple à la couleur d'un objet. Les qualités sensible des choses resteraient comme inaperçues si l'esprit ne réagissait point sur elles. Mais cette réaction serait insuffisante si la qualité sensible qui la provoque n'était pour ainsi dire détachée par la pensée pour être convertie en un objet d'observation exclusif. Or, l'opération par laquelle on sépare ainsi deux choses qui se tiennent étroitement, qui souvent même sont absolument inséparables, prend le nom d'*abstraction*. Voilà donc un premier résultat obtenu.

Il faudra répéter cette opération sur un plus ou moins grand nombre de sujets pour savoir s'ils se ressemblent par là ou s'ils diffèrent. On ne pourrait arriver à cette conclusion si, à mesure qu'une abstraction s'opère, son objet tombait dans l'oubli. La *mémoire* doit donc intervenir pour conserver les résultats des abstractions précédentes, et permettre à l'esprit de *comparer* une idée abstraite avec une autre. La comparaison vient donc aussi s'associer au souvenir pour faciliter au *jugement* la conception d'identité ou de diversité qui se présente à la pensée quand la comparaison a été faite. Mais il est évident que la conception doit être celle de la ressemblance, à un degré quelconque, pour qu'il y ait à cet égard communauté possible entre les sujets observés. C'est la conception de cette communauté, la reconnaissance que l'idée abstraite qui en est l'objet se rencontre dans un certain nombre de sujets, qui constitue la *généralisation* proprement dite.

La généralisation est adéquate et certaine lorsqu'elle ne s'étend qu'aux qualités et aux sujets observés. Mais si elle dépasse l'observation, si par exemple, à l'inspection de deux roses qui ont la même forme et la même couleur, ou peu s'en faut, mais dont l'odeur d'une seule est connue, on conclut que l'odeur de l'autre est la même, on étend la généralisation par voie de raisonnement. Ici, le raisonnement a lieu par proportion ou par *analogie*. Il en serait de même si l'on concluait de l'identité de l'odeur à l'identité de la forme et de l'espèce.

Le raisonnement serait par *induction,* au contraire, si l'on conclait du genre *rose* des qualités qu'on aurait constamment observées dans une multitude d'individus de ce genre, par exemple des propriétés médicales.

Il peut arriver cependant que ces sortes de généralisations *à priori* soient fausses, à cause des exceptions possibles.

On prouve d'ailleurs en logique que les raisonnements par analogie et par induction ne sont jamais que plus ou moins probables. Nous n'en donnerons pas ici la théorie.

Par le fait qu'un sujet revêt plusieurs qualités, et que ces qualités lui sont communes avec un plus ou moins grand nombre d'autres, une idée générale peut être plus ou moins générale, suivant qu'elle s'applique à un plus ou moins grand nombre d'individus. Ainsi l'idée générale de rose, qui en comprend plusieurs autres, et qui est *complexe* par le fait, s'applique à tous les sujets qui comprennent les éléments dont l'idée complexe de rose a été formée. Mais l'idée de végétal, qui convient également à la rose, étant moins complexe, parce qu'elle est prise d'un point de vue plus large, puisqu'on n'y fait entrer que ce qu'il y a de commun à tous les êtres organisés et insensibles, conviendra naturellement à un bien plus grand nombre d'individus que l'idée de rose. L'idée de corps, moins complexe encore que l'idée de végétal, et qui convient également à la rose, lui sera commune avec un bien plus grand nombre d'êtres encore que les végétaux.

De là plusieurs conséquences :

1° Le même sujet, suivant qu'il est envisagé par l'une

ou par l'autre de ses faces, peut être classé différemment, c'est-à-dire faire partie d'un nombre plus ou moins considérable de sujets.

2° En tout cas, une généralisation quelconque est déjà une classification.

3° Les idées forment entre elles des séries ascendantes et descendantes, où chaque anneau marque un degré de généralité.

4° Un degré de généralité plus grand forme un *genre*, relativement au degré de généralité moins grand qui lui est subordonné, et qui forme à son égard une *espèce*.

5° Le même degré de généralité, suivant qu'il est considéré par rapport à un degré supérieur ou inférieur, est espèce ou genre alternativement. Les notions de genre et d'espèce n'ont donc qu'une valeur relative.

6° Toutes choses égales d'ailleurs, un degré de généralité supérieur ou inférieur entre deux idées n'est possible qu'à la condition que le degré supérieur renferme, dans sa notion complexe, quelque élément de moins que le degré inférieur.

7° Le degré de généralité d'une idée dépend donc de son degré de complexité, en ce sens que plus une idée, d'une série donnée, est complexe, moins elle est générale, et qu'au contraire moins elle est complexe, plus elle est générale. Et comme on appelle *extension* d'une idée le degré quelconque de sa généralité, et *compréhension* le nombre quelconque de ses éléments, on a été conduit à poser cette règle logique : L'extension d'une idée est en raison inverse de sa compréhension, et sa compréhension en raison inverse de son extension.

Mais c'est là une propriété logique des idées dont nous n'avons pas à nous occuper ici.

Nous pourrions nous dispenser aussi de parler du raisonnement et de ses espèces, puisque la théorie de cette opération appartient plutôt à la logique qu'à l'exposition des faits internes ou à la psychologie expérimentale. Il y a néanmoins dans le raisonnement un fait, ou un ensemble de faits, qui est comme le phénomène dont la logique expose les lois *à priori*. A ce titre, nous devrons aussi dire un mot du Raisonnement, comme opération de l'entendement.

Nous pourrions encore traiter, en partant des mêmes considérations, de tous les actes de l'entendement qui portent le nom commun de méthode : de la Définition, de la Division, de la Classification, de l'Analyse, de la Synthèse, de l'Observation, de l'Expérimentation, de l'Hypothèse, de la Démonstration, etc. Il suffira d'en dire un mot : le côté psychologique de tout cela présente beaucoup moins d'intérêt que le côté logique; aussi est-ce particulièrement dans les traités de logique qu'il en est question.

Si nous n'avions qu'à faire connaître les opérations de l'*entendement* nécessaires à la formation des notions, notre tâche serait achevée, et nous n'aurions qu'à passer aux perceptions. Mais nous avons aussi à étudier chacune de ces opérations en particulier, du moins à quelques points de vue qui intéressent la psychologie et qui en dépendent. Etablir les faits, en distinguer les espèces; en déterminer les accidents, les causes, les effets, les caractères, les lois; faire connaître l'usage, l'abus, la culture des facultés correspondantes; recher-

cher enfin la ressemblance et la différence entre l'homme
et l'animal à l'occasion de chacune de ces facultés : telles
sont les questions accessoires que nous nous poserons
dans toutes les esquisses qui vont suivre. Qu'il nous soit
permis de renvoyer pour le surplus à notre *Cours élémentaire de philosophie*, et à notre *Anthropologie générale*.

I.

De l'Attention.

Le fait de l'attention se trouve défini et même décrit
dans la dénomination même : c'est *la tension* de l'esprit
vers un objet. Il n'est pas besoin de dire que cet objet
immédiat de l'attention ne peut être qu'une idée. Une
sensation qui provoque l'attention est plus qu'une sensation ; c'est une connaissance. On en conçoit le siège
organique, l'intensité, la continuité, la rémittence, etc.
En tant même qu'elle est connue en soi, elle forme la
matière d'un souvenir qui ne peut être qu'une idée, puisque ce souvenir n'est pas affectif, ou que l'affection qui
l'accompagne est souvent différente de celle qui accompagnait la sensation. L'attention à un acte, à une opération quelconque, n'a également pour objet que l'idée
de cet acte, de la manière de l'exécuter.

L'attention peut porter sur les phénomènes internes
ou sur ceux d'apparence externe. Je dis d'apparence. En
effet, l'attention étant en réalité un acte tout interne, qui
ne peut avoir pour objet immédiat qu'une idée, et toute
idée, phénoménale ou autre, étant essentiellement interne, l'attention qui semble s'appliquer immédiatement

à l'externe passe cependant par l'intermédiaire d'une perception, et même ne porte jamais que sur cette perception. Mais, grâce à l'harmonie qui existe entre le dedans et le dehors, les modes de la perception correspondent aux modes de la cause externe, et l'attention, en suivant les premiers, semble par là même suivre les seconds. C'est ainsi qu'un bruit extérieur d'un objet que nous ne voyons pas nous fait conclure que cet objet s'éloigne si le bruit diminue suivant une certaine loi. La conclusion pourrait être fausse; elle est le résultat de plusieurs jugements aboutissant à une conclusion qui n'a rien de nécessaire.

Quoi qu'il en soit de ce fait trop peu remarqué, l'attention qui s'applique médiatement aux phénomènes externes, aux notions, aux conceptions, conserve le nom générique d'*attention*. Mais si l'attention a pour objet un phénomène interne, elle prend le nom de *réflexion*. Cette synonymie n'est cependant pas scrupuleusement suivie : on dit également faire attention à ce qui se passe au dedans de soi, et réfléchir à un travail manuel, à un raisonnement, à une démonstration, etc.

Mais ce qu'il importe beaucoup de ne pas confondre, c'est la *conscience* et la *réflexion :* la conscience est la *vue* naturelle, fatale de nos états internes ; la réflexion en est le *regard*. La conscience peut donc être comparée à la vue corporelle, en ce qu'elle est ou intuition spontanée, fatale même, ou intuition volontaire, attentive. La réflexion diffère donc de la conscience, comme le regard diffère de la vue. C'est donc la même faculté au fond, mais ce sont deux manières de fonctionner.

L'attention n'est pas une fonction intellectuelle, si par

fonction l'on entend une faculté productrice d'une idée. En effet, elle n'agit jamais seule ; elle ne peut même pas plus agir isolément qu'il n'est possible de donner son attention sans la donner à quelque chose. L'attention n'est donc qu'un mode de perception, d'intuition, en un mot, une manière particulière de penser. Elle n'est donc pas plus une opération primitive qu'elle n'est une opération indépendante ; elle doit être précédée, au moins logiquement, d'une connaissance, d'une idée qu'elle ne donne point, mais qu'elle fait mieux voir. Quand l'attention, loin d'avoir ces conditions pour soi, les a contre soi, elle est alors doublement faible, distraite et superficielle.

Les facultés intellectuelles seraient cependant peu puissantes sans l'attention. Ce n'est que par l'attention qu'elles peuvent se conduire avec régularité et persévérance. C'est donc plutôt l'attention qui ferait le génie que la patience, si la patience ne supposait elle-même l'attention. Mais il est vrai de dire que ni la patience ni l'attention ne constitue le génie, bien que le génie puisse rester stérile sans ces deux vertus de l'intelligence.

On a soutenu que l'attention est exclusivement volontaire et libre. Nous demanderons alors qu'on essaie de ne la donner à rien, et qu'on explique par la volonté la distraction dans l'étude, ou qu'on la nie. Le fait est que l'attention en général est fatale, et qu'il ne dépend pas de nous de ne la donner à rien. Mais tel ou tel acte d'attention n'est pas fatal, puisque nous pouvons nous y soustraire. Il y a cependant certaines obsessions d'idées, par exemple dans les monomanies, où la liberté d'attention est bien faible, si tant est qu'elle existe encore. Dans le sommeil, dans l'*aliénation*, l'esprit est-il encore maître de lui-même, *sui compos?* Qui oserait dire cependant qu'il n'y a là aucun acte intellectuel, aucun acte d'attention?

Dans la veille et dans l'état sain, dans la rêverie, dans la distraction, ne nous arrive-t-il pas de nous prendre involontairement à quelqu'une de ces idées que le courant incessant de l'activité intellectuelle amène en face de la conscience, et d'abandonner celle que nous nous proposions de suivre? Cette attention furtivement donnée à quelques-unes de ces idées que nous n'avons pas l'intention d'étudier, qu'est-ce autre chose qu'un acte spontané de l'esprit? Peut-on dire qu'il soit volontaire, quand au contraire la volonté est précisément de s'appliquer à une autre idée? Et si l'on distingue ici entre la volonté initiale ou d'intention qui a présidé au choix de la tâche et aux premiers actes de la pensée réfléchie, et la volonté actuelle, qui est cependant bien plus négative que positive, toujours faudra-t-il convenir que cette volonté n'est pas délibérée, et n'a par conséquent pas le caractère de réflexion nécessaire pour qu'elle puisse être réputée libre d'une liberté positive.

Il nous semble donc plus vrai de dire que l'attention a l'un ou l'autre de ces trois caractères : qu'elle est ou fatale, ou spontanée, ou volontaire et libre.

L'attention a d'autres caractères encore : elle est forte ou faible, soutenue ou distraite, profonde ou superficielle et légère. Ce sont là des qualités relatives, qui varient par conséquent suivant la trempe intellectuelle des sujets. A part ces degrés naturels très divers, innés, on peut dire cependant que, toutes choses égales d'ailleurs, l'attention est d'autant plus forte, plus soutenue, plus profonde, qu'elle est plus passionnée, plus exclusive, plus recueillie, plus habituelle, plus facilitée par des signes sensibles, et surtout plus méthodiquement dirigée. C'est là une loi constante.

Mais si une passion modérée anime et soutient l'attention, une passion excessive peut l'égarer en l'exaltant. De même, une attention trop exclusivement donnée à une série d'idées, à une famille d'idées même, tout en rendant l'esprit plus profond, peut le rétrécir et le fausser. Une attention trop soutenue, même variée, dans son objet, peut aussi avoir l'inconvénient d'affaiblir le ressort de l'esprit. Trop isolée du monde extérieur et trop soustraite aux préoccupations ordinaires de la vie, l'attention, la contemplation, l'âme en général peut sans doute en acquérir plus de force ; mais l'exaltation et la perte du sens des réalités peuvent en être la conséquence. Enfin, si l'attention trouve dans les signes une force et un appui, elle y trouve aussi une source d'illusions quand il s'agit des idées de l'ordre rationnel pur. Et si l'esprit est habitué à ne marcher qu'à l'aide des signes, il peut devenir par là d'autant moins propre aux spéculations de l'ordre purement rationnel. De là peut-être la faiblesse de conception de bon nombre de mathématiciens en métaphysique.

L'attention se fortifie par l'exercice méthodique, soutenu et varié, par l'habitude de réfléchir au même ordre d'idées. Mais il faut que la méthode soit juste, que le travail ne soit pas trop prolongé ni trop court, que l'objet de l'étude ne soit pas non plus trop varié : l'éblouissement résulte de la trop grande diversité des idées dans un moment donné, comme de l'idée fixe, et la profondeur des connaissances est ordinairement en raison inverse de l'étendue. Mais la profondeur devient aisément exclusive, et l'exclusion conduit facilement à une négation erronée. Comme tout tient à tout, il est bon de ne point se renfermer trop à l'étroit dans un genre d'études, et, tout en le cultivant de préférence, de négliger d'autant moins tout le reste qu'il soutient des rapports plus nombreux et plus étroits avec ce qui fait l'objet le plus ordinaire de nos méditations.

L'animal est-il capable d'attention? N'y a-t-il pas chez lui le *voir* et le *regarder,* l'*ouïr* et l'*entendre,* le *sentir* et le *flairer?* Il serait difficile de le nier. Mais cette attention ne pourrait être libre, volontaire, qu'à la condition de la réflexion. Or, comme il est difficile d'admettre que l'animal réfléchisse, il ne reste plus qu'à lui reconnaître une attention spontanée, non volontaire, et surtout indélibérée.

II.

De l'Abstraction.

Il vaudrait mieux faire de l'abstraction une conséquence de l'attention que d'en traiter séparément, puisque toute abstraction suppose attention. Il est vrai que toute attention ne suppose pas abstraction, puisqu'on peut très bien donner son attention à une idée abstraite sans faire encore une abstraction. On peut même donner son attention à une chose, à une qualité de cette chose, à une idée, enfin, sans faire abstraction. Il suffit pour cela qu'il n'y ait pas eu primitivement dans l'esprit une autre idée que celle qui l'occupe.

L'abstraction, comme le mot l'indique déjà, suppose donc :

1° Qu'il y a deux ou plusieurs idées présentes à l'esprit ;

2° Que les objets de ces idées se tiennent étroitement, indivisiblement, comme les trois dimensions d'un solide ;

3° Que l'esprit se détache de l'une de ces idées pour s'attacher à l'autre, et semble pour ainsi dire séparer, détacher, enlever l'une de l'autre.

Le mot abstraction, comme la plupart des noms donnés aux facultés de l'entendement, signifie, du reste, trois choses qu'il ne faut pas confondre : 1° la faculté d'abstraire, 2° l'acte d'abstraction, 3° le produit de cet acte.

L'abstraction est si peu une fonction de l'âme, une faculté productrice par elle-même d'une idée, qu'elle n'est pour ainsi dire que le côté négatif de l'attention, sa condition. C'est parce que l'activité intellectuelle ne peut s'appliquer en même temps à plusieurs choses à la fois que l'abstraction devient nécessaire. Il est des cas, cependant, où ne pas penser à une idée est l'affaire principale, par exemple dans la maxime gouvernementale qu'il faut savoir dissimuler pour savoir régner, dans l'oubli des injures, etc.

L'abstraction, comme l'attention, est ou fatale, ou spontanée, ou volontaire et libre. Il est impossible de ne pas abstraire en général. Dans des cas particuliers mêmes, par exemple lorsqu'on applique son attention à un objet sensible, il faut bien qu'on l'étudie sous un aspect plutôt que sous un autre, sauf à choisir. L'alternative sera si l'on veut, ce qu'il y a de fatal ici, plutôt que l'abstraction elle-même ; mais il n'est pas moins vrai que l'attention est nécessairement au prix de l'abstraction.

Il n'est pas douteux non plus que, sans que nous y pensions, sans que nous le voulions, notre attention se porte comme d'elle-même sur une idée, sans plus s'occuper d'aucune autre, quelque intime que soit le lien qui l'y rattache.

Enfin, nous possédons certainement la faculté de pouvoir détourner à volonté notre attention d'une idée pour la donner à une autre idée qui est étroitement liée à celle-là.

Une abstraction est d'autant plus facile que les idées se tiennent moins fortement, et que l'attention à l'une d'elles est plus sollicitée.

Mais s'il y a des abstractions très faciles, fatales même, il en est d'autres qui exigent une grande attention, et que font très peu d'hommes, par exemple celle qui consiste à détacher de la couleur d'un objet l'étendue, à se défaire des idées de profondeur et d'extériorité pour se reporter par la pensée à l'état présumable où nous étions avant d'avoir conçu le monde extérieur, mais où déjà nous avions l'usage de la vue. Une autre abstraction assez difficile est celle qui consiste à séparer la sensation de résistance de la conception de résistance.

Il y a d'autres abstractions qui sont difficiles à faire, non pas que les idées qui s'unissent soient étroitement liées de leur nature, mais parce que l'une assaille l'es-

prit avec plus de force que celle à laquelle on voudrait
s'appliquer. C'est ainsi que des bruits réitérés, surtout
si la cause en est inconnue et s'ils sont irréguliers, que
la conversation qui se fait autour de nous, distraient singulièrement quelqu'un qui travaille de tête. D'autres abstractions sont rendues difficiles par les passions. Si le
droit et la morale ont été si souvent confondus, c'est
qu'on n'a pas su séparer ce qui est de raison pure et ce
qui est de sentiment dans les principes de nos actions.

L'abstraction étant une condition aussi nécessaire que
celle de l'attention pour qu'il y ait étude, connaissance
méthodique, c'est-à-dire connaissance suivie, approfondie, régulière de quoi que ce soit, est par là même d'un
usage indispensable dans toute science; mais comme la
nature n'a pas créé d'abstractions, et que tout se tient
dans ses œuvres, surtout dans les êtres si complexes
qu'on appelle organiques, il est nécessaire, après avoir
abstrait pour analyser, de rétablir par la synthèse les
liens qui avaient été un instant brisés par la pensée; autrement, on n'aurait pas l'idée d'un tout, de son unité,
de l'ensemble de ses parties; autrement, on ne pourrait faire la plus simple des machines.

Il faut se prémunir encore contre une illusion très
naturelle et par conséquent très commune, illusion qui
consiste à s'imaginer que toute idée abstraite a un objet
propre, distinct, substantiel. Le langage favorise singulièrement cette tendance de l'esprit à réaliser des abstractions.

On se demande si les animaux font des abstractions et
comment? Nous leur avons reconnu de l'attention; il
semblerait donc conséquent de leur reconnaître la fa-

culté d'abstraire. Mais d'abord ils ne peuvent être doués
de l'abstraction délibérée, ni même de l'abstraction volontaire, puisqu'ils s'ignorent, ou que tout au moins ils
ne réfléchissent pas à la suite de la conscience vague
qu'ils peuvent avoir d'eux-mêmes. Reste à savoir s'ils
sont même capables de l'attention spontanée, ayant
pour but de distinguer, par exemple dans un corps, la
forme d'avec la couleur, et ainsi de suite. Nous ne le
pensons point. Il nous paraît plus vraisemblable que les
animaux donnent toujours leur attention à un ensemble
de choses, à un tout, et que s'ils regardent plus particulièrement un point de la surface d'un objet, c'est sans
songer à ne pas regarder le reste. Il n'y a donc jamais
dans l'animal les trois conditions que nous avons reconnues pour qu'il y ait abstraction, surtout abstraction volontaire. Si donc ils abstraient, c'est spontanément; et
encore cette abstraction est-elle plutôt une vue bornée,
la limite plus ou moins restreinte d'un horizon, qu'une
abstraction véritable, que l'abstraction qui conduit à la
généralisation.

III.

De la Mémoire.

La *mémoire* est cette opération de l'esprit en vertu de
laquelle nous exhumons pour ainsi dire nos états passés,
en conservons ou reproduisons l'idée. Le produit de
cette opération s'appelle *souvenir*.

Il y a donc deux choses dans le *souvenir* : l'idée d'un
état interne, et l'idée que cet état a existé *autrefois* par
opposition à l'état de maintenant, qui n'est plus celui-là.

Dans le cas où l'état actuel est pareil à l'état passé, il y a donc quatre choses dans l'esprit : l'idée de l'état passé, l'idée de l'état présent, la conscience de ce dernier état, l'idée de la ressemblance de ces deux états, sans cependant qu'il y ait entre eux confusion, enfin l'idée du passé et du présent, ou l'idée de temps. Le souvenir d'une perception ou d'une sensation en présence de cette même perception ou sensation renouvelée, est proprement la *reconnaissance*.

On distingue dans les deux éléments principaux du souvenir, ce qui varie comme les différents souvenirs mêmes, ce qui les distingue les uns des autres, et ce en quoi ils se ressemblent, c'est-à-dire d'appartenir tous également au passé, quoique ce passé puisse être plus ou moins loin de nous. Le premier de ces éléments est la *matière* du souvenir, le second en est la *forme*. D'où l'on voit que la matière du souvenir est le souvenir même, et la forme le *temps*.

Quelquefois le souvenir est imparfait; la matière seule en est reproduite sans que nous sachions que nous avons été autrefois dans un état intellectuel correspondant. Nous ne pouvons donc alors placer cet état dans notre passé. Nous croyons que l'idée actuelle est présente à l'esprit pour la première fois. Cet état s'appelle, par analogie à la théorie platonicienne des idées, *réminiscence*.

Mais il est facile de voir que la réminiscence ne peut guère avoir lieu que pour les conceptions ou les notions; car si nous avions l'idée d'une sensation ou d'une perception que nous croyions éprouver pour la première fois, ce ne serait pas une réminiscence, ni une reconnais-

1.   7

sance, mais une sensation ou une perception actuelle,
avec oubli parfait d'un état semblable où nous nous
serions trouvés antérieurement. Il serait contradictoire,
d'un autre côté, d'admettre que nous pouvons avoir maintenant l'idée d'une sensation et d'une perception que
nous n'éprouvons pas, mais que nous avons éprouvée
antérieurement, sans cependant nous rappeler que nous
l'avons éprouvée.

Il y a donc une grande différence entre le souvenir
d'une conception, celui d'une notion, d'une perception
et d'une sensation. Rien de plus ressemblant à une conception passée que le souvenir de cette conception ; à tel
point qu'on peut douter si ce souvenir n'est pas la conception elle-même renouvelée, et si, à proprement parler, le souvenir ne porte pas alors sur les circonstances
de temps, de lieu, de langage, où cette conception a été
appliquée autrefois, plutôt que sur la conception elle-
même.

Le souvenir d'une notion, comme ayant été autrefois
présente à l'esprit, ressemble beaucoup encore à cette
notion ; et le même doute que ci-dessus est d'autant
plus permis, que souvent nous avons la notion et que le
mot se fait attendre, le mot propre surtout, tandis qu'il
ne nous arrive presque jamais, ayant le mot, de ne pas
avoir l'idée. S'il nous semble parfois que nous n'avons
pas l'idée en présence du mot, ce n'est pas précisément
elle qui nous manque, c'est plutôt le souvenir de la convention en vertu de laquelle telle idée, de préférence à
telle autre, est attachée à ce mot. Cela est si vrai, que si
nous voulons sortir de notre doute en consultant un
dictionnaire, nous n'apprenons pas alors l'idée attachée

au mot, mais bien qu'elle y est attachée réellement.
C'est une idée contingente de rapport qui fait défaut,
celle qui relie le mot à l'idée qu'il s'agirait d'exprimer.

Il est à remarquer, au surplus, que les mots, surtout
les plus usuels, nous dispensent en grande partie de
mettre dans nos souvenirs la même précision que nous
avons mise ou dû mettre autrefois dans la formation de
nos idées; nous nous contentons maintenant d'un à peu
près. Nous n'attachons plus aux mots qu'une idée ap-
proximativement précise, l'essentiel des idées qu'ils
expriment. Le signe étant de sa nature précis, la signification en ayant été autrefois déterminée avec une précision plus ou moins rigoureuse, plus ou moins vraie,
nous nous en tenons maintenant au signe convenu, sans
plus nous occuper de sa valeur exacte. Quel est celui
qui, dans l'usage qu'il fait journellement des mots
homme, animal, plante, etc., a présente à l'esprit la définition scientifique ou même vulgaire de chacun d'eux?
Les mots sont donc comme les signes algébriques, qui
représentent des nombres déterminés, mais que nous
traitons sans nous préoccuper de ces nombres, sauf, l'o-
pération faite, et s'il est besoin d'avoir une notion plus
précise du résultat, à nous rappeler avec plus de précision ce que nous avions mis sous chacun de ces signes.

Le souvenir des perceptions diffère déjà très sensiblement des perceptions elles-mêmes. La preuve, c'est que
les artistes les plus habitués à saisir les formes, les couleurs et les proportions, ne font que difficilement des
portraits de souvenir. Les souvenirs des perceptions
visuelles paraissent être ceux qui ressemblent le plus
aux perceptions correspondantes, parce que l'imagina-

tion a plus de prise en ces sortes de perceptions qu'en toutes les autres. Cependant le souvenir des sons, d'un air, est souvent reproduit avec plus de fidélité qu'une perception visuelle. C'est qu'il y a dans les phénomènes visuels des détails infinis qu'on ne rencontre point dans une combinaison très simple de sons. Et encore faut-il, pour s'assurer de la fidélité d'un souvenir musical, chanter intérieurement ou comme par imagination ; on entend alors de l'ouïe de l'esprit, le ton, le timbre, la mélodie, etc., surtout le timbre de sa propre voix. C'est ainsi qu'on s'entend parler et lire, sans parler ni lire réellement. Mais ce phénomène appartient plutôt à l'imagination qu'au souvenir.

Le souvenir des sensations du goût, de l'odorat, du toucher, n'est guère, généralement, qu'une idée qui n'a rien à démêler en essence ni en degré avec les sensations mêmes. C'est donc surtout à l'occasion de ces souvenirs qu'il est faux de dire que le souvenir d'une sensation est une sensation continuée, mais affaiblie. Ces sortes de souvenirs ne prennent donc un peu de précision que dans le phénomène de la reconnaissance. Encore est-il vrai de dire qu'alors il n'y a pas deux sensations, mais une sensation, plus une idée d'une autre, plus une comparaison entre cette idée et cette sensation. C'est une chose merveilleuse que la possibilité de pouvoir juger de la nature, de l'intensité d'une sensation par une idée, sans éprouver en aucune manière cette sensation, et de pouvoir dire, par exemple : c'est là du vin que j'ai bu il y a tant de mois, d'années ; il est de tel pays, de tel crû, de telle date ; il a perdu ou gagné, etc., etc. Il faut donc, puisque le souvenir d'une sensation n'est pas une sensation continuée, ni discontinuée, ni d'une intensité soit égale, soit plus faible, soit plus forte ; il faut, disons-nous, qu'il y ait dans le phénomène de la sensation, outre la sensation, l'idée de cette sensation, et que ce soit l'idée qui fasse la matière du souvenir. Reste à savoir comment l'idée d'une sensation peut permettre de la reconnaître d'une manière si précise.

Quoi qu'il en soit, ce résultat général semble certain : c'est que plus on descend dans les états de l'âme, depuis les conceptions jusqu'aux sensations, moins il y a de ressemblance entre ces états et les souvenirs correspondants.

Au phénomène du souvenir se rattachent non seulement la conception de *temps* sous toutes les formes, mais aussi les conceptions de *nombre*, d'*identité* et de *diversité*, de *moi* et de *non-moi*, de *personne*, par conséquent. Mais l'étude de toutes ces conceptions nous mènerait beaucoup trop loin. Il nous suffit de dire ici que le phénomène du souvenir est une condition sans laquelle la raison ne produirait pas ces sortes de conceptions ; le souvenir en est donc un antécédent psychologique ou chronologique.

Nous ferons remarquer cependant que sans la mémoire il n'y aurait pas de *conscience*. En effet :

1º La conscience ne saisit pas l'infiniment petit en fait de durée des phénomènes internes ; et cependant la durée se compose d'infiniment petits. Remarquons donc, en passant, que si les infiniment petits de ce genre, les *indiscernibilia* de l'ordre interne peuvent être perçus dans leur réunion, il n'y a pas de raison pour que les infiniment petits de l'ordre externe soient perçus quand

ils sont réunis, quoique imperceptibles quand ils ne le
sont pas. Le fameux argument de l'impossibilité, que ce
qui est composé d'éléments inétendus donne la perception
d'étendue (je ne dis pas l'étendue), n'est qu'un sophisme :
on confond l'étendue avec la perception d'étendue, et
même avec la conception d'étendue. A ce compte, pourquoi entendrait-on le bruit de la mer agitée, qui n'est
qu'un composé d'une infinité de bruits imperceptibles
formés par chacune des gouttelettes dont se compose la
masse des eaux?

2° Une autre raison pour laquelle la conscience serait
impossible sans le souvenir, c'est qu'il ne pourrait pas y
avoir dans la conscience de diversité, ni simultanée, ni
successive, puisque l'état de la conscience dans un instant donné est indivisible, alors même qu'il serait mixte,
et que, d'ailleurs, pour discerner les éléments qui composent le mixte, il faut les avoir séparément, successivement connus.

Or, sans diversité, point de distinction, point de durée
sensible. Une âme qui n'aurait qu'une sensation unique,
un seul état, alors même que cet état durerait, ne se
connaissant que par cet état et dans cet état, ne pourrait s'en distinguer, ne pourrait se concevoir une, identique, par opposition à une multiplicité et à une diversité qui n'existeraient pas.

Cet état unique ne serait ni opposé ni opposable à
aucun autre, pas même au non-état; ce ne serait donc
pas un *état,* par opposition au *sujet* qui le revêtirait, et
ce sujet lui-même ne pourrait se concevoir comme tel;
il ne serait pas sujet à ses propres yeux ou pour soi. Il
n'y aurait donc ni sujet ni état distincts.

L'âme ne pourrait pas davantage se concevoir *soi*, par opposition à des états *non-soi*, puisqu'elle ne se connaît pas immédiatement, et qu'elle n'est conduite à se poser en opposition avec ses états que par les conceptions d'unité et d'identé qu'elle s'applique, en opposition avec les conceptions de multiplicité et de diversité qu'elle applique à ses états.

Par le fait encore qu'il n'y aurait pas diversité successive, il n'y aurait pas de succession concevable, par conséquent pas non plus de permanence ou de durée concrète, pas de durée abstraite ou de temps. Le temps vide ou la durée absolue, abstraite, n'est que la conception de la possibilité de la durée concrète, et la durée concrète n'est qu'une conception particulière de la phénoménalité interne.

Il n'y aurait pas plus de *nombre* que de succession, puisqu'il n'y a de numération possible qu'à la condition d'une diversité successive.

Il résulte aussi de ce qu'on a dit de la conception de *sujet*, par opposition à celle d'*état*, et de la distinction nécessaire entre le sujet ou le moi et l'état ou le non-moi, ainsi qu'entre l'âme et le moi, que le *moi* n'est que le produit d'une conception, une pure conception même, exactement comme le *non-moi* en tant que non-moi, et que l'un et l'autre sont des effets de la raison fonctionnant dans les conditions indiquées.

Mais nous pouvons très bien faire remarquer que la matière du souvenir, alors même qu'elle semble porter sur un phénomène externe, n'a cependant pour objet immédiat qu'un phénomène interne. Je me souviens d'avoir vu telle chose, signifie donc : Je me souviens d'avoir été voyant telle chose. Et la chose vue n'est pour l'âme dans le souvenir qu'un état interne, comme elle n'était déjà pour l'âme dans la perception que ce qu'elle en percevait, concevait et croyait. Comment, d'ailleurs, le souvenir de la perception d'une chose qui n'est plus pourrait-il tenir encore à cette chose, avoir quelque *valeur* objective, malgré son *caractère* objectif? Je dis son caractère objectif, car le souvenir d'une perception, comme la perception elle-même, tout en n'étant qu'un état interne et subjectif, n'est cependant pas un état purement subjectif, une simple détermination du moi; non, la raison y attache une conception d'objectivité, elle conçoit ce souvenir, cet état antérieur correspondant au souvenir comme une sorte d'effet analogue à une cause conditionnelle externe. C'est là ce que j'appelle le caractère objectif du souvenir de la perception, et de la perception elle-même. Dans le souvenir, ce caractère n'est que médiat, c'est-à-dire qu'il n'atteint les choses qu'en passant par la perception. Dans la perception il est immédiat. Mais je dis aussi que ce caractère d'objectivité n'emporte pas la valeur objective, puisqu'il faudrait, pour qu'il y eût valeur objective, que la perception et son souvenir même eussent un objet correspondant, propre, réel, substantiel, externe. Ce qui est inadmissible.

La mémoire est la condition qui nous fait exister à nos propres yeux; si nous étions dépourvus de tout souvenir, nous ne pourrions ni penser, ni parler, ni agir; nous retomberions à chaque instant dans le néant pour en être à chaque instant tirés; nous n'existerions pas pour nous-mêmes. Et cependant la mémoire n'est qu'une

faculté secondaire, sinon quant à son importance, du
moins quant à l'ordre chronologique de son action. Il est
clair, en effet, que la mémoire ne produit aucune connaissance, puisqu'elle a pour fonction de conserver et de
reproduire celles qui ont été acquises, ou tout au moins
leurs idées. Ce sont ces idées, surtout lorsqu'elles ont
pour objet des sensations et des perceptions, qui sont
affaiblies et décolorées, et point du tout les sensations et
les perceptions elles-mêmes, qui ne sont reproduites à
aucun titre. L'idée qui est reproduite n'est elle-même
qu'une idée plus ou moins semblable à celle qui avait
accompagné la sensation ou la perception, mais elle en
diffère du tout au tout numériquement ; ce sont deux
idées parfaitement distinctes, et non une seule ; en sorte
que ce qu'on appelle ici *reproduction* d'une idée n'est
qu'une *production* d'une autre idée plus ou moins semblable à une idée précédente, avec la conception de cette
ressemblance, et celle de la diversité des temps dans
lesquels elles ont apparu à l'esprit.

Le souvenir est ou fatal, ou spontané, ou volontaire.
Il ne dépend pas de nous de n'en avoir pas en général,
ni même de n'avoir pas tels et tels souvenirs que nous
avons réellement ; seulement, nous pouvons en détourner
plus ou moins facilement notre attention. D'un autre côté,
il est des souvenirs, on pourrait presque dire que tous
en sont là, qui se présentent à la pensée comme d'eux-
mêmes. Remarquons, en effet, qu'on ne peut chercher à
évoquer un souvenir qu'autant qu'on l'a déjà présent à
l'esprit d'une manière imparfaite ou médiate. C'est ainsi
qu'ayant l'idée d'un genre, je puis chercher à me rappeler ses espèces, parce que je sais qu'il en a. C'est

ainsi qu'ayant déjà l'idée d'un mot, je puis vouloir me rappeler l'idée qu'il signifie. Il faut donc avoir déjà, de près ou de loin, d'une manière plus ou moins médiate, le souvenir d'une idée pour vouloir se la rappeler. Et comme ces idées aboutissantes, qui nous font désirer d'en ressusciter d'autres, ont dû elles-mêmes se représenter à l'esprit volontairement ou involontairement, et qu'il en est toujours de même, si loin qu'on remonte la chaîne des idées, il faut donc qu'originairement tout souvenir volontaire ait été précédé d'un souvenir spontané. D'ailleurs, l'enchaînement des idées et par conséquent des souvenirs, est l'objet d'une étude spéciale, connue sous le nom d'*association des idées*.

La mémoire varie en étendue, en netteté, en promptitude, en facilité, en fidélité, suivant les sujets. Elle semble aussi avoir ses préférences ; on se rappelle plus facilement tel ordre d'idées que tel autre. Un phénomène général, c'est que dans la vieillesse les souvenirs de l'enfance et du jeune âge sont plus vifs que ceux de temps bien plus rapprochés.

Mais quelles que soient les diversités de mémoire, et les qualités qui les distinguent, on peut dire, en général, que le souvenir est d'autant plus sûr et plus facile que l'idée première avait été plus vive, plus profonde, plus intéressante, qu'elle est devenue plus habituelle, qu'une attention plus forte et plus soutenue y a été donnée.

Sachant les conditions qui favorisent le souvenir, on sait par là même les moyens de fortifier la mémoire. Mais il ne faut pas s'y tromper, il y a une dose de mémoire originelle que tous les moyens mnémoniques peuvent entretenir et fortifier peut-être, mais que l'art ne peut jamais changer beaucoup. Il y a des mémoires naturellement très ingrates, comme il y en a d'autres naturellement prodigieuses. L'art n'effacera jamais cette différence, et il est même vraisemblable qu'appliqué à des mémoires si diverses, il créera entre elles une plus grande inégalité encore. C'est-à-dire qu'il sera d'autant plus efficace qu'il est moins nécessaire.

Il y a plusieurs sortes de méthodes suivies dans la culture de la mémoire : la méthode *mécanique,* qui consiste à répéter mot pour mot, dans un ordre déterminé, ce qu'on veut apprendre; la méthode *artificielle,* qui consiste à associer les idées qu'on veut retenir à d'autres idées, à des sons, à des images, à quelque signe sensible ayant avec ces idées ou les mots qui les expriment une analogie plus ou moins frappante, ou formant avec elles des contrastes plus ou moins saisissants, etc., en un mot, des ensembles plus faciles à retenir que ne serait séparément la partie qu'on désire surtout se rappeler; et la méthode *raisonnée* ou de jugement, qui consiste à classer les idées suivant leurs affinités naturelles ou logiques, afin de pouvoir passer aisément de l'une à l'autre. La première de ces méthodes est plutôt l'art d'apprendre des mots que des idées; la seconde est l'art d'aider le rappel de certaines idées qu'on retient difficilement, en les associant à d'autres qu'on se rappelle plus aisément; la troisième est la mémoire logique.

La mémoire varie en certitude suivant les individus, comme en étendue, en netteté et en fidélité. Les uns retiendront plus sûrement certaines idées que certains autres. Il en est dont les souvenirs sont plus précis,

d'autres qui les ont plus vagues. L'imagination peut
contribuer beaucoup, par un certain degré de force, à
raviver plus complétement les souvenirs, les souvenirs
de perceptions surtout. Mais si elle est trop forte, elle
peut aisément mêler ses images au souvenir, et les dénaturer en leur donnant une précision dont ils ne sont
pas susceptibles. C'est ainsi que les conteurs à imagination brodent facilement leurs récits, et sans mauvaise
foi, peut-être même sans s'en apercevoir toujours, surtout s'ils sont artistes et s'ils cherchent à intéresser, s'ils
en éprouvent le besoin.

La mémoire, quand elle est seule dépositaire d'un
souvenir, lors surtout que l'idée qu'elle reproduit n'a
pas été confiée à un grand nombre de personnes et que
les souvenirs ne sont pas confrontés, n'a d'autre ga-
rantie qu'elle-même. Il en est autrement si le fait, l'idée
a été confié à l'écriture, à la matière en générale.

Si nous comparons maintenant les animaux avec
l'homme sous le rapport de la mémoire, nous remar-
querons :

1° Qu'on ne peut mettre en doute l'existence de cette
faculté dans l'animal;

2° Mais qu'il est plus que probable que les souvenirs
de l'animal sont dépourvus de la forme, la notion de
passé, et ressemblent à nos réminiscences;

3° Qu'ils ne portent que sur des perceptions et des
sensations;

4° Qu'ils sont spontanés;

5° Qu'ils ne sont pas suivis des conceptions de moi et
de non-moi, d'identité et de diversité, d'unité et de multiplicité, de temps, de nombre, etc.;

6° Que l'attention est pour beaucoup moins que l'instinct dans la fidélité de certains souvenirs, par exemple chez les chiens, chez les chevaux;

7° Que la mémoire n'a pas le même degré de force chez les animaux de même espèce, pas plus que dans l'espèce humaine, etc.

Plusieurs phénomènes, avons-nous dit, se rattachent à la mémoire, entre autres l'association des idées. Il faut y joindre la parole, l'imagination, les songes et la prévision.

1°

De l'Association des idées.

C'est un fait qu'une idée en amène une autre. Et comme la même idée peut tenir à plusieurs, elle amène l'une plutôt que l'autre, suivant les personnes et les circonstances. Ce phénomène est ce qu'on appelle l'association des idées. Il suppose la mémoire et constitue pour sa grande part le souvenir.

Il faut distinguer trois grandes classes d'associations d'idées : l'association synthétique *à posteriori*, l'association synthétique *à priori*, et l'association analytique. La première a lieu entre des sensations, des perceptions, des notions; entre ces trois sortes d'états et certaines conceptions, telles que celle d'un degré quelconque d'intensité d'une sensation, d'un temps et d'un lieu déterminés, d'un phénomène, etc. La seconde comprend le rapport des conceptions qui forment entre elles un système binaire; telles sont les conceptions de fini et d'infini, de jeunesse et de vieillesse, de mouvement et de

repos, etc. En outre, un grand nombre d'associations
d'idées mixtes, c'est-à-dire dont les unes sont empiriques
et les autres rationnelles. Telles sont les associations
d'idées constituant les unes la matière, les autres la
forme d'une idée, par exemple l'idée d'un phénomène
externe et celle de l'espace, celle d'un phénomène interne et celle du temps. Il ne faut pas confondre ces
sortes d'associations avec une espèce déjà mentionnée
dans la première classe : autre chose est, en effet, de
rapporter un phénomène externe à l'espace comme à
sa forme ; autre chose de le rapporter à telle ou telle
région ou partie de l'espace. La première espèce d'association est une synthèse *à priori,* marquée d'une sorte
de nécessité, puisqu'il est impossible de ne pas concevoir les phénomènes externes dans l'espace. La seconde
espèce d'association est, au contraire, toute contingente, puisqu'il n'y a aucune nécessité à ce qu'un phénomène externe se passe ici plutôt qu'ailleurs. La troisième classe comprend celles qui sont de telle nature
qu'une idée étant donnée, une autre idée s'ensuit nécessairement, parce qu'il impliquerait contradiction que la
première fût sans la seconde, puisqu'il y a identité
partielle ou totale entre l'une et l'autre. Cette troisième
classe diffère de l'association par synthèse *à priori,* en
ce qu'il n'y a pas identité entre les idées associées de
cette dernière manière, bien qu'ici encore il y ait une
sorte de connexion nécessaire.

L'association par synthèse *à priori* est une association
par *coordination* ou *corrélation,* l'association par analyse
à priori est une synthèse par *subordination* ou *consécu-*
tion. Mais la nécessité, une nécessité en est le carac-

tère commun; de sorte qu'on peut faire de la synthèse et de l'analyse *à priori* deux espèces du même genre.

En somme, on a donc des associations contingentes et des associations nécessaires. Les associations contingentes se subdivisent suivant que le lien qui rattache deux idées est ou une conception d'un temps particulier, ou une conception de lieu déterminé, ou une ressemblance, ou un contraste, ou le rapport d'un signe à une chose signifiée, d'un agent et d'une opération, d'un moyen et d'une fin, d'un genre et d'une espèce, d'une analogie ou d'une induction particulière, etc.

Les associations de l'ordre nécessaire comprennent trois classes : celles des idées corrélatives, celles des jugements analytiques, et celles des raisonnements déductifs.

Il ne faut pas confondre la corrélation nécessaire des idées avec leur corrélation contingente. C'est, par exemple, une corrélation nécessaire que celle *de* signe et *de* chose signifiée en général; mais c'est une association contingente que celle *d'un* signe et d'*une* chose signifiée en particulier, par exemple le lien qui unit telle idée à tel mot d'une langue conventionnelle.

L'association des idées suppose évidemment l'acquisition de ces idées et les opérations intellectuelles qui leur donnent la forme.

L'association elle-même est une sorte de forme, qui a pour caractère universel de relier une idée à une autre, quel que soit le mode de cette union. Les idées associées sont la matière diverse de l'association. Cette matière peut être expérimentale pure, ou rationnelle pure, ou mixte; mais la forme est toujours rationnelle.

L'association habituelle des idées varie singulièrement, suivant les goûts, les connaissances, les habitudes, les dispositions personnelles et les circonstances. Plus une espèce d'association est habituelle, plus elle tend à se renouveler, plus elle s'accomplit facilement.

Ajoutons que des associations peuvent être légitimes ou illégitimes, de bon ou de mauvais goût, honnêtes ou déshonnêtes. Les faux raisonnements, ceux-là surtout qui rentrent dans les sophismes *post hoc ergo, propter hoc, non causa pro causa,* ou qui consistent dans une induction outrée, ne sont généralement que des associations vicieuses d'idées. Il ne serait pas difficile d'y ramener la plupart des préjugés erronés.

De là l'importance de veiller au choix des associations salutaires, et de s'y exercer. Il arrive pour l'association habituelle des idées, ce que nous voyons s'accomplir pour l'ensemble de certains mouvements organiques nécessaires à la réalisation de certaines fins : l'habitude les rend plus prompts et plus sûrs. Il y a d'autres actes qui exigent en même temps l'association des idées et celle des mouvements, par exemple dans la parole, le chant, la musique instrumentale. Un long usage est seul capable de nous rendre habiles exécutants.

L'association des idées, d'après la division que nous en avons faite, est ou fatale, ou spontanée, ou volontaire, suivant qu'elle est nécessaire ou contingente. Mais l'association fatale elle-même peut être dirigée vers tel ou tel ordre d'idées, conduite dans cet ordre même sur une ligne ou sur une autre, jusqu'à un degré plus ou moins avancé.

C'est ainsi que je puis donner la préférence aux ma-

thématiques ou à la logique, m'adonner à une partie de
ces deux sciences préférablement à telle ou telle autre,
et pousser mon étude plus ou moins loin. La méthode,
et par conséquent la volonté, a donc sa part d'action,
même dans l'association nécessaire des idées, mais à
la condition, toutefois, que cette association n'ait lieu
qu'entre des idées ultérieures et dont le rapport ne peut
être immédiatement saisi par la raison purement intuitive et spontanée.

L'association des idées en matière contingente peut, à
plus forte raison, se distinguer en immédiate et en médiate, en spontanée et en réfléchie, suivant qu'elle a pour
objet des rapports qui sautent aux yeux les moins attentifs, ou qui ne peuvent, au contraire, être saisis qu'à
l'aide d'une attention suivie et méthodiquement dirigée.

L'association spontanée, abandonnée à elle-même,
n'est généralement ni régulière, ni étendue, ni profonde; elle peut avoir de bonnes fortunes dans une rêverie un peu sérieuse, surtout chez l'homme qui a l'habitude de la réflexion; elle peut même rencontrer, ayant
ainsi la bride sur le cou, avec liberté de vaguer de côté
et d'autre, des aperçus qu'elle n'aurait pas découverts
si elle avait été forcée de faire son chemin en ligne
droite.

Il faut remarquer à cette occasion, mais d'une manière
très générale cependant, que l'attention et la méthode
tendent plutôt à suivre une ligne qu'à parcourir une surface; qu'elles donnent plutôt de la profondeur à l'esprit
que de l'étendue; qu'il est bon, pour corriger cette
tendance, de rêver de temps en temps du métier ou de
la science, et, quand on l'étudie, de remonter fréquem-

ment la ligne droite parcourue, et d'en chercher les raccordements avec les autres lignes qui viennent y aboutir.

L'association spontanée des sensations et des perceptions se reconnaît dans l'animal. C'est sans doute à cette opération que doit être ramené tout ce qui ressemble chez lui à un raisonnement. Remarquant peu les différences, une grossière similitude est prise pour une identité, au moins pendant quelque temps. Les épouvantails des jardiniers, qui ont un instant de succès, en sont un exemple. Il n'y a, d'ailleurs, pour l'animal ni conception d'identité, ni conception de diversité, ni principes, ni conséquences, ni rapport de conclusion à prémisses, ni propositions générales, ni même propositions particulières ou singulières, ni classification d'aucune sorte, ni jugements, ni idées générales ou notions, mais sensations et perceptions, associations des unes et des autres, et, par-dessus tout, l'instinct qui précipite à l'eau le jeune canard élevé par une poule, peu amie de cet élément, et qui met en émoi le poussin à la vue de l'oiseau de proie dont il n'a jamais rien eu à redouter. L'association des idées chez l'animal est donc, comme son souvenir, dépourvu de la forme rationnelle qui en fait la lumière, ainsi que de la conscience réfléchie qui élève l'association au rang de phénomène interne.

Parmi les différentes sortes d'associations contingentes, l'une des plus importantes est celle qui rattache l'invisible au visible, l'interne à l'externe, la pensée à la parole.

2°

De la Parole.

La faculté de parler est une de ces facultés mixtes qui n'ont de place exclusive nulle part dans une classification des produits de la pensée. Si elle se rattache à l'association des idées par un côté, par un autre elle se rattache également bien à l'imagination, par un troisième à la raison, par un quatrième à la locomotion ou à l'influence du moral sur le physique, par un cinquième elle appartient aussi à l'instinct, puisqu'il y a un langage naturel. Mais écartons le langage instinctif, qui n'en est pas un, à proprement parler. Faisons même abstraction de l'influence du moral sur le physique dans le langage, et ne voyons, pour classer le phénomène de la parole proprement dite, que son côté humain par excellence, c'est-à-dire l'intervention de la réflexion, de la raison et du raisonnement dans le langage. Par tous ces aspects le langage appartient essentiellement aux facultés intellectuelles. Il ne rentre dans la théorie de la locomotion que par le côté très général du mouvement volontaire des organes; ce qui n'a rien d'exclusivement propre à la parole. La parole est donc bien plus un phénomène interne, de conscience, qu'un phénomène externe; quand la pensée est exprimée extérieurement, déjà elle est toute parlée à l'intérieur.

Le *langage* est en général l'expression volontaire de la pensée par un signe sensible, et plus spécialement par des signes du corps, plus spécialement encore par des sons articulés. C'est même cette dernière espèce de langage qui porte le nom de *parole* par excellence.

Il y a, dans le phénomène de la parole, deux parties bien distinctes : celle qui appartient à l'organisme, et celle qui est purement psychique. Le rapport de l'une à l'autre est plutôt du ressort de la psychologie que de la physiologie, parce que l'influence de la pensée sur l'organisation est ici plus marquée que celle de l'organisation sur la pensée.

Puisque la parole, comme signe volontaire et plus ou moins arbitraire de la pensée, forme avec elle un tout dont les parties n'ont aucun rapport nécessaire, cette association est de celles que nous avons appelées contingentes. Elle suppose donc pour être formée, comme pour être apprise, trois idées : l'idée du signe comme phénomène visible, l'idée de la pensée à signifier, enfin l'idée du rapport entre le signe et la pensée.

La parole suppose donc la pensée, c'est-à-dire des états internes accompagnés de conscience et de réflexion. Elle suppose en outre le jugement qui établit un rapport entre la pensée et le signe, la volonté de signifier l'une par l'autre, et un but ultérieur à cette volonté même, en sorte que le langage ne soit qu'un moyen (1).

Toute parole digne de ce nom est donc volontaire au début. Mais la grande habitude de ne penser ensuite qu'à

(1) Mais la pensée exprimée par la parole peut être plus ou moins générale. Bien plus, une fois que la signification est invariablement déterminée, les mots peuvent être employés dans le raisonnement sans que nous en connaissions la valeur absolue. Ils sont alors, comme les signes algébriques, d'une compréhension et d'une extension indéfinies, mais toujours supposées les mêmes. C'est par cette raison qu'on peut mettre en formule ce qu'on appelle les figures et les modes du raisonnement. (V. *la Logique*.)

la condition de se parler, fait que la parole interne est aussi fatale que la pensée même, que la pensée en général, sinon que telle ou telle pensée particulière.

Il faut conclure de là que les cris de l'animal, quoiqu'ils correspondent à des états internes, et qu'ils en soient pour nous des signes, ne sont pas des expressions ni des signes pour l'animal qui les pousse, ni même pour celui qui les entend, et, en général, que l'animal ne parle point. L'un rend des sons, et sans le vouloir, dans des circonstances données; l'autre les perçoit, et fait en conséquence tels mouvements sans intelligence et sans intention, mais par suite de la même force aveugle ou instinctive qui porte le premier à émettre des sons.

Les premiers cris de l'enfant ne sont ni plus volontaires ni plus calculés que ceux de l'animal; mais l'enfant, doué de réflexion, ne tarde pas à remarquer que l'assistance dont il a besoin coïncide souvent avec ses pleurs; il pleure donc alors volontairement pour qu'on s'occupe de lui. C'est son premier langage, langage tout synthétique encore. Il y joindra plus tard le mouvement d'abord involontaire, puis volontaire, de ses mains, de ses pieds, tout ce qui compose le langage des gestes en un mot. Et à l'aide de ce premier langage qu'il parle sans l'avoir appris, et qu'il comprend de même, il apprendra le langage conventionnel phonétique. Quand nous disons conventionnel, nous ne prétendons pas que dans nos langues phonétiques il n'y ait rien de naturel, et qu'elles aient été formées par une convention solennelle : non, il y a beaucoup d'inspiration dans le langage en apparence le plus artificiel; et la convention qui l'a fait recevoir est plutôt tacite qu'explicite, est plutôt une

action qu'une convention réciproque, plutôt une tradition modifiée peu à peu par les générations qu'un instrument de forme et d'usage invariables.

Il est cependant des parties du discours, celles qui
tiennent de plus près au langage instinctif ou naturel des
gestes, qui se ressemblent dans beaucoup de langues :
nous voulons parler des interjections, qui expriment des
sentiments, des émotions, sans qu'il y ait d'abord jugement ; mais qui peuvent se traduire aussi, au moins en
partie, et pour indiquer ce qu'en pense un tiers, par une
proposition. Il faut remarquer aussi que nous poussons
souvent des exclamations sans le vouloir, en l'absence
de toute personne, sans aucune intention ; ce qui est
encore un reste du langage improprement dit, par lequel nous pouvons nous faire une idée du cri de l'animal qu'on prend pour un langage.

Ce n'est pas là, tout en comprenant même le geste,
les seuls débris du langage instinctif qui accompagnent
le langage phonétique ; il faut y joindre, et compter pour
beaucoup, les modulations de la voix, qui jouent un si
grand rôle dans la déclamation, et qui donnent aux
mêmes mots des sens accessoires tout différents (1). Ces
inflexions vocales sont l'expression du sentiment qui
accompagne l'idée. Il est à remarquer même que le sen-

(1) C'est ainsi, par exemple, que ces mots : *c'est lui*, peuvent, suivant
le ton et le geste qui les accompagnent, exprimer : 1º le fait pur et
simple de la reconnaissance de quelqu'un qui arrive ; 2º la surprise pure ;
3º la surprise mêlée de satisfaction ; 4º la surprise avec indignation ;
5º avec abattement et tristesse profonde ; 6º avec impatience et joie ;
7º avec mécontentement ou contrariété ; 8º avec effroi ; 9º avec dédain ;
10º avec colère ; 11º avec inquiétude ; 12º etc. Et nous ne parlons pas des
degrés divers de ces sentiments variés, degrés qui sont également
rendus.

timent ne s'exprime bien, comme'état actuel, que par le
langage naturel; que le langage phonétique pur ne le
rend qu'en récit, qu'en idée, en jugement, mais pas en
acte. Aussi a-t-on dit que la déclamation ou les gestes
étaient le langage d'action. C'est plus vrai que la plupart des rhéteurs ne l'ont senti, puisque ce langage d'action exprime plus qu'un état comme fait. Il en indique la
présence actuelle, la nature, l'intensité; il en est presque
l'image vivante, puisqu'il en donne comme la traduction naturelle dans l'organisme.

Il ne faut donc pas être surpris que les premiers idio-
mes aient été si favorables à la poésie et à l'éloquence.,
puisqu'ils ont été inspirés surtout par le sentiment :
l'homme n'a d'abord pensé qu'en sentant, et l'élément
sensible de sa pensée totale l'intéressant plus que l'élément intellectuel pur, son langage a dû se ressentir profondément de cet état de son esprit. Aussi, les langues
les plus anciennes sont-elles les plus propres à la poésie
et à l'éloquence passionnée. Celles, au contraire, qui ont
le plus vieilli, et qui ont été maniées par des peuples
très civilisés, très exercés aux abstractions scientifiques,
l'emportent par l'enchaînement logique, par la clarté, la
précision et les autres qualités propres à rendre les opérations intellectuelles. Peu à peu donc l'homme forme
sa parole par sa pensée, et sa pensée par sa parole.

Ce n'est point là, comme on l'a cru, l'affaire d'un instant, ni un cercle vicieux : c'est, au contraire, l'œuvre des
siècles, et l'effet d'une action et d'une réaction très communes dans la nature, mais où l'initiative est cependant
plutôt d'un côté que de l'autre, ne fût-ce que d'un instant indivisible. Ici l'initiative appartient à la pensée.

Mais le passage des sentiments aux idées n'a pas été sans transition dans le langage, pas plus qu'il n'a été sans transition dans le temps; les métaphores indiquent le passage du sensible à l'intelligible pur : surtout ces métaphores qui ont perdu leur caractère figuré, qui sont devenues des termes propres, et dont le sens figuré n'apparaît qu'à l'analyse étymologique. Tels sont, par exemple, les mots : âme, esprit, pensée, etc.

Il est pourtant une classe d'hommes pour lesquels aujourd'hui même, et au sein des nations les plus civilisées, le langage métaphorique, symbolique en général, est encore très nécessaire, du moins pour les initier à un langage plus spirituel; nous voulons parler des sourds-muets, qui forment plus de la cent cinquantième partie des populations (1).

Les sourds de naissance sont naturellement muets, et cela parce qu'ils sont sourds. Mais cette infirmité est souvent la conséquence ou la concomitance d'un vice organique plus général du cerveau, et dont l'ensemble des facultés intellectuelles souffre plus ou moins. Il n'est pas rare cependant de voir des sourds-muets doués de beaucoup d'imagination, d'une grande mémoire, d'une pénétration et d'une justesse d'esprit peu communes. Mais en général leur développement intellectuel est plus lent et plus restreint que celui des autres hommes. Le jugement très sain qui semble plus particulièrement les caractériser s'explique par la nécessité où ils se trouvent d'observer et de saisir les ressemblances et les analogies

(1) S'il faut en croire certaines statistiques, c'est ainsi, par exemple, qu'en France, sur 34,000,000 d'habitants, il y aurait 22,000 sourds-muets de naissance.

avec plus de précision que les entendants-parlants, par la nécessité de faire eux-mêmes leurs idées et leur langue, et surtout par l'heureuse impuissance où ils se trouvent, pendant longtemps du moins, de recevoir nos erreurs et nos préjugés avec la parole ordinaire.

Malgré les facultés remarquables qui distinguent un assez grand nombre de sourds-muets, malgré la forte proportion de ces infortunés par rapport au reste de la population (plus de $\frac{1}{1545}$), l'antiquité et le moyen âge n'avaient pour eux que des préjugés défavorables, et des traitements parfois plus durs que ceux auxquels les aliénés mêmes étaient livrés. Jusqu'au XVIe siècle on semble avoir douté de la possibilité de leur donner quelque éducation ; on les reléguait ou dans les cloîtres, ou dans des pensionnats obscurs, et ceux-là n'étaient peut-être pas les moins malheureux, car il paraîtrait que des peuples étaient dans l'usage de les étouffer au bout de trois ans, c'est-à-dire quand on était bien sûr qu'ils ne parleraient point. Ailleurs, on les supposait frappés de la malédiction d'en haut ; en cela plus mal vus que les idiots, qu'on regardait comme des innocents qui devaient attirer les bénédictions du ciel sur la famille.

Une doctrine récente, si elle était venue plus tôt, et qu'elle eût eu le triste succès d'être universellement adoptée sous couleur de religion, n'eût pas même permis de penser à la possibilité de donner quelque instruction au sourd-muet de naissance. Elle a même exercé une influence fâcheuse sur quelques-uns de ceux qui se sont voués à l'instruction de ces infortunés. Nous voulons parler du préjugé systématique qui ne veut voir de pensée que par la parole. Et comme c'est la pensée qui fait l'homme, le sourd-muet cesserait par là même d'être homme. On n'est pourtant pas allé jusqu'à lui contester entièrement cette qualité, on s'est contenté de lui refuser toute conception morale et religieuse (pourquoi pas toute conception en général?) et toute notion : il était trop manifeste, en effet, que les sourds-muets sentent, perçoivent, jugent, veulent, etc.

La législation de Justinien avait classé *a priori* les sourds-muets, suivant qu'ils sont atteints de cette double infirmité naturellement ou par accident, ou que, accidentellement ou naturellement encore, ils ne souffrent que de l'une d'elles. Des incapacités civiles plus ou moins étendues résultaient de cette classification plus symétrique que naturelle. Au surplus, une hypothèse, plutôt sans doute que l'observation, venait corriger le préjugé de l'inintelligence absolue du sourd-muet; on supposait qu'il n'y a pas de surdité parfaite, et qu'en parlant sur le crâne d'un sourd-muet il peut entendre : *si supra cerebrum ejus loquatur.* Ménage cite un fait semblable. Sans doute ce serait déjà quelque chose si le sourd-muet pouvait acquérir par ce moyen une idée du phénomène de l'ouïe, analogue à l'idée qu'un aveugle peut avoir de la lumière en distinguant le passage subit de la lumière aux ténèbres, à peu près comme nous le distinguons les yeux fermés. Mais de même qu'ici on ne perçoit pas les couleurs, de même le sourd-muet ne distingue sans doute pas les sons, et moins encore les timbres, les tons, les articulations, etc.

Nul doute, en tout cas, que les sourds-muets de naissance n'aient des sensations, des perceptions, des notions même et des conceptions. Mais les notions sont d'une généralité peu étendue ou peu nette, et les conceptions sont surtout à l'état concret ou de sentiment. Les sourds-muets, qui après leur éducation se sont reportés sur leur premier état et l'ont raconté, nous disent la plupart qu'ils avaient des conceptions de nombre, de succession, de durée, de propriété, de juste et d'injuste, de mérite et de démérite, de véracité et de mensonge, d'honnête et de déshonnête, de quelque être supérieur, ordonnateur et moteur du monde.

On reconnaît, d'ailleurs, qu'ils sont doués du langage naturel des gestes à un très haut degré, qu'ils le comprennent facilement entre eux, qu'ils le modifient par la réflexion, soit en le simplifiant, soit en l'étendant par voie de symbolisme aux idées non sensibles, etc. Ils mettent très facilement en commun leurs moyens de communication, de manière à perfectionner ou à étendre leur langage. Une analogie plus heureusement rendue est acceptée avec empressement contre un autre moyen moins ingénieux de l'exprimer. La nécessité, la satisfaction attachée au succès, font réfléchir sans cesse le sourd-muet à la manière de rendre le plus heureusement et le plus rapidement possible sa pensée. Et comme l'analogie est ici la grande affaire, il ne faut pas trop s'étonner si, dans les signes, en partie conventionnels même, il y a de très grands rapports entre ceux dont se servent les sauvages et ceux de nos sourds-muets ; si une ressemblance plus frappante encore existe entre les signes des sourds-muets d'un pays et ceux d'un autre pays, sans qu'il y ait eu le moindre concert dans leur formation.

Il faut remarquer ici que, dans les établissements

même des sourds-muets, ce sont les élèves plutôt que
les maîtres qui forment et perfectionnent leur langage.
Il s'établit au sein de ces maisons d'éducation un langage
traditionnel qui se perfectionne et s'enrichit insensiblement avec les années. Tout nouveau venu un peu formé
déjà apporte ses signes ; s'il en est quelques-uns qui ne
soient pas déjà en circulation dans l'établissement et qui
méritent le droit de bourgeoisie, on les accueille ; mais,
en général, l'élève entrant a beaucoup plus à recevoir
qu'à donner. Ce qu'il y a de certain, c'est que les sourds-
muets, entre eux, se créent un langage et le perfectionnent de plus en plus. Ainsi se trouve résolue, non
pas précisément la question de l'origine réelle du langage, mais du moins celle de la possibilité de cette origine.

Du langage naturel imitatif au langage naturel symbolique il n'y a qu'un pas. Il n'y en a qu'un non plus du
langage symbolique au langage entièrement conventionnel ; celui-ci se fait à l'aide de celui-là, comme le langage symbolique s'était fait avec le langage naturel des
gestes.

Mais il y a plusieurs sortes de langages conventionnels : le premier sans doute par ordre de date, comme
aussi d'après l'ordre naturel des idées, c'est le langage
conventionnel par gestes. Le second, surtout pour des
sourds-muets qui vivent au sein d'une population où l'é-
criture est en usage, c'est l'écriture idéographique conventionnelle. Elle peut aussi être précédée, entre sourds-
muets, de l'écriture figurative et symbolique, comme
cela s'est pratiqué chez les Mexicains, les Egyptiens et
les Chinois. Mais il est inutile pour le moins de faire

passer par cet intermédiaire les sourds-muets qui vivent
parmi des populations sachant écrire, puisque l'écriture
qu'on leur enseigne doit servir à l'échange des pensées
non seulement de sourd-muet à sourd-muet, mais encore, mais surtout de sourd-muet à l'homme qui entend
et qui parle, et réciproquement.

Or, rien ne s'oppose à ce que notre écriture, qui est
une peinture de sons, ne soit enseignée au sourd-muet
comme une peinture d'idées.

Il y a plus, c'est que les éléments de cette écriture
idéographique peuvent, sans que leur ensemble perde ce
caractère de signes immédiats d'idées, devenir une peinture des mouvements de l'organe vocal propre à rendre
les sons de la parole, et former ainsi pour le sourd-muet
un langage labial qu'il interprète dans autrui par la vue
ou même par le toucher, et qu'il exprime par les mouvements de la bouche, en rendant des sons qu'il n'entend
point, et dont il ne se fait même aucune idée.

Mais il est plus facile de lui apprendre à écrire à la
manière ordinaire, ou en figurant les lettres par les dispositions des doigts de la main (*dactylalie*), que de lui
apprendre à parler, même imparfaitement. Tous ces
moyens de communication peuvent, d'ailleurs, être réunis (1).

La prodigieuse diversité des langues, non seulement
quant à la matière ou aux vocables, mais encore quant
aux formes grammaticales, prouve la souplesse de l'esprit et de l'organe vocal de l'homme. On a cherché, dans
ces derniers temps, à classer les langues à la façon des

(1) Voir DE GÉRANDO, *De l'Education des Sourds-Muets de naissance*,
2 vol. in-8°, Paris, 1827.

naturalistes ; on en a distingué trois grandes classes : les
monosyllabiques, comme la chinoise ; les agglutina-
tives, comme la famille des langues tartares et plusieurs
langues de l'Amérique, avec lesquelles le basque a plus
de rapport qu'avec aucune autre langue de l'Europe ;
enfin, les langues à flexion, comme le grec et le latin, et
en général les langues sémitiques et les indo-germani-
ques (1).

Quelle que soit l'espèce de langage, il suppose toujours par le fait qu'il est traditionnel, et quelle que
puisse être d'ailleurs sa mobilité d'une génération à une
autre et sa diversité d'un peuple à un peuple différent,
il suppose toujours une certaine imitation. L'imitation, à
son tour, tient à l'imagination aussi bien qu'au souvenir,
qu'à la mémoire et à toutes les opérations dont nous
avons déjà parlé. On sait le rôle important qu'elle remplit dans les arts ; mais ce point de vue appartient à l'esthétique.

Le peuple faisant peu d'usage de la partie du vocabulaire qui exprime des idées abstraites, ou ne le connaissant pas, se trouve dans la nécessité de rendre les idées
abstraites qui lui sont peu familières par des figures,
c'est-à-dire par des mots destinés d'abord à signifier autre
chose. Quelquefois même, ne trouvant pas d'expression
propre à rendre sa pensée, il étend l'analogie, et au lieu
d'une seule figure il en trouve un grand nombre. C'est
l'apologue ou l'allégorie, la comparaison soutenue. Voilà
en partie la raison pour laquelle on fait plus de figures à
la halle qu'à l'académie, et pourquoi encore l'allégorie

(1) Voyez SLHEICHER, *Les Langues de l'Europe moderne,* trad. par Ewer-
beck, in-8°, Paris, 1852.

est si commune dans les langues orientales et chez les peuples barbares et sauvages.

Il faut dire encore que beaucoup d'idées aujourd'hui de l'ordre purement rationnel, ou tout au moins portées à un degré d'abstraction supérieur, n'ont pas eu d'abord ce caractère ; elles se sont montrées, au début, à l'état concret ; elles ont été plutôt entrevues dans leurs effets, dans leurs conditions, ou dans la matière à laquelle elles s'appliquent, qu'aperçues dans leur éclatante pureté : c'est ainsi que l'opiniâtreté des Juifs a été aperçue par leur conducteur, Moïse, dans leur peu de soumission, et cette insoumission dans l'impatience du joug, dans la difficulté d'y assouplir l'animal qui doit le porter, à cause de la dureté de la nuque : *cervix dura*. La vie semblant s'écouler avec le sang, le principe de la vie, l'âme, a été nommé du nom même du sang. Et comme la respiration est un signe de vie, et que ce qui est mort ne respire plus, le souffle, *spiritus*, πνεῦμα, ἄνεμος, a signifié aussi le principe de vie en acte. Ce n'est que peu à peu que les langues, à la suite d'abstractions nouvelles et plus profondes, se sont intellectualisées, que des mots nouveaux mieux appropriés aux idées nouvelles ont été créés, ou que les anciens ont été pris soit dans un sens plus visiblement métaphorique, ou bien au contraire ont perdu leur acception première et empirique, pour ne retenir que l'acception rationnelle, secondaire et figurée, qui est ainsi devenue directe et propre.

3°

De l'Imagination.

L'enfant est essentiellement imitateur ; ce qui contribue à le rendre observateur, sociable et susceptible d'éducation. Il écoute avec intérêt ce qu'on lui dit, la manière dont on le dit ; il s'exerce à le répéter, encore bien qu'il ne le comprenne pas, et peut-être aussi pour le comprendre. Souvent donc il parle sans trop savoir ce qu'il dit ; c'est un petit perroquet qui répète des mots dont il possède d'autant moins la signification, qu'elle est plus au-dessus de son âge et de son instruction. S'il prend l'habitude de parler ainsi sans penser, ou plutôt en ne pensant qu'à demi, il aura d'abord une multitude d'idées vagues, que le temps et la réflexion rendront plus précises sans doute, mais qui seront, en attendant, des idées imparfaites, au milieu desquelles le jugement pourra s'égarer. L'enfant qui vit dans un milieu où l'on ne parle guère que de choses sensibles, par exemple dans les familles de cultivateurs ou d'ouvriers, a moins de jargon que l'enfant des villes ; mais ses idées, si elles sont moins nombreuses, moins nuancées, sont plus nettes, et le jugement peut être plus sain. Aussi voit-on le jeune paysan, comparé au citadin adolescent, beaucoup plus mûr en apparence. Il est d'autres raisons encore de cette gravité judicieuse : la vie pénible, inquiète, peu communicative ; mais ces raisons n'empêchent point que la première alléguée ait son influence.

L'imagination est le plus souvent spontanée dans l'enfance ; plus tard, elle est plus fréquemment volontaire. Mais depuis une certaine époque de la vie, plusieurs phénomènes se reproduisent avec une tendance fatale : tel est le baillement à la vue de quelqu'un qui baille ; les sentiments et les mouvements sympathiques de joie, de tristesse, d'indignation ; l'épilepsie ; le suicide ; etc. Le mobile de cette espèce d'imitation est un besoin, une impulsion organique. L'imitation des belles choses, au contraire, a sa raison dans un besoin esthétique. Les besoins physiques peuvent aussi porter à l'imitation dans les arts mécaniques.

Si l'imitation tend à immobiliser, par la perpétuité de la tradition, les arts, les sciences et les institutions, d'un autre côté, l'esprit de combinaison, la réflexion, l'amour-propre, l'originalité, l'inspiration tendent au changement, et par le changement à l'amélioration, au perfectionnement. Mais le perfectionnement suppose en outre un idéal, c'est-à-dire une conception supérieure à la réalité. Et ce qu'il y a de très digne de remarque, c'est que l'idéal est mobile, et qu'à mesure que la réalité l'atteint d'un degré, il recule d'autant, et se perfectionne en conséquence, si la nature des choses comporte l'indéfini. Ainsi, l'idéal est d'abord grossier, mais supérieur au réel ; le réel se perfectionne, et l'idéal avec lui et grâce à lui ; ici se retrouve encore ce cercle d'action et de réaction dans lequel marche l'esprit humain. Ce progrès est surtout sensible dans les arts. Mais il existe aussi dans l'appréciation des ouvrages de la nature, grâce aux comparaisons successives que nous pouvons instituer entre des objets de même espèce, mais d'une beauté diverse en degrés.

L'imitation chez les animaux manque d'idéal, de volonté et d'intention ou de but. Elle est de plus très rare. Chaque individu de la même espèce fait comme ses semblables, en vertu d'un instinct qui lui est propre, et non parce qu'il voit faire ainsi, et par imitation. Et s'il y a parfois imitation apparente d'une espèce à une autre, elle est mécanique, instinctive, inintelligente, et ne contribue en rien au progrès de l'individu ou de l'espèce. La tradition ne s'en établit point. Ce qui se fait semblablement et toujours dans une espèce, à part les différences légères commandées à l'instinct lui-même par la force des choses ou la différence des situations, n'est donc point tradition, ni par conséquent imitation. L'homme seul imite donc à proprement parler; seul aussi il crée, parce qu'il est le seul qui pense. Si l'animal imagine, c'est d'une imagination reproductrice, ou d'une imagination si restreinte dans ses combinaisons qu'il n'en résulte aucune diversité essentielle dans les produits de l'activité animale entre les individus d'une même espèce.

4°

De l'Imagination.

L'imagination, comme phénomène, est une sorte de perception ; elle est toute subjective et tient le milieu entre les perceptions et les notions, de même que les notions tiennent le milieu entre les imaginations ou fantaisies et les conceptions.

Il ne faut pas croire, du reste, que l'imagination n'ait de rapport qu'avec les perceptions visuelles, et surtout qu'elle n'ait rien de commun avec les phénomènes internes, et moins que tout le reste qu'elle ne fonctionne qu'en l'absence des objets.

Le phénomène des songes, où l'imagination règne en souveraine, prouve que si les perceptions visuelles sont la matière la plus ordinaire des fantaisies, les sons, les perceptions tactiles, celles du goût, de l'odorat même ne lui font pas défaut. Dans l'état de veille, n'est-ce pas en vertu d'une sorte d'imagination des sens, du goût et de l'odorat que nous reconnaissons la ressemblance ou la différence des odeurs et des saveurs?

On ne s'abuserait pas moins si l'on pensait que les phénomènes purement internes, que nous appelons proprement intuitions, tels que les sentiments, les passions, ne forment pas aussi une matière féconde de nos fantaisies : la littérature sous toutes ses formes, la littérature dramatique en particulier, est une preuve frappante du contraire. Il y a donc une imagination pour le sens interne comme pour le sens externe.

Ce serait encore une erreur de ne reconnaître d'imagination qu'en l'absence des objets ou à la suite seulement des perceptions : l'imagination est comme la raison ; elle fonctionne secrètement comme elle en même temps que la perception, et pour ainsi dire de concert avec elle. C'est déjà l'imagination aidée de la raison qui produit l'ensemble d'une perception, par exemple la perception totale d'un édifice, de l'une de ses faces, de certains détails de sculpture ou d'architecture. Il est remarquable, cependant, que nous ne distinguons pas ici, pour le sentir intérieurement, l'effet de l'imagination de celui de la perception ; il nous semble que tout, en face des objets, est perception, comme tout nous paraît l'œuvre de l'imagination en leur absence. Si nous passons alternativement de la perception visuelle par exemple à l'imagination, nous remarquons aisément la différence entre l'un et l'autre de ces phénomènes ; l'imagination est plus pâle, moins fixe, moins nette et moins vive que la perception qu'elle représente : elle n'est pour ainsi dire à cette perception que comme l'ombre est au corps.

Indépendamment de ce premier degré de l'imagination, qui consiste à former l'image en présence des objets et à l'aide de la perception qui en fournit les matériaux, il y a deux autres degrés de l'imagination, suivant que cette faculté reproduit en l'absence des objets les images antérieurement formées, ou qu'elle modifie ou combine diversement les matériaux de la perception, de manière à former un ensemble dont il n'existe pas de modèle dans la nature. L'imagination est donc ou *perceptive,* ou *reproductive,* ou *productive, créatrice, poétique* enfin, suivant que son œuvre est l'effet du premier, du second ou du troisième de ces modes d'action. Ce ne sont pas là trois fonctions différentes de l'esprit, mais seulement trois degrés de la même fonction, puisque l'imagination reproductive fournit à la poétique ses matériaux, de même que la perceptive fournit à la reproductive les siens. C'est-à-dire qu'en réalité l'imagination poétique même ne crée rien, n'imagine aucune matière première, et que toute son invention se réduit à des combinaisons nouvelles de formes déjà connues ; elle ne produit donc que des formes analogues à des formes réelles. Elle amplifie, restreint, transforme, compose, décompose,

Diruit, œdificat, mutat quadrata rotundis,

et rien de plus. C'est quelque chose assurément, puisque l'animal n'en est pas capable.

L'imagination perceptive est à la perception comme l'imagination reproductive est à la mémoire. C'est-à-dire que ces quatre opérations, prises deux à deux, ont une si grande affinité que c'est à peine si on les distingue : elles sont plutôt deux points de vue différents de la même opération. Quant à l'imagination créatrice, l'imagination par excellence, elle paraît beaucoup plus distincte des deux autres qu'elle ne l'est en réalité ; mais si modeste encore que soit sa fonction, elle ne laisse pas d'être très efficace ; son influence est très sensible dans l'industrie, dans les arts, dans la parole, dans la conduite, en toutes choses.

Il faut distinguer dans l'œuvre de l'imagination ou la *fantaisie* quelqu'en soit le degré, deux éléments : la matière et la forme. La matière est la donnée sensible de l'idée image; la forme en est la donnée intelligible, pure ou rationnelle. C'est ainsi que dans une conception architecturale, par exemple, la matière consiste dans la diversité des parties de l'édifice, et la forme dans son unité.

Telle est la forme et la matière de l'imagination dans le sens le plus étendu de ces deux expressions. Mais il y a une autre matière et une autre forme de l'imagination, suivant qu'on entend par matière l'espèce de perception, et dans cette espèce même la nature de l'objet qui l'occasionne, et suivant qu'on entend par forme la disposition particulière de la matière sensible du phénomène : c'est la matière et la forme secondaires de l'œuvre de l'imagination, matière et forme qui préoccupent beaucoup plus le mécanicien et l'artiste, en apparence du moins, que la matière et la forme supérieures. Dans ce sens, la matière et la forme d'une conception architecturale seront, par exemple, la notion de la matière dont se composera l'édifice; la conception de sa destination, de sa grandeur, du nombre, de la distribution, de la figure et de la proportion de ses parties, constitue la forme de cette même fantaisie. Les conceptions d'unité et de diversité, qui se rencontrent nécessairement dans toute perception ou fantaisie, en sont la forme la plus indéterminée, la plus élevée, la forme universelle, la forme par excellence.

Les notions elles-mêmes sont du ressort de l'imagination par le choix et la combinaison des éléments qui en composent la matière, et surtout par le vague, mobile et flottant simulacre qui en forme le type. Telle est l'image indécise des notions d'homme, d'animal, de plante, etc. C'est ce type que Kant appelle *schème*.

Ici, comme dans les opérations précédentes, se retrouve le mélange intime des effets de l'imagination comme faculté de produire, de reproduire, de modifier et de combiner la matière de la fantaisie, et ceux de la raison. Ces deux facultés concourent à former les fantaisies, quelle qu'en soit l'espèce.

C'est assez dire que l'imagination n'est pas une faculté incomplexe, pas plus qu'elle n'est une faculté primitive. C'est une double fonction de l'âme, ou plutôt un double produit d'un certain acte de l'esprit.

L'imagination perceptive, reproductive, poétique même, a son côté fatal, ou spontané, ou volontaire et libre, suivant le caractère de l'activité qui produit la fantaisie. Prise en général et abstractivement, l'imagination est fatale, puisque nous ne pouvons pas ne pas imaginer. Mais telle ou telle fantaisie, au contraire, peut être ou fatale, ou spontanée, ou volontaire, ou libre. Elle a ce dernier caractère lorsqu'elle est préconçue, délibérée et méthodiquement conduite. Mais l'imagination la plus réfléchie et la plus libre en apparence, ou dans ses méditations, dans le choix de sa matière, le tracé de ses règles et de son plan, est cependant fatale encore quant aux idées qui tombent ou ne tombent pas en conséquence dans l'esprit de l'artiste. L'invocation est libre, l'inspiration ne l'est pas.

Les animaux n'ont qu'une imagination spontanée. N'ayant pas de volonté consciente réfléchie, il n'y a pas pour eux de fatalité. L'antagonisme du moi et du non-moi ne peut exister pour eux, quoique la force dont ils sont le principe ait ses limites et ses obstacles. Par la même raison, ils n'ont pas d'imagination volontaire proprement dite, et moins encore d'imagination libre.

Une autre différence entre l'imagination des animaux et celle de l'homme, c'est que la fantaisie est sans forme; elle est donc réduite à la matière, sans qu'aucune conception vienne s'y appliquer. C'est pourquoi, comme aussi parce qu'il n'y a ni volonté ni liberté, l'animal semble n'être doué que de l'imagination perceptive et reproductive. Il n'a pas d'invention. Il suit son instinct dans ses créations; pas de diversités individuelles. S'il imite, c'est encore d'une manière inintelligente et servile.

Cette absence d'imagination poétique dans l'animal, qui l'empêche de se forger un avenir vrai ou faux, qui

le met dans l'impossibilité de raisonner ses actions dans
la perspective d'un temps qui n'est pas encore, le met à
l'abri de tous les écarts de cette faculté, écarts qui sont
souvent la perte de l'homme. Malheur à qui possède une
imagination trop sombre ou trop éblouissante, trop pa-
resseuse ou trop vive, en un mot, trop éloignée du vrai,
et peu ou point réglée par une raison saine et forte.
L'artiste lui-même, fût-il homme de génie, et par cela
qu'il concevrait fortement son idéal, pourrait être dans
la pratique d'une maladresse peu commune. Le génie a
besoin d'une raison d'autant plus forte, pour ne pas s'é-
garer, que l'imagination est en lui plus puissante. S'il
ne brille que par cette dernière qualité, il fera bien de
se résigner à n'être jamais qu'un artiste.

En résumé, et en nous complétant sur quelques points,
nous dirons, si l'on en croyait l'étymologie, la sphère de
l'imagination ne dépasserait pas ces perceptions visuelles.
En réalité, cependant, l'imagination s'entend de toute
espèce de perception ; seulement, elle prend son nom de
celle qui a le plus d'éclat.

On peut distinguer trois sortes d'imaginations : l'une
productive des perceptions, et qui sert à former le tableau des phénomènes, à le tenir en face de l'esprit ; la
seconde, *reproductive,* qui n'est que la matière du souvenir des perceptions ; la troisième, *poétique,* et dont la
fonction consiste à composer des tons nouveaux avec les
matériaux fournis par l'imagination reproductive. Ces
trois sortes d'imaginations, ou plutôt ces trois actes de
l'imagination, se succèdent et se supposent dans l'ordre
où nous les avons énumérés : le second est nécessaire au
troisième, et le premier au second. Le premier acte ou

degré de l'imagination suppose à son tour l'exercice des sens.

Tout produit de l'imagination se compose de deux éléments, la matière et la forme ; la matière est la partie sensible de la chose imaginée, la forme en est la partie rationnelle : car c'est la raison qui dispose les matériaux de la perception, du souvenir intuitif et de l'imagination poétique ; c'est elle qui met l'unité dans la diversité. L'imagination n'est donc qu'une faculté complexe, dont la partie qui fournit la matière de l'image n'a pas de nom propre. Mais cette matière est-elle produite d'abord informe, et la raison vient-elle ensuite y mettre l'ordre en établissant des rapports réguliers entre les parties, ou bien la forme précède-t-elle la matière, ou bien enfin ces deux choses sont-elles simultanément produites par l'esprit ? Nous croyons que ce dernier cas est le vrai ; mais nous pensons aussi que l'imagination aidée de la raison n'atteint pas de suite son but, qu'elle a besoin de tâtonnements pour réaliser son idéal, même comme idéal, et avant de lui donner la forme du phénomène, avant de le réaliser pour les sens. Les ébauches de cette réalisation extérieure servent elles-mêmes à la détermination plus ou moins précise de l'idéal ; c'est ainsi, par exemple, qu'en peinture, l'imagination qui guide le pinceau peut à son tour en recevoir un utile secours ; c'est ainsi que la pensée engendre l'œuvre extérieure, et que l'œuvre aide à la pensée.

L'imagination a pour domaine propre les perceptions et les intuitions ; les idées générales ne peuvent être représentées à l'esprit avec aucune précision ; elles flottent en face de l'intelligence, comme des ombres indécises, sans contour, sans forme, sans couleur déterminée. Les conceptions pures de la raison lui échappent complétement. Du reste, son domaine est dans le passé et l'avenir comme dans le présent. C'est elle qui fournit la matière du souvenir en fait d'intuition; c'est elle encore qui livre à la raison les matériaux avec lesquels elle construit par anticipation l'avenir, en se fondant sur les lois constantes de la nature.

C'est en vertu de cette faculté de faire revivre le passé, de construire l'avenir, que l'homme peut prévoir et multiplier en quelque sorte la durée de son existence. C'est là aussi la source d'une partie de ses plaisirs et de ses peines imaginaires, plaisirs et peines très réels pourtant. Si l'imagination s'échauffe, s'exalte, elle peut devenir le principe des plus nobles actions, comme aussi des plus grandes folies. Il est de la plus haute importance qu'une raison saine lui serve de guide : car si elle va seule, ou plutôt si la matière opprime la forme, si elle la déborde, elle court risque de s'échapper sans règle et sans mesure, et de porter ainsi aux plus grandes extravagances. Le dérèglement de l'imagination est très voisin de la folie, souvent même il y conduit. Ce n'est donc pas sans une certaine raison, quelque excellents que puissent être ses effets dans les arts mécaniques et libéraux, dans la conduite de la vie, dans toutes les positions où l'on se trouve, que Montaigne, en la comparant aux autres facultés, l'a appelée la folle du logis. Elle est bien certainement la condition indispensable de toutes les visions, de toutes les hallucinations, de toutes les séductions. Mais il serait aussi facile de faire ressortir ses services éminents; en sorte que nous devons conclure qu'elle est excellente en soi, et qu'il n'y a que ses excès ou la faiblesse relative de la raison qui soient un mal.

C'est à l'imagination que se rattachent, au moins partiellement, un certain nombre d'autres opérations qui sont d'un grand intérêt spéculatif ou pratique, et qui ont joué un rôle immense dans les aberrations humaines : nous voulons surtout parler des songes, des pressentiments, des préjugés, et de la croyance au merveilleux. Nous n'avons pas besoin de dire le rôle de l'imagination dans l'imitation en général, dans les arts mécaniques et dans les arts libéraux. Ce point de vue mérite une étude à part. Nous traiterons spécialement aussi du merveilleux et de ses formes diverses, par conséquent de la part qu'y occupent les songes, les pressentiments, etc. Nous n'avons à parler, pour le moment, de ces différents phénomènes, que sous leur aspect le plus général, comme fait de conscience et comme produit de telle ou telle faculté. On peut rattacher encore à l'imagination plusieurs espèces de folies, entre autres l'hallucination, un grand nombre de monomanies, etc. L'enthousiasme, l'extase, etc., sont des acheminements à ces sortes d'affections.

A.

Les Songes.

Ici encore, c'est-à-dire dans la psychologie générale, nous n'avons à parler que des songes ordinaires, c'est-à-dire de ces vaines imaginations qui remplissent régulièrement l'esprit pendant cet état périodique de la vie qu'on appelle le sommeil. Nous n'avons pas non plus à rechercher ici les rapports de ces phénomènes avec l'organisme et l'état de santé et de maladie physique. Nous reconnaîtrons seulement que ces états ne sont point indifférents, et que les rêves du malade sont encore plus décousus et plus extravagants que ceux de l'homme en santé. Mais il faut reconnaître aussi que les habitudes intellectuelles ont leur influence sur les rêves ; que le rêve est, par conséquent, comme une folie spéciale, marquée au coin des idées, des sentiments et des actes de l'état de veille dans chacun de nous.

Les rêves aussi ont leur matière et leur forme fournies, l'une par l'imagination, l'autre par la raison. Mais un désordre profond se remarque dans la mémoire reproductrice, puisqu'il arrive souvent d'oublier certains faits bien connus de nous, par exemple la mort d'une certaine personne, et même d'en méconnaître les traits au point de les confondre avec ceux d'une autre ; ou, ce qu'il y a de plus remarquable, de savoir que ce ne sont point là les traits de la personne que cependant on reconnaît et qu'on nomme. Quant à la forme, elle est elle-même profondément désordonnée encore, puisque l'ordre des temps, des lieux, des idées est à chaque instant rompu dans le rêve.

L'âme paraît entièrement passive dans le rêve. Mais ce n'est là qu'une apparence. Le *moi,* sans doute, est étranger à la plus grande partie des états qu'il éprouve dans les songes ; mais c'est pourtant l'*âme* qui les produit en vertu de son activité fatale et originelle. Les volitions du moi ne sont même pas rares dans les rêves ; mais la réflexion y est moins méthodique et moins puissante que dans l'état de veille. La volition ou l'action volontaire pendant le sommeil, quoique appartenant au moi, semble même déterminée par une activité fatale, par l'activité de l'âme. On n'a pas, dans le sommeil, d'une manière aussi nette que dans la veille, le sentiment, au moins apparent, de la possibilité de ne pas vouloir ce qu'on veut. Il y aurait donc plutôt volonté que liberté dans le rêve; ce qui prouverait que la *spontanéité volontaire* ou la *volition spontanée* ne doit pas être confondue avec la *volition délibérée*. Celle-ci seule peut s'appeler libre d'une liberté positive; l'autre n'est libre que d'une liberté négative, c'est-à-dire qu'elle est exempte de contrainte; mais au fond elle n'est pas voulue d'une volonté antérieure.

Si les peuples encore jeunes de civilisation, et par suite plus soumis à l'empire de l'imagination qu'à celui de la raison, peuvent être assimilés aux enfants, il ne faut pas plus s'étonner qu'ils croient aux apparitions en songe, à la vérité de leurs, rêves que l'enfant, qui parfois distingue si peu le rêve de l'état de veille, qu'il demande le matin les joujous qu'on lui a promis la nuit. Et comme nos rêves roulent volontiers sur nos espérances et nos craintes, c'est-à-dire sur l'avenir, il n'est pas étonnant non plus qu'on leur ait attribué un sens, une vertu prophétique ou d'inspiration. Il peut assurément y avoir eu là des coïncidences plus ou moins heureuses qui ont dû être très remarquées, et qui ont dû faire croire à l'intervention mystérieuse de quelque agent invisible et supérieur.

Sans nier la possibilité absolue du fait, il nous paraîtrait sage d'avoir un criterium auquel on pût reconnaître une apparition véritable et la distinguer de la fantaisie d'une imagination vagabonde ou malade. C'est là cependant ce qu'on ne trouve pas. Lisez Artémidor (1), Jules Scaliger (2), Cardan (3), et tant d'autres qui ont traité des songes, vous ne trouverez rien de semblable, rien du moins qu'une saine raison puisse accepter.

On s'est demandé si l'âme, pendant le sommeil, rêve toujours. Les uns ont dit oui, les autres non. L'expérience directe serait ici invoquée vainement. Mais on peut dire cependant, à l'appui de l'affirmative, que nous sortons très rarement du sommeil, naturellement ou accidentellement, sans nous surprendre rêvant; que le contraire n'apparaît que lorsque nous sommes violemment arrachés au sommeil, et que nous n'avons ni le temps ni la pensée de recueillir nos esprits; qu'alors même que nous ne pourrions, éveillés brusquement, ressaisir notre rêve, ce ne serait point une raison pour nier tout état de rêve antérieur, car le rêve peut être si faible qu'il ne laisse aucune trace au réveil; qu'il est certain, d'ailleurs, que nous exécutons pendant le sommeil une foule de mouvements qui ne s'expliquent que par des sensations oubliées au réveil; qu'il n'est pas moins certain que nous nous rappelons souvent avoir rêvé sans pouvoir nous rappeler nos rêves, malgré même le désir et la volonté que nous en avons eus dans l'état de demi-sommeil ou de somnolence qui a suivi le rêve immédiatement; qu'il est constant aussi qu'une foule d'idées, dans l'état de veille, traversent l'esprit sans y laisser la moindre trace, témoin les lectures faites avec

(1) Όνειροκριτικόν (*Traité des Songes*), trad. en latin et publié en grec, Venise, 1512; et en latin, Paris, 1603; Leipz., 1792; en français, 1664.

(2) *De Somniis*.

(3) *Somniorum synesiorum omnis generis insomnia explicantes* lib. III.

Ces deux derniers ouvrages ne se trouvent pas cités dans la plupart des biographies de Scaliger et de Cardan.

inattention; que certaines maladies physiques, certaines affections mentales, l'état de somnambulisme, font perdre tout souvenir des états affectifs et cognitifs qui ont eu lieu pendant la maladie ou le sommeil. L'absence du souvenir des rêves ne prouve donc point l'absence du rêve lui-même.

Il y a plus, c'est que de même qu'un mouvement intestin s'exécute sans cesse dans nos organes et nos tissus pendant tout le cours de la vie, et même après la mort; pareillement, la vie spirituelle doit exister sans relâche, ne fût-ce qu'en conséquence du rapport incessant du physique et du moral.

A ces raisons s'ajoutent d'autres arguments pleins de force : la faculté de s'éveiller à l'heure dite; — la faculté de s'éveiller en général; — l'action inséparable de tout principe vivant; — la pensée, comme produit fatal, nécessaire même, du principe pensant; — la mort, la destruction de ce principe, dans l'hypothèse de la cessation spontanée de la pensée; — l'impossibilité absolue de sortir spontanément de cet état, ou d'en être sorti par l'excitation des agents extérieurs.

Les animaux songent aussi; mais leurs songes, sans doute plus rapprochés de ceux de l'homme qu'aucun autre phénomène intellectuel, doivent en différer encore par la forme, par la conscience, le souvenir, et surtout par la matière.

B.

La Prévision et le Pressentiment.

Le passé est l'étoffe dont l'imagination forme l'avenir. On raisonne de ce qui a été ou qui est à ce qui peut ou doit être, d'après les lois connues de la nature.

Quand l'esprit, intéressé à connaître l'avenir, mais impuissant à démêler les opérations qui parfois le constituent à l'avance avec plus ou moins de probabilité, ou qu'impatient de l'impénétrable obscurité qui le recouvre, il veut néanmoins en affirmer plus qu'il n'en peut savoir, il n'a plus qu'une ressource : c'est de s'imaginer plus ou moins arbitrairement un état de choses qu'il espère ou appréhende, ou que sa fantaisie lui dépeint sans méthode comme sans passion. — C'est une pareille intuition de ce qui n'est pas, de ce qui souvent n'est pas même possible d'après l'enchaînement naturel des faits, quoique possible absolument, qu'on appelle *pressentiment*. Le pressentiment n'est donc qu'une idée obscure d'une pure possibilité, et surtout d'un événement incertain qu'on craint ou qu'on espère, sans que le raisonnement intervienne, ou du moins sans qu'il soit remarqué. Le pressentiment n'est donc qu'un préjugé ou une superstition, ou les deux à la fois.

On attribue à tort aux animaux la prévision ou le pressentiment : dépourvus de raisonnement, ils ne peuvent induire; privés de la conception de temps, ils ne distinguent ni présent, ni passé, ni avenir. Ils n'ont que des sensations, des perceptions et des souvenirs qu'ils associent. Les instincts, unis à ces états divers, sont la règle et le mobile du mouvement des animaux, mais une règle dont ils ignorent la sagesse.

Nous parlerons ailleurs, dans la psychologie spéciale, de la prévision et du pressentiment comme phénomènes exceptionnels, tels qu'on nous les raconte dans beaucoup d'ouvrages. Nous n'avons à nous occuper ici que de la prévision et du pressentiment ordinaires.

C.

Les Préjugés.

Les préjugés ne sont pas seulement des jugements portés avant réflexion suffisante; ce sont aussi des jugements tenaces, qu'on ne veut ou qu'on ne songe point à raisonner, ou qu'on a mal raisonnés d'abord, sans pouvoir aisément revenir de cette erreur. Ils ont leur source dans les tendances secrètes de l'âme, la sympathie, l'antipathie, le mysticisme, le scepticisme, et surtout dans une imagination excessive ou déréglée.

Qui dit préjugé ne dit pas nécessairement erreur, pas plus que tout jugement réfléchi n'est infailliblement vérité; mais on conviendra qu'il y a beaucoup plus de chances d'erreur dans la légèreté et le désordre des croyances fondées sur des préjugés, que dans celles qui sont le fruit d'opérations méthodiques et circonspectes.

Vus de près, il est peu de préjugés, s'il en est, auxquels l'imagination soit étrangère. Peut-être pourrait-on les rapporter tous à trois grandes classes, suivant qu'ils portent :

1° Sur des faits imaginaires;

2° Ou sur des faits mal observés, et qui dès lors peuvent être dénaturés, exagérés, atténués;

3° Ou sur de faux rapports d'identité, d'analogie, de causalité, de principe et de conséquence.

On connaît la division des préjugés par Bacon (*idola tribus, specus, fori, theatri*), suivant qu'ils tiennent à l'espèce, à l'individu, aux influences sociales ou aux professions.

D'autres divisions ont été proposées, par exemple, en préjugés tenant au respect excessif pour l'autorité ou à la trop grande confiance aux vues personnelles, ou bien encore en préjugés spéculatifs et en préjugés pratiques (1).

En parcourant plusieurs ouvrages qui traitent spécialement des préjugés, et en procédant à la manière des naturalistes, il nous a paru qu'on pourrait distinguer encore les préjugés, suivant qu'ils sont le fruit :

De l'exagération en plus ou en moins (2),

De la confusion de l'apparence avec la réalité (3),

De la confusion du symbole avec la réalité (4),

De la confusion de certaines notions (5),

De fausses associations d'idées, résultant elles-mêmes d'analogies forcées (6),

De rapports faussement interprétés (7),

D'inductions précipitées (8),

De raisonnements fondés sur de fausses hypothèses (9),

De fictions toutes gratuites ou fondées sur des analogies arbitraires (10),

(1) Voir un excellent chapitre de la *Logique* de Kant sur les préjugés.
(2) Les nains, les géants, la salamandre, l'homme incombustible, etc.
(3) Politesse apparente prise pour sincère, vertu sincère soupçonnée, hypocrisie qui en impose, décorum, magie de la représentation, pluies miraculeuses de sang, etc.
(4) Le phénix, le juif errant, la sibylle, etc.
(5) Le bourreau, les gendarmes, etc.
(6) Astrologie, interprétation des songes, chiromancie, etc.
(7) Huîtres dans les mois à *r*, dernières paroles des mourants.
(8) Professions de comédiens, de gens de lettres.
(9) Phénomène extraordinaire dans le ciel, donc phénomène extraordinaire sur la terre; baguette divinatoire, la belle main, pierre philosophale, etc.
(10) Basilic, tarentule, né-coiffé, etc.

De la prévention, ou de l'antipathie et de la sympathie (1),

D'une aberration du sentiment mystique (2),

De l'hallucination (3).

Reste à savoir si l'on ne pourrait pas réduire cette longue liste aux trois classes plus haut indiquées. C'est ainsi que la passion, empêchant de bien voir les préjugés dus à la prévention, rentrerait dans la deuxième classe. A la même classe appartiendraient aussi tous les préjugés résultant de l'exagération ou de l'atténuation des faits : ceux qui résultent d'une induction précipitée, et ceux qui proviennent de toute espèce de confusion, puisqu'une observation plus exacte préviendrait cette espèce d'erreur. A la classe des préjugés qui se fondent sur des faits purement imaginaires, se rapportent ceux qui sont produits par l'exaltation mystique, par l'hallucination. A la troisième classe, celle qui comprend les préjugés résultant de rapports mal saisis, se rapporteraient ceux que nous venons d'attribuer à de fausses associations, à des analogies forcées, à des causes supposées, à des principes qui ne peuvent engendrer de pareilles conséquences, etc.

D.

Le Merveilleux.

Traiter des préjugés c'est déjà traiter de la croyance

(1) Contre le crapaud, en faveur du lézard, etc.
(2) Sorcellerie, revenants, rêves prophétiques, loups-garous, etc.
(3) Ondines, follets, etc.
Voy. *Traité des Erreurs et des Préjugés*, par GATIEN DE SEMUR, et les ouvrages analogues du P. SALGUES, du P. LEBRUN et de M. THIERS.

au merveilleux, croyance qui n'est qu'une espèce du genre si vaste des préjugés. Cependant cette espèce mériterait non seulement une mention, mais un traité à part. Nous donnerons plus tard le traité; aujourd'hui la mention seulement.

Le merveilleux s'entend, à proprement parler, des manifestations fictives du surnaturel. Il se distingue ainsi du merveilleux moins proprement dit, et du miraculeux. Le merveilleux, dans le sens large ou moins propre du mot, n'est autre chose que la manifestation extraordinaire d'une force naturelle, mais qui par le fait ne se déploie que rarement, parce que rarement elle est dans les circonstances favorables à la production de son effet. Le miraculeux, d'après l'idée qu'on s'en fait généralement, est l'effet physique ou sensible d'une cause supérieure à la nature, et qui ne fait point partie de l'ensemble de ses forces. C'est pour cette raison qu'elle est appelée surnaturelle. On la reconnaît à la suspension des lois de la nature, ou à la production de phénomènes en opposition avec elles (1). Une force surnaturelle qui agirait dans le sens de ces lois, qui se servirait des forces physiques connues pour produire des effets connus, et dans les circonstances où ces effets se produisent naturellement; cette force, tout en produisant encore un effet partiellement surnaturel au moins, ne pourrait pas être reconnue, son action se confondant avec celle de la nature.

(1) Le miraculeux, de l'aveu des théologiens, est l'œuvre immédiate de Dieu, au moins l'effet positif de sa volonté; autrement, les créatures qui seraient assez puissantes pour déroger à l'ordre du monde pourraient en troubler l'harmonie et tromper l'homme. (V. BERGER, *Traité de la vraie relig.*, t. III, deuxième partie, *De la révélation faite aux Juifs par le ministère de Moïse*, c. 1, art. 1, § 2.)

D'après ce qui précède, il est facile de voir que le merveilleux proprement dit, bien qu'il ait souvent un point de départ réel ou objectif, peut être essentiellement subjectif. Il est en partie l'œuvre de l'imagination; œuvre d'art souvent, de superstition très fréquemment, de charlatanisme et d'imposture trop souvent encore, d'une maladie mentale quelquefois, enfin de plusieurs de ces causes réunies d'autres fois.

IV.

De la Comparaison.

L'opération par laquelle nous rapprochons deux choses, deux qualités, deux sentiments, deux idées, etc., pour en saisir le rapport de convenance ou de disconvenance, de ressemblance ou de différence, s'appelle *comparaison*.

La comparaison n'est pas une faculté spéciale; c'est une attention *successive,* plutôt encore qu'une *double* attention, avec souvenir du résultat de la première, quand apparaît le résultat de la seconde.

Suivant que la comparaison est volontaire, libre surtout, ou qu'elle tend à une fin, à un but spontanément ou fatalement, elle a un but ou n'en a pas; elle vise ou ne vise point à la conception de rapport.

Cette conception, toujours fatale dans sa manifestation à l'esprit, ne doit pas être regardée comme un produit de la comparaison; elle est le fruit du jugement, qui n'est lui-même qu'une fonction de la raison. C'est la raison à son deuxième degré de puissance, comme le raisonnement est le produit de la raison à son troisième degré d'énergie. Nous ne voulons pas dire, cependant, que déjà la raison ne juge pas dans la production des conceptions primitives; seulement, elle le fait d'une manière moins sensible.

Les animaux ne comparent point volontairement, ni fatalement; et les rapports qu'ils semblent concevoir à la suite des rapprochements qui s'opèrent dans leur intelligence ne ressemblent sans doute point aux idées abstraites qui sortent de nos comparaisons. A plus forte raison ne doivent-ils pas se former les notions plus abstraites encore de convenance, de disconvenance, de ressemblance et de différence, de degrés de similitude ou de dissemblance, etc. Leurs comparaisons ne peuvent non plus avoir aucun but.

La comparaison n'est pas l'antécédent réfléchi de tout jugement, par exemple de celui-ci : j'existe. Mais on est peut-être sorti de la vérité, lorsqu'on a prétendu que dans ces sortes de jugements l'intelligence voyait les deux idées conjointes, et n'avait pas besoin de passer de l'une à l'autre pour en saisir la convenance. Nous pensons, au contraire, qu'un jugement dont les termes sont aussi étroitement unis que possible, par cela seul qu'il est un jugement, c'est-à-dire un rapport entre deux idées qui ont été momentanément distinguées, pour être ensuite rapprochées, l'esprit a dû les comparer pour en saisir la différence et les distinguer, et les comparer encore pour en saisir la convenance. Cette opération sera aussi rapide qu'on le voudra; elle sera toute *spontanée* même, mais enfin elle doit être. Que l'idée d'existence, par exemple, soit primitivement dans l'idée de moi, je l'accorde; mais qu'elle lui soit adéquate, je le nie, puisqu'il y a d'autres existences que la mienne. Il faut donc, à cause de l'étroite union de ces deux idées, un certain travail sur la synthèse primitive qu'elles forment, pour y discerner deux éléments; il en faut un autre pour en saisir la véritable différence; il en faut un troisième enfin pour ressaisir leur convenance après l'avoir un instant perdue de vue pour ne s'occuper que de leur différence.

Nous pensons aussi qu'une généralisation, si facile et si rapide qu'elle puisse être, si peu étendue qu'on la suppose, exige également le passage successif d'un objet de l'idée générale à un autre, par la raison qu'en réalité l'attention, une attention précise surtout, ne peut se donner simultanément à plusieurs choses. Il faut donc que l'esprit passe de l'une à l'autre.

V.

Du Jugement.

Le jugement est l'opération fondamentale de la pensée. Par le jugement seul nous savons quelque chose de quelque chose. Jusque là nous pouvions avoir des sensations, des perceptions, des états divers, mais sans pouvoir les distinguer, les affirmer ou les nier, sans leur concevoir aucun rapport, sans même pouvoir les penser comme nôtres. Mais aussitôt que le jugement intervient nous nous distinguons de nos états tout en les concevant nôtres, et par cela que nous les concevons ainsi, nous les concevons différents entre eux, nous les distinguons de leur forme, en un mot nous pensons.

L'essence du jugement consiste dans une conception

de rapport de convenance ou de disconvenance ; rapport qui en embrasse une foule d'autres, tels que ceux d'identité et diversité, d'analogie ou de dissemblance absolue, de forme, de durée, de contingence, etc., etc.

Nous avons déjà dit que la conception d'un rapport quelconque est une fonction de la raison. C'est donc la raison qui juge ; c'est elle qui pense. Et comme il n'y a de connaissance que par la pensée, par l'affirmation ou la négation, par l'affirmation positive ou négative, c'est donc la raison qui connaît, puisque c'est elle qui pense, qui juge.

Tout jugement implique trois idées : celles d'un sujet, d'un attribut, et du rapport positif ou négatif de l'attribut au sujet. Sans cette triple idée il n'y a pas distinction, pas diversité, ni par conséquent unité dans la diversité. On peut donc dire encore que le jugement est une fonction de la raison par laquelle elle saisit la diversité logique la plus simple, et l'unité qui la relie. L'unité du raisonnement s'établit entre une diversité plus considérable ; c'est une unité médiate. L'unité qui constitue la forme du beau, l'unité esthétique, ne doit pas être confondue avec l'unité logique du jugement et du raisonnement : celle-là produit un sentiment que celle-ci n'occasionne pas toujours. De plus, l'unité esthétique est pour ainsi dire plus mêlée à la diversité qu'elle tient en rapport, que l'unité logique aux termes qu'elle relie. L'unité logique n'est qu'une conception de convenance la plus vague, la plus indéterminée. L'unité esthétique est la proportion, le rapport de toutes les parties d'un tout à chacune d'entre elles, et de chacune à toutes les autres réunies.

Ce qu'il y a de distinctif dans les jugements, ce qui fait que l'un diffère de l'autre, le sujet et l'attribut, constitue la matière du jugement. La forme, au contraire, est la même pour tous; c'est le rapport du sujet à l'attribut dans sa plus grande généralité. Ce rapport doit donc être dégagé de toutes les circonstances verbales de voix, de mode, de temps, de nombre, de personne. Toutes ces circonstances sont autant d'idées accessoires qui se rattachent à la matière première du jugement, et en sont comme la forme secondaire, forme qui varie avec la matière même des jugements; elle varie moins que cette matière cependant, mais elle n'a rien d'absolument nécessaire comme la forme véritable, qui consiste dans le rapport de l'attribut au sujet.

C'est précisément parce que cette forme est essentielle et parce qu'elle est de sa nature essentiellement indéterminée, que l'esprit la conçoit infailliblement, et qu'il n'est pas nécessaire de l'exprimer dans le discours. Il n'est donc pas étonnant que le verbe *être* n'existe pas dans plusieurs langues, et je ne serais pas surpris non plus que dans d'autres il n'eût qu'une forme, l'infinitif, car c'est là sa forme unique, essentielle, véritable.

Sans vouloir traiter ici du jugement, tel qu'on l'envisage en logique, nous croyons pouvoir rappeler au moins qu'on le distingue, suivant les points de vue, en

Affirmatif, négatif et limitatif ou indéfini;

Singulier, particulier et universel;

Catégorique, hypothétique et disjonctif;

Problématique, assertorique et apodictique.

Mais un point de vue qui n'exclut en rien les précédents, et qui est un autre aspect sous lequel on peut en-

visager le rapport de l'attribut au sujet, c'est celui d'après
lequel les jugements se divisent en analytiques et en
synthétiques : dans les premiers, l'attribut est tellement
identique avec le sujet, qu'il suffit de la simple analyse,
sans aucune expérience, pour l'en déduire et l'en affirmer; il y a entre l'un et l'autre une liaison nécessaire;
l'un sans l'autre impliquerait contradiction. Dans les seconds, au contraire, le sujet et l'attribut ne sont point
identiques. Mais ces jugements sont de deux sortes : les
synthétiques *a posteriori,* qui ne peuvent être portés que
sur le témoignage de l'expérience, et les synthétiques *a
priori,* dont les termes, sans être totalement ou partiellement identiques entre eux, comme dans les jugements
analytiques, ont cependant une telle liaison que le rapport peut en être affirmé sans exception, et indépendamment de toute expérience. Tel est ce jugement :
tout changement suppose une cause.

On distingue encore les jugements suivant que l'attribut est, ou l'essence du sujet, ou l'une seulement de
ses qualités propres, ou une qualité qui lui est commune
avec d'autres sujets. Les propositions qui les expriment
sont alors ou des définitions, ou de simples énonciations,
ou des classifications.

Les jugements, étudiés dans leur expression ou dans
la proposition, aux points de vue tant grammatical qu'o-
ratoire et logique, prêteraient à beaucoup d'autres observations, mais qui sortiraient des limites de la psychologie proprement dite. Nous y reviendrons dans un traité
spécial, la *Philosophie du langage.*

L'homme juge-t-il fatalement, ou le jugement est-il
spontané, volontaire, libre même? — Puisque juger c'est

concevoir, penser, et que la pensée en général est fatale, que telle ou telle pensée en particulier peut être spontanée dans son apparition à l'esprit, qu'il n'y a de liberté que dans la direction de l'esprit vers tel ou tel ordre d'idées et de vérités; puisqu'enfin le rapport de deux idées ne peut pas ne pas être conçu quand l'esprit est dans les circonstances objectives et subjectives propres à le faire naître, ni être conçu autrement qu'il ne l'est; il faut en conclure que le jugement est fatal en définitive.

Si tout jugement consiste dans une conception de rapport, et si les animaux sont dépourvus de faculté qui donne les idées de cette nature, il faut reconnaître que les animaux ne jugent pas, ne pensent pas. Ce qui leur tient lieu de jugement, ce sont les associations de sensations, de perceptions, de souvenirs, d'images, et l'instinct qui les fait agir en conséquence comme s'ils jugeaient et raisonnaient.

VI.

De la Généralisation.

On entend communément par généralisation toutes les opérations qui précèdent, plus celle que nous allons décrire, et qui est l'acte par excellence de la généralisation, son dernier moment. Tout le reste n'en est qu'une préparation.

Quand l'attention a été donnée, que l'abstraction est accomplie, que le souvenir de ce résultat est maintenu présent à l'esprit, que la comparaison a été instituée, et

que la ressemblance des qualités de deux ou de plusieurs
objets a été constatée, il reste encore une opération à
faire pour compléter l'œuvre de la généralisation. Il
faut revenir sur ses pas, se rappeler que cette qualité a
été observée ici et là, et juger enfin qu'elle appartient
également à tous les sujets qui l'ont présentée, qu'elle
leur est commune. C'est la reconnaissance de cette propriété d'un attribut d'être commune à plusieurs sujets,
qui constitue l'essence de la généralisation. Cette reconnaissance, préparée par les opérations préliminaires dont
nous avons parlé, peut être plus ou moins rapide en
elle-même et dans ses préliminaires, suivant que les objets auxquels on donne son attention sont plus ressem-
blants, plus rapprochés les uns des autres, plus frappants, par exemple les arbres d'une forêt, les étoiles du
firmament, etc., etc.

Toute généralisation est une sorte de classification,
puisqu'elle ramène à l'unité une diversité plus ou moins
grande de sujets. L'unité est la forme commune à toute
notion, la généralité; la diversité en est la matière; cette
matière varie d'une notion à une autre.

Les idées générales ont donc cet immense avantage
d'être comme des signes détachés, à l'aide desquels on
pense implicitement à une multitude indéfinie d'objets;
sans le secours des idées générales, des notions, on ne
pourrait pas penser le particulier, le singulier dans le
général; toute pensée serait individuelle; il faudrait re-
passer à chaque instant par les opérations préliminaires
de la généralisation, sans pouvoir généraliser. On n'aurait ainsi que des idées générales avortées; et l'esprit
succomberait sous ce travail de Sisyphe, et sous le

nombre infini des idées singulières, des souvenirs de perceptions.

Mais ce qui facilite singulièrement le travail de la généralisation d'un bout à l'autre, c'est le langage. Grâce à cette opération de l'esprit, l'abstraction devient presque une réalité; elle prend un corps en prenant un nom; le souvenir de ce nom la maintient elle-même présente à l'esprit avec une sorte d'existence indépendante. Il en est de même des jugements par rapport aux propositions, et enfin des notions ou des idées générales elles-mêmes toutes formées.

Les notions sont plus ou moins générales, suivant qu'elles sont plus ou moins abstraites, ou qu'elles sont applicables à un nombre plus ou moins considérable d'individus réels ou fictifs; telle est l'idée de couleur en général par rapport à l'idée de couleur bleue, par exemple; telle est l'idée de perception externe par rapport à celle de couleur; telle est l'idée de perception pure et simple par rapport à celle de perception externe; telle est l'idée de connaissance sensible par rapport à celle de perception en général; telle est l'idée de connaissance par rapport à celle de connaissance sensible, etc. Nous montons ainsi les degrés de l'abstraction en passant par les idées de *couleur bleue,* de *couleur,* de *perception externe,* de *perception,* de *connaissance expérimentale,* de *connaissance* en général.

Les idées, suivant qu'elles sont plus ou moins générales et qu'elles appartiennent à une même série, sont entre elles comme des cônes creux qui s'emboîtent les uns dans les autres; il y a là une hiérarchie de capacité de plus en plus grande, qui fait que le plus général contient le moins général et n'en est pas contenu. En logique, le plus général s'affirme de ce qui l'est moins, mais le moins, quoique compris dans le plus, ne peut s'en affirmer.

On peut monter ou descendre l'échelle de la généralisation, c'est-à-dire encore emboîter ou déboîter les idées. Et comme il n'y a d'absolument inférieure que la dernière idée qui entre dans l'avant-dernière, et d'absolument supérieure que celle qui enveloppe toutes les autres, sans pouvoir elle-même être enveloppée par quelque autre, on a dit qu'à part ces deux idées extrêmes, l'espèce dernière et le genre suprême, aucune des idées intermédiaires n'est absolument genre ou espèce; mais qu'elle est genre ou espèce tour à tour, suivant qu'on l'envisage par rapport à l'idée qu'elle enveloppe ou par rapport à celle dont elle est enveloppée.

On est assez d'accord qu'il existe une idée absolument supérieure ou dernière en généralité, quoiqu'on le soit moins sur la nature même de cette idée; mais les uns veulent qu'il y ait des espèces absolument dernières pour chaque série, et d'autres qu'il n'y en ait pas. Le fait est qu'une idée quelconque, si déterminée qu'elle soit, semble pouvoir l'être encore par un caractère fictif, sinon par un caractère réel.

Une idée est plus ou moins déterminée suivant qu'elle est plus ou moins complexe; et plus elle est complexe, moins elle est générale, *et vice versa*. L'idée d'un genre est donc moins complexe que les idées de ses espèces. Aussi le genre s'entend-il de toutes ses espèces et de tous les individus qu'elles comprennent, tandis que les idées caractéristiques de l'espèce ne conviennent point au genre, puisqu'elles le rendraient inapplicable à ses autres espèces. Ce sont ces propriétés qui ont fait poser en principe que l'extension d'une idée est en raison inverse de sa compréhension ; c'est-à-dire qu'une idée s'applique à un nombre de sujets d'autant plus considérable qu'elle est, dans une série donnée, moins complexe, ou que le nombre de ses idées élémentaires est plus restreint.

On s'est demandé si l'esprit humain, en formant les séries hiérarchiques de ses idées, monte ou descend l'échelle de la généralisation, c'est-à-dire s'il commence par les plus générales et finit par les moins générales, ou si c'est le contraire? Qu'il parte du concret pour s'élever à l'abstrait, nul doute ; mais il n'en faudrait pas conclure qu'il s'élève régulièrement du moins abstrait au plus abstrait, en passant par tous les degrés intermédiaires, sans jamais revenir sur ses pas et sans omettre aucun degré. Il n'en est pas ainsi : l'esprit, dans les opérations de ce genre, va et vient ; et ce n'est qu'en rapprochant une notion d'une autre, en les comparant, en les déterminant l'une par l'autre, le genre par l'espèce, l'espèce par le genre, qu'il finit par en saisir le véritable rapport hiérarchique, et par les mettre chacun à sa place.

Les idées générales, espèces ou genres, ont-elles un objet propre, indépendant, ou ne sont-elles que des points de vue de l'esprit, qui aient leur raison dans la nature concrète même des individus, mais nulle part ailleurs? Telle est la grande question des réalistes, des nominalistes et des conceptualistes ; question qui a divisé pendant des siècles les écoles du moyen-âge, et qui avait déjà divisé l'antiquité. Nous l'avons traitée implicitement en parlant des conceptions de la raison. Nous rappellerons purement et simplement que les notions n'ont aucun objet propre, indépendant, existant d'une existence indépendante; mais que les individus possèdent à l'état concret ou indivisible les qualités réelles ou de conception qui servent de matière à l'entendement humain pour former les notions.

Les animaux n'ayant très vraisemblablement pas d'idées générales, n'ont par conséquent ni genres, ni espèces, ni classes d'aucune sorte et d'aucun degré.

Jusqu'ici nous n'avons voulu parler que de la généralisation expérimentale et adéquate, c'est-à-dire des notions dont la généralité ne dépasse pas le nombre des sujets observés; généralisation qui, dès lors, ne peut être fausse. Mais il y a une autre espèce de généralisation qui, se fondant au début sur une observation plus ou moins étendue, s'achève par le raisonnement et s'étend aussi bien au-delà de l'expérience. C'est la généralisation *a priori* ou par analogie et par induction. Elle peut n'être pas adéquate, ou recevoir un démenti de l'expérience. Elle n'a pas d'autre valeur logique que la valeur même des raisonnements par analogie ou par induction. Nous n'avons pas à parler ici de ces sortes de raisonnements au point de vue logique : nous en dirons tout à l'heure un mot au point de vue psychologique.

Enfin, il y a une troisième sorte de généralisation, qui consiste à dégager les conceptions de la raison, des phénomènes qui les enveloppent à leur origine, et d'en concevoir la convenance absolue, nécessaire, sans exception possible, à tous les cas auxquels elles s'appliquent inévitablement. C'est la généralisation immédiate ou sans abstractions ni comparaisons successives. Nous en avons parlé en traitant des conceptions.

L'ensemble des facultés destinées à former les notions au moyen des opérations dont nous venons de parler porte le nom commun d'*entendement*. L'entendement n'est donc pas une fonction spéciale de l'esprit. Il s'étend même aux différentes opérations intellectuelles qui constituent le raisonnement et la méthode, c'est-à-dire au raisonnement sous toutes ses formes, à la définition, à la division, à la classification, à l'analyse et à la synthèse ; opérations qui ne diffèrent pas essentiellement de celles que nous avons vues, et dont, au reste, il sera traité spécialement en logique. Un mot suffira pour achever en ce point notre tâche, et nous le dirons tout à l'heure.

Il y a un certain nombre de qualités de l'entendement et de la raison, une certaine manière d'envisager dans l'application ces deux grandes facultés, dont nous ne parlerons pas d'une manière spéciale, puisqu'il ne s'agit là que de certains caractères, de certaines propriétés, ou d'un certain ensemble d'opérations déjà connues. Telles sont la pénétration, la subtilité, la sagacité, l'étendue, la profondeur, l'originalité, l'invention, le génie, le goût, le talent, le bon sens, le sens commun, la capacité, etc., etc., et tous les vices contraires. Nous renvoyons sur ce point à notre *Anthropologie spéculative,* t. I, p. 229-243.

VII.

Du Raisonnement.

Il y a une première espèce de raisonnement, celui que fait l'enfant, et que l'animal lui-même semble faire. Il consiste dans une association d'idées. La base de cette opération est ou l'idée d'identité individuelle faussement appliquée, une confusion véritable, une erreur enfin, ou l'idée plus savante d'identité de nature seulement, sans confusion des individus.

L'enfant, qui porte sa main sur le point lumineux formé par la flamme d'une bougie, s'y brûle. Si cette première expérience ne suffit pas pour le rendre une autre fois plus circonspect, il hésitera une troisième ; à la quatrième, il sera guéri de sa curiosité. Désormais, à la vue d'un objet éclatant, légèrement mobile, et comme suspendu dans l'air, il se gardera de vouloir le saisir ; il se rappellera la douleur qu'il a éprouvée autrefois pour avoir voulu s'emparer de *cet* objet lumineux. C'est bien, suivant lui, le *même* objet ; c'est là qu'il l'a vu, qu'il l'a voulu toucher ; c'est le *même* support. Il concevra donc sans peine que c'est la *même* flamme, qu'elle a les *mêmes* propriétés ; il supposera que ses mains sont aussi les *mêmes,* que l'effet qui résultera du contact de la flamme et des mains sera le *même* encore. Voilà donc un raisonnement par identité, auquel il ne manque que la forme. Si l'enfant pouvait parler, il dirait : Les mêmes causes, agissant dans les mêmes circonstances, produisent les mêmes effets ; or, cette flamme est la même que celle qui m'a brûlé hier, comme je suis

moi-même aujourd'hui ce que j'étais hier; donc si j'y
porte la main, j'en souffrirai aujourd'hui comme j'en ai
souffert hier.

Mais croira-t-on que toutes ces idées abstraites de
temps, d'espace, d'identité, de moi, de non-moi, de
cause, d'effet, etc., soient nettement dans l'intelligence
de l'enfant qui commence à penser? Toutes ces idées
sont-elles même possibles, peuvent-elles se combiner du
moins, par forme de raisonnement, sans le secours du
langage? Il est assurément très permis d'en douter.

A plus forte raison ne ferons-nous point raisonner
cet enfant d'une manière plus savante encore en met-
tant à la base de son induction des principes plus
abstraits; ce raisonnement, par exemple : Les lois de la
nature sont universelles et constantes; or, briller et brûler sont deux choses qui se tiennent, deux choses qui
sont toujours et partout ensemble. Non; nous ne croyons
pas que l'enfant raisonne aussi bien ni aussi mal. Tout
se passe plus simplement dans son esprit : la vue d'un
point lumineux mobile d'aujourd'hui lui rappelle la vue
d'un point semblable, et ce souvenir lui remet en mémoire sa curiosité, son mouvement, sa douleur surtout.
Redoutant cette douleur, loin de porter de nouveau la
main sur le point lumineux, il ne voudra peut-être plus
en approcher, il voudra même s'en éloigner : le tout par
une sorte de confusion où les idées de qualités, d'individus, d'identité n'ont rien de bien distinct. Il y aura là comme
un raisonnement en germe, un raisonnement obscur ou
dont les éléments sont encore mêlés, plutôt qu'un raisonnement développé, analysé dans toutes ses parties.
Tel qu'il est, il suffira cependant pour que la conduite

en soit sagement dirigée. Les mouvements qui s'en sui-
vront seront encore un peu instinctifs, quoique déjà raisonnés. Ils participeront encore de ceux que nous exécutons fort rapidement et très à propos pour ressaisir
l'équilibre quand nous l'avons un instant perdu. Certes,
nous ne songeons guère alors aux lois de la mécanique;
ce qui ne nous empêche pas de les appliquer fort raisonnablement. Quand l'enfant qui se brûle pour la première fois le bout du doigt à la flamme qu'il a voulu
toucher retire lestement sa main, a-t-il raisonné la théorie des causes et des effets, celle de l'action par contact,
de l'action à distance, la théorie du levier? Assurément
non. Il ne sait même pas qu'il y a quelque rapport entre
le mouvement de retrait qu'il va exécuter et la diminution de la douleur. Il peut cependant l'avoir appris par
une première expérience, et l'exécuter plus rapidement
et plus sûrement qu'il ne l'aurait fait d'abord; mais une
certaine part d'instinct est toujours là. C'est cet instinct
qui fait qu'on s'agite dans la douleur, et qui, avant que
l'enfant sache qu'il a des membres, avant qu'il sache
qu'il peut leur commander, les mouvoir, les étendre, les
retirer, le porte à exécuter des mouvements désordonnés, sans but. Je ne serais pas surpris qu'avant que la
toute première éducation du mouvement des membres
soit faite, l'enfant qui souffrirait dans l'un d'eux par
suite du contact avec un corps étranger propre à occasionner une douleur, ne sût pas encore retirer promptement le membre offensé; qu'il ne l'éloignât tout d'abord
du corps qui le fait souffrir que par ce mouvement vague
et maladroit, purement instinctif, qui n'est éclairé d'aucune lueur de l'intelligence.

L'instinct de l'animal sera plus sûr et plus rapide en cela, comme dans les mouvements destinés à la préhension des aliments, parce qu'ils ne sont pas destinés, comme ceux de l'homme, à être un jour raisonnés.

Aussi le germe de raisonnement, que nous avons placé dans l'intelligence de l'enfant évitant la flamme qui l'a brûlé, n'est sans doute pas même à ce degré dans l'âme de l'animal, qui se conduit pourtant, lui aussi, comme s'il raisonnait. Il est une foule de cas, en effet, où les mouvements de l'animal sont fondés sur l'expérience seule, et sur une expérience promptement acquise. Il y a donc aussi chez lui, en dehors de l'instinct, qui est comme une sagesse innée et qui n'a pas besoin de l'expérience, une sorte de sagesse acquise, et en quelque sorte personnelle et propre, fruit de l'expérience, d'une certaine observation, d'un certain raisonnement, ou tout au moins d'un jugement fondé sur l'association des sensations et des perceptions. A la suite de ce jugement s'exécutent en eux des mouvements que nous appelons volontaires, parce qu'ils ne sont pas purement mécaniques dans leur cause, qu'ils partent, comme les mouvements volontaires en nous, d'un principe spirituel, du principe qui sent et qui agit, qui veut d'une volonté plus ou moins réfléchie, plus ou moins libre.

Nous venons de voir dans l'esprit de l'enfant l'induction ramenée à une sorte de raisonnement par identité, c'est-à-dire à une déduction, car le même ne serait pas le même si ses vertus pouvaient changer : la flamme ne serait plus la flamme si elle pouvait cesser de brûler ma main, ou ma main ne serait plus ma main si elle pouvait cesser d'être brûlée par la flamme. Quand on rai-

sonne ainsi par identité, on ne distingue point entre sujets et sujets; entre sujets dans un temps, dans un lieu,
et sujets semblables dans un autre temps et dans un autre lieu ; entre qualités réelles de tel sujet, et qualités
possibles de tel autre. Non ; les sujets qui se ressemblent, même imparfaitement, s'ils sont aperçus successivement, ne laissent pas d'être un seul et même sujet :
ce ne sont pas les différences qui frappent d'abord, ce
sont les ressemblances. Ce qui sera plus tard une généralisation, ce qui ne sera identique qu'à ce titre, c'est-à-
dire par la ressemblance des qualités, n'est tout d'abord
qu'un seul et même individu. C'est l'identité individuelle,
faussement supposée, qui joue tout d'abord le rôle que
jouera plus tard l'identité des qualités, celle des idées
générales. C'est grâce à cette confusion que l'animal et
l'enfant peuvent se conduire comme s'ils avaient géné-
ralisé, quoique l'un ne généralisât jamais, et que l'autre
ne généralise pas encore. L'animal, quand il aura cessé
de confondre les individus, ne distinguera pas encore
les qualités ; il prendra les qualités semblables par nature
pour des qualités numériquement identiques. Tout mendiant portant besace et bâton sera d'abord le même
mendiant pour le chien de garde, puis si le chien finit
par distinguer un mendiant d'un autre mendiant, il distinguera plus difficilement, peut-être jamais, le bâton de
l'un d'avec le bâton de l'autre. Si bien que le bâton qui
l'a frappé et celui qui le porte feront toujours dans son
idée une association tellement déplaisante et odieuse,
qu'il en voudra même à tout homme déguenillé porteur
du bâton le plus innocent.

Il serait facile de montrer, par la comparaison que fait

l'enfant, de la flamme d'une bougie avec celle d'une lampe, de celle de la lampe avec celle du charbon ardent, de celle du charbon ardent avec l'éclat d'un métal poli et brillant échauffé par les rayons du soleil, de la chaleur du métal dans ces conditions avec la lueur phosphorescente des lucioles, du poisson mort, ou de certains bois pourris dans l'obscurité ; de cette phosphorescence avec celle des feux follets, des petits mollusques marins qui donnent aux eaux profondément labourées par un vaisseau une apparence de lave encore tout en feu : il serait facile, disions-nous, de faire raisonner l'enfant, bien ou mal, par analogie, comme nous l'avons fait raisonner tout à l'heure par une induction fondée sur une fausse identité d'abord, puis sur une généralisation véritablement inductive. Nous retrouverions toujours au fond de ces procédés une certaine association d'idées.

L'association contingente des idées est donc le fait psychique fondamental des raisonnements par analogie et par induction.

Le raisonnement par déduction, consistant à faire sortir une idée d'autres idées qui la contiennent, est également fondé sur une sorte d'association d'idées ; mais l'association est cette fois nécessaire, que les idées déduites ne soient que des parties comprises absolument et inévitablement dans leurs prémisses, ou qu'elles n'y soient contenues que par hypothèse ou par convention ou par la nature des choses, telle qu'elle se montre en fait à nos regards attentifs. Dans tous ces cas l'esprit ne fait que dégager des idées d'autres idées qui les contenaient ou de droit seulement c'est-à-dire *a priori*, ou de fait d'abord et de droit ensuite c'est-à-dire *a posteriori*

d'abord ou par le fait, par hypothèse, par convention, et
ensuite *a priori*, une fois la convention faite, l'hypothèse
posée, le fait reconnu. En d'autres termes : la déduction
consiste simplement à tirer d'une idée qui s'y trouve
contenue, que la raison l'y ait d'abord nécessairement
placée (raisonnement déductif en matière rationnelle
pure), ou qu'elle ne s'y trouve que par le fait de la nature ou par celui de l'homme. Mais qu'elle y soit primitivement d'une façon ou d'une autre, une fois qu'elle y
est aperçue et qu'elle en est distinguée comme le contenu est distingué du contenant, le dégagement qui s'ensuit est une opération inévitable, qui s'opère par la raison seule, sans le secours d'aucune expérience ultérieure.
Elle a donc lieu *a priori,* alors même que les prémisses
ont été toutes deux fournies par l'expérience soit directe
mais généralisée, soit directe et généralisée d'abord,
mais de plus étendue par l'induction ou par l'analogie.

Toutefois, la raison sent fort bien, lorsque les prémisses
de sa déduction sont expérimentales, que la nécessité logique ne porte que sur le rapport de la conclusion aux
prémisses, et non sur le rapport de l'attribut au sujet de
la conclusion. Le dernier rapport, ou la vérité propre de
la conclusion comme proposition pure et simple, doit
donc participer du doute, de l'incertitude, de l'erreur
même qui peuvent atteindre des prémisses dont la vérité
n'est pas évidente par elle-même, c'est-à-dire d'une évidence immédiate et de raison pure. La nécessité rationnelle de ces sortes de raisonnements n'est donc qu'une
demi-nécessité par rapport à ceux qui sont tout à la fois
nécessaires dans leurs prémisses et dans le rapport de
la conclusion aux prémisses. Ceux-ci sont tout *a priori;*

ceux-là ne le sont qu'à moitié. Et comme ce qui préoc-
cupe le plus dans un raisonnement destiné à prouver
quelque chose, c'est la vérité de la *conclusion,* il n'est
pas surprenant que celle de la *conséquence* ne suffise pas
pour rassurer pleinement la raison. Aussi est-ce là une
des causes qui font que les mathématiques, où tout est
a priori, où tout est nécessaire par conséquent, les prémisses, la conclusion et la conséquence, sont regardées
comme la science par excellence. Elles possèdent en outre un système de signes, et des moyens de contrôle
qui n'appartiennent pas aux autres sciences. Tous ces
avantages tiennent à la nature spéciale des idées qui
constituent la matière de cette science; idées qui sont
tout à la fois parfaitement déterminées, sans objet avec
lequel elles aient à soutenir des rapports mal connus ou
même tout à fait inconnus, intelligibles, pures, et cependant on ne peut plus susceptibles d'être représentées soit
symboliquement, soit conventionnellement.

VIII.

De la Méthode.

Nous ne considérerons sous ce titre que les opérations
suivantes : la définition, la division, la classification, —
l'analyse et la synthèse, — l'observation, l'expérimentation, — l'hypothèse, — la démonstration.

Le point de vue sous lequel nous devons envisager ces
opérations diverses, on ne l'oublie pas, est un point de
vue expérimental, celui du fait spirituel. Nous laisserons
donc à la logique à déterminer les règles de toutes ces

opérations, comme nous lui avons abandonné celles qui régissent *a priori* le raisonnement.

I. Que la définition soit de choses, d'idées, ou de mots; qu'elle soit descriptive, logique, ou technique, elle a toujours pour but de tracer une ligne de démarcation autour d'une chose ou d'une idée, ou de la signification d'un mot; de circonscrire en quelque sorte ce qu'on veut définir, mais en le caractérisant de telle façon que rien de ce qui peut y confiner ne soit confondu avec ce qu'on définit.

Définir, c'est donc distinguer, en le caractérisant par ses traits essentiels, ce qui tend à se confondre avec autre chose.

II. Après avoir circonscrit de la sorte l'objet d'une définition, si l'on veut en approfondir la connaissance, il est naturel qu'on l'examine en lui-même. S'il est composé, on en distinguera les parties, comme la nature les distingue elle-même. Si ces distinctions naturelles sont impossibles à saisir, à suivre, si elles sont inutiles pour mieux connaître la chose, on en créera d'artificielles, partant de points de vue suggérés par la science même, et qui permettront de distinguer utilement des parties dans ce qui n'en a point. C'est ainsi que nous divisons l'espace et le temps, l'unité numérique même.

Que la division soit naturelle ou artificielle; que dans ce dernier cas elle soit faite d'un point de vue ou d'un autre, il peut être utile de pénétrer plus avant, et de subdiviser les parties obtenues par une première opération.

III. Il sera nécessaire, en tout cas, après avoir divisé, de disposer les parties suivant un certain ordre pour les étudier, si elles sont hétérogènes surtout, de manière à faciliter la marche de l'esprit, en allant du plus facile au plus difficile, du simple au composé, de la condition au conditionné, du subordonnant au subordonné. C'est ainsi que l'objet de la géométrie, des séries de figures qui la composent, sera d'abord étudié en commençant par les figures qui constituent la géométrie à une seule dimension, puis en continuant par celle à deux dimensions, et en finissant par celle à trois dimensions. Dans chacune de ces parties, les figures et les théorèmes qui s'y rapportent seront gradués de manière que l'étude de l'une devienne un secours pour l'étude de l'autre.

Une disposition analogue aura lieu pour les autres sciences.

Mais il est une espèce de classification qui mérite une mention toute particulière : je veux parler de celle qui constitue le genre et l'espèce. Nous laissons aux naturalistes à caractériser ces deux choses dans les productions de la nature organisée, ainsi qu'à déterminer les degrés de classification supérieurs au genre, les degrés inférieurs à l'espèce. Il ne s'agit ici que de la subordination des idées comme simple opération de l'esprit. Or, c'est un fait que nous saisissons les ressemblances, que nous détachons naturellement des individus les qualités semblables, et que nous faisons de ces ressemblances des réalités fictives auxquelles nous imposons des noms. Non seulement les ressemblances nous frappent, mais à la longue nous y distinguons des degrés; il y en a de plus générales que d'autres, et qui comprennent un plus grand nombre d'individus. La qualité constitutive du triangle, l'essence du triangle, est plus

générale que celle du triangle équilatéral. L'essence de
l'animalité est plus générale que celle de race ovine,
et ainsi de suite. L'idée plus générale, qui en contient
plusieurs autres générales encore, constitue l'idée de
genre, le genre. Les idées moins générales qui sont
contenues dans la première, et qui se présentent pour
ainsi dire sur le même plan, constituent les idées d'espèce, les espèces.

Une fois que ces distinctions sont faites, qu'elles sont
étiquetées et comme stéréotypées par le langage, l'esprit
humain en apprenant à parler trouve dans une langue
toute faite un moyen très puissant de former et de classer ses idées. C'est en ce sens, mais en ce sens seulement, que la parole précède la pensée et en est la
condition. La parole a été d'abord le produit de la pensée; elle en est devenue plus tard un très puissant
instrument. C'est tout à la fois une notation et une classification des idées.

IV. Il ne suffit pas toujours à la curiosité de l'esprit
humain, ni même à nos besoins, de connaître les idées et
les choses en gros dans leurs parties les plus saillantes :
il faut souvent pénétrer plus profondément, arriver jusqu'aux éléments derniers, derniers pour nous du moins.
Cette opération prend le nom d'analyse. Il y a donc
analyse quand on résout un tout en ses parties les plus
élémentaires, comme par exemple, en chimie, dans la
décomposition de l'air, de l'eau, etc.; en physique,
dans la décomposition du rayon solaire, dans la distinction
de la cause et de l'effet à l'égard d'un phénomène donné,
par exemple dans la dilatation des corps par la chaleur;
en mécanique, dans la décomposition des forces géné-

ratrices de la ligne courbe; en histoire naturelle, dans la distinction des éléments organiques; en idéologie, dans la résolution d'une idée complexe en ses idées élémentaires; en logique appliquée, dans le passage *a priori* du sujet à l'attribut (jugement analytique), dans celui des prémisses à leur conclusion. — On pourrait plus particulièrement appeler raisonnements synthétiques ceux qui, partant d'une proposition incertaine, et la considérant soit comme vraie, soit comme fausse, et déduisant les conséquences de cette hypothèse, établissent ainsi la vérité de la proposition d'abord douteuse. Cette manière de raisonner est très fréquente en algèbre.

V. La synthèse est l'inverse de toutes ces opérations. En logique appliquée, elle devrait s'entendre des raisonnements par analogie et par induction; et en matière *a priori*, de ceux qui, partant de propositions certaines, mais dont le rapport avec une proposition incertaine n'est pas visible tout d'abord, finissent par établir la vérité de cette proposition en montrant qu'elle est indissolublement liée à la vérité des propositions d'abord admises comme certaines. Cette espèce de raisonnement synthétique est fort ordinaire en géométrie.

Si, revenant aux sciences physiques et naturelles, nous nous demandons quelles sont les opérations de l'esprit humain dans ce qu'on appelle l'observation et l'expérimentation, nous trouverons que l'observation, entendue dans le sens le plus général du mot, comprend toutes les opérations de la méthode expérimentale, c'est-à-dire toutes les opérations propres à nous conduire à la connaissance de la nature. Dans un sens plus restreint, l'observation comprend seulement les opérations de

l'esprit appliqué à la nature telle qu'elle s'offre d'elle-
même à nos regards. L'observation n'est alors qu'une
partie de la méthode expérimentale, par opposition à
une autre partie, l'expérimentation proprement dite. La
nature a souvent besoin d'être mise à la question pour
répondre à notre légitime curiosité : il ne suffit pas de
la regarder ou de l'écouter ; il faut encore l'interroger,
la faire parler pour ainsi dire contre son gré, employer
la force, la violence, imaginer les tortures les plus
propres à lui arracher ses aveux, ses secrets. Les premiers, par exemple, qui, opérant l'analyse de l'air, celle
de l'eau, et qui, par contre-épreuve, recomposèrent
l'eau et l'air avec les éléments qu'ils avaient obtenus
dans une opération antérieure, ou avec des éléments
tout pareils obtenus d'une autre façon ; ceux-là expéri-
mentèrent, dans le sens propre du mot. Ils firent successivement de l'analyse et de la synthèse chimiques.

Comment y furent-ils conduits ? Par l'hypothèse ; par
la supposition, d'abord, que l'air et l'eau pouvaient bien
n'être pas des éléments véritables ; par la supposition
ultérieure que si l'on pouvait trouver un corps avec
lequel l'un des éléments présumables de l'eau eût plus
d'affinité qu'avec l'autre ou les autres éléments qui la
composent, on obtiendrait par là même le résultat
soupçonné et cherché.

Mais pour qu'une hypothèse puisse être avouée par
la raison, par la méthode, il faut qu'elle ait elle-même
un certain fondement, qu'elle soit déjà dans une certaine mesure un produit de l'examen scientifique ; en
d'autres termes, il ne faut pas qu'elle ne soit qu'une
hypothèse en l'air. Aussi n'y a-t-il que ceux qui savent

déjà beaucoup qui font des hypothèses utiles. C'est en y
pensant toujours que Newton parvient à l'hypothèse de
l'attraction universelle; c'est en expérimentant et en
raisonnant que Priestley suppose que l'eau pourrait bien
être composée, et que Watt, Cavendish et Lavoisier dé-
montrent la vérité de cette supposition. C'est par une
conduite analogue de l'esprit que Lavoisier parvient à
démontrer la composition de l'air. Mais pour atteindre
ce dernier résultat, l'hypothèse moins précise, fausse
même, du phlogistique de Stahl ne fut pas inutile. L'erreur, mais une erreur savante, ayant une certaine apparence de vérité, cette erreur bien interrogée peut quelquefois contribuer à la découverte du vrai.

Il y a découverte établie, reconnue, quand elle est
prouvée par les faits, par l'expérience, par l'expérimentation, quand elle accompagne une démonstration
physique. L'hypothèse, qui a pu en être le principe dans
l'esprit, est comme une sorte d'anticipation de la vérité
par la pensée; c'est un préjugé scientifique que la nature des choses peut seule confirmer ou infirmer, suivant
que ce préjugé répond ou ne répond pas à la vérité;
l'hypothèse, qui en avait été le principe, devient elle-
même une vérité ou une conception chimérique.

Dans les sciences de l'ordre purement rationnel, l'hypothèse, en tant qu'elle tient à la question, peut servir,
comme fausse supposition, par exemple, à la démonstration par l'absurde. Elle a son usage dans toutes les
parties des mathématiques.

Mais alors la démonstration n'est qu'indirecte. Elle
est directe, au contraire, lorsqu'elle part d'une donnée
incertaine pour la rattacher par des liens visibles à des

propositions d'une vérité ou d'une fausseté reconnue, soit qu'elles la contiennent ou qu'elles en soient contenues. Dans le premier cas on fait rentrer la conclusion dans les prémisses, et il y a plutôt synthèse (ou, suivant d'autres, analyse); dans le second cas on fait sortir de la proposition les propositions vraies ou fausses qu'elle renferme, et il y a plutôt analyse. Dans les deux cas on suppose que la vérité ne peut contenir l'erreur ou y être contenue, et réciproquement.

§ IV.

Des connaissances expérimentales pures.

I.

Des Intuitions de la conscience et de la Réflexion; du Moi et du non-Moi.

Les connaissances expérimentales sont la matière des notions; elles précèdent donc logiquement et chronologiquement les notions. C'est donc descendre que de passer des notions aux perceptions et aux intuitions; c'est s'éloigner de la connaissance humaine par excellence, la connaissance rationnelle pure, en même temps que c'est s'approcher de la connaissance animale, la perception pure.

Encore y a-t-il une espèce de perception qu'il est difficile de reconnaître à l'animal, celle des phénomènes internes, que nous appellerons proprement *intuitions*, quoique à d'autres égards, nous l'avons vu, il ne soit pas moins difficile de reconnaître de la souffrance et de la jouissance, de la sensibilité en un mot, chez l'animal,

si on ne lui accorde une certaine conscience. Que serait,
en effet, une douleur ou un plaisir qui ne serait pas
sénti? et que serait à son tour cette sensation si elle
n'était pas, jusqu'à un certain point, opposée à un moi?
— Qu'on ne voie pas là cependant une assertion, mais
un doute, une question. Commençons par nous rendre
compte des phénomènes internes et de la conscience
dans l'homme.

Ce qu'il y a de certain, c'est que tout ce que nous
connaissons se réduit, en tant que connaissance, à des
états ou manières d'être du moi : les phénomènes externes, en tant que perceptions, sont eux-mêmes des
phénomènes internes, des états du moi. Mais il y a cette
différence entre les phénomènes externes proprement
dits et les internes, que les premiers semblent avoir un
objet hors de nous, que leur cause occasionnelle s'y
trouve, ou tout au moins semble s'y trouver et y est
rapportée ou conçue par la raison, tandis que les phénomènes internes proprement dits n'ont pas d'objet au
dehors, et ne sont pas rapportés à l'externe comme à
leur cause occasionnelle immédiate.

Au nombre de ces phénomènes doivent être comptés
les conceptions, les notions, les sentiments, les besoins
intellectuels et moraux, les passions de toute nature, les
volitions, etc.

Envisageant les phénomènes internes sous l'aspect le
plus général, nous dirons que nous entendons par là
toute détermination du moi, c'est-à-dire tout état personnel ou dont on a conscience. Tout état de l'*âme* qui
ne serait pas connu, qui ne serait pas rapporté au *moi*,
ne serait donc pas un phénomène de conscience.

Il faut donc soigneusement distinguer l'âme et le moi; quoiqu'il n'y ait pas de moi possible sans âme, une âme est possible sans moi. Il est même fort vraisemblable que l'âme a préexisté au moi plus ou moins longtemps; qu'il se passe encore dans l'âme la plus développée une foule de faits qu'elle ignore; que dans la syncope, dans d'autres états maladifs, le moi ne connaît pas les états de l'âme, et que c'est en partie pour cette raison qu'il ne s'en souvient pas.

Il faut distinguer dans le moi ses *états* et son *sujet*. Ses états sont déjà un non-moi, le premier qui lui soit connu, et à l'aide duquel il en distingue d'autres, son corps, les choses extérieures. Nous ne nous occuperons ici que de la première espèce de non-moi.

Ce non-moi, comme tel, n'est qu'une manière dont le moi conçoit ses états par rapport à lui, au moi; de même que le moi n'est qu'une manière de concevoir le sujet sentant par opposition au non-moi. Il n'y a donc pas d'état qui ne soit que non-moi, pas plus que de sujet qui ne soit que moi.

La faculté de connaître les états du moi, de les percevoir, en un mot, d'avoir des intuitions, est proprement la conscience. La conscience est donc à la base de toute connaissance, mais elle ne produit par elle-même aucun phénomène interne. Elle atteste les produits de la raison, de l'entendement, de la perception, de la sensibilité, les modes de l'activité, etc.; mais elle ne produit rien de tout cela. La conscience n'est donc que la faculté que l'âme possède de connaître ses états comme siens. Elle suppose par conséquent trois choses : 1° intuition des états; 2° conception de ces états comme modes du moi; 3° conception du moi lui-même comme sujet de ces états. D'où l'on voit que la conscience est le fruit d'une faculté de percevoir et de la faculté de concevoir. C'est donc une faculté mixte comme son produit : elle est intuition et raison.

Il suit déjà de ce qui précède que le moi, conçu comme sujet, connu comme tel, avec ses caractères également rationnels d'unité, d'indivisibilité, d'identité, de permanence, est un produit de la raison. C'est une manière originelle, primitive, constitutionnelle, d'être conçue de l'âme par l'âme elle-même. Elle n'a pas une autre façon de se connaître dans son essence ou dans sa substance. En effet, ces attributs de sujet, de substance, d'unité, d'indivisibilité, d'identité et de permanence, ne sont que des conceptions de la raison sans objet propre, convenant à une foule d'autres individualités, des abstractions par conséquent. Il n'existe point de substance proprement dite, point de sujet distinct de ses déterminations, pas plus que de déterminations distinctes des substances. Encore faut-il se garder de croire que les substances et les déterminations soient comme deux choses de nature distincte, mais naturellement confondues et mêlées entre elles. Non, il n'y a point là dualité réelle : la substance n'est pas une chose, et ses déterminations une autre; la substance n'est rien de réel, puisque c'est une conception essentiellement une et universelle; ce qu'il y a de réel dans les choses, ce sont leurs essences ou natures propres, individuelles, leurs déterminations subsistantes, ou leurs substances déterminées. Notre raison distingue substance et qualités, parce que c'est une de ses lois de concevoir en toute réalité un sujet. Mais cette loi, tout en s'imposant aux choses, et portant ainsi un caractère d'objectivité que nous sommes loin de méconnaître, n'est pourtant qu'une loi de la pensée, une loi subjective, un principe de connaissance, le principe de substantialité. Elle exprime à cet égard une règle de l'esprit, la constitution rationnelle des choses par rapport à lui, mais nullement leur constitution réelle, absolue, ou *in se*.

La conscience a deux degrés : dans la conscience au premier degré nous connaissons nos états comme nôtres assurément, mais nous ne les regardons pas; nous ne les démêlons pas nettement, nous ne distinguons pas bien l'élément impersonnel, non-moi, et l'élément personnel ou moi; nous ne saisissons pas bien clairement leur opposition, la lumière qu'ils répandent l'un sur l'autre par le contraste qu'ils forment; nous discernons mal les caractères de multiplicité, de divisibilité, de diversité, de contingence de l'élément impersonnel, et les caractères d'unité, d'indivisibilité, d'identité et de permanence de l'élément personnel. Cette vue confuse, imparfaite, a ses degrés, d'abord dans le genre humain, et du genre humain au genre animal, puis sans doute aussi dans les différentes espèces de ce dernier genre. Le second degré de la conscience, degré qui lui-même a les siens, comme la conscience proprement dite, c'est le regard spontané ou réfléchi de l'esprit sur lui-même sur ses états, ses manières d'être ou d'être conçu, en un mot la réflexion. La conscience sans regard sur les états du moi retient donc le nom propre de *conscience;* la conscience accompagnée de ce regard porte le nom plus propre de *réflexion*.

Par ce fait que la réflexion ajoute à la netteté de la connaissance des états du moi et fait ressortir leur rapport avec le moi lui-même, il s'ensuit que l'animal, qui ne réfléchit point ou infiniment peu sans doute, souffre et jouit moins, toutes choses égales d'ailleurs, que l'homme. Il y a plus ; s'il est entièrement dépourvu de la raison proprement dite, il ne se conçoit point comme sujet, comme moi par opposition à ses états comme déterminations, comme non-moi. Et dès lors il souffre, jouit, perçoit, se souvient, sans concevoir qu'*il* fait tout cela; il est pour ainsi dire tellement noyé dans ses états, il y est si profondément mêlé, qu'il est ces états mêmes, sans qu'il puisse les concevoir : il souffre et jouit sans qu'il *se* conçoive souffrant et jouissant. Il est en quelque sorte un plaisir et une peine animées. Il en est de même des idées qu'il pourrait avoir, et d'après lesquelles il agirait. C'est cette manière de penser et d'agir sans savoir qu'on pense et qu'on agit, que Stahl suppose dans l'âme en tant qu'elle agit et pense sans le savoir. La conscience simple ou accompagnée de réflexions est un phénomène qui ne s'explique, comme tout autre, que par l'activité de l'âme. Mais il faut remarquer que, la réflexion n'étant provoquée que par la conscience, la conscience a dû précéder la réflexion. La conscience a donc été spontanée d'abord. Aujourd'hui même, et considérée dans sa généralité, elle est fatale, puisqu'il ne dépend pas de nous d'être ou de n'être pas doué de conscience. En particulier même, et pour ce qui est de tel ou tel état interne résultant des positions où nous placent les circonstances ou notre propre volonté, cet état même est fatal; il ne dépend pas de nous de ne pas l'éprouver. Mais il dépend de nous,

dans une certaine mesure, d'y faire attention. Ce qui
veut dire que la conscience n'est libre que dans le choix
des circonstances propres à faire naître ou à prévenir
en elles certains états, et dans l'acte de faire ou de ne
pas faire attention aux états qui se développent en elle.
Plus généralement : la conscience est surtout fatale, la
réflexion est surtout libre.

Plusieurs questions secondaires ont été soulevées relativement à l'intuition ou à la conscience : on s'est demandé si nous percevons nos états seuls, ou bien encore
le jeu de nos facultés, ces facultés mêmes, leur propre
principe enfin, et dans ce dernier cas, comment le moi
peut s'observer lui-même, se dédoubler pour ainsi dire,
malgré son unité indivisible?

Comme on ne peut percevoir que des états, ce qui
est susceptible d'être la matière d'un phénomène, et que
l'action, l'agir comme tel ou dans sa cause, mais encore
tout entier en dehors du phénomène comme effet, n'est
pas elle-même un phénomène, mais une énergie qui se
déploie, cette action n'est point percevable. Elle n'est
que concevable; et s'il semble souvent qu'elle se per-
çoive, c'est qu'elle est prise pour son effet, dont elle est
inséparable dans le temps. Il n'y a qu'une différence
logique entre la cause et son effet; la cause n'est pas
plutôt en action, que l'acte lui-même est produit. Mais
avant cet acte, avant l'action elle-même, est la puissance
de le produire; puissance qui n'est pas un phénomène,
qui n'est pour ainsi dire que l'acte virtuel, qui n'en est
séparé du moins que par l'agir. Or, l'agir lui-même,
quand il est distingué de l'acte ou de l'effet consommé,
n'est que la cause ou puissance elle-même *conçue* en ac-

tion, ou dans son passage indivisible de la puissance à l'exercice de cette puissance.

Si nous n'avons pas conscience de l'exercice proprement dit de nos facultés, de leur jeu, nous avons encore moins conscience, si c'est possible, de ces facultés mêmes, comme pure˙ puissance de l'âme. Comme telles en effet, elles tiennent à l'essence du principe pensant, à sa constitution intime, et rien de tout cela n'est phénoménal ; rien de tout cela ne tombe dans le domaine de l'expérience ; tout cela, au contraire, est de l'ordre des choses qui dépassent la sphère du sensible, qui appartiennent à l'intelligible pur, au transcendant même. Une preuve, prise en dehors de cette analyse générale des faits mais dans l'expérience cependant, que les facultés comme telles ne sont pas du domaine direct de l'observation, c'est que d'abord il règne la plus grande divergence entre les psychologues sur la nature et le nombre de ces facultés ; c'est que le sourd-muet de naissance, qui a la faculté psychique de parler, ne peut s'en faire une juste idée, parce qu'il ne parle pas en réalité. Il en est de même de l'aveugle-né.

La connaissance que nous avons de nos facultés ou des fonctions de notre âme n'est donc pas expérimentale ; elle n'appartient qu'indirectement à la conscience, en ce sens que la conscience en atteste les produits ; mais elle appartient directement à la raison, qui, au nom du principe de causalité nécessairement appliqué par elle dans cette circonstance, est obligée de concevoir dans l'âme des énergies capables de produire les phénomènes internes. Mais ce n'est pas là connaître intuitivement, expérimentalement ou directement ces énergies ; ce n'est même pas du tout les *connaître,* mais c'est les *supposer* nécessairement, deux choses fort différentes.

Quant à l'observation du moi par le moi lui-même, nous ne pouvons être embarrassé par cette question, puisque le moi n'observe pas et n'est pas observé. D'après ce que nous avons dit, en effet, c'est l'âme à l'aide de la conscience qui observe des faits, et qui à l'aide de la raison conçoit le moi et ses caractères. Mais l'âme ne s'observe pas plus que le moi lui-même ne s'observe et n'observe l'âme. L'âme se conçoit, il est vrai, comme elle conçoit le moi, et cela par la même faculté, la raison, qui se conçoit elle-même. Il est vrai de dire encore que la raison n'est que l'âme raisonnable, comme la conscience n'est que l'âme douée d'intuition, et que la difficulté revient maintenant à savoir comment l'âme par sa faculté de concevoir et de percevoir peut se concevoir en elle-même et s'observer dans ses états. Telle est la véritable difficulté. Eh bien! cette difficulté qui paraît grande, parce qu'il semble qu'il y ait un sujet observant et un objet observé, malgré la simplicité absolue de l'âme, serait bien autrement grande si l'âme n'était pas simple, puisque l'objet ne pourrait alors être connu en lui-même, et que le sujet, en tant que connu de lui, ramènerait la question de savoir comment un sujet peut se connaître sans se dédoubler, et que s'il se dédouble pour ainsi dire, outre la difficulté de concevoir ce dédoublement dans un être simple, la question de la connaissance du sujet par le sujet lui-même se représente à l'infini. Le fait est qu'il n'y a dans la connaissance de l'âme par l'âme elle-même ni objet ni sujet; il n'y a point de dualité réelle. Il n'y a par conséquent

point d'objet impénétrable au sujet ; mais il y a un sujet
conçu par lui-même, sous des déterminations qu'il sent
d'abord, et tout cela en vertu d'une raison et d'une
conscience qu'il conçoit encore. Maintenant, de savoir
comment l'âme-conscience-et-raison, ou la raison-et-la-
conscience-âme, peut se connaître et se concevoir ainsi,
c'est là une question en dehors de l'expérience et du
raisonnement, une question qui ne pourrait être résolue
que par la connaissance de l'essence ou de la constitution intime de l'âme, connaissance qui n'est pas celle de
l'homme. Mais il n'est pas plus facile de dire pourquoi
l'âme, étant ainsi ce qu'elle est et qu'on ne connaît pas,
ne pourrait pas se connaître et se concevoir.

Dans la connaissance de soi-même, la dualité du sujet
et de l'objet n'est donc qu'apparente, et le mot *réflexion*,
qui indique une allée et un retour, ou comme un reploiement d'une chose étendue sur elle-même, exprime
une image et une analogie mensongère à plus d'un titre :
premièrement, l'étendue seule peut se replier sur elle-
même, et l'âme n'est pas dans ce cas ; deuxièmement,
il y aurait reploiement de soi sur soi, ou plutôt d'une
partie de soi sur une autre, que la partie connaissante ne
serait pas la partie connue, et qu'il arriverait toujours un
instant où le reploiement d'une partie de soi sur elle-
même, ou de soi sur soi serait impossible. Si chaque
partie de soi joue dans la réflexion un double rôle, c'est-
à-dire si elle est en même temps connaissante et connue,
et qu'ainsi toutes les parties soient entièrement connues
les unes par les autres, d'où vient qu'il y a unité
dans la connaissance des états du moi, dans la conception de l'âme et dans celle du moi ? Pourquoi n'y a-t-il

pas seulement des connaissances partielles du moi? Ou pourquoi, si chaque partie du moi connaît les autres et elle-même, n'y a-t-il pas autant de moi que de parties? Pourquoi pas au moins deux moi, le moi-sujet et le moi-objet?

En réalité la perception de l'âme par l'âme n'est pas plus concevable que celle de l'œil par l'œil. D'un autre côté, une partie d'elle-même ne peut se mirer dans une autre partie comme l'œil dans une glace, puisqu'elle n'a pas de parties.

Comment donc l'âme peut-elle se concevoir, rapporter à soi des états qui ne sont *pas elle,* quoique *siens?* C'est là un acte primitif tout aussi impénétrable qu'il est certain.

Mais il faut le dire, le répéter :

Premièrement. Le moi distingué, dépouillé de ses états, n'est qu'une abstraction, une manière *d'être conçue* pure et simple, et non une manière d'*être réelle.*

Deuxièmement. Ainsi dépouillé de tout état, le moi n'aurait rien, d'ailleurs, par quoi il fût susceptible de se manifester à lui-même ; il ne pourrait être *phénomène* à ses yeux, puisqu'il n'aurait par hypothèse aucune qualité perceptible, relative à sa propre faculté de connaître, et en vertu de laquelle il pût être un objet d'intuition.

Troisièmement. Et quand même il pourrait sans contradiction conserver cette propriété relative de s'apparaître, d'être objet pour soi, sans aucune propriété objective ou de rapport pourtant, il serait encore *phénomène* pour soi, en tant que connu de soi ; comme le *phénomène* de quelque chose n'est que l'*apparaître* de cette chose à une autre, un effet vraiment mixte et relatif, et non point la chose en soi qui apparaît, le moi, en tant qu'il apparaîtrait au moi, à soi-même, ne serait pas le moi véritable, l'âme en soi.

Quatrièmement. Le moi cependant est doué de la faculté de connaître ses états, de les percevoir. Or, il ne les perçoit pas plutôt qu'il se conçoit par là même, et nécessairement, comme sujet de ces états. Il conçoit donc nécessairement aussi ces états comme *siens*.

Cinquièmement. Mais cette *idée de soi comme sujet de ses états* n'est pas une perception : c'est une conception première, *sui generis,* de la raison.

Sixièmement. A la vérité, cette conception primitive de soi est un fait de conscience ; mais il faut soigneusement distinguer, — et c'est ce qu'on ne fait point, — le moi comme conception actuelle ou présente à l'esprit, et le moi comme entité, qui n'existe pas, et qui ne peut par conséquent pas donner conscience de soi. En d'autres termes, il faut distinguer la conscience de la conception-moi, et la conscience du moi lui-même : la première est un fait, la seconde est une impossibilité. (Voy. 1° et 2°.)

Septièmement. Et, d'ailleurs, la conception-*moi* a une vertu essentiellement générale : c'est le contraire général de tous les non-moi. C'est l'opposé indéterminé (jusque là) du non-moi, le pôle positif de toute connaissance.

Huitièmement. Enfin, il est si vrai que le moi ne se perçoit point substantiellement, si vrai qu'il ne perçoit pas même son âme, l'âme, qu'il ne sait de lui que ce qu'il sait de toutes choses, ou plutôt qu'il ne se conçoit que comme il conçoit tout le reste, c'est-à-dire comme substance, cause ou force, une, identique, etc., sans savoir ce qui le distingue en soi de la matière essentielle ou première.

On est loin, du reste, d'avoir approfondi les conceptions d'unité et de multiplicité, d'identité et de diversité, dans leur application au moi considéré comme sujet pur et simple, et à ses modes considérés en eux-mêmes (1).

II.

Des Perceptions.

On entend par *perception externe*, ou simplement *perception*, la faculté de connaître les choses extérieures, leurs qualités diverses, à l'aide de cinq sens dont nous sommes pourvus. L'objet de la perception est donc le phénomène externe. — Mais le phénomène externe n'est

---

(1) Qu'il nous suffise de poser ici quelques questions de ce genre :

1° Rapport de l'unité au sujet, — et à ses modes?

2° Rapport de la multiplicité au sujet, — et à ses modes?

3° Rapport de l'identité au sujet, — et à ses modes?

4° Rapport de la diversité au sujet, — et à ses modes?

5° Y a-t-il réciprocité entre l'unité et l'identité considérées quant au sujet ou à la substance seulement?

6° Y a-t-il réciprocité entre l'unité et l'identité considérées quant aux modes seulement?

7° Y a-t-il réciprocité entre l'unité considérée quant à la substance, et l'unité considérée quant aux modes?

8° Y a-t-il réciprocité entre l'identité considérée quant à la substance, et l'identité considérée quant aux modes?

9° Y a-t-il réciprocité entre la multiplicité et la diversité considérées quant au sujet ou à la substance seulement, qu'on affirme ou qu'on nie ces rapports?

10°-13° On peut répéter ici, avec la multiplicité et la diversité, les questions 6-8.

14° Quel est le rapport de l'unité à la multiplicité, à la diversité et à l'identité, de l'identité à la multiplicité et à la diversité en général?

au fond qu'un état interne, rapporté à l'externe comme à sa cause et à son objet éloigné.

En effet, par cela seul que le phénomène est un état de l'esprit qui ne diffère de la perception que comme la cause inconnue en soi diffère de l'effet connu, le phénomène est au fond la même chose que la perception; il est interne et subjectif comme elle.

Il suffit, au surplus, de remarquer que le phénomène lui-même, fût-il distingué de la perception, est quelque chose d'intermédiaire entre l'objet qui en est cause et le sujet qui le perçoit, le résultat d'un rapport par conséquent, pour qu'on doive admettre qu'il dépend du sujet comme de l'un de ses termes au moins, et qu'il n'est pas en réalité au dehors tel qu'il paraît être.

Il n'est même point du tout externe en fait et comme phénomène, puisque l'*apparence* est tout entière dans l'esprit. L'*apparaître* suppose sans doute quelque chose qui apparaît, aussi bien que quelque être à qui et en qui l'apparaître a lieu; mais l'effet de l'apparaître ou l'apparence, le *phénomène* n'a lieu que dans le sujet, ne se consomme qu'en lui et n'est qu'un de ses états. Seulement cet état est invinciblement conçu comme ayant une sorte d'objet adéquat et de cause au dehors du sujet. Cet objet adéquat, c'est la qualité, parfaitement inconnue en soi, de la perception; sa cause, c'est le sujet déterminé revêtu de cette qualité, sujet déterminé que la raison conçoit et affirme en vertu de cette sienne loi que nous avons appelée principe de causalité et de substance.

Il ne faut pas non plus se tromper sur le rôle de l'externe comme cause dans les perceptions. Cette participation au phénomène n'est qu'éloignée ou médiate; si l'esprit n'était pas doué de vie et d'action, l'impression du dehors sur nos organes, l'excitation du corps, en supposant encore que le corps pût stimuler un principe inerte, un principe qui ne serait principe de rien, l'impression et l'excitation n'y feraient rien; la perception ne se produirait pas. Il faut donc, pour qu'elle se produise, que l'âme agisse à la suite de l'excitation, qu'elle réagisse, si l'on aime mieux. Or, c'est cette réaction qui est, à proprement parler, la cause de la perception ; tout ce qui précède n'en est que l'occasion ou l'antécédent, soit organique, soit cosmique.

Ce qu'on vient de dire ne peut sembler étrange qu'aux esprits encore subjugués par l'apparence. Mais il ne restera plus de doute sur le caractère essentiellement subjectif des perceptions, si l'on veut bien remarquer que toute connaissance est essentiellement un état de l'âme ; qu'elle ne peut rien être de plus pour l'âme ; que l'âme ne peut connaître que par ses déterminations, et ses déterminations seulement ; que supposer qu'elle connaisse autre chose, c'est supposer qu'elle connaît sans être déterminée par la connaissance, ou qu'elle connaît autre chose que cette connaissance même ; supposer qu'elle connaît autre chose que sa connaissance, c'est supposer qu'elle connaît cette autre chose ou par cette connaissance, ou sans cette connaissance. Mais connaître sans l'intermédiaire d'une connaissance, c'est connaître sans connaissance ou sans connaître. D'un autre côté, connaître par l'intermédiaire de la connaissance, c'est posséder simplement cet intermédiaire sans connaître la chose en soi indépendamment de cet intermédiaire, indépendamment de la connaissance. Ce n'est donc, en réalité, connaître que la connaissance de l'objet supposé connu.

Ce qui fait illusion en tout ceci, c'est qu'on ne distingue pas, et cela fort mal à propos, la matière de la connaissance d'avec sa forme : la matière de la connaissance perceptive, c'est la perception même, le phénomène; la forme de cette connaissance, c'est la conception de son rapport à quelque chose d'extérieur comme à sa cause occasionnelle et déterminante. Or, cette conception, qui fait le caractère et la valeur objective des perceptions, est un produit pur de la raison, comme toutes nos conceptions; c'est une loi de notre intelligence, loi qui nous met en rapport avec le non-moi extérieur, qui constitue même l'extériorité à nos propres yeux; loi qu'il faut reconnaître sans doute, mais qu'il faut aussi connaître tout en la reconnaissant, et à laquelle il faut se garder de faire dire ce qu'en réalité elle ne dit point.

Supposer que l'âme connaisse autre chose que ces déterminations, c'est supposer encore qu'elle est dans les choses, qu'elle est les choses ou que les choses sont elle, ou que sans être les choses ou sans que les choses soient elle-même, elle peut pâtir et agir en dehors d'elle, où elle n'est point, en ce qu'elle n'est point, en dehors de son être. Et ceci, qu'on le remarque bien, est éminemment d'accord avec ce qu'on a dit en parlant du sens intime ou de la conscience, à savoir, qu'il n'y a qu'un être simple qui soit capable de connaître, et surtout qu'il ne peut connaître que lui, précisément parce que lui seul n'est pas en dehors de soi, n'est pas objet pour soi. Un sujet qui n'est que sujet sans être objet, par rapport à un objet qui n'est qu'objet sans être sujet, un sujet qui n'est pas indivisible en un mot, ne peut se connaître dans ce qu'il a d'extérieur à soi, dans ce qu'il n'est pas en réalité. Tout ce qui est objet lui échappe aussi nécessairement qu'il est nécessaire que ce qui n'est pas lui ne soit pas lui en réalité, que l'état de ce qui n'est pas lui ne soit pas l'état de ce qui est lui, que des états étrangers ne soient pas ses états. Il n'y a donc, pour une intelligence donnée, d'autre connaissance possible que la connaissance de soi-même. Loin donc que la connaissance de soi par soi puisse être une objection contre la science de soi-même ou la psychologie, il n'y a, tout au contraire, que cette seule connaissance de possible. Toutes les sciences humaines ne sont donc que de la psychologie, de la science directe ou indirecte du moi. La science du monde n'est possible qu'autant que le monde et comme le monde vient se réfléchir dans l'âme. Il en est de même de la connaissance que nous avons de Dieu. Il en est de même de la connaissance que Dieu a du monde et de l'homme; ce qui a fait dire avec une profonde vérité à tous les théologiens philosophes, que Dieu ne connaît véritablement le monde, la création, qu'en lui-même, par ses idées, par ses déterminations. Mais il fallait reconnaître que l'homme aussi en est là, qu'il est impossible qu'une intelligence quelconque ne soit pas soumise à cette loi, bien que, dans la pensée des théologiens dont nous parlons, il y ait cette différence entre la manière dont Dieu connaît et la manière dont connaissent ses créatures, que les créatures sont impressionnées par les objets qu'elles connaissent, tandis que Dieu n'est point soumis à cette influence.

Tout ce qu'on vient de dire va se trouver confirmé
par l'étude successive des différentes espèces de perceptions, à commencer par la plus élevée, celle qui est pour
la raison l'occasion la plus incontestable de concevoir
l'extériorité, et à finir par la perception la plus humble,
ou dont le caractère est le moins objectif. Nous commencerons donc notre étude par le toucher, nous la continuerons par la vue, l'ouïe, le goût, et nous la terminerons par l'odorat. Inutile de répéter qu'elle ne sera
complète que quand nous aurons parlé du rapport du
physique et du moral, et des phénomènes extraordinaires qui s'observent dans la sphère de la perception.

1. — Du Toucher.

L'exercice du toucher détermine dans l'âme plusieurs
états : il semble nous donner la perception fondamentale de quelque chose d'extérieur, étendu et résistant, de
forme et de consistance diverses, capable, en outre, de
déterminer dans l'organe du toucher plusieurs espèces
de sensations, celles de chaud et de froid, de poli et de
raboteux, etc.

Il s'agit de se rendre compte de ces états, de leur
nature et de leur origine véritable. L'étendue résistante,
telle est la base de toutes les autres propriétés que nous
pouvons reconnaître dans les corps à l'aide du toucher.
Le froid et le chaud ne supposent pas la perception d'é-
tendue et de résistance. Déjà le poli et le raboteux, le
degré de dureté ou de consistance, le poids, etc., supposent la donnée primitive dont nous parlons.

L'étendue résistante est conçue hors de nous, hors de

notre propre corps, et suppose la connaissance même de notre corps. Il n'y a, effectivement, de résistance que de corps à corps. Les corps étrangers sont donc connus en même temps que notre propre corps, et celui-ci en même temps que ceux-là. Cette connaissance est une conception par opposition, car l'extérieur ou l'*en dehors* n'a de sens que par l'intérieur ou l'*en dedans*. Et notre corps est pour nous intérieur ou en dedans de la sphère formée par ceux qui l'environnent.

Il est vrai que nous pouvons encore avoir la connaissance des corps par notre propre corps seul, qui joue alors le rôle de corps touchant et de corps touché, et dont chacune de ces parties est indifféremment ou alternativement l'en dedans ou l'en dehors, suivant que l'attention se porte à une partie du corps ou à une autre, pour en mieux percevoir la sensation perçue activement ou passivement. Mais cette hypothèse n'est pas la plus vraisemblable.

Il est beaucoup plus naturel d'admettre que les corps étrangers révèlent à l'enfant son propre corps, en même temps que son corps lui révèle l'existence de ceux qui l'impressionnent.

La question est donc de savoir comment l'idée d'étendue résistante en général, appliquée ici et là, se forme dans l'esprit.

Remarquons d'abord que la sensation de résistance n'est point la conception de résistance. La sensation est un état pur et simple de l'esprit, un état sensitif, *sui generis*, rapporté maintenant, mais sans doute pas primitivement, à quelque partie du corps, à celle qui éprouve la résistance. La conception de résistance se

compose, au contraire, de la conception de force, de
celle d'antagonisme, et par conséquent des conceptions
de dualité, de tendance opposée. La résistance n'est, en
effet, concevable qu'à la condition que deux forces soient
en présence, et que l'une au moins, cherchant à se déployer, trouve dans l'autre un obstacle.

Ce n'est pas tout : ces deux forces en présence sont
toutes deux conçues comme étendues, c'est-à-dire comme
occupant des lieux différents dans l'espace, d'où elles ne
peuvent se chasser qu'à la condition de céder l'une à
l'autre par voie de déplacement. De là non seulement
la conception d'espace, mais encore celle d'impénétrabilité et de mouvement.

Si nous nous rendons bien compte maintenant de la
notion d'espace, nous trouverons qu'elle n'est que l'é-
tendue pure en tout sens, l'étendue intelligible, et non
plus l'étendue résistante; que cependant la première ne
diffère de la seconde que par la résistance même, c'est-
à-dire par la conception d'une force propre à faire constater sa présence dans l'espace par la sensation de résistance, sensation à la suite de laquelle la conception
de résistance est formée par la raison.

L'espace n'étant donc que l'étendue intelligible en
tout sens, et ne différant en aucune manière de l'étendue conçue avec résistance, il s'en suit que l'*étendue*,
jointe à la résistance, n'est pas moins un produit de la
raison que l'étendue conçue séparément de la résistance,
et qu'ainsi ce n'est point le toucher qui donne l'idée
d'étendue résistante, mais bien la raison.

Il y a donc dans le fait complet de l'idée d'étendue
résistante cinq choses : la sensation, qui est localisée

par l'esprit dans l'organe, la conception de résistance comme cause ou force; la conception de cette force comme étrangère à celle que l'âme exerce par son corps; la conception que cette force est elle-même, ainsi que celle du corps, dans un milieu commun qu'on appelle l'espace et dont elles occupent chacune une partie; la conception de l'impénétrabilité, de l'extériorité respective, ou de l'impossibilité que l'une de ces forces occupe la place de l'autre sans que celle-ci en change; la conception de ce milieu ou de l'espace considéré en lui-même.

Et comme l'espace est conçu avec trois dimensions, et que l'œil n'en donne que deux, le mouvement du bras ou de quelque autre membre, celui du corps entier, conçu par rapport au tableau ayant hauteur et largeur, formant panorama vertical en face de l'œil, peut seul faire concevoir la profondeur, et avec la profondeur l'*extériorité* véritable, et avec l'extériorité l'espace proprement dit, et avec l'espace les deux dimensions données maintenant par la vue seule, mais qui ne se conçoivent extérieures qu'après que nous avons conçu la profondeur. Jusque là, les deux dimensions visuelles, la verticale et l'horizontale, tracées dans le plan perpendiculaire au rayon visuel, ne forment qu'une conception *sui generis* qui se mêle aux perceptions de couleurs, et qui en forme une intuition complexe dont nous nous faisons aujourd'hui difficilement une idée.

Pour arriver à l'état intellectuel qu'aujourd'hui nous constatons en nous, il a fallu plus d'une étude, plus d'un tâtonnement, plus d'une réflexion. Il est même fort probable que ce n'est qu'après avoir exercé long-

temps son toucher instinctivement ou machinalement,
que l'enfant a eu l'idée de l'exercer volontairement, et
que c'est à partir de là que les mouvements de son corps
ont été pour lui l'occasion des conceptions de sa raison
relativement à l'étendue résistante. Ainsi, l'enfant forme
d'abord des mouvements sans le savoir, sans le vouloir;
il en remarque les effets, les rattache à ces mouvements;
il remarque les mouvements eux-mêmes et les rattache
à leurs effets; il veut ensuite les mêmes effets par les
mêmes mouvements, ou les mouvements pour les effets;
puis, à la suite de tout cela se forment dans son esprit
différentes conceptions qui viennent illuminer son intelligence. Et cette illumination reçoit un nouvel éclat de
la réflexion.

Il est très probable que les animaux, quoique se dirigeant beaucoup mieux que nous dans l'espace, et s'y
dirigeant sans erreur et sans étude du moment qu'ils
peuvent y déployer leurs membres, n'ont pas la conception d'espace, n'apprennent pas comme nous à l'a-
voir. Ils n'ont pas davantage, par conséquent, les conceptions d'extériorité, d'étendue résistante, ni toutes
celles qui s'y rattachent. Pour acquérir toutes ces conceptions, il faut non seulement sentir, percevoir, se
mouvoir, mais il faut encore agir, c'est-à-dire vouloir,
vouloir avec réflexion. Or, l'animal ne s'appartenant pas
ne peut vouloir ainsi ; et déjà il ne s'appartient pas parce
qu'il ne peut se concevoir, comme il ne peut se concevoir que parce qu'il ne peut concevoir en général, parce
qu'il est dépourvu de la raison proprement dite.

II. — *De la Vue.*

Dans l'état de notre développement intellectuel, c'est-
à-dire lorsque la vue s'est exercée depuis longtemps
sous la direction du toucher, et que l'association des
perceptions propres à chacun de ces organes a permis
à l'esprit d'induire des perceptions de l'un aux perceptions de l'autre, il nous semble que nous voyons ce que
nous ne voyons réellement point, telles que les formes
solides, les distances, le mouvement, etc. Nous ne percevons immédiatement par la vue que des couleurs. Car
nous venons de voir en étudiant le toucher que l'étendue sur laquelle les couleurs semblent distribuées, et
qu'aujourd'hui nous concevons immédiatement à l'aspect
des couleurs, n'est pas donnée par la raison à l'occasion
du seul exercice de la vue, parce que l'étendue visuelle,
si visible qu'elle paraisse être, et hors de nous, ne peut
réellement être conçue hors de nous qu'à la condition
que nous ayons déjà la conception d'extériorité, et que,
d'un autre côté, cette conception ne peut venir qu'à la
suite de celle de corps, de solide, de résistance, d'impénétrabilité, laquelle n'est possible à son tour qu'après et
par la notion de la troisième dimension de l'espace,
après et par la notion d'espace même. Or, l'espace n'est
l'espace qu'autant qu'il est conçu à trois dimensions, et
non à deux seulement. Une personne qui serait privée
du sens du toucher ne concevrait donc pas l'*extériorité*
proprement dite, ni par conséquent l'étendue visible
elle-même, tout en ayant l'usage de la vue; elle ne concevrait d'autre non-moi que celui de ses états internes

divers. Elle ne se concevrait pas plus de corps qu'elle ne concevrait de corps étrangers, pas plus d'espace que de corps.

Disons donc, en résumé, sur ce point capital, que les perceptions d'étendue visible, avant que la raison ait conçu l'extériorité, ou plutôt si la raison ne concevait pas l'extériorité à l'occasion de l'exercice volontaire du toucher, ne serait qu'une intuition mixte et sans conception d'étendue aucune. Elle serait mixte, par suite de la variété de la couleur des objets, de la distribution variée encore de la lumière et des ombres; elle serait sans étendue concevable, puisque cette conception n'est possible qu'à la condition de concevoir auparavant quelque chose hors de nous, dans l'espace, et qu'une perception visuelle ainsi réduite nécessairement à n'être qu'une intuition, un état de l'âme, ne peut pas plus être conçue étendue que l'âme elle-même ou ses propres états. Mais elle pourrait être conçue plus ou moins vive, suivant que la cause objective serait plus ou moins étendue, plus ou moins rapprochée du spectateur; elle pourrait encore être conçue plus ou moins durable, suivant la durée de l'objet sous le regard du spectateur, ou la durée du regard lui-même : voilà toute l'étendue dont une intuition visuelle, prise en elle-même, peut être susceptible.

On peut se demander encore quelle modification subirait alors l'intuition perceptive dans le cas où il y aurait ce que nous appelons mouvement visible des surfaces colorées? Rien de plus simple : l'intuition elle-même varierait; elle passerait devant l'œil de la conscience avec plus ou moins de rapidité; l'intuition mixte de plusieurs couleurs changerait quant à sa nature comme changent des affections, des sentiments ; ou bien, sans changer en qualité, elle varierait en intensité seulement. C'est ce qui arriverait si les surfaces colorées s'éloignaient ou se rapprochaient suivant l'axe visuel, sans changement de haut ou de bas, de droite ou de gauche.

L'étendue visible ou colorée n'est donc concevable et conçue que sous l'influence des réflexions et des conceptions suggérées par l'exercice du toucher. Cette étendue se compose, d'ailleurs, de deux éléments, l'un rationel pur, l'autre perceptif. Le premier est la conception même d'étendue ; le second est la perception de couleur. Cette perception n'est elle-même qu'un état du moi que la raison rapporte originellement ou naturellement au non-moi extérieur. Mais ce non-moi, qui a les propriétés convenables pour susciter dans notre esprit, à l'aide du milieu qu'on appelle lumière, les états perceptifs que nous appelons couleurs, n'est pas lui-même ces états, et ne peut rien renfermer de semblable. Les perceptions de couleur sont, comme tout phénomène perceptif, le résultat de l'action des corps sur nos organes, par l'intermédiaire du fluide lumineux, de l'action de nos organes et de la réaction du moi. Ce sont des produits mixtes, engendrés par le concours de puissances très diverses, et dont les unes ne sont que des causes occasionnelles du phénomène, tandis que l'autre, celle de l'âme, est la cause véritable, la cause efficiente, propre, immédiate. Les couleurs sont donc bien plus le produit de l'activité fatale de l'âme, lorsque l'âme est placée dans certaines circonstances déterminées, que des produits ou des qualités des choses extérieures. En tout cas, il y a incontestablement dans le phénomène de l'étendue visible, un élément qui n'appartient point au sens de la vue, qui n'est point fourni par lui, quoique la raison ne le donne sous cette forme qu'à la condition de l'exercice de l'organe visuel. Mais la preuve que l'étendue n'est point perçue par la vue, c'est que nous ne la percevons point par ce sens lorsque les couleurs viennent à nous manquer avec la lumière; c'est qu'encore l'aveugle a la notion des trois dimensions, isolément ou séparément conçues, par conséquent des deux dimensions visuelles.

L'homme apprend à regarder comme il apprend à toucher. Mais il n'aurait pas même l'idée d'apprendre à regarder s'il ne voyait pas sans avoir appris à voir, sans le vouloir, sans le savoir. Le voir est donc naturel, fatal; le regarder est spontané, volontaire, ou réfléchi et délibéré, c'est-à-dire libre.

Les animaux, chez lesquels le toucher instruit peu la vue, et la vue le toucher, qui raisonnent peu ou point de l'un à l'autre, c'est-à-dire qui associent peu d'idées à cet égard, qui n'ont pas d'ailleurs les conceptions d'étendue colorée extérieure, ne conçoivent pas tout ce que nous concevons, ou mieux n'en conçoivent rien, en présence des objets visibles. Ici, comme à l'occasion du toucher, l'instinct supplée à l'observation, au raisonnement, à la conception, et tandis que l'enfant, qui vient de naître, longtemps même après sa naissance ne sait point apprécier les distances, le poulet qui sort à peine de la coque va becqueter le grain avec une infaillible précision.

III. — De l'Ouïe.

La perception de son est plus visiblement encore un état de l'âme, qui ne ressemble en rien au mouvement des choses extérieures qui le déterminent, que les couleurs elles-mêmes. Le son est un produit de l'âme par le moyen de l'organe de l'ouïe, lorsque cet organe est excité d'une certaine façon par l'air en mouvement. Et si l'air renfermé dans les trompes d'Eustache est une condition indispensable pour qu'il y ait audition, ce n'est sans doute que l'action de cet air qui fait naître en nous la perception de l'ouïe, alors même que les oreilles sont plongées dans l'eau ou qu'elles seraient en rapport dans le vide avec des corps solides à travers lesquels on déterminerait des vibrations de nature à produire cette perception.

Il faut distinguer dans le son plusieurs qualités qui en sont comme la forme : le timbre, l'intensité ou la force, le ton, la mesure, le rhythme, la mélodie, l'harmonie, la consonnance (1). Toutes ces qualités modifient la perception; mais elles ne sont conçues que par l'homme. L'animal entend la musique comme nous, il perçoit les sons, mais il ne les conçoit pas. S'il est des animaux qui s'y montrent sensibles à certains égards, c'est qu'il existe entre la musique et quelques appareils musculaires une harmonie telle, que ces muscles entrent en mouvement par une sorte d'instinct ou de loi mécanique préétablie, par un acte tout spontané du prin-

_____

(1) Voir notre *Anthropologie*, p. 47 et suiv. — Ajoutons à cela d'autres qualités de relation, telles que la direction, la distance, etc.

cipe de vie. C'est ainsi que l'homme même, sans le vouloir, sans y penser, bat la mesure d'une musique qu'il entend, ou marche en cadence (1). Il faut distinguer, du reste, entre le sentiment musical proprement dit, tel qu'on le rencontre chez l'homme, et la sensation musicale. Il faut distinguer encore entre la sensation musicale, et le plaisir attaché à l'imitation. Le sentiment musical est accompagné de l'intelligence plus ou moins nette de l'idée ou de la conception des rapports des sons et des tons ; la sensation peut seulement flatter l'organe. Si, de plus, l'animal est doué de l'instinct d'imitation, instinct qui peut être complétement dépourvu de l'intelligence des actes qui le constituent, comme il arrive chez les singes et chez les perroquets, cet instinct, exécuté par les accords musicaux, déterminera le mouvement des organes de la voix ou des membres. Un moyen de s'assurer, non pas s'il y a intelligence du sentiment musical chez les animaux qui semblent le plus en être doués, mais sensation musicale véritable, avec ou sans penchant à l'imitation ou au mouvement instinctif marqué par le rhythme, serait de voir si l'animal éprouve de la douleur, ou tout au moins reste indifférent sous l'impression d'un ensemble de sons combinés contrairement aux lois de la mélodie et de l'harmonie.

En tout cas, il ne faut pas s'y tromper, l'intelligence de ces diverses qualités du son tient aux conceptions. Ces qualités ne sont donc pour l'esprit que des rapports

(1) Effet de la musique sur les animaux. (V. GIOJA, *Ideolog.*, t. I, p. 6, 100 et suiv.)

des sons entre eux ou avec autre chose, par exemple
avec la conception de durée, avec celle de nombre, etc.
Ce qui prouve la différence d'un esprit à un autre, et
celle du sentiment obscur quoique vif, au sentiment
compris quoique modéré ; ce qui prouve, par conséquent,
qu'il y a en quelque sorte une raison instinctive à des
degrés divers, c'est-à-dire une raison latente, qui peut
ne se connaître presque point, et une raison qui a conscience d'elle-même, qui perçoit nettement ses conceptions, c'est qu'il y a des personnes fort sensibles à la
musique, qui sont sans doute parfaitement incapables
de distinguer dans leurs jugements sur les sons toutes
les conceptions de rapport que d'autres y distinguent
nettement ; les premières ne peuvent pas abstraire jusque là. Elles ne trouvent dans les sons qu'un tout indivisible, où elles ne savent rien distinguer, quoique les
sentiments qu'elles éprouvent soient exquis, et qu'elles
en saisissent toutes les nuances et tous les accidents qui
correspondent aux différentes qualités de son, dont
nous parlons. Elles sentent donc et démêlent les effets
sans être capables d'en concevoir et d'en démêler les
causes. Au contraire, il est d'autres personnes qui con-
cevront nettement toutes les propriétés mathématiques
des sons, toutes les abstractions dont ils peuvent être
l'objet, toutes les combinaisons dont ils sont susceptibles,
toutes les proportions dans lesquelles ces combinaisons
peuvent être opérées, et qui seront peu sensibles au sentiment de la musique, qui n'auront pas ce qu'on appelle
l'oreille musicale, en d'autres termes, qui seront moins
accessibles aux propriétés esthétiques de l'art qu'aux
propriétés mathématiques ou rationnelles.

Ce fait est l'un de ceux, peut-être le seul, qui semblent infirmer la théorie d'après laquelle le sentiment naîtrait de la conception. Il semblerait, suivant cette théorie, que celui qui conçoit le mieux les propriétés mathématiques des sons devrait être aussi celui qui est le plus sensible à leurs effets ; que celui-là, au contraire, qui ne conçoit rien à ces propriétés ne devrait rien sentir.

Mais cette objection se résout aisément par la distinction des conceptions à l'état abstrait et des conceptions à l'état concret. Combien d'hommes, par exemple, ne conçoivent la justice que de cette dernière manière, et qui n'y sont, pour ainsi parler, que plus sensibles ! Combien d'autres, qui en connaissent plus ou moins nettement la théorie scientifique, et qui ne la pratiquent pas davantage ! Il en est de même de la musique : une raison enveloppée de la matière du phénomène, et qui ne sait pas s'en dégager, est encore une raison ; et ses conceptions, pour être à l'état concret, ne produisent pas moins vivement leur effet. Cette explication rend également compte de la différence entre l'homme et la brute au point de vue musical, quoique parfois il n'y ait pas plus d'abstraction dans l'esprit de celui-là que dans l'âme de celle-ci.

Nous venons de parler des sons. Mais les sons ne sont qu'une espèce dans la totalité des perceptions de l'ouïe ; à moins, en effet, de prendre l'expression de *son*, comme on le pratique quelquefois, surtout en physique, pour toute espèce de perception auditive, il faut aussi distinguer les *bruits*. Et parmi les sons, il convient de distinguer ceux qui sont rendus par la *voix humaine*, de tous

les autres, et distinguer encore les *cris* d'avec les *sons
articulés*.

IV. — *Du Goût.*

La perception propre à l'organe est plus visiblement
subjective encore que toutes les perceptions précédentes,
puisque les mêmes substances n'ont pas le même goût
pour tout le monde: et que, si elles conservent le même
goût pour la même personne, la saveur n'a plus le même
caractère sensitif de plaisir ou de déplaisir. C'est surtout
en matière de goût qu'il est convenu de ne point dis-
puter.

On sait mieux, par la différence des sensations de
saveur, que les mêmes substances n'affectent pas également tous les palais, et qu'ainsi la saveur est toute subjective, qu'on ne sait que les sons et les couleurs ne sont
pas les mêmes pour tout le monde, et dépendent par
conséquent de l'organisation. Par le fait cependant que
toutes les combinaisons de sons ne plaisent pas également à toutes les oreilles, il est évident qu'il y a là une
donnée subjective considérable. Elle devient plus sail-
lante encore quand on fait attention que des animaux,
les chiens par exemple, semblent plutôt souffrir que
jouir en entendant de la musique.

N'a-t-on pas aussi remarqué chez l'homme des impressions fort diverses opérées par une même composition, par une même exécution musicale, sans parler des
circonstances morales différentes où peuvent se trouver
les sujets divers, ni par conséquent des idées accessoires qui peuvent être réveillées par la même maladie?

Quant aux couleurs, si elles étaient en même nombre pour chacun de nous, et que les mêmes corps produisissent constamment le même effet visuel sur tout le monde, il est certain que nous ne pourrions soupçonner la diversité des perceptions de couleur entre les hommes, que par celle de leur effet sensitif, par le plaisir ou le déplaisir attaché à telle ou telle couleur. Mais on a pu remarquer qu'il y a des couleurs qui n'existent pas pour certains yeux, qu'il y en a d'autres qui se permutent pour ainsi dire. Toutes choses qui dépendent évidemment de l'organisation. Et quand nous croyons que des personnes sont affectées de la même manière par les mêmes couleurs, parce qu'elles se servent des mêmes mots, dans les mêmes circonstances, c'est là une vraisemblance seulement. Il peut se faire, en effet, qu'il y ait presque autant de différence dans la nature de la perception visuelle qu'il y en a dans l'intensité. Or, on sait que la vue varie en portée, en netteté, d'un individu à un autre.

Toutes ces différences, vraies ou vraisemblables, qui se remarquent dans les sujets, malgré l'identité des circonstances objectives, disent assez ce qu'il y a de subjectif dans les perceptions en apparence les plus objectives. Mais alors même que ces différences seraient nulles, par suite de la parfaite ressemblance organique qui existerait entre les hommes, il ne s'ensuivrait nullement que les perceptions ne fussent pas un produit exclusif de l'âme, un état purement subjectif, quoique occasionné par les choses extérieures. La subjectivité de ces états n'en serait pas moins démontrée par l'analyse des faits. Mais ce caractère devient de plus en plus

saillant à mesure qu'on descend l'échelle des perceptions, depuis le toucher jusqu'à l'odorat ; les perceptions
perdent de plus en plus de leur apparence objective,
pour se rapprocher graduellement des sensations.

V. — De l'Odorat.

Ainsi, l'odorat est le moins propre de tous les sens
à mettre la raison sur la voie de concevoir l'extériorité ;
c'est un état tellement subjectif, que, bien que rapporté
aujourd'hui à un organe particulier dont le toucher a
déterminé la place, nous pourrions vivre éternellement
avec ce sens unique, surtout si nous étions privés du
commerce des hommes, sans soupçonner l'extériorité.
Nous pourrions éprouver des états divers, des changements ; nous pourrions même soupçonner des causes
étrangères, les concevoir, y croire enfin, sans pour cela
concevoir l'extériorité ou l'existence d'objets dans l'espace.

Les odeurs, elles aussi, ont leur forme, leur unité,
leur variété, leur intensité diverse, leur cause occasionnelle et leur cause efficiente.

Elles ont aussi leur caractère fatal dans leur production même, lorsque le sujet se trouve placé de manière
à les éprouver, et que les conditions organiques sont
elles-mêmes remplies ; il n'est actif, à cet égard, d'une
activité spontanée ou d'une activité libre, que dans la
recherche ou la fuite des causes extérieures ou condi-
tionnelles.

CHAPITRE III.

Faits sensitifs.

§ I.

De la sensibilité en général.

La sensibilité ou capacité d'être affecté agréablement ou désagréablement, indifféremment même, est l'affection en puissance; elle en est la possibilité subjective. Elle est, à l'égard de l'état sensitif, comme toutes les capacités, ou plutôt comme toutes les susceptibilités, à l'égard des déterminations qui leur correspondent.

On distingue deux sortes d'affections sensitives, suivant qu'elles ont leur cause *occasionnelle* et leur siége *apparent* même dans l'âme, ou qu'au contraire ce siége et cette cause sont dans le corps.

Nous disons leur cause occasionnelle, parce que la cause efficiente et immédiate ne peut être que l'activité de l'âme.

Nous disons siége apparent, parce que le siége réel de toute affection ne peut être que dans l'âme. C'est le moi qui souffre ou qui jouit dans tous les cas.

On croit trop que l'âme est purement passive dans le sentir. Il n'en est rien : c'est le moi qui est passif; mais l'âme est active. Si elle ne réagissait pas sur l'excitation de l'organe ou de l'idée, la sensation et le sentiment ne s'accompliraient point. C'est là une loi si générale qu'elle embrasse l'ordre moral et l'ordre physique : pas d'action sans réaction, et l'action comme effet, ou dans l'objet

qui la reçoit, qui en est le terme, est toujours proportionnée à la réaction, de même que la réaction est proportionnée à l'action. Point donc de passivité absolue; une
passivité semblable est même contradictoire, puisqu'elle
suppose que rien ne résiste assez pour recevoir l'action.

Deux choses, d'ailleurs, établissent l'action de l'âme
jusque dans le pâtir : c'est que, dans les sentiments, les
idées ou les conceptions qui les précèdent immédiatement
et semblent les occasionner ne sont que des états purs
et simples, des modes du moi et non des agents ou des
causes. Il faut donc que le sentiment, qui est un effet,
soit produit par une autre cause intérieure, par un
agent. Or, il n'y a dans l'âme d'autre agent et d'autre
cause que l'âme elle-même. La seconde preuve de l'action de l'âme dans le sentiment, dans les sensations,
dans le sentir en général, c'est que l'intensité de l'affection est en raison directe de l'énergie avec laquelle
l'esprit s'y applique.

Ce qui fait croire que l'âme est purement passive
dans le sentir, c'est la confusion de l'activité de l'âme
avec la passivité, de l'activité involontaire, fatale même,
avec la non activité; c'est qu'on ne distingue point l'activité de l'âme de l'activité du moi, et que l'on ne veut
voir d'action qu'à la condition qu'il y ait volonté. C'est
là une très grande erreur. L'âme agit involontairement
avant d'agir avec volonté; elle ne peut même vouloir
agir qu'après avoir agi sans le vouloir. Il y a plus, il
faut qu'elle ait jusqu'à un certain point agi volontairement sans volonté réfléchie, c'est-à-dire avec une volonté spontanée, pour pouvoir agir ensuite volontairement avec volonté réfléchie. L'âme ne peut vouloir ce

qu'elle ne connaît pas, pas même vouloir des volitions, si elle ne sait pas par l'expérience qu'il y a des volitions possibles. Et ces volitions premières, qui n'ont pu être délibérées, réfléchies, ont donc été spontanées, et presque instinctives.

L'animal n'a que des volitions de cette dernière espèce, mais il en a. Il est actif de cette dernière activité. Et comme c'est surtout l'activité de l'âme et non celle du moi qui produit le phénomène sensitif à son premier et fatal degré, on conçoit que l'animal, doué de cette activité, soit aussi un être sensible. Mais comme l'animal ne réfléchit point ou réfléchit fort peu, sa jouissance ou sa souffrance reçoit peu ou point d'intensité de l'attention que son esprit peut y donner.

L'animal semble, comme nous, rechercher avec intention le plaisir et fuire de même la douleur. S'il y avait dans ce phénomène tout ce qui semble s'y trouver, on pourrait dire de l'animal, ainsi que de l'homme, qu'il tient en son pouvoir, dans une certaine mesure, son bien-être et son mal-être; qu'à cet égard son plaisir et sa peine sont médiatement volontaires et plus ou moins réfléchis, et que la sensibilité elle-même rentre encore par ce côté là dans l'activité proprement dite ou du moi. Mais si l'on observe que l'animal fait dans son intérêt réel une foule d'actes ou plutôt de mouvements dont il ne connaît pas la portée, il sera très difficile d'en faire honneur à son intelligence et à sa volonté. Nous savons, d'ailleurs, qu'il réfléchit trop peu pour se posséder, pour s'appartenir, et par conséquent pour vouloir avec conscience qu'il veut, et avec connaissance du but et des motifs de son vouloir.

La sensibilité est le but, sinon le mobile, de toute l'activité humaine ou réfléchie; la raison en est la règle. Nous n'agissons qu'en vue de nous satisfaire, en vue de notre bien. Mais il faut se garder de croire qu'il y ait en cela quoi que ce soit de fatal. Il est *nécessaire* assurément que la volonté soit éclairée par l'intelligence, qu'elle ait un objet, puisqu'il serait contradictoire de vouloir sans vouloir quelque chose ou sans connaître ce qu'on veut. Il n'est pas moins nécessaire que tout ce qu'on veut, par cela seul qu'on le veut, soit un bien, un bien relatif au moins, puisqu'il est impossible que ce que nous voulons ne nous agrée point de quelque manière, médiatement ou immédiatement; il est nécessaire que nous voulions notre plus grand bien dans une circonstance donnée, tel du moins que nous le concevons, puisqu'autrement la raison ne serait pas raisonnable, et que le motif d'après lequel nous nous déterminons ne serait pas le plus décisif à nos yeux : ce qui est tout simplement contradictoire, puisqu'un motif décisif ne serait pas décisif. Mais toutes ces nécessités sont purement *logiques,* spéculatives, et n'ont absolument rien de nécessitant ou de coactif; elles n'ont rien qui tienne de la force, rien de *dynamique*. Et cependant la fatalité n'est qu'une question de force. Notre volonté, comme pouvoir de nous déterminer, reste donc entière malgré toutes ces nécessités; nous pouvons toujours délibérer et choisir entre deux biens particuliers ; nul bien n'est par soi nécessairement déterminant; l'attrait proportionnel de deux biens peut être corrigé par la volonté, et ainsi la proportion absolue ou objective de cet attrait peut être, sinon changée par l'option, du moins tempérée, modifiée quant à son influence, comme s'il y avait changement véritable. Il faut donc soigneusement distinguer trois choses : l'appétit ou l'attrait et son degré, qui sont fatals jusqu'à un certain point ; le jugement, qui compare les mobiles et les motifs de nos actes possibles, et qui est fatal encore ; la délibération, qui est libre ainsi que la volition qui la suit. Mais quoi que nous fassions, il est inévitable que ce soit en vue de nous satisfaire, en vue de notre bien. Mais ce bien peut être placé plus ou moins haut, conçu plus ou moins pur. La vie en reçoit ainsi des degrés de dignité divers, suivant que l'âme a contracté des goûts plus ou moins spirituels, plus ou moins nobles. C'est surtout la méditation habituelle des choses élevées, le goût originel de ces spéculations, qui donne à l'âme des besoins d'un ordre supérieur, et tend à la détacher de plus en plus de la sphère de l'animalité. Le goût du bien, du beau, du vrai, est une faveur du ciel, une grâce, que rien au monde ne peut remplacer, et en ce sens les mystiques ont raison de dire que cet amour, cette foi est un pur don divin. Il faut qu'il soit déposé au fond de nos âmes pour que nous l'y sentions, pour qu'il nous vivifie, pour qu'il nous stimule de façon à le développer, à le rendre prépondérant dans la pratique habituelle de la vie. Il faut qu'il y soit pour que nous sentions même qu'il n'y est pas, qu'il n'y est pas assez, pour nous le faire regretter et désirer. Le bien qui est en nous et sans nous peut donc seul être cause du bien qui n'y est pas encore, mais que nous pouvons y réaliser.

Quiconque suit la raison ne le fait donc que parce qu'il aime la raison, parce qu'il est heureux de s'y conformer, plus heureux du moins que s'il s'en écartait. Arrivé à ce point de perfection, ou assez heureusement organisé d'abord pour éprouver un si noble besoin, l'homme trouve d'accord en lui la règle et le mobile. Mais chez tous les hommes, sans doute, il est des cas où la règle et le mobile ne sont pas ainsi d'accord. Alors il y a déchirement, sacrifice ou remords. C'est une espèce de sensibilité qui l'a emporté sur l'autre, et qui fait souffrir cette dernière. Il n'y a paix et bonheur dans l'homme qu'à la condition que la sensibilité générale soit tellement disciplinée par la raison, par la règle, tellement en harmonie avec elle, qu'en suivant l'une il semble qu'on suive l'autre. Ce point est le grand problème de l'éducation ; c'est celui de l'éducation de soi-même, celui de la vie entière, d'une vie qui s'observe et tend sans cesse à se redresser, d'une vie d'homme, d'un être raisonnable enfin.

La paix de l'âme, l'exemption de la douleur morale est déjà un état qui a sa douceur ; et pourtant il n'est que négatif. Mais c'est le calme après la tempête, ou pour qui la connaît et la sait possible. Il en est de même de la santé sans grandes jouissances positives.

§ II.

Différence entre le sentir et le connaître.

La différence entre ces deux sortes d'états de l'âme est marquée par ces quatre caractères fondamentaux : 1° le sentir est subjectif, le connaître objectif ; 2° le premier est souvent accompagné de l'une ou de l'autre de ces déterminations, le plaisir ou la peine physique, tandis que le connaître, comme tel, n'offre rien de semblable; 3° le sentir porte souvent à l'action, tandis que le connaître pur est essentiellement contemplatif; 4° s'il y a souvent liaison entre le sentir et le connaître, ces deux sortes de faits ne restent pas moins distincts.

Ces différences fondamentales donnent naissance à d'autres que nous résumerons ici, d'après Gioja (1), comme autant de lois.

a) De la comparaison de deux sentiments (2) naît la *préférence;* de la comparaison de deux idées naît un rapport. Le meilleur des gouvernements pour l'avare est celui qui lui demande le moins d'impôts; le meilleur parti pour sa fille, le jeune homme qui est le plus riche. Un géomètre qui compare le cercle au triangle ne préfère pas l'un à l'autre, mais il reconnaît que le premier est double du second.

b) Le sentiment tend au *plaisir;* il cherche le mieux, le meilleur ou le plus beau et s'y arrête, momentanément au moins. L'intelligence tend au *vrai,* va de rapport en rapport, et ne s'arrête qu'à l'évidence. Le peintre, dans la comparaison qu'il fait des lignes droites et des courbes, donne la préférence aux secondes, comme sources de plaisirs intellectuels supérieurs. Les philosophes, qui interrogent la nature de mille manières pour lui arracher son secret, ne font pas autre chose que l'enfant qui éventre son cheval de carton pour voir ce qu'il y a dedans.

(1) *Ideologia,* t. II, p. 184-194.
(2) Nous prenons ici, et dans plusieurs autres endroits, le mot *sentiment* dans son acception générique, pour signifier tout à la fois la sensation et le sentiment proprement dit.

c) Le sentiment tend à confondre plusieurs objets en un seul. L'intelligence tend à séparer et à distinguer. La haine de Tibère contre Séjan lui fait envelopper les enfants innocents dans la condamnation du père coupable, et trop souvent les peines qui ne devaient atteindre que le crime ont frappé à dessein jusqu'à l'innocence. Mais à mesure que la passion a fait place à la raison, les gouvernements ont restreint de plus en plus le cercle de la peine. C'est ainsi que la confiscation générale des biens des condamnés a fini par disparaître.

d) Le sentiment transforme, exagère, rapetisse. L'intelligence calcule, pèse, mesure. On dit vulgairement que la passion aveugle et que la raison éclaire. Il y a donc entre l'une et l'autre la même différence qu'entre les ténèbres et la lumière. Les personnes très irritables ont en général le jugement faux; elles sentent trop vivement, et voient ainsi toutes choses à travers le prisme de l'exagération. La différence est telle entre le sentiment et la raison que l'un des deux fait souvent disparaître l'autre. Un esprit trop raisonneur, trop spirituel, trop plein de souvenirs, a rarement le cœur chaud. Il porte son cœur dans sa tête. Il disserte, analyse, raffine, et n'est jamais ému ; les chefs-d'œuvre des arts et des sciences, les actions grandes et magnanimes réussissent difficilement à réchauffer son âme.

e) Le sentiment s'attache au particulier. La raison, tout en s'appliquant au particulier, tend au général.

f) Les effets du sentiment se font ressentir dans toute la machine et l'altèrent en mille manières. Les effets de la raison n'exercent pas une influence aussi grande.

g) Chez les femmes et les jeunes gens, beaucoup de

sensibilité et peu de jugement (1). Chez les hommes et dans l'âge mûr, plus de jugement que de sensibilité.

h) Dans l'ivresse, l'homme sent croître la chaleur du sentiment, et son pouvoir sur les idées s'affaiblir. L'homme sobre conserve la faculté de comparer ses idées et de les combiner.

i) Dans le sommeil, sentiments fort vifs et presque point de jugement. Dans la veille, sentiments moins vifs et plus de jugement.

k) Un poète fatigue à raisonner, et Alfiéri disait que sa tête était antigéométrique. Un mathématicien demandera au sortir d'une représentation théâtrale ce que cela prouve.

l) Le peuple, touché d'un sentiment de compassion passager, couperait volontiers la corde du voleur pendu. Le juge, dont les idées sur la sécurité publique sont plus fermes, a prononcé la sentence qui envoie le brigand au gibet.

m) Le vulgaire, échauffé par l'espoir d'un grand profit, porte bêtement ses épargnes à la loterie. Le savant qui voit que les chances contraires l'emportent de beaucoup sur les chances favorables, et que le gain multiplié par l'improbabilité de l'obtenir est inférieur à sa mise, ne joue pas. L'espoir qui ne calcule pas s'attache à tout, excepté à de bonnes raisons, pour s'entretenir et s'exciter. C'est la fortune, un songe, et je ne sais combien d'autres associations d'idées aussi fausses. Aussi le

_____

(1) On peut ajouter les nègres, par opposition aux blancs. (Voir le *Dict. d'histoire naturelle*, t. XXII, p. 426, 427, 2ᵉ édit.)

joueur est-il superstitieux ; il l'est d'autant plus qu'il est plus avide de s'enrichir au jeu.

n) Le sentiment trouve ses motifs de croire en lui-même. La raison tire les siens de la nature des choses et des témoignages.

o) Le sentiment s'accroît avec l'indétermination, l'obscurité, le mystère de l'objet qui le réveille ou vers lequel il tend. Il décroît, au contraire, à la clarté croissante, à la distinction de plus en plus nette de l'objet de nos affections.

p) Les sciences auxquelles se mêlent beaucoup de sentiments, comme la morale, la législation, la politique, sont longtemps imparfaites. Celles, au contraire, qui ne donnent aucun accès aux passions, telles que les mathématiques, la physique, la chimie, l'histoire naturelle, font des progrès plus rapides.

q) Les partis (enfants des passions ou des sentiments exagérés) font usage de termes qui impliquent amour ou haine (hérétique, papiste, aristocratique, démocratique, servile, libéral, etc.) La raison, au contraire, prêche la justice à tous les partis, et les tribunaux garantissent à chacun ses droits, sans faire attention à la manière de penser.

r) Les peines, les inquiétudes, les regrets, qui ruinent la santé, ne cèdent pas au raisonnement. — Les erreurs en sont, au contraire, d'autant plus aisément dissipées qu'elles sont moins défendues par le sentiment.

Vouloir faire entendre raison à un furieux, fait-on dire à Pythagore, c'est vouloir éteindre un incendie avec une épée. Même chose du mélancolique.

La durée d'une erreur est proportionnée au sentiment

qui lui sert de base : l'astrologie et la magie ont duré plus de deux mille ans (1).

§ III.

Des sentiments et des sensations. — Du plaisir et de la douleur.
— De la sensibilité.

I.

Des Sentiments.

Nous appelons du nom propre de sentiments le plaisir ou la peine qui ne sont point rapportés à quelque partie du corps comme à leur siége ou condition organique. Ces sortes de jouissances ou de souffrances sont donc purement spirituelles, en ce sens d'abord qu'elles n'ont pas de siége corporel; en cet autre sens que le corps n'est pour rien, en apparence du moins, dans leur manifestation au sein de l'âme.

La cause conditionnelle des sentiments est donc elle-même spirituelle : elle tient surtout aux événements de l'ordre intellectuel et moral, aux jugements que nous portons à ces sortes de choses. C'est ainsi que nous avons du plaisir à voir un acte de vertu, à voir l'honnêteté prospérer, à contempler la beauté sous ses formes les plus variées, à concevoir des vérités nouvelles, élevées ou fécondes, à songer aux avantages que nous pouvons consciencieusement recueillir de nos travaux, etc.

Les sentiments peuvent ainsi être classés d'après la

(1) On comprend bien que ce ne sont là que des généralités qui sont sujettes à de nombreuses exceptions.

nature des conceptions qui semblent les faire naître dans l'âme. Suivant donc qu'il s'agit de l'utile, du beau ou du sublime, du juste, du bon, du vrai, du merveilleux, etc., on peut appeler les sentiments correspondants, progmatiques, esthétiques, juridiques, moraux, logiques, mystiques, etc.

S'ils surgissent dans l'âme comme d'eux-mêmes, sans autre cause occasionnelle apparente que les conceptions dont nous parlons, ce n'est pas à dire qu'ils ne tiennent pas médiatement aux corps, aux perceptions, aux sensations, aux notions, puisque les conceptions elles-mêmes en dépendent comme de leurs conditions organiques. Mais si déjà les sensations, les perceptions, les notions, les conceptions ne peuvent s'expliquer par l'organisme seul, à plus forte raison les sentiments, qui ont pour antécédents les conceptions. Les sentiments sont donc le produit fatal de l'âme à la suite des conceptions. Je dis fatal, parce que si nous sommes dans les circonstances intellectuelles voulues pour former certains jugements, il nous est impossible de garantir complétement notre sensibilité de toute affection. Tout ce que nous pouvons faire, c'est d'éviter les situations intellectuelles qui amènent ces états affectifs, de les comprimer, de les étouffer, de nous en distraire de notre mieux, comme aussi de les rechercher en poursuivant leurs causes. Voilà toute la part de notre activité volontaire ou libre dans le sentiment.

Quoique le corps ne soit immédiatement pour rien dans le sentiment, excepté peut-être dans une certaine *allégresse* résultant d'une vague sensation de bien-être corporel général, la joie ou la tristesse, résultant du plaisir ou de la peine propre au sentiment, réagit sur le

corps et y produit un bien-être, une *légèreté,* une allégresse physique, qui fait à son tour du bien à l'âme, en
même temps qu'elle favorise les fonctions physiques de
la pensée, et même de la vie organique pure. Mais ces
considérations appartiennent aux rapports du physique
et du moral.

Quoique l'animal semble avoir sa joie et sa tristesse,
son plaisir et sa peine morale, des sentiments en un
mot, il est très vraisemblable néanmoins que ce sont
plutôt des plaisirs et des peines physiques que des peines et des plaisirs d'un autre ordre, puisqu'il est privé
des conceptions qui déterminent ces sortes d'état. Du
moins, s'il les possède, c'est à un degré si faible et si
obscur qu'il serait difficile de penser que l'animation ou
l'abattement que nous observons dans ceux qui vivent le
plus familièrement avec nous puissent s'expliquer par
là (1).

II.

Des Sensations.

Les sensations, à l'inverse des sentiments, sont rapportées aux corps comme à leur siége; et leur cause,
l'occasionnelle du moins, est ou l'action des corps étrangers sur nos organes, ou certains mouvements qui déterminent le jeu des fonctions vitales.

Il y a deux sortes de sensations, les externes et les

(1) L'étude détaillée des sentiments, de leurs diversités, de leurs causes,
nous mènerait beaucoup trop loin. Elle appartient plus à l'esthétique
qu'à une esquisse de la psychologie. On peut voir quelques aperçus
ingénieux sur ce sujet dans l'*Ideologia* de MELCHIORRE GIOJA, t. II,
p. 22-43.

internes, suivant qu'elles ont leur siège à la surface du corps ou dans ses profondeurs.

Les unes et les autres peuvent se diviser encore suivant les parties du corps qu'elles affectent, et même, pour chaque partie du corps, suivant la nature de l'affection.

Je dis la *nature* de l'affection plutôt que le *caractère* de l'affection. En effet, nous entendons par nature d'une sensation, ce qui la distingue d'une autre, par exemple ce qui différencie l'odeur d'œillet de l'odeur de jacinthe, une odeur agréable d'une saveur agréable, et ainsi de suite. Nous entendons, au contraire, par caractère ou qualité d'une sensation le plaisir ou la douleur qui l'accompagne. Sous ce dernier point de vue, toutes les sensations ne peuvent former que trois classes, les agréables, les désagréables et les indifférentes.

Il y a donc dans les sensations deux éléments très distincts : l'un qui consiste dans ce que nous appelons la nature de la sensation, et qui permet de distinguer des sensations agréables d'autres sensations agréables, par exemple l'odeur de rose de l'odeur de jasmin; l'autre qui est le plaisir ou la douleur qui peut être commun à plusieurs sensations de nature diverse.

Sans doute, si une sensation n'avait pas une nature déterminée, elle n'aurait pas non plus un caractère déterminé. Ces deux choses sont donc étroitement unies; mais, tout unies qu'elles sont, elles se distinguent très bien cependant aux yeux de l'esprit.

Il faut noter pourtant que chaque sensation agréable, ou désagréable, ou indifférente, est essentiellement telle ou telle par sa nature, sauf la ressemblance ou l'identité des causes qui la déterminent, tandis que le plaisir ou la peine, en général, n'est qu'une idée.

Les sensations, comme états sensitifs organiques, se distinguent très bien, dans le toucher, de la perception propre à cet organe, ou plutôt des conceptions qui se rattachent à son exercice. Ainsi, le chaud, le froid, le poli, le raboteux, la sensation de dureté, de fluidité, etc., se distinguent à merveille des conceptions d'étendue, de résistance, etc. Les conceptions de cette espèce correspondent à des propriétés rationnelles des corps qu'on a longtemps appelées *qualités premières*, parce qu'on imaginait que ces propriétés constituent l'essence première des corps. Les sensations correspondantes du toucher étaient peu ou point distinguées de ces conceptions. Mais les sensations des autres organes, ou plutôt leurs perceptions, étaient censées correspondre à des qualités occultes des corps qu'on regardait comme relatives à notre organisation, et qu'on appelait pour cette raison les *qualités secondes* des corps. Elles tenaient cependant plus étroitement à leur essence que d'autres qualités appelées *troisièmes*, plus relatives encore que les secondes; telles sont celles qui, dans la même substance, déterminent des sensations agréables, la santé et la force chez un animal, et qui sont une cause de mort pour un animal d'une autre espèce.

Mais, à le bien prendre, les qualités premières sont en un sens moins objectives encore que les secondes, puisqu'elles sont un produit de la raison, tandis qu'il y a plus visiblement quelque chose d'inconnu en soi dans les corps, qui détermine en nous les sensations agréables ou désagréables.

Les sensations de la vue sont moins marquées que celles du toucher : la beauté des couleurs, leur distribution variée, leurs combinaisons assorties, les formes des surfaces qui les revêtent, leurs proportions, etc., tout cela est plutôt jouissance par l'esprit seul, sentiment en un mot, que jouissance de l'esprit par le corps, ou jouissance rapportée au corps, quoiqu'elle ait lieu au moyen du corps. Une sensation de couleur qui tiendrait à la couleur même serait celle, par exemple, qui flatterait sensiblement l'œil, ou qui l'offenserait de même.

Ce qu'on appelle le plaisir ou la souffrance de l'oreille dans la perception des sons musicaux est, de même, un sentiment esthétique plutôt qu'une sensation. La sensation n'existerait que dans le cas où l'organe souffrirait ou jouirait pour ainsi dire dans ses tissus, comme lorsqu'un bruit nous assourdit ou nous déchire l'oreille. Il est plus difficile de trouver pour l'oreille, ainsi que pour l'œil, des exemples d'une jouissance physique par cet organe. Ce qui prouve que les perceptions de la vue et de l'ouïe sont plutôt instinctives qu'affectives, comme on l'a remarqué depuis longtemps, et qu'elles ne deviennent affectives qu'autant qu'elles dégénèrent plus ou moins en sensations internes, par l'action mécanique trop irritante du milieu à l'aide duquel elles s'accomplissent, de l'air et de la lumière.

Les perceptions du goût et de l'odorat sont, au contraire, bien plutôt des sensations que des perceptions; elles sont bien plus affectives que cognitives, quoiqu'elles servent à nous révéler l'existence et la nature d'agents extérieurs.

III.

Du Plaisir, de la Douleur et de la Sensibilité.

Il n'y a pas de plaisir ni de douleur en général; il n'y a que des plaisirs et des douleurs déterminés. De sorte que le plaisir et la douleur en général ne sont que des notions formées de ce qu'il y a de commun à tous les plaisirs et à toutes les douleurs, sans distinction de sensations ou de sentiments.

Il ne faudrait donc pas croire que la sensation agréable ou désagréable consiste dans le plaisir ou la douleur, car les caractères d'agréable ou de désagréable sont aussi des idées générales, des notions formées comme celles de plaisir et de peine.

La sensation agréable ou de plaisir est donc nécessairement une sensation de telle ou telle nature, une sensation produite par telle ou telle cause extérieure, éprouvée par tel ou tel sens, etc.

Donc, tout en distinguant le plaisir et la peine dans une sensation, il n'y a pourtant pas lieu d'admettre des sensations sans plaisir ou sans peine, pas plus que des états affectifs agréables ou désagréables, sans sensations de telle ou telle nature (1).

Du reste, le plaisir et la peine sont abstractivement si

(1) Nous ne parlons pas ici des sensations indifférentes, qui se réduisent à un état de l'organe marqué par un mouvement où l'on ne perçoit pour ainsi dire qu'une affection mécanique. Telle est l'espèce de sensibilité qui reste encore parfois chez les chloroformisés, et dans beaucoup de cas de la vie ordinaire, par exemple dans la station droite ou assise, dans la position couchée, etc.

distincts de la sensation qu'ils ne conviennent pas moins au sentiment.

Le plaisir et la peine ne sont point entre eux comme $+ : 0$, mais comme $+ : -$. L'indifférence absolue $= 0$. Il y a donc contrariété et non contradiction entre l'un et l'autre.

Le passage du plaisir à la peine, et réciproquement, est souvent d'un instant si court qu'il ne peut être conçu. — Il n'est pas vivement perçu non plus lorsqu'il est trop lent, et le contraste qui doit naturellement résulter du rapprochement de ces deux états opposés le fait peu sentir.

L'intensité du sentiment peut être si forte que l'usage libre de la raison devienne presque impossible : c'est ce qui arrive dans l'émotion, — dans l'enthousiasme.

Le nouveau, le rare, l'inattendu, le contraste augmentent l'intensité du sentiment.

L'intensité de la peine peut être plus grande que celle du plaisir, quoiqu'on voie cependant plus de morts subites par suite du plaisir que par suite de la peine. Mais aussi il y a plus de morts lentes par la peine que par le plaisir : le chagrin mine, ronge, dévore. Le plaisir modéré fortifie, vivifie, loin d'affaiblir et d'éteindre. La peine a une durée incomparablement plus grande que le plaisir : en sorte que, sous le double rapport de l'intensité et de la durée, nous sommes plus sensibles à la peine qu'au plaisir.

Les circonstances objectives restant les mêmes, le sentiment varie suivant la plus ou moins grande susceptibilité native des sujets, et leur plus ou moins grande force de réaction et de distraction.

Il ne faut pas confondre l'*indifférence* avec l'*égalité
d'âme* : l'une provient de l'insensibilité, l'autre de la
force.

CHAPITRE IV.

Action et Réaction dans les faits sensitifs.

§ I.

Action et Réaction fatale, ou *des Besoins, des Inclinations,
des Passions et des Habitudes.*

I.

Des Besoins.

Le besoin est une souffrance par suite de privation,
avec tendance instinctive ou intelligente à faire disparaître cette souffrance en satisfaisant le besoin.

Sans la tendance dont nous parlons, le besoin ne serait que souffrance pure et simple.

Il n'y aurait pas non plus privation, pas privation
connue du moins, et pas moyen, par conséquent, de
faire cesser la souffrance en comblant le vide que fait
naître la privation.

On appelle proprement *appétit* la tendance instinctive
à satisfaire le besoin, et *désir* ce même appétit accompagné de la connaissance de l'objet propre à le calmer.

Cette connaissance est toute expérimentale, puisqu'il
n'y a pas de rapport nécessaire ou *a priori*, à nous connu
du moins, entre le besoin et la chose propre à le satisfaire.

Aussi, lorsque l'homme et l'animal tendent à satisfaire un besoin en recourant, sans expérience antérieure, à des moyens réellement propres à le faire cesser, et sans savoir ce qu'ils font ni pourquoi, cette espèce de tendance accompagnée d'une apparente connaissance *a priori* est proprement de l'*instinct*.

Il y a autant d'espèces de besoins que d'espèces de sensibilité. C'est-à-dire qu'il y a des besoins physiques et des besoins non physiques, des besoins marqués par la sensation, surtout par l'interne, et des besoins marqués par le sentiment. On voit aisément que ces deux sortes de besoins peuvent être subdivisées comme les sensations et les sentiments mêmes.

Les besoins physiques sont en harmonie avec deux grandes fins : la conservation et le bien-être de l'individu, la conservation et le bien-être de l'espèce. Nous ne désirons pas seulement d'être et de procréer, mais nous désirons aussi être bien, et rendre heureux les enfants qui sont le fruit de nos œuvres.

La sympathie et l'antipathie, si c'est là un sentiment primitif, et non la conséquence de certaines associations d'idées, de certains jugements, n'est qu'un auxiliaire de nos deux grandes sortes d'appétits. Et quoique la sociabilité, l'amour de nos semblables contribue à leur bien-être, néanmoins comme cet effet de la sympathie est réciproque, et comme il tourne immédiatement au profit de chacun de nous en disposant les autres favorablement pour nous, on peut dire qu'il n'a pas seulement pour but le simple plaisir attaché au sentiment de la bienveillance, mais aussi le plus grand avantage extérieur de celui qui s'y livre.

Les besoins sont des états de l'âme produits par l'activité fatale, lorsque l'âme ou le corps, ou l'âme et le corps à la fois se trouvent dans certaines circonstances propres à faire naître ces états pénibles de vacuité. Le besoin n'est donc pas une pure privation; c'est une privation pénible, douloureuse, un état très positif.

La connaissance de l'objet propre à satisfaire le besoin se compose de deux éléments, de la notion de la chose même et de la conception de sa propriété par rapport au sentiment douloureux que nous éprouvons.

Les animaux n'ont à cet égard que des connaissances instinctives d'abord, et plus tard des souvenirs et des perceptions associés. Mais ils ne jugent ni ne conçoivent rien à cet égard.

L'imagination ne joue pas non plus chez les animaux un rôle aussi grand que chez l'homme dans l'excitation du désir, dans la poursuite de l'objet propre à le satisfaire, et dans les excès dont cette satisfaction peut être accompagnée. L'animal n'a pas de désirs factices, et son imagination ne prend pas les devants sur la satisfaction, pas plus qu'elle n'aiguillonne encore un appétit qui se tait du moment qu'il est repu.

II.

De l'Inclination.

L'inclination est une sorte d'attrait fondé sur la sympathie, le plaisir des contrastes, le besoin, la jouissance attendue avec intelligence ou d'une manière instinctive seulement, et qui peut varier en force, depuis la tendance la plus légère et la moins aperçue jusqu'à la passion la plus indomptable. Ses principaux degrés sont l'inclination proprement dite, la propension et le penchant.

L'inclination a pour objet les personnes ou les choses ; mais la sympathie se dit surtout de l'inclination pour les personnes, parce qu'elle suppose une certaine affection qui n'est pas de l'essence de l'inclination. Le penchant, la passion se disent également d'une forte inclination pour les choses.

Les inclinations se distinguent de trois manières : par leur objet, par leur caractère naturel ou contre nature, par leur caractère moral ou vicieux.

Quelle que soit leur nature, elles sont d'une activité secrète et fatale de l'âme. Mais le moi, dès qu'il les connaît et les juge, peut y céder ou y résister : si nous ne sommes pas libres de ne pas les éprouver, nous le sommes de ne pas y céder. Si nous y cédons et qu'elles deviennent par là de plus en plus fortes, leur tyrannie est en partie notre ouvrage.

L'animal n'ayant pas de volonté réfléchie ne peut résister à ses inclinations, qui dès lors ne sont jamais contraires à cette volonté ; elles ne peuvent pas non plus être fatales ou se trouver en opposition avec une volonté qui n'existe pas ; elles sont donc purement spontanées.

Les inclinations, les goûts et les penchants tiennent de l'instinct par le caractère d'impulsion affective ou de mobilité qui porte à faire une chose. Elles en diffèrent en ce qu'elles n'inspirent pas le moyen à employer pour atteindre le but. Quelquefois même elles ne sont qu'un simple entraînement vers une personne, une pure sympathie.

Les inclinations manquent donc de ce qu'il y a d'essentiel et de plus merveilleux dans l'instinct, de l'inspiration inconsciente des moyens et de l'exécution involontaire. L'intelligence et la volonté sont donc appelées, l'une à éclairer, l'autre à satisfaire l'inclination. Aussi l'inclination est-elle propre à l'homme.

L'inclination peut néanmoins avoir sa raison dernière dans l'instinct : elle en devient alors la détermination quant à l'objet. C'est ainsi que l'instinct de la propagation de l'espèce devient chez l'homme un goût, une inclination, un penchant, une passion même, lorsqu'il s'attache à une personne déterminée.

L'instinct dans l'homme, quand il a un objet, peut donc aboutir à une inclination.

Mais l'inclination n'a pas toujours sa raison dans l'instinct, dans l'instinct inférieur du moins, puisqu'elle s'entend peut-être plus particulièrement des goûts élevés pour une occupation libérale ou une autre, pour les arts et les sciences, que pour les objets destinés à satisfaire des besoins matériels.

Lorsque ces besoins déterminent une disposition à agir, c'est plutôt un *appétit* et un *goût* qu'une inclination proprement dite. Et ces goûts peuvent avoir leur raison dans la constitution, l'état maladif, les habitudes étranges ou vicieuses du sujet. De là des appétits dépravés, des goûts monstrueux, qui sont la perversion ou le renversement de l'instinct.

III.

Des Passions.

Les passions, comme les inclinations, s'expliquent
par les affections sensitives : si nous ne connaissions ni
le plaisir ni la peine, nous n'aurions aucune raison d'é-
prouver du désir ou de l'aversion, de la crainte ou de
l'espérance, du regret ou de la satisfaction, de la joie ou
de la tristesse, de l'amour ou de la haine.

Tels sont les principaux états qui constituent les passions. L'objet de la passion est-il présent, nous l'attirons
à nous, nous l'appétons ou nous l'éloignons de nous.
Est-il passé, nous regrettons qu'il ne soit plus ou nous
en sommes satisfaits. Est-il futur : nous le désirons ou
nous le redoutons. Dans tous les temps nous l'aimons
ou nous le haïssons, surtout s'il est animé et intelligent.
La joie et la tristesse appartiennent aussi à tous les
temps : l'âme éprouve du contentement dans la jouissance actuelle, dans la délivrance du mal, dans l'espoir
d'une jouissance future. Elle éprouve de la tristesse si
elle souffre, si elle a perdu l'objet de son affection ou de
ses jouissances, ou si elle en redoute la perte.

La passion est donc cet état de l'âme qui précède ou
suit le pâtir et qui s'y rattache. C'est par là qu'elle se
distingue de la sensation et du sentiment, et qu'elle y
tient.

Nous venons de voir les éléments de toute passion.
Ces éléments servent quelquefois à classer les passions.
C'est ainsi qu'on les a distinguées en gaies ou tristes,
en bienveillantes ou haineuses. Mais ce point de vue

n'est pas le plus ordinaire. On distingue plus fréquemment les passions d'après leur objet. Et comme ces objets sont en nombre indéfini, on est obligé de les classer eux-mêmes; ce n'est pas là une petite affaire.

Distinguerons-nous, par exemple, les objets en trois classes, suivant qu'ils sont de l'ordre physique, moral ou intellectuel, et diviserons-nous en conséquence les passions en animales, sociales, et intellectuelles? Que ferons-nous de l'amour? Sera-t-il une passion animale ou une passion sociale? Sera-t-il l'une et l'autre? Que ferons-nous de l'avarice? Sera-t-elle une passion animale ou sociale? Mille autres difficultés se présentent.

Il nous semble donc plus naturel de diviser les passions en partant des différentes espèces d'états sensitifs, puisque la sensibilité est le pivot de la passion, qu'elle en est le point de départ et le terme aboutissant. Nous dirions donc que les passions sont : ou de l'ordre physique, suivant qu'elles se rapportent à la sensation; ou de l'ordre rationnel, suivant qu'elles tiennent au sentiment. On subdiviserait ensuite les unes et les autres comme on a subdivisé les sensations et les sentiments eux-mêmes. Ainsi, l'ivrognerie, la gourmandise, l'amour des plaisirs, la paresse, se rapporteraient aux sensations internes; l'avarice, la cupidité, le jeu, etc., se rattacheraient aux sentiments téléologiques, à la conception de l'utile ou du rapport des moyens aux fins; la passion des arts, aux sentiments esthétiques; les passions qui tiennent directement aux relations sociales trouvent naturellement leur place à la suite des sentiments moraux; la passion du savoir appartient, à son tour, au sentiment logique. Et si le goût de la vérité est empreint du be-

soin du merveilleux ou du surnaturel, par l'effet de l'i-
magination, le sentiment théologique réclame toutes les
passions qui se rattachent à cette classe d'idées.

Les passions sont des mouvements fatals de l'âme,
qui tendent à enchaîner l'activité du moi ou la sollicitent,
suivant qu'elles portent au repos ou au mouvement. Il
n'y a donc de libre dans la passion que l'acte consécutif
aux états dont nous parlons.

Les animaux ont des mouvements qui nous semblent
passionnés, mais qui ne sont pourtant point des passions
proprement dites, puisque les conceptions et les jugements nécessaires pour former les sentiments passionnés
manquent aux animaux. En effet, sans parler des sentiments de joie et de tristesse en tant qu'ils se rapportent
à des événements passés ou possibles, sans parler de la
crainte ou de l'espérance, du regret ou de la satisfaction,
comme de sentiments qui se rattachent également au
futur ou au passé, et qui ne semblent guère se manifester dans l'animal, peut-on dire qu'il aime et qu'il haïsse
à proprement parler? Pour aimer ou haïr, il faut autre
chose que sentir et percevoir : il faut concevoir ; il faut
appliquer les conceptions de cause, d'intention et de volonté à un agent. Or les conceptions ne sont pas possibles sans la réflexion et la raison (1).

On confond assez souvent les passions et les émotions.
Il y a pourtant la même différence entre la passion et
l'émotion qu'entre la haine et la colère, la crainte et l'effroi, etc. L'émotion est une surprise, une agitation su-

_____

(1) Voy. Appendice V, à la fin du présent volume. Nous avons approfondi la question difficile des passions dans notre *Anthropologie*, t. I,
p. 293-322.

bite, qui s'empare à la fois de l'âme et du corps, et qui ne laisse dans le moment même aucune liberté d'action. La passion, au contraire, quoique fatale comme sentiment, envahit le corps avec moins de rapidité et de force, et laisse toujours à la volonté l'empire nécessaire pour suivre les suggestions de la passion ou y résister.

Les émotions sont des mouvements subits et involontaires de l'âme, qui ont leur retentissement dans le corps. Elles sont aussi involontaires que ses actes instinctifs, et s'y mêlent souvent. Mais les mouvements de l'émotion sont plus rapides, moins savamment combinés en apparence pour atteindre un but salutaire, que ceux de l'instinct.

Par là même qu'ils sont violents, fatals, ils durent peu. S'il en était autrement, le sujet qui les éprouve serait trop longtemps hors de lui-même, et comme aliéné ou paralysé.

On peut diviser les émotions en deux grandes classes, suivant qu'elles sont compressives ou expansives. Ce n'est là, du reste, qu'un des points de vue sous lesquels on peut les envisager, et auxquels les émotions se prêtent avec plus ou moins d'exactitude.

Les principales émotions de la première classe sont :

a) Le dégoût, la répugnance, etc. ;

b) La surprise, l'étonnement ;

c) Le saisissement, la frayeur, l'effroi, l'épouvante, la terreur, etc. ;

d) La honte et la pudeur, la gêne et l'embarras ;

e) L'accablement, le découragement, le désespoir ;

f) La douleur ;

g) L'angoisse et l'anxiété, l'envie et la jalousie, le

chagrin et la peine, la tristesse et la mélancolie, le pressentiment fâcheux et la crainte, l'abattement ou le découragement, qui peuvent aussi s'emparer de nous en un
instant, comme les autres émotions proprement dites ;
mais elles sont moins passagères ; elles peuvent même
durer assez longtemps, surtout la mélancolie, le découragement, l'envie et la jalousie, et former un des traits
du caractère.

Les émotions les plus ordinaires de la seconde classe
sont :

a) L'admiration, le transport, le ravissement, l'extase ;

b) Le respect, la vénération ;

c) La gaîté ;

d) L'impatience, l'indignation, le courroux, l'empor-
tement, la colère, la fureur, la rage, le désespoir ;

e) L'audace ;

f) La pitié ;

g) L'effroi, l'épouvante, la terreur ;

h) Les émotions étant des mouvements violents de
l'âme, qui précèdent et surprennent la réflexion, que
nous ne pouvons maîtriser qu'après avoir pu ressaisir
nos esprits, se trahissent au dehors par des mouvements
aussi faciles à reconnaître qu'inutiles à décrire. Ils appartiennent au langage naturel ou spontané, que l'instinct
lui-même comprend avec une merveilleuse sagacité.

L'ennui est une sorte de passion qui consiste dans le
besoin de l'activité du corps ou de l'esprit. Elle a son
siége dans l'âme plus encore que dans le corps, car le
besoin du mouvement n'est souvent aussi qu'un besoin
de distraction, et si l'âme est occupée, le défaut de mouvement corporel est moins sensible. L'ennui est donc

essentiellement un vide de l'âme, le défaut d'un aliment ou d'un objet à l'activité. De là le désir de cet objet, fût-il peu dans nos goûts ; il sert à *tuer le temps*, à *tromper l'ennui,* ou plutôt à tromper l'activité, qui se paie d'un aliment peu solide plutôt que d'en manquer tout à fait, qui aime mieux faire des riens que de ne rien faire.

Si l'on divise les passions en positives et en négatives, suivant qu'elles tendent à procurer un bien sensible ou à délivrer d'un mal, l'ennui est comme la passion positive générale et indéterminée ; il fait soupirer après quelque bien, parce que l'activité de l'âme, en s'appliquant à un objet quelconque, y trouve déjà une certaine satisfaction. Au surplus, il ne faut pas s'abuser sur la valeur de cette division : désirer un bien, c'est déjà éprouver un mal, le besoin du bien désiré, si indéterminé qu'il puisse être. En sorte que les passions positives, par cela seul qu'elles sont déjà des passions, sont aussi des passions négatives. Point de passion sans désir, point de désir sans privation, point de privation sentie sans besoin, point de besoin sans douleur. Toute passion a donc pour condition la souffrance, et pour but l'apaisement ou la délivrance de la douleur. Cette délivrance est plus que l'absence pure et simple d'un mal, c'est une jouissance plus ou moins vive. C'est ainsi du moins que les choses se passent généralement.

IV.

Des Habitudes.

L'habitude est l'état ou l'aptitude spéciale de l'âme, résultant de la réitération fréquente d'une détermination affective ou intellectuelle ou organique. La réitération de ces états ou de ces actes doit s'opérer à des intervalles assez rapprochés pour que l'effet particulier de l'un ne soit pas entièrement effacé quand celui de l'autre intervient. Alors ces effets ajoutés les uns aux autres produisent l'état d'habitude, état plus ou moins prononcé, suivant que l'effet total est plus ou moins considérable.

Cet état varie avec la nature des affections ou des actes. Ainsi, l'habitude de nous occuper d'un certain ordre d'idées, d'abstraire, de généraliser, en un mot de penser, et de penser avec méthode, fait acquérir à l'esprit plus de netteté dans les idées, plus de rapidité et de sûreté dans les opérations de l'esprit, plus de profondeur, de facilité et d'habileté, enfin plus de goût pour les méditations sérieuses. L'habitude des opérations mécaniques donne aussi à nos membres plus de facilité, de rapidité et de justesse, en un mot plus d'habileté dans l'action. Le sentiment du convenable, du beau, du bien, du vrai se développe aussi par l'exercice réfléchi de la raison sur ces sortes de conceptions et en développe le goût. L'habitude réfléchie des perceptions et des sensations peut en rendre le sens plus sûr et plus exquis. Mais le trop long exercice de l'organe peut en amortir la sensibilité ou la transformer. De là les sens blasés, leur

perversion, leur insensibilité relative, les goûts factices
ou acquis, etc.

On a distingué avec raison les habitudes en passives
et en actives, quoiqu'il y ait de l'agir dans tout pâtir, et
du pâtir dans tout agir. On a remarqué en conséquence
que l'habitude du pâtir ou d'être affecté, tout en exer-
çant la sensibilité, l'amortit, tandis que l'habitude de
l'agir ajoute à sa facilité. C'est ainsi que nous finis-
sons par endurer sans trop de peine une souffrance
d'abord excessive, et que les sensations qui nous dé-
lectaient nous deviennent indifférentes ou même insup-
portables ; que certains aliments qui nous plaisaient
finissent par nous déplaire, et que d'autres qui nous
répugnaient nous plaisent. C'est ainsi, au contraire, que
telle série de mouvements qui ne pouvaient s'exécuter
que lentement, péniblement, avec peu de précision, malgré l'attention la plus soutenue, peuvent à la fin s'accomplir avec rapidité, sans effort, d'une manière précise,
et sans que la volonté et l'attention paraissent s'en mêler.

Cette différence entre les habitudes actives et les habitudes passives est cependant plus apparente que réelle :
en effet, l'habitude des plaisirs est loin ou d'amortir
toujours la sensibilité ou la sagacité des sens. De même
l'habitude de la souffrance, surtout de la souffrance morale, n'émousse pas toujours la sensibilité. Si l'on couve
sa douleur on ne la sent que plus fortement. Réciproquement ce n'est pas l'habitude de l'action qui la perfectionne, c'est l'habitude de l'attention qu'on y donne et
des efforts qu'on fait pour rendre ses mouvements plus
rapides et plus précis. L'habitude d'agir sans attention,
ou avec une faible dose d'attention, loin d'engendrer

l'habileté, ne produit qu'une sorte de maladresse invé-
térée. D'un autre côté, si l'organe exposé trop longtemps
aux mêmes sensations se blase et devient comme insensible, le membre qui est trop suivi dans ses mouvements se fatigue, se trouble, devient maladroit : on peut
ainsi avoir la main *folle*. Dans l'agir comme dans le sentir, deux choses sont donc nécessaires au perfectionnement : l'étude et la mesure dans l'exercice. C'est ainsi
que les habitudes passives et actives reviennent pour
ainsi dire à une seule, l'habitude active, et se trouvent
du moins soumises à une même loi.

Le fait d'habitude peut être considéré ou dans ses résultats ou en lui-même. Dans ses résultats, il est ce que
nous venons de voir, c'est-à-dire un état plus ou moins
sensible, un mode d'action plus ou moins rapide et précis, que cette action soit intellectuelle pure, ou organique
pure, ou intellectuelle et organique tout à la fois. En
lui-même l'état ou l'acte, sur lequel porte l'habitude, est
au fond le produit de l'activité de l'âme, puisqu'il n'y a
pas d'état sensitif qui n'en soit le produit, et que la chose
est évidente s'il s'agit d'un acte proprement dit, d'un
acte voulu ou du moi.

A prendre les choses au fond, il n'y a pas d'acte qui
soit en lui-même habituel; il n'y a que des actes qu'on
réitère plus ou moins, et la modification apportée par la
réitération de l'acte au mode d'action même, et par suite
à son effet, constitue toute l'habitude, ou du moins tout
son effet. L'habitude, considérée en dehors de la réitération de l'acte de l'âme ou de la volonté, n'est donc
absolument qu'un mode d'action ajouté à l'action même.

Il n'est cependant pas inutile de se demander quel est

le caractère de l'activité dans l'*acte d'habitude* ou l'*acte habituel* (expressions beaucoup plus claires que celle d'*habitude*) : par là même, en effet, que l'acte se trouve modifié par l'habitude le caractère de l'activité s'en ressent aussi. Tel acte, par exemple, qui n'était d'abord qu'irréfléchi, devient spontané, se rapproche de l'instinct par la promptitude et l'espèce d'infaillibilité avec laquelle il s'exécute, sans être en apparence soutenu par l'attention et la volonté. Mais il diffère de l'instinct à plusieurs titres : il est de sa nature sous l'empire de la volonté et de l'intelligence, et n'a été d'abord exécuté qu'à l'aide de ces deux facultés ; s'il s'accomplit à la fin avec plus de rapidité et de précision, ces deux qualités sont elles-mêmes acquises et point innées comme l'acte instinctif ; l'acte le plus habituel ne s'accomplit pas sans que l'intelligence et la volonté y président ; ces deux facultés le commencent et le soutiennent même sensiblement ; enfin l'acte habituel est compris, son but est connu, ainsi que ses moyens ; ce qui n'a pas lieu dans l'instinct. Ajoutons que les êtres les plus soumis à l'empire de l'instinct le sont le moins à l'habitude, et réciproquement, par la raison que l'habitude, lors surtout qu'elle n'est point machinale, lorsqu'elle est une perfection, ne peut être que le fruit de la réflexion et d'une volonté soutenues.

L'habitude, lorsqu'elle gratifie la sensibilité, tourne aisément à la passion. Passive ou active, elle développe ou transforme jusqu'à un certain point la première nature, et devient alors ce qu'on a appelé une seconde nature, laquelle a ses inclinations et presque ses instincts.

La passion devenue habituelle constitue le vice. C'est ainsi que l'habitude de la crainte engendre l'inertie, l'égoïsme, l'avarice, la bassesse, l'absence des vertus sociales; l'habitude de la tristesse rend insensible, misanthrope, dur, féroce; l'habitude de la colère produit la vengeance, l'atrocité; l'habitude de la haine ronge l'âme; celle des voluptés porte au libertinage, à la dissolution; celle du plaisir conduit à la prodigalité, à l'ivrognerie, à la gourmandise; celle de la vanité rend ridicule, imprudent, injuste (1).

§ II.

De la Volonté, du Caractère, de la Liberté, de la Fatalité.

C'est par une volonté ferme et constante que se contractent les bonnes habitudes. La fermeté de résolution en face d'obstacles difficiles à vaincre, lors surtout qu'ils consistent dans des passions et des volontés contraires, prend le nom de caractère, dans le sens moral et propre du mot. Le caractère est donc l'énergie et la constance d'une volonté en lutte avec d'autres, pour faire triompher la raison et le droit. Quand les motifs sont mesquins ou bizarres, la volonté qui s'y attache devient de l'opiniâtreté. S'ils sont égoïstes ou criminels, la volonté qui les suit n'est plus que de la passion excessive, qui n'écoute point la raison, qui emporte la volonté et la tient captive.

On distingue les caractères en forts et en faibles; mais,

_____

(1) V. Gioja, *Idologia*, t. II, p. 120.

à parler proprement, les caractères faibles sont des caractères nuls ; en sorte qu'il n'y aurait que des caractères forts. C'est pour cette raison qu'on dit absolument *avoir du caractère*.

Le caractère, tenant essentiellement à la volonté réfléchie, n'est pas le partage de l'animal. Mais il n'est pas non plus en raison de la réflexion ; beaucoup d'hommes habitués à la réflexion ne sont pas pour cela des hommes de caractère. Il y a donc plus que de la volonté réfléchie dans le caractère : il y a une force, une ardeur, un courage, un genre de passion expansive dont peut manquer l'homme qui se possède le mieux intellectuellement. En général, les esprits habitués à la réflexion, à la vie contemplative, ne sont pas les plus propres à l'action, ou s'ils sont encore capables d'héroïsme, c'est plutôt d'un héroïsme passif que d'un héroïsme actif : ils sauront souffrir et s'abstenir plutôt qu'agir ; ils subiront avec force, par exemple, la fureur des passions populaires, mais ne sauront pas leur résister autrement ; ils ne leur commanderont point.

Il y a donc deux sortes d'énergies dans la volonté, celle de résistance et celle d'action ; l'une négative, l'autre positive ; l'une qui est propre à la simple défense, l'autre à l'attaque ; l'une qui ne sort pour ainsi dire pas du sujet, l'autre qui s'applique à un objet.

La volonté, négative ou positive, par cela seul que la volition a un but, qu'elle est éclairée par l'intelligence, et qu'elle est rapportée au moi par la conscience, ou plutôt par la raison, est une faculté de l'âme réfléchie ou du moi, et non une faculté de l'âme proprement dite, comme force vivante pure et simple. Mais en définitive

les volitions ne diffèrent des actes spontanés que parce
qu'elles sont peu éclairées par l'intelligence, et que la
réflexion aurait pu les empêcher tout à fait. Les actes
purement spontanés, sans être entièrement privés de
lumière intellectuelle et de volonté, ne sont cependant
pas tellement éclairés et réfléchis qu'ils puissent ne pas
être ; seulement, ils peuvent cesser d'être aussitôt que la
réflexion vient à traverser l'âme : ce qui peut se faire
avec la rapidité de la pensée. Entre l'acte spontané et
l'acte volontaire, il n'y a donc que l'intervalle de l'éclair
de la pensée.

Mais cet éclair, tout réfléchi qu'il est, est encore le
fruit de l'activité spontanée ; c'est la spontanéité de la
réflexion. Tant il est vrai que l'activité, quelle qu'en soit
la manifestation et la forme, est en définitive innée, fatale, a ses racines par-delà la conscience, dans l'essence
impénétrable du principe pensant !

Qu'est-ce donc que la volonté? Pas autre chose que
l'activité spontanée elle-même dirigée par des idées, et
accompagnée de conscience et de réflexion. C'est l'activité que l'âme, qui se conçoit moi en vertu de sa raison, conçoit aussi *sienne* par un acte de la même faculté.
C'est l'activité du moi. Les volitions sont donc les actes
du moi.

Si des volitions sont *délibérées,* comparées entre elles,
examinées, l'option de l'esprit, et l'acte ou l'abstention
qui suit, s'appelle *libre*. La liberté n'est donc qu'un
degré plus marqué dans la possession de soi-même. Et
ce degré n'est jamais plus sensible que dans les circonstances où l'âme, pour ainsi dire sollicitée par des forces
contraires, vient rendre faible ce qui est fort et fort ce

qui est faible, mettre un contrepoids où il n'y en a pas,
en un mot disposer à son gré, quoique en prenant con-
seil de l'intelligence, de cette portion de l'activité de
l'âme qui tombe dans la sphère du moi.

La fatalité n'est concevable que par la volonté plus
ou moins réfléchie qu'elle violente. Loin donc de détruire la liberté interne ou d'intention, elle la suppose
nécessairement. Ce qui fait si souvent penser le contraire,
c'est qu'on ne distingue pas entre les mouvements libres
et les volitions. Si, en effet, on ne voit de liberté que
dans les mouvements, il y aura fatalité et absence de liberté partout où une force supérieure viendra paralyser
nos efforts et enchaîner nos mouvements avec nos membres. Mais si l'on fait, au contraire, consister la liberté
dans les actes internes de la volonté, dans les volitions,
nulle force étrangère, si puissante qu'elle soit, ne peut
l'atteindre. Il y a plus : en empêchant les conséquences
externes ou organiques mêmes de la volition et de l'effort, elle met en évidence cet effort et cette volonté, en
un mot la liberté ; de même que la volonté, comme activité personnelle, lorsqu'elle est obligée de s'avouer impuissante, tout en reconnaissant son indépendance originelle, est par là, et par là seulement, conduite à
concevoir une force étrangère plus puissante qu'elle. La
fatalité suppose donc une force étrangère supérieure à
notre force personnelle ; elle suppose donc une force
personnelle dont elle paralyse ou surmonte les efforts,
mais qu'elle ne détruit point en soi. Si une force étrangère était assez puissante pour paralyser jusqu'à la volonté même, pour l'anéantir ou pour la faire mouvoir
à son gré et sans que cette volonté pût se douter qu'elle

en fût l'instrument, à l'instant même où toute possibilité de résister cesserait de la part de la force personnelle, cesserait aussi la fatalité. Il n'y aurait plus, par hypothèse, qu'une force unique, qui n'en violenterait aucune autre, et qui ne pourrait, dès lors, être conçue comme plus ou moins puissante qu'elle ; en un mot, il n'y aurait plus de fatalité. La fatalité suppose donc nécessairement la liberté, comme la liberté suppose au moins une fatalité possible. C'est-à-dire que les conceptions de liberté et de fatalité supposent dualité de force, antagonisme réel ou possible entre elles. C'est-à-dire encore que la liberté est une question de psychologie, et la fatalité une question de dynamique, et qu'il n'y a pas la moindre contradiction à ce que la liberté et la fatalité se trouvent réunies. La liberté est aussi très compatible avec une certaine nécessité, puisqu'il est nécessaire d'une nécessité de conséquence ou de fait que nous soyons libres, attendu que nous avons été faits libres.

§ III.

De l'Action ou de la Réaction sans fatalité, ni intelligence, ni volonté libre; ou de l'Instinct.

L'instinct est cette impulsion innée, involontaire, qui porte à faire tel ou tel acte approprié à la conservation, au développement et au bien-être de l'individu ou de l'espèce, sans que l'agent ait l'intelligence du but qu'il doit atteindre, non plus que de la convenance des moyens qu'il emploie, de l'opportunité de l'action, etc., etc. N'ayant pas de volonté en ce qui regarde ces fins qu'il ne connaît pas, il ne peut pas non plus ne pas les vouloir. Et quoique pas libre, il n'est cependant pas contraint.

Voilà donc des actes ou des séries d'actes d'une profonde intelligence, que tous les raisonnements du monde seraient impuissants à motiver, à régler et à coordonner aussi bien. Et cependant cette intelligence n'est pas celle de l'agent, puisqu'il n'en a pas conscience. L'agent ne comprend ni ne veut ses actes instinctifs comme moyens pour certaines fins; son moi, si d'ailleurs il y avait un moi dans l'animal, est étranger à tout ce qui se fait ainsi. Et pourtant son âme, son principe de vie, est bien le foyer d'où part l'acte instinctif. Ainsi, dans l'homme, le mouvement spontané par lequel nous ressaisissons l'équilibre un instant perdu, par lequel nous cherchons à éviter un danger présent et imprévu, la tendance sexuelle dans une âme innocente et virginale tout cela ne se passe pas en dehors de l'âme, puisque le moi finit par avoir conscience des phénomènes que l'activité de l'âme détermine en elle involontairement.

Il faut donc supposer, tout en reconnaissant les influences du physique sur le moral, que les âmes de chaque espèce sont originairement montées de telle façon que, dans des circonstances organiques données, elles doivent se déployer involontairement de telle ou telle manière, et porter en conséquence le système organique auquel elles sont unies à tel ou tel mouvement, sans qu'elles aient plus connaissance d'abord de l'harmonie de ce mouvement avec la fin qu'il est destiné à produire, que le corps lui-même. Ou bien il faut admettre une action incessante du Créateur dans ses créa-

tures. La première hypothèse nous paraît plus conforme
à l'ordre général des choses. En tout cas, il est nécessaire de reconnaître dans l'instinct et ses œuvres une sagesse profonde, surhumaine, une sagesse qui ne peut
être celle de l'agent en qui elle se manifeste, une sagesse divine, enfin.

Le mode de l'activité qui se manifeste dans l'impulsion instinctive est le spontané ; cette impulsion n'étant
ni prévue ni voulue, son but n'étant pas même connu
le plus souvent, elle ne peut être ni délibérée ni volontaire, même dans l'homme. Il y a une autre raison pour
qu'elle n'ait pas ce caractère dans l'animal, c'est qu'il
est dépourvu de liberté et de volonté réfléchie. Elle n'est
fatale dans l'homme qu'autant qu'il la connaît et qu'il se
trouve impuissant à s'y soustraire, bien qu'il soit en son
pouvoir de faire ou de ne pas faire les actes sollicités
par l'instinct.

Il importe, en effet, de bien distinguer l'impulsion
instinctive ou l'instinct proprement dit, et les actes qu'il
sollicite. L'homme ne peut se soustraire directement ni
complétement à l'impulsion, mais il peut ne pas y obéir ;
il est nécessairement aiguillonné, mais il n'agit fatalement en conséquence que dans les cas où le coup d'aiguillon est si vif et si prompt que le mouvement s'exécute comme de lui-même, sans laisser à la réflexion le
temps d'intervenir. C'est le cas de la plupart des émotions. Alors aussi l'acte est instantané, et ne peut être
suspendu. Mais dans tous les autres cas, l'impulsion
étant encore moins vive, l'action moins prompte et plus
durable, la réflexion peut intervenir et résister à la sti-
mulation instinctive.

Les déterminations de l'instinct varient comme les espèces animales, c'est-à-dire comme l'organisation. L'étendue de l'instinct varie aussi suivant les degrés de l'échelle animale : faible au plus bas degré, qui touche à la vie végétative pure, il s'élève de plus en plus jusqu'aux insectes, où il semble atteindre son plus haut point; mais il décline à mesure que la vie intellectuelle se développe, en passant des vertébrés inférieurs aux mammifères et à l'homme.

Les phénomènes instinctifs tiennent visiblement dans l'homme à la conscience et à la raison; ils ne forment pas une sphère close et sans communication avec le moi. Ils représentent les facultés animales de l'âme humaine. Mais s'il y a des phénomènes instinctifs dont nous ayons peu ou point conscience, il est permis de penser que dans l'animal ce défaut de conscience, de conscience réfléchie du moins, est l'état commun, et que la conscience s'obscurcit d'autant plus qu'on descend davantage dans l'échelle animale; que l'instinct lui-même s'y trouve de plus en plus circonscrit, jusqu'à ce qu'il n'y soit plus senti dans ses effets, jusqu'à ce qu'il n'y soit plus dirigé et éclairé par la perception et la sensation même, jusqu'à ce qu'enfin son aiguillon cesse de se faire sentir à l'agent, ou s'amortisse si fort qu'il ne soit plus qu'une faculté organique. Dans l'animal, l'instinct stimule encore l'agent par la sensation interne, le porte à exercer son action au dehors à l'aide de la sensation externe et de la perception. Cette action est plus ou moins étendue suivant l'étendue même de la vie de relation à laquelle l'animal est destiné. La sphère de cette espèce de vie décroît insensiblement en passant d'une

espèce à une autre, au point que l'animal ne sort pour
ainsi dire plus de lui-même, ne va plus chercher au loin
les moyens de se conserver comme individu et comme
espèce, n'agit plus au dehors que sur les matières qui se
trouvent naturellement ou accidentellement en contact
avec son corps, sans qu'il les cherche en se déplaçant
tout entier, mais seulement par le déplacement de ses
organes. C'est déjà l'instinct végétatif, mais faisant encore partie de la vie de relation.

Au-dessous de cet instinct, il en est un autre plus restreint dans la sphère d'action, mais non moins merveilleux dans ses effets : nous voulons parler de celui qui
préside à la vie organique pure. Celui-là ne sort plus du
corps ; il l'organise, le défend et le conserve. C'est le
principe vital dans l'acception la plus large du mot.

Ce principe vital n'est pas nécessairement différent de
celui des autres phénomènes instinctifs, ni par conséquent de l'âme. Il faut bien remarquer, en effet, que ce
qui diffère en tout ceci, d'abord ne diffère point essentiellement, mais graduellement, et que c'est plutôt l'é-
tendue de la sphère des phénomènes instinctifs que les
phénomènes mêmes. Il n'y a donc pas plusieurs principes instinctifs, mais il y a plusieurs degrés de phénomènes de ce genre, depuis l'homme jusqu'à l'insecte,
depuis l'insecte jusqu'à la plante.

Les phénomènes instinctifs de l'ordre organique pur,
ou qui composent la vie végétative, sont la base de
tous les autres, puisque l'homme aussi est un être organisé. Et ce qui doit encore faire présumer que les
fonctions de l'instinct organique ne sont encore que des
fonctions de l'âme, c'est que l'organisation est d'autant

plus délicate, plus compliquée, plus merveilleuse dans son ensemble et dans son jeu, que l'intelligence qu'elle sert est d'un ordre plus élevé.

Cette manière d'envisager le principe vital simplifie bien des questions, par exemple celle du rapport entre le physique et le moral, celle du somnambulisme, etc.

Mais pour mieux comprendre ce rapport et les phénomènes qui en résultent, nous devons suivre les opérations de l'âme comme principe de la vie organique, opérations où la conscience est tout à fait éteinte, et qu'on ne peut plus connaître que par voie d'observation extérieure, c'est-à-dire dans les seuls effets de l'action instinctive, mais plus du tout dans les profondeurs de cette action telle qu'elle se déploie dans l'âme.

On comprend néanmoins que cette partie de la psychologie expérimentale se trouve par là même si profondément distincte de celle qui a pour objet les faits de conscience, qu'elle a pu très légitimement former la matière d'une science spéciale, la physiologie, et qu'à moins de méconnaître la division naturelle des sciences et d'en confondre les objets, nous devons être beaucoup plus rapides dans l'étude des phénomènes de la vie organique, auxquels nous allons passer, que dans ceux de la vie intellectuelle et sensitive (1).

(1) V. Appendice VI.

LIVRE II.

PHÉNOMÈNES FONDAMENTAUX DE LA VIE ORGANIQUE,

ou

ESQUISSE DE GÉNÉRALITÉS PHYSIOLOGIQUES

LES PLUS RADICALES ADMISES AUJOURD'HUI.

———

Pour traiter complétement ce sujet, il faudrait connaître tous les mystères de la vie organique et les décrire fidèlement. Pour le traiter comme il pourrait l'être seulement par les plus habiles de notre temps, il faudrait posséder tout ce qu'on sait de science certaine en physiologie micrographique, tout ce qu'on connaît des phénomènes fondamentaux de la vie organique dans l'homme. Telle ne peut, telle ne doit pas être notre ambition.

Nous laisserons de côté toute la physiologie pathologique, ainsi que la description des fonctions normales de la vie organique et de la vie de relation. Nous ne nous en occuperons que dans ce qu'elles ont pour nous de plus profond, de plus intime, de plus immédiat avec le principe de la vie, qui en est, selon nous, la cause naturelle, efficiente ou première. A cet égard, les mouvements en apparence les mieux connus rentrent dans le domaine de la vie purement organique.

Il est remarquable, en effet, que les actes, les mouve-

ments les plus volontaires, et en apparence les mieux
compris, commencent et finissent par des mouvements
organiques parfaitement obscurs, qui sortent du cercle
de la vie organique et vont s'y perdre. Pourquoi suis-je
déterminé à vouloir tel mouvement? De quelle manière
commence-t-il, comment s'exécute-il; ou quel est le
mode d'action initial de mon âme sur mon corps, par
quelle raison s'accomplit-il avec cette précision et cet
ensemble nécessaires pour produire au dehors l'effet
voulu? Comment se soutient-il? Pourquoi l'effort, la fatigue, l'épuisement, la nécessité du repos?

Grandes questions, qui pourraient être suivies de
mille autres non moins difficiles à résoudre, aussi insolubles peut-être! Qu'il nous suffise de les entrevoir, et
de faire comprendre qu'il y a là des abîmes bien propres
à rendre modeste la science de la vie, à la réduire même
à confesser qu'elle est moins une science qu'une tentative et une aspiration scientifique; qu'elle ne connaît et
ne connaîtra sans doute jamais le dernier mot de son
objet; qu'elle n'en sait que le plus gros, le plus apparent,
ce qui se rapporte au côté visible des principaux phénomènes et à leur liaison manifeste. En vain elle s'arme
de la loupe et du microscope pour pénétrer plus avant
dans les mystères qu'elle voudrait connaître; en vain
elle cherche dans les débris de la mort l'explication de la
vie: elle ne fait que reculer la difficulté. Elle confessera
sans doute un jour, sans se décourager pourtant, que la
raison du visible est dans l'invisible, et que nos yeux,
fussent-ils armés d'instruments mille et mille fois plus
puissants, n'atteindraient jamais que des phénomènes,
des effets, et que les causes, même secondes, mais der-

nières, que nous aspirons à saisir, ne sont pas du domaine des sens, et qu'il faut tôt ou tard reconnaître que
si le sensible seul conduit à l'intelligible, seul l'intelligible peut rendre compte du sensible.

La science du monde matériel se résout donc elle-
même dans celle du monde spirituel. La matière, étudiée
sérieusement, conduit si infailliblement à l'esprit, qu'on
dirait qu'elle n'est qu'un vain simulacre, une ombre de
réalité qui ne peut tenir devant l'analyse de son idée,
et que l'esprit ne peut s'arrêter et se reposer qu'autant
qu'il est comme revenu à lui-même et rentré chez lui,
après s'être un instant arrêté et comme égaré à la poursuite de son ombre, la matière.

Mais encore faut-il, pour qu'il ne soit pas dupe de
cette illusion, qu'il en ait pour ainsi dire palpé le néant,
qu'il se soit assuré par son expérience propre du peu
de consistance de ce qu'il prend tout d'abord pour la
réalité par excellence. C'est à la métaphysique de la
physique à lui rendre ce signalé service ; la chimie, la
physique, la physiologie, l'histoire naturelle en général
peuvent seulement le mettre sur le seuil de cette science
magistrale de la matière. Prenons donc un instant notre
faible part dans ce rôle bien secondaire, et, tout en nous
restreignant encore à une sorte de micrologie physiologique, essayons du moins de faire entrevoir ce qu'il y a
déjà de merveilleux et d'immense dans les dernières
opérations de la vie qu'il nous soit donné d'atteindre.

CHAPITRE PREMIER.

Caractères et division des phénomènes de la vie organique.

De nombreuses différences distinguent les corps organisés de ceux qui ne le sont pas (1), et parmi les corps organisés, les animaux et les végétaux (2).

La composition chimique des corps organisés est plus compliquée que celle des corps inertes. Il y a de plus, dans les premiers, une action incessante, qui préside à un mode particulier de formation, d'accroissement et de conservation, jusqu'à ce qu'enfin les forces générales de la nature l'emportent sur celle du principe vital, et que le composé organique soit ainsi rendu au monde matériel, en cessant de former un tout vivant.

Les lois qui président à la constitution et à la conservation de la vie ne sont cependant pas essentiellement ennemies de celles qui régissent les corps en général, des lois mécaniques, physiques et chimiques; elles les supposent plutôt et se combinent avec elles pour produire un état mixte, mais où l'antagonisme est assez marqué cependant pour qu'au bout d'un temps déterminé par la nature même de l'espèce végétale ou animale, et sans

---

(1) Voir TIEDEMANN, *Traité de Physiologie*, t. I, p. 92-166; — BURDACH, *Traité de Phys.*, t. IV, p. 10, 125, 128, 153; — MULLER, *Manuel de Physiologie*, t. I, Prolégomènes.

(2) TIEDEMANN, ibid., t. I, p. 166-386, et t. II. Tout ce qui suit sur la physiologie est presque entièrement extrait de cet auteur. — V. aussi BICHAT, *Recherches physiologiques sur la Vie et la Mort*; — MAGENDIE, *Précis élémentaire de Physiologie*; — DUGÈS, *Traité de Physiologie*, — et tous les physiologistes en général.

tenir compte de la différence des milieux où vivent les individus de ces deux règnes, les lois générales, qui n'ont rien d'accidentel, qui dépendent de la nature même de la matière, qui sont aussi universelles et aussi durables qu'elles, triomphent des lois de la vie, qui ne sont qu'un accident dont la cause est visiblement étrangère aux vertus essentielles de la matière.

Les fonctions de la vie organique peuvent se diviser en deux grandes classes, suivant qu'elles ont pour but la conservation de l'individu ou celle de l'espèce. Mais ici, comme ailleurs, surtout lorsqu'il s'agit des êtres organisés, nos divisions n'ont rien d'absolu, et les fonctions d'un ordre ne s'accomplissent point, ou s'accomplissent mal sans les fonctions de l'ordre opposé. Pour que l'individu se conserve, pour qu'il jouisse de la plénitude de la vie, il faut qu'il possède la vertu de se reproduire; à plus forte raison faut-il qu'il vive et se conserve pour pouvoir donner naissance à un nouvel être semblable à lui.

Nous laisserons à la physiologie le soin de décrire longuement, méthodiquement toutes les fonctions accessoires à cette double destinée des êtres vivants en général, et de l'homme en particulier; comme à l'anatomie celui de faire connaître les appareils et les organes qui exécutent ces fonctions diverses. Nous nous bornerons donc, dans ce vaste ensemble, à quelques détails que nous estimerons les plus propres à mettre en lumière l'action minutieuse, multiple harmonique, et indéfiniment diversifiée dépendant de l'agent vital en nous.

CHAPITRE II.

Fonctions de la vie organique relatives à la conservation de l'individu.

Les opérations principales qui tendent à cette fin sont la préhension des aliments ou l'ingestion, la digestion stomacale ou chymification, la chilification ou digestion intestinale, la sanguification et la circulation, la respiration, la nutrition ou assimilation, la sécrétion et l'excrétion, en un mot la nutrition.

I. Une substance semble propre à servir d'aliment si elle est susceptible de se transformer aisément en liquides animaux, ou de s'y dissoudre et de se convertir en l'un quelconque des nombreux tissus qui forment le corps. Mais qui dira les raisons pour lesquelles tels principes alibiles forment la rate et non le foie, l'estomac et non le cœur, le poumon plutôt que le rein, la lymphe plutôt que la bile, les membranes ou les cartilages plutôt que les tendons, les muscles au lieu des nerfs, les nerfs d'une espèce et non ceux d'une autre espèce, et ainsi de suite ? Et quand on aurait pu répondre à ces pourquoi d'autant plus insolubles que la diversité même des aliments ou leur uniformité et leur simplicité semblent n'avoir qu'une médiocre influence sur le merveilleux travail de la vie, que de questions ultérieures où la raison se perd ! Si les mêmes matériaux peuvent entrer indifféremment dans la composition de tant de tissus divers, comment la mise en œuvre peut-elle produire à elle seule une si grande différence ? Si, au contraire, chaque substance ne peut se former et se conserver qu'avec des matériaux distincts, quelle chimie prodigieusement habile et savante que celle qui est capable de trouver tant d'espèces de substances en un si petit nombre d'ingrédients, et quelquefois dans une seule sorte? Mais, sans insister davantage sur la question de la matière, si nous jetons un coup d'œil sur la forme, nous ne serons pas moins accablés par l'immensité de notre ignorance.

Pourquoi, par exemple, cette uniformité de type dans chaque espèce d'animaux? Pourquoi ces limites extrêmes en grandeur comme en petitesse, entre lesquelles semble osciller l'action vitale? Pourquoi ces lois dans le mode et la mesure du développement, dans la durée moyenne de l'œuvre?

Autre merveille : pourquoi telle substance est-elle assimilable, telle autre pas, une troisième nuisible, mortelle même? A-t-on tout dit en faisant remarquer que celles de cette dernière espèce, les poisons, loin de pouvoir entrer dans la composition de notre corps à titre d'élément formateur ou réparateur, sont tels, au contraire, qu'ils y forment, avec d'autres substances qui s'y trouvent déjà, certaines combinaisons chimiques propres à troubler le jeu de la vie, à décomposer une partie essentielle du mélange vivant, à paralyser ainsi quelques-unes des principales opérations de la vie totale? Où est la cause, la vraie cause, la cause naturelle première de ces différences entre une substance et une autre? Qu'est-ce qui fait de l'une un poison et de l'autre un aliment? Tant qu'on ne saura de tout ceci que le **fait** et le **comment**, on n'en connaîtra pas la véritable cause. Il n'y a de causes bien connues que celles qui peuvent s'affirmer en partant de l'essence même des choses, c'est-à-dire *a priori*; et comme on ne sait rien de semblable en matière de sciences naturelles, par le fait on n'en sait rien de radical et de complet; on n'en sait rien de cette science certaine, parfaite, qui embrasse toute la nature de son objet, comme on le fait en mathématiques. Voilà sans doute ce qui fait dire à certains esprits un peu trop rigoureux peut-être, mais qu'il est difficile d'accuser en cela de fausseté, que les sciences physiques mêmes ne sont pas des sciences.

Mais, quittons ces hauteurs, et n'y revenons que le moins possible, si tenté que nous puissions être du contraire, et attachons-nous à des faits, au fond inexplicables, mais qu'il importe de connaître, et dont la connaissance est par là même un acquis très estimable.

Il en est un fort important au point de vue supérieur, qui est comme le centre auquel se rattachent toutes nos recherches, je veux parler de l'impossibilité où se trouvent les animaux de vivre de matières inorganiques. Il résulte de là que le principe vivifiant dans ce règne n'est pas de même espèce que le principe analogue dans les végétaux; autrement il aurait la même puissance.

Il y a donc une première espèce de principes de vie, ceux qui ont la faculté de convertir les matières inorganiques en végétaux. Au-dessus de cette espèce en est une autre qui comprend les principes doués de puissances supérieures, puisqu'ils sont capables de sentir et même de penser, si sentir n'est pas déjà penser à un certain degré. Mais cette supériorité de puissance est compensée par une infériorité telle que le règne animal tout entier

se trouve subordonné, quant à son existence, au règne
végétal. Celui-ci peut, au contraire, exister sans celui-
là. Il possède, en outre, une vertu d'organisation rudimentaire qui lui est propre ; si cette organisation est
moins accomplie à beaucoup d'égards, elle est à d'autres égards bien plus importante, puisqu'elle est comme
l'assise sur laquelle repose tout le reste.

Toutefois, les zoophites, et surtout la nombreuse famille
des madrépores, représentent ici la transition entre les
deux extrêmes dont nous parlons. Les principes de vie
de ces espèces d'êtres intermédiaires participent de la
double puissance de convertir les matières inorganiques
en matières végétales et en matières animales tout à la
fois. Dans les animaux supérieurs mêmes, la respiration,
qui n'est pas précisément un acte de nutrition quoiqu'il
y ait absorption et assimilation d'une partie de l'air respirable, est aussi un acte vital par lequel la matière inorganique se trouve immédiatement convertie en matière
organique ; il en est de même de l'assimilation de l'eau
dans le boire. Il faudrait en dire autant d'une certaine
terre dont se nourrissent, au moins accidentellement,
quelques peuplades sauvages, si cette terre n'avait pas
une nature végétale très prononcée.

Ces rares exceptions posées, il est vrai de dire en général avec Muller, que les animaux ne sont pas en état
de produire des matières organiques avec des éléments
chimiques proprement dits, non plus qu'avec des corps
binaires ; que les végétaux ont, au contraire, le pouvoir
non seulement de transformer la matière organique des
animaux et d'autres végétaux, comme les animaux eux-
mêmes, mais encore d'en produire avec les éléments

simples ou avec des composés binaires d'éléments, tels
que l'acide carbonique et l'eau. Il est juste de remarquer
cependant qu'ils ne peuvent prospérer quand le sol ne
contient aucune trace de matière organique.

II. La digestion dissout les aliments, et en facilite ainsi
l'absorption par les vaisseaux destinés à s'en emparer ;
elle réduit les substances alimentaires en albumine, qui
comprend deux parties, l'une à l'état de dissolution dans
le chyle, l'autre à l'état de globules (1). Les conditions
de la vie des plantes ne sont que les analogues de celles
de la vie des animaux (2).

La présence de l'azote dans l'animal s'explique mieux
encore par l'alimentation que par la respiration, comme
le prouvent les expériences de Magendie. Des animaux
nourris de substances non azotées ne tardent pas à périr.
Le même physiologiste a constaté ce fait que des substances, d'ailleurs nutritives, de chacune desquelles on
fait un usage exclusif, nourrissent moins bien que si elles
sont prises ensemble ; d'où l'auteur conclut l'utilité du
mélange et de la variété des aliments. Ce mélange et
cette variété sont, d'ailleurs, une tendance instinctive de
l'homme et de l'animal (3). Les substances non azotées
ne servent sans doute qu'à la production de matériaux
qui n'ont qu'une part secondaire dans l'entretien de la
vie, comme la graisse, la bile, etc. (4).

Les aliments n'ont pas seuls la vertu d'apaiser la

(1) MULLER, *Man. de Phys.*, t. I, p. 380, 383, trad. Jourd., 1re éd.
(2) En voir le parallèle dans TIEDEMANN, t. I, p. 221 et s., et t. II tout
entier. — Voir encore, pour la composition chimique dans les deux
règnes, t. I, p. 166-182.
(3) Ibid., p. 384-388.
(4) Ibid., p. 385,

faim par les changements qu'ils apportent dans les nerfs
de l'estomac ; les grandes passions, la contention excessive de l'esprit, l'usage de l'opium, etc., ont une vertu
analogue. Il n'est pas rare non plus de voir les aliénés
jeûner avec obstination ; vraisemblablement parce que
la sensation de la faim est émoussée chez eux, comme le
reste de la sensibilité.

Les conséquences du jeûne excessif sont la plupart du
temps les mêmes, si différents que puissent être les états
de l'appareil digestif. Elles consistent en un sentiment
de débilité générale, en un affaiblissement de plus en
plus prononcé, suivi de l'amaigrissement, de la fièvre, du
délire, d'alternative de passions, de passions violentes et
d'abattement profond. Les animaux à sang chaud sont
ceux qui supportent le moins longtemps l'abstinence (1).
Mais à cet égard il y a une différence entre l'état de
santé et de maladie, l'état de veille et de sommeil, surtout
si l'hibernation est considérée comme un sommeil. Il y
a un degré de maigreur ou de résorption de la graisse,
des muscles, etc., chez les animaux capables de la plus
longue abstinence, qui ne semble pas pouvoir être dé-
passé. C'est à la différence dans la rapidité et l'étendue
de cette résorption, qui n'est pas la même pour tous, que
semble due en partie la différence de la durée de la vie
sans aliments. On a remarqué que les nerfs conservent
intégralement leur poids, quand les autres tissus perdent du leur par l'abstinence prolongée (2).

L'appareil digestif ne diffère pas moins que la fonction
même de l'alimentation, suivant les espèces. Parmi les

(1) MULLER, t. I, p. 389-391. Expériences à ce sujet.
(2) Ibid., p. 391 et 392, note.

infusoires, les uns, privés d'intestin et d'anus, sont pourvus de plusieurs estomacs, qui communiquent avec la bouche ; les autres ont un intestin complet avec bouche et anus. L'intestin, muni de nombreux estomacs pédiculés et terminés en culs-de-sac, décrit quelquefois un cercle, de manière que l'anus et la bouche sont placés l'un près de l'autre ; ou bien la bouche et l'anus occupent les deux bouts du corps ; ailleurs la situation de la bouche et celle de l'anus alternent, l'un ou l'autre se trouvant à l'extrémité du corps ; parfois ces deux orifices sont situés au ventre (1). Les ruminants ont quatre estomacs ; celui de la baleine se compose de cinq compartiments et plus (2).

L'appareil digestif est en harmonie avec celui de la préhension des aliments, celui-ci avec les membres du corps, et les membres avec tout le reste de l'organisme, de même encore que cet ensemble soutient une harmonie spéciale avec le monde extérieur et le rôle qu'il y doit jouer. Il faut entendre Cuvier sur ce point. « Tout être organisé forme un ensemble, un système unique et clos, dont les parties se correspondent mutuellement et concourent à la même action définitive par une réaction réciproque. Aucune de ces parties ne peut changer sans que les autres changent aussi ; par conséquent chacune d'elles, prise séparément, indique et donne toutes les autres : ainsi, si les intestins d'un animal sont organisés de manière à ne digérer que de la chair et de la chair récente, il faut aussi que ses mâchoires soient

(1) MULLER, t. I, p. 393 et 394.
(2) Ibid., p. 393, 396, 397.

construites pour dévorer une proie, ses griffes pour la saisir et la déchirer, ses dents pour la couper et la diviser, le système entier de ses organes du mouvement pour la poursuivre et pour l'atteindre, ses organes des sens pour l'apercevoir de loin ; il faut même que la nature ait placé dans son cerveau l'instinct nécessaire pour savoir se cacher et tendre des piéges à ses victimes. Telles seront les conditions générales du régime carnivore : tout animal destiné pour ce régime les réunira infailliblement, car sa race n'aurait pu subsister sans elles ; mais sous ces conditions générales il en existe de particulières, relatives à la grandeur, à l'espèce, au séjour de la proie pour laquelle l'animal est disposé ; et de chacune de ces conditions particulières résultent des modifications de détail dans les formes, qui dérivent des conditions générales : ainsi, non seulement la classe, mais l'ordre, mais le genre, et jusqu'à l'espèce, se trouvent exprimés dans la forme de chaque partie. En effet, pour que la mâchoire puisse saisir, il faut une certaine forme de condyle, un certain rapport entre la position de la résistance et celle de la puissance avec le point d'appui, un certain volume dans le muscle crotaphite, qui exige une certaine étendue dans la fosse qui le reçoit, et une certaine convexité de l'arcade zygomatique sous laquelle il passe ; cette arcade zygomatique doit aussi avoir une certaine force pour donner appui au muscle masseter. Pour que l'animal puisse emporter sa proie, il faut une certaine vigueur dans les muscles qui soulèvent sa tête, d'où résulte une forme déterminée dans les vertèbres, où ces muscles ont leurs attaches, et dans l'occiput, où ils s'insèrent. Pour que les dents puissent

couper la chair, il faut qu'elles soient tranchantes, et
qu'elles le soient plus ou moins, selon qu'elles auront
plus ou moins exclusivement de la chair à couper. Leur
base devra être d'autant plus solide qu'elles auront plus
d'os, et de plus gros, à briser. Toutes ces circonstances
influeront aussi sur le développement de toutes les parties qui servent à mouvoir la mâchoire. Pour que les
griffes puissent saisir cette proie, il faudra une certaine
mobilité dans les doigts, une certaine force dans les
ongles, d'où résulteront des formes déterminées dans
toutes les phalanges, et des distributions nécessaires de
muscles et de tendons ; il faudra que l'avant-bras ait une
certaine facilité à se tourner, d'où résulteront encore
des formes déterminées dans les os qui le composent.
Mais les os de l'avant-bras s'articulant sur l'humérus
ne peuvent changer de forme sans entraîner des changements dans celui-ci. Les os de l'épaule devront avoir
un certain degré de fermeté dans les animaux qui em-
ploient leurs bras pour saisir, et il en résultera encore
pour eux des formes particulières ; le jeu de toutes ces
parties exigera dans tous leurs muscles de certaines
proportions, et les impressions de ces muscles ainsi proportionnés détermineront encore plus particulièrement
les formes des os... En un mot, la forme de la dent entraîne la forme du condyle, celle de l'omoplate, celle
des ongles, tout comme l'équation d'une courbe entraîne
toutes ses propriétés ; et de même qu'en prenant chaque
propriété séparément pour base d'une équation particulière on retrouverait et l'équation ordinaire, et toutes
les autres propriétés quelconques ; de même l'ongle,
l'omoplate, le condyle, le fémur et tous les autres os

pris chacun séparément donnent la dent ou se donnent réciproquement ; et en commençant par chacun d'eux, celui qui posséderait rationnellement les lois de l'économie organique pourrait refaire tout l'animal (1). »

Cette dernière idée nous conduit à penser que le contingent et l'arbitraire pour l'homme pourrait bien être *a priori* et nécessaire pour Dieu ; en sorte que cette distinction, vraie pour nous, n'aurait pas de fondement absolu ou en soi. Il n'y a pas, en effet, de contingent pour Dieu, puisqu'il n'y a pour lui aucun fait à déchiffrer, ou qui ne soit qu'un simple fait ; auteur direct ou indirect de tous les faits, de toutes les lois qui les régissent, il a décidé et ces lois et ces faits par des raisons indépendantes de toute expérience, par des raisons *a priori* ou rationnelles pures, tirées du calcul infini des compossibles, de leur beauté respective plus ou moins grande, de leur plus grand accord avec l'idée du mieux absolu.

L'appareil digestif fonctionne indépendamment de la volonté, excepté au début et à la fin de l'opération, c'est-à-dire pour appréhender les aliments et pour en expulser les résidus : encore cette dernière opération n'est-elle pas complétement soumise à la volonté. Le mouvement péristaltique ou vermiculaire de l'intestin, comme la plupart des mouvements de la vie organique, n'a pas été placé sous l'empire de la volonté ; elle n'aurait pu y veiller incessamment, alors même qu'elle y eût été décidée. Déjà au moment de la déglutition la volonté perd son action (2).

On a longtemps disputé sur les quatre questions sui-

(1) *Discours sur les Révolutions du globe*, p. 98.
(2) MULLER, t. I, p. 401, 403, 411.

vantes : 1° Y a-t-il un suc gastrique spécial? — 2° Ce
suc gastrique, quelle qu'en soit la nature, est-il apte à
dissoudre les aliments dans le corps et hors du corps?
— 3° S'il a cette aptitude, est-ce lui ou un autre principe susceptible d'être mis en évidence, qui opère la
dissolution des aliments? — 4° Cette dissolution est-elle
accompagnée d'un changement chimique? Aujourd'hui
les deux premières questions sont résolues par l'affirmative. Quant à la troisième et à la quatrième, il faut
dire que le principe efficace du suc gastrique est une
substance organique, un mucus acidulé, et que les
substances dissoutes subissent une métamorphose chimique (1).

III. Les aliments transformés en chyle par la digestion passent, sous cette dernière forme, du canal intestinal dans les vaisseaux lymphatiques où le chyle se mêle
à la lymphe, et d'où il se rend dans la veine jugulaire,
où il se mêle au sang et en prend insensiblement les
caractères et les propriétés.

Mais une grande partie des substances alimentaires ne
sont pas destinées à former du sang; elles sont entraî-
nées au dehors avec les parties des organes, qui sont
comme chassées par d'autres plus propres à l'entretien
du corps, par la transpiration, la sécrétion urinaire et les
autres voies destinées à débarrasser le corps des matières
qui n'ont jamais été assimilées ou qui sont devenues
étrangères.

IV. — Le sang est un liquide qui contient les substances

(1) MULLER, t. I, p. 438-454. Voir aussi BURDACH, t. I, p. 305; t. VII,
p. 55; t. VIII, p. 133; t. IX, p. 127, 462.

nécessaires à la formation de toutes les parties du corps, qui reçoit les débris de ces parties et les transmet à des organes particuliers chargés de les éliminer. L'alimentation et la respiration servent à le réparer.

Lorsqu'on fouette du sang frais, les corpuscules rouges ne sont point emprisonnés dans le caillot; la fibrine se prend sur-le-champ en filaments qui s'appliquent aux baguettes, tandis que les globules rouges nagent dans le reste du sang, qui conserve sa liquidité.

La coagulation du sang a lieu avec une rapidité extraordinaire après la destruction violente du cerveau et de la moelle épinière. Plus la force vitale d'un animal diminue, plus prompte est la coagulation du sang tiré des vaisseaux.

La forme des globules du sang varie beaucoup chez les animaux divers : cependant, ronds ou elliptiques, ils sont toujours aplatis. Les ronds se rencontrent chez l'homme et chez la plupart des mammifères. Les globules du sang des reptiles nus sont les plus gros qu'on connaisse : ceux des autres reptiles, ceux des poissons et des oiseaux, ont des dimensions moindres. Ceux de l'homme et des mammifères sont les plus petits.

Un grand accord règne entre les globules du sang et les éléments primitifs de tous les tissus. Les uns et les autres sont des cellules pourvues d'un noyau : ils ne diffèrent qu'en ce que dans le sang les éléments organiques nagent au milieu d'un liquide, tandis que dans les solides vivants ils tiennent plus ou moins intimement les uns aux autres. Les globules du sang possèdent les mêmes propriétés vitales que toutes les autres cellules, et l'on verra que les cellules forment la base de l'organisation.

Ces propriétés générales sont :

1° Un conflit vivant des cellules, tant entre elles qu'avec des cellules d'autre espèce, avec des particules de tissus d'organes ;

2° La faculté de métamorphoser le liquide ambiant ;

3° Le déploiement d'actions vitales particulières, dépendant de la structure et de la composition chimique.

Les matériaux dont se forme le sang sont, chez l'adulte, le contenu des vaisseaux lymphatiques, la lymphe limpide et le chyle blanchâtre qu'ils amènent dans le canal thoracique, et de là dans le sang. La lymphe est chargée des matériaux nutritifs qui proviennent de l'intérieur même des parties organisées ; le chyle, de ceux dont les lymphatiques se sont emparés dans le canal intestinal. La lymphe et le chyle contiennent de l'albumine et de la fibrine, toutes deux à l'état de dissolution.

Au moyen de ces substances, la lymphe ressemble tout à fait à la liqueur claire qui constitue le sang, pourvu qu'on fasse abstraction des globules rouges. On peut donc dire que la lymphe est du sang, moins les corpuscules rouges, ou que le sang est de la lymphe avec des corpuscules rouges.

Des expériences ont prouvé que la vie, chez certains animaux du moins, tient encore plus à l'action du système nerveux cérébro-rachidien qu'à celle du cœur, et à celle des poumons sur le cœur. Des grenouilles auxquelles on avait excisé les poumons ont encore vécu pendant trente heures, malgré l'immobilité du cœur. Plongées dans du gaz hydrogène pur, où la respiration par les poumons ou par la peau est également impossible, elles ont encore vécu plus de douze heures. Mais si l'on sépare le cœur et les poumons d'avec le système céphalo-rachidien, le cœur cesse de se contracter au bout de six heures. Les battements du cœur changent sous l'influence des passions, des émotions et autres mouvements analogues de l'âme et du système nerveux qui en est la condition ou la conséquence. Cette corrélation s'explique : il existe des branches de communication entre le grand sympathique et les nerfs rachidiens; elles reçoivent leurs filets tant des racines antérieures ou motrices que des racines postérieures ou sensitives des nerfs rachidiens, ce qui suffit pour expliquer l'influence des nerfs cérébro-rachidiens sur le cœur. Mais le grand sympathique exerce sur cet organe une action plus puissante encore, comme on le voit chez les monstres privés de cerveau et de moelle épinière. La source constante des contractions du cœur est donc en premier lieu la force motrice du nerf grand sympathique; mais la cause conservatrice et excitatrice de cette dernière réside dans le cerveau et la moelle épinière, qui peuvent à leur tour être déterminés par tous les organes.

Les artères jouissent d'un degré extraordinaire d'élasticité, qu'elles conservent même après avoir été cuites ou gardées pendant des années dans l'alcool. Mais l'ossification des artères leur enlève cette propriété; elles tendent à se rétrécir d'autant plus qu'elles contiennent moins de sang.

Il est des personnes chez lesquelles l'impulsion artérielle est singulièrement affaiblie par la suspension de la respiration. C'est ce qui a fait croire qu'on pouvait exercer une action directe ou volontaire sur les mouvements du cœur. Chez toutes, elle est moins forte dans l'inspiration que dans l'expiration, et ce phénomène s'explique par des raisons mécaniques.

Les artères, et en général les vaisseaux sanguins, possèdent, outre l'élasticité, une force contractile vivante. Cette force diffère beaucoup de l'action du cœur, et se manifeste non par des contractions brusques et énergiques, mais peu à peu, de manière que les effets qui en résultent sont difficiles à observer, et ne peuvent jamais non plus remplacer ceux du cœur. La contractilité insensible des artères cesse à la mort.

Les transitions rétiformes des artères aux veines sont nommées *vaisseaux capillaires*, à cause de leur ténuité. — Ceux de ces vaisseaux les plus déliés sont appropriés au diamètre des corpuscules du sang. Leur diamètre varie de 1/1000 à 1/4000 et 1/5000 de pouce.

Il y a des vaisseaux sanguins jusque dans les membranes transparentes; mais ce n'est pas à dire que tous les vaisseaux de ces parties soient réellement assez gros pour admettre les corpuscules rouges du sang; il est vraisemblable, au contraire, qu'ils ne laissent passer que la partie liquide.

Magendie a prouvé que la force du cœur suffit pour chasser le sang à travers les vaisseaux capillaires, et que des forces accessoires spéciales ne sont pas nécessaires à cet effet. Le sang ne s'élève pas non plus dans les vaisseaux en vertu de la capillarité, puisqu'il cesse de s'y mouvoir dès que la force impulsive vient à cesser.

Quand, par la violence de l'inflammation, la circulation cesse entièrement dans un organe, que tous les capillaires contiennent du sang non seulement coagulé, mais encore décomposé, et que la substance est elle-même dé-

composée, la partie tombe en gangrène; c'est-à-dire
qu'il survient une mort locale. L'inflammation provient
de l'irritation des vaisseaux capillaires, mais elle ne consiste ni en une augmentation ni en une diminution de la
vie.

Les valvules indiquent la marche du sang dans un
vaisseau sanguin, et la favorisent en l'empêchant de rétro-
grader. La disposition de celles des veines est telle qu'une
pression intermittente exercée sur les veines facilite la
marche du sang vers le cœur, tandis que le défaut d'exercice doit, par cela même, rendre la circulation plus difficile (1).

C'est un fait reconnu maintenant que les vaisseaux
sanguins sont doués d'une faculté absorbante, et que les
substances étrangères passent immédiatement dans le
sang, sans la coopération des vaisseaux lymphatiques.
Une saignée accélère l'absorption, à tel point que des
phénomènes qui n'avaient lieu ordinairement qu'après
deux minutes, se manifestèrent alors en une demi-mi-
nute.

C'est par l'absorption qu'il faut expliquer plusieurs
phénomènes, par exemple les vomissements à la suite
d'une application d'ellébore blanc sur le bas-ventre, une
forte purgation à la suite de lotions aux jambes avec la
décoction de cette plante ou de l'ellébore noir. Mais tous
les médicaments et poisons agissent avec beaucoup plus
d'intensité lorsqu'on les applique à la peau après l'avoir
dépouillée de son épiderme au moyen d'un vésicatoire.
Certaines substances ne sont point absorbées par la

(1) MULLER, t. I, p. 85-181; BURDACH, t. VII, p. 101-105; t. IX, p. 1-127.

peau, parce qu'elles sont insolubles. C'est ainsi que des matières colorantes introduites dans des piqûres, où les grains de poudre lancés par l'explosion d'une arme à feu, demeurent souvent visibles pendant toute la vie dans cette membrane.

Le mouvement de la lymphe dans le système a pour cause l'absorption continuelle qui s'effectue à la naissance de ce système. Aussi, lorsqu'on lie le canal thoracique, il se gonfle jusqu'à crever au-dessous de la ligature (1).

V. Sans la respiration le mouvement du **sang** cesserait, et avec lui les autres mouvements de la vie, sans en excepter celui de la respiration. Il y a donc là une dépendance mutuelle qui tient à l'unité de l'organisme.

L'admission de l'oxygène dans le sang, qui traverse les vaisseaux capillaires distribués sur les parois des cellules pulmonaires, et l'exhalation de l'acide carbonique, ont lieu continuellement, sans la moindre interruption, tant dans l'expiration que dans l'inspiration. Le mouvement d'inspirer et d'expirer n'est autre chose qu'une alternative d'ampliation et de resserrement de la poitrine et des poumons; les poumons ne sont jamais vides d'air, et sans qu'il cesse d'y avoir, d'un côté, de l'oxygène admis dans le sang, et de l'autre, de l'acide carbonique exhalé; ils contiennent tout à la fois de l'air atmosphérique et de l'acide carbonique éliminé du sang. L'expiration n'entraîne au dehors que la plus grande partie de l'air vicié,

_____

(1) MULLER, t. I, p. 181-214; BURDACH, t. IX, p. 1-96, et *De la formation du sang*, p. 96-127.

et celui qu'elle laisse dans les poumons se mêle avec de nouvel air atmosphérique respirable.

Toutes les parties organisées du corps doivent immédiatement prendre part au mouvement imprimé par l'oxygène, car toutes ont pour cet élément une affinité rendue évidente par un fait bien connu, c'est que les parties animales humides se putréfient difficilement lorsqu'on les soustrait à l'influence de l'air atmosphérique, tandis qu'à l'air elles ne tardent pas à subir la fermentation putride, par suite d'une absorption d'oxygène, bientôt suivie d'un dégagement d'acide carbonique.

Les causes, qui déterminent dans le corps vivant la décomposition toute particulière de la fibrine et d'autres matières animales en acide carbonique et en urée, sont évidemment tous les organes vivants, et non pas un seul d'entre eux, le poumon, puisque les grenouilles auxquelles on a enlevé les poumons survivent encore trente heures au moyen de la respiration par la peau, tandis qu'elles périssent promptement dans l'huile. Les poumons et la peau ne sont que les surfaces par lesquelles l'oxygène pénètre dans les corps vivants, et l'acide carbonique s'en exhale.

Les mouvements respiratoires sont très compliqués et entrent dans le cercle d'action de nerfs tout différents : cependant la source d'activité dont jouissent ces nerfs est la même pour tous.

Une lésion à la moelle allongée supprime tous les mouvements respiratoires, tant ceux du tronc que ceux qui dépendent de la paire vague. Aucune autre partie du cerveau n'est la source de ces mouvements, et quand on enlève le cerveau d'un animal, tranche par tranche, d'a-

vant en arrière, ces mouvements cessent tous à la fois
dès qu'on atteint la moelle allongée à l'endroit d'où sortent les nerfs de la paire vague : aussi la moelle allongée
est-elle en quelque sorte la partie la plus vulnérable de
l'encéphale, celle du moins dont les lésions entraînent
les suites les plus dangereuses. Une lésion de la moelle
épinière au-dessous du quatrième nerf cervical, qui n'intéresse pas l'origine du nerf phrénique, ne supprime pas
non plus la respiration. Un enfant anencéphale respire
et crie en venant au monde, pourvu que la moelle allongée existe chez lui (1).

Tous les mouvements respiratoires s'exécutent involontairement, et cependant ils obéissent jusqu'à un certain point aux ordres de la volonté. Ils ont lieu pendant
le sommeil, sans que nous le sachions, et en observant
un rhythme constant ; tantôt ce sont de simples inspira-
tions périodiques, dans les intervalles desquelles les parties se resserrent en vertu de leur élasticité, tantôt aussi
ce sont des mouvements alternatifs d'inspiration et d'expiration. Les mouvements respiratoires sont soumis à
la volonté, en ce sens que nous sommes libres, mais
dans de certaines limites seulement, de raccourcir, d'al-
longer, de retarder, d'avancer l'inspiration et l'expiration, et que nous pouvons borner nos mouvements
respiratoires à tel ou tel groupe de muscles.... Nous
exerçons cette volonté comme dans presque tous les
mouvements qui dépendent des nerfs cérébraux et rachidiens. Mais la durée en est limitée par un besoin organique tel, qu'il est difficile d'admettre qu'il soit pos-

(1) Cf. les expériences analogues de M. Flourens.

sible de se faire succomber, faute de respiration, sans le
secours d'une cause mécanique, au moins en avalant
sa langue, comme on le dit des nègres livrés à la traite
et désespérés. Les mouvements respiratoires manquent
chez le fœtus jusqu'après la naissance.

VI. Le sang préparé par la digestion et par la respiration, répandu dans toutes les parties du corps par la
circulation, subit dans chacune d'elles une dernière opération, en vertu de laquelle il est assimilé à chaque organe, à chaque tissu, à chaque parcelle de tissu ; c'est
l'acte de l'entretien, de l'accroissement et de la répara-
tion, l'acte de la nutrition proprement dite.

Pendant que le sang traverse les réseaux capil-
aires pour passer des dernières artérioles dans les premières veinules, une partie des substances qu'il tient
dissoutes pénètre par imbibition dans le tissu des organes. L'action des organes sur ces substances leur fait
subir un changement chimique : certains matériaux sont
attirés par les molécules organiques mêmes, et d'autres
sont par elles abandonnés au sang. On peut désigner
sous le nom général de transformations les changements
qu'éprouvent les parties du sang qui quittent le torrent
de la circulation. Cette transformation a lieu de trois
manières : 1° par intussusception ou nutrition, c'est-à-
dire par conversion des principes constituants du sang
en matière propre des divers organes, en un mot par
assimilation ; 2° par conversion des principes du sang
charriés, à la surface d'un organe, en matière solide
non organisée ; 3° par sécrétion ou conversion des
principes du sang, à la surface d'un organe, en une ma-

tière liquide qui doit être éliminée du corps, c'est-à-
dire par excrétion (1).

Les globules que renferme le sang, considérés dans
leur entier, ne sont pas les matériaux de la nutrition. Ils
passent constamment des artères dans les veines. Leur
rôle dans l'économie animale a certainement beaucoup
d'importance; ils subissent le changement qui s'opère
pendant la respiration et prennent une teinte foncée en
traversant les vaisseaux capillaires du corps; là ils se
trouvent en conflit avec les particules des organes, le
long desquels ils ne font que glisser, et qui cependant
font passer leur couleur au rouge foncé. A chaque cir-
cuit, qui dure trois minutes, ils deviennent vermeils
dans les poumons, puis noirs dans les capillaires du
corps ; ils subissent, dans l'espace de vingt-quatre
heures, environ quatre cent quatre-vingt alternatives de
coloration. A l'état vermeil ils exercent sur les organes, et notamment sur les nerfs, une excitation nécessaire à l'entretien de la vie.

La nutrition, au moyen d'une exsudation à travers les
parois des vaisseaux capillaires, s'accomplit aux dépens
des parties dissoutes du sang, tandis que les globules
passent distinctement des artères dans les veines.

Les plus importants matériaux de la nutrition, nous
l'avons déjà dit, sont l'albumine et la fibrine dissoute.
Une partie de ces matériaux peuvent traverser les parois
capillaires; ils baignent les cellules et les fibres des tissus, d'où les lymphatiques ramènent dans le sang ce qui

(1) MULLER, t. I, p. 327-378. — BURDACH, t. V, p. 302; t. VII, p. 466-318;
t. IX, p. 579 et s.

n'a pu servir à la nutrition. Rien ne peut aller du sang aux molécules des organes, et revenir de ceux-ci au sang, à moins de traverser, à l'état liquide, les parois des vaisseaux capillaires. Si ténus qu'ils soient, d'ailleurs, dans leurs dernières ramifications surtout, ils ne se répandent pas sur les fibres primitives des muscles et des nerfs : ces fibres sont trop petites pour qu'il en puisse être ainsi ; leur limite dépasse celle-là même des capillaires qui n'ont que 0,00020 à 0,00050 de pouce de diamètre.

Les cellules primaires ou leurs équivalents attirent du sang des substances, qui leur ressemblent au point de vue chimique, mais qui sont encore liquides, ou les transforment de manière à se les rendre semblables, et les assimilent à leur propre substance, en les faisant participer aux forces dont sont douées les cellules, les fibres, etc., vivantes. Le nerf forme de la substance nerveuse, le muscle de la substance musculaire. Il n'y a pas jusqu'aux produits pathologiques organisés qui ne s'assimilent de nouveaux matériaux : la verrue cutanée grossit, l'ulcère nourrit son fond et ses bords de la manière exigée pour son mode particulier de vie et de sécrétion, et la conversion des matériaux nutritifs en un organe doué d'un accroissement morbide peut aller jusqu'à la ruine du tout.

Les cellules primitives ont encore la propriété de combiner et de transformer leur propre contenu, qui souvent diffère tout à fait de la substance dont leurs parois sont formées. Ainsi il se dépose de l'amidon dans les cellules des végétaux, de la graisse dans certaines cellules des animaux.

Les matériaux immédiats des organes existent déjà en partie dans le sang : telle est l'albumine, qu'on rencontre sur tant de points, par exemple dans le cerveau et les glandes, et qui, plus ou moins modifiée, entre dans la composition d'un si grand nombre d'autres tissus ; la fibrine des muscles et des organes musculeux est la matière coagulable que le sang et la lymphe tiennent en dissolution ; la graisse non azotée existe à l'état de liberté dans le chyle ; la graisse azotée et phosphorée du cerveau et des nerfs se rencontre dans le sang, où elle est combinée avec de la fibrine, de l'albumine et de l'hématine... Les molécules intégrantes des organes dans lesquels on trouve ces matières les attirent du sang, ou les produisent aux dépens des matériaux immédiats des organes eux-mêmes, car il est impossible de démontrer que tout ce qu'on rencontre dans les organes existe déjà dans le sang ; loin de là, les substances organiques nous montrent souvent des matières particulières, comme la gélatine des os, des tendons et des cartilages, la substance de la corne et celle du tissu élastique, dont on ne voit point les analogues dans le sang.

Quelquefois l'élaboration du chyle et du sang est viciée, soit par la production de matériaux nutritifs d'une mauvaise nature, soit par l'effet d'un principe morbifique inoculé. Il survient des dépôts de matières morbides, des inflammations, des ulcères, comme dans les scrofules, la goutte, la lèpre, les dartres, le scorbut, la syphilis, etc. Ces maladies si différentes, qu'on embrasse sous le nom collectif de dyscrasies, ont cela de commun qu'elles se manifestent par des exhalations de matières morbides, par des exanthèmes, etc.

La nutrition de toutes les parties, d'après le type du tout, suppose la permanence de la force qui produit toutes les différences, tous les organes ; de cette force qui préexiste à la formation des organes, lorsque le germe n'est encore que virtuellement (*potentia*) l'être animal, auquel le développement de ses organes donne une existence réelle (*actu*). La nutrition est donc en quelque sorte une reproduction continuelle de toutes les parties par la force du tout. Jusqu'au moment où le tout périt, tous les organes sont régis par la force organisatrice.

Les nerfs ne sont pas produits antérieurement aux organes, comme s'ils devaient en être la condition, ainsi que le croyait Stahl ; les nerfs et les organes sont engendrés en même temps, par une seule et même force, dans la substance proligère, au sein de laquelle repose en quelque sorte la force organisatrice. La même chose arrive chez l'adulte, bien qu'à un moindre degré, quand une partie quelconque, un os par exemple, vient à se régénérer, et l'on n'est point fondé à prétendre ici que le phénomène dépend des nerfs, puisqu'on ne connaît pas de nerfs dans les os.

La nutrition doit donc être considérée, eu égard à sa cause première, comme entièrement indépendante de l'influence nerveuse ; elle est le résultat d'une force inhérente à toutes les molécules animales vivantes, une action immédiatement accomplie par les molécules plastiques primaires, c'est-à-dire par les cellules, et qui se manifeste dans les nerfs eux-mêmes. Mais ces molécules ne sont déjà que des matériaux mis en œuvre par une force unique, immatérielle et supérieure. L'influence in-

contestable, que les nerfs exercent sur les parties en voie
de se nourrir, ressemble davantage au régulateur d'une
horloge qui porte en elle-même les causes de sa marche.
Des effets qui ont lieu dans le système nerveux peuvent
accélérer, activer et affaiblir la marche de la nutrition.
C'est en cela aussi que consiste la véritable relation
entre ce système et les sécrétions. C'est par le moyen
des nerfs que les affections morales agissent sur les
fonctions de la nutrition comme sur toutes les autres (1).

L'accroissement des êtres organisés suit en grande
partie les lois qui ont présidé à leur première formation.
Leurs premiers éléments sont des cellules; les molécules
des tissus qu'on trouve plus tard encore sont ou des
cellules plus nombreuses, ou des éléments qui se sont
formés de cellules. Tout accroissement se réduit donc
à une formation de nouvelles cellules, et au grossisse-
ment des formes qui sont nées de ces cellules.

Les filaments musculaires, les filaments nerveux et les
vaisseaux capillaires sont ou doivent être considérés
comme les équivalents de plusieurs cellules unies ensemble, car ils résultent de la réunion d'une série de
cellules dont l'ensemble forme des tubes.

La liqueur du sang paraît tendre elle-même à s'organiser. Telle qu'elle transsude dans l'inflammation et dans
la matrice, après la conception, elle est d'abord homo-
gène; mais si on l'examine un peu plus tard, on y aperçoit déjà des traces sensibles d'une formation de fibres.

Tous les tissus qui sont parcourus par des vaisseaux
sanguins croissent par intussusception. Les autres se

(1) MULLER, t. I, p. 273-290. — BURDACH, t. VIII, p. 105-318.

forment par apposition ; telles sont les coquilles des mo-
lusques, le tissu dentaire, celui du cristallin, l'épiderme.

La force organisatrice, qui dans le germe de l'embryon crée tous les organes de l'animal en quelque
sorte comme autant de parties nécessaires à la réalisation de l'idée de cet animal, continuant d'agir dans la
nutrition, il en résulte la possibilité que les pertes
éprouvées par l'organisme soient *réparées*, au moins
dans certaines limites. La force régénératrice est d'autant plus grande que l'animal est plus simple, ou, s'il
s'agit d'animaux à organisation compliquée, que le sujet
est plus jeune.

Les polypes que l'on fend en travers ou en long reproduisent la moitié qui leur a été enlevée. On peut
même les couper en plusieurs morceaux, qui rede-
viennent chacun un animal entier.

Chez les annélides, quatre, cinq ou six anneaux suf-
fisent par fois pour reproduire l'animal. La même chose
arrive aux deux moitiés d'un ver de terre ; mais aucun
de ces animaux ne survit à des sections longitudinales.
Pourquoi cette différence ?

Parmi les reptiles écailleux, les lézards reproduisent
leur queue : cependant il ne se forme pas de vertèbres
complètes dans celle qui repousse, mais seulement une
colonne cartilagineuse. Les salamandres réparent également la perte de leur queue, d'après Spallanzani. Nous
avons là un exemple de la reproduction de la partie
postérieure de la moelle épinière.

La reproduction de la mâchoire inférieure a lieu chez
les salamandres ; et même celle de l'œil avec la cornée,
l'iris, le cristallin, chez les tritons, et cela dans le cours

d'une année, mais à la condition que le nerf optique et une portion des membranes de l'œil soient demeurés intacts au fond de l'orbite.

La reproduction des tissus se montre sous deux formes, c'est-à-dire accompagnée ou non d'inflammation. La régénération est la manifestation de la force médiatrice de la nature; l'inflammation est la conséquence morbide d'une lésion, et tend également au bien et au mal; ce qui dépend des circonstances. Pour se convaincre que la guérison est indépendante de l'inflammation, il n'y a qu'à voir ce qui se passe chez les reptiles; car les serpents guérissent de plaies même considérables, et avec perte de substance, sans qu'il survienne d'inflammation; la surface se couvre seulement d'une croûte, au-dessous de laquelle se forme la substance nouvelle. Chez l'homme et les mammifères, l'inflammation et la régénération sont simultanées, du moins après les blessures; et la première dure jusqu'à ce que la partie lésée ne souffre plus. On a faussement conclu de là que l'inflammation est un phénomène d'exaltation de la force vitale.

Se reproduisent aussi sans inflammation, le test des écrevisses, le bois des cerfs, les germes organisés des productions cornées, le tissu dentaire, le cristallin, etc. Mais beaucoup d'autres tissus ne se reproduisent qu'avec inflammation.

Il est à remarquer que les parties reproduites de certains organes ne jouissent pas toujours des propriétés de l'organe même. C'est ainsi que la substance de la cicatrice des glandes n'acquiert pas les propriétés de la glande même. Non seulement les nerfs se reproduisent par fois, mais ils recouvrent à la longue leur excitabilité et leur faculté conductrice. Cela se voit surtout chez les animaux à sang froid (1).

VII. Les matières qui peuvent être *éliminées* par l'effet du conflit chimique entre le sang et un appareil sécrétoire sont : 1° des matériaux qui existaient déjà dans le sang, comme l'urée, l'acide lactique et les lactates par les reins et la peau, c'est-à-dire en général les excrétions ; 2° des substances qui ne peuvent pas être extraites immédiatement du sang, parce qu'elles n'y existent pas, et qui sont le produit d'une élaboration chimique des principes immédiats de ce liquide, comme la bile, le sperme, le lait, le mucus, etc., en un mot les sécrétions proprement dites.

Parmi les sécrétions de cette dernière espèce, il en est qui sont de simples sécrétions, qui n'ont plus aucun office à remplir dans l'économie, et qui servent tout au plus soit à nuire à d'autres animaux, soit à défendre ceux qui les produisent, parfois aussi à attirer ou à repousser d'autres animaux par les odeurs particulières qu'elles exhalent, et à jouer ainsi un rôle quelconque dans l'économie animale de la nature.

Les appareils chimiques des sécrétions animales sont ou des cellules, ou des membranes, ou enfin des organes d'une structure particulière et complexe qu'on appelle glandes.

La nature spéciale des sécrétions ne dépend pas de la structure intime des glandes ; le même produit sécrétoire est fourni, dans la série animale, par des organes dont la structure diffère au plus haut degré. D'un autre côté,

(1) MULLER, t. I, p. 290-327. — BURDACH, t. IV, p. 351, 460 ; t. VII, p. 105, 110, 113 ; t. VIII, p. 7-527.

les sécrétions les plus différentes sont accomplies par des glandes dont la structure est la même. La nature des sécrétions dépend donc uniquement du caractère spécifique de la substance organique vivante qui forme les conduits sécrétoires internes des glandes, et qui peut rester la même quoique ces conduits soient construits sur des plans différents, comme aussi varier beaucoup quoique leur structure soit identique.

Il y a une différence entre le corps sécrété et le corps sécrétant; dans beaucoup de cas, et peut-être dans tous, le contenu des cellules est hétérogène à leur membrane. La sécrétion ne peut donc être expliquée par une simple fluidification des molécules déjà existantes des organes sécrétoires : les parois sécrétantes, en même temps qu'elles attirent à elles des parties similaires dont elles se nourrissent, en éliminent d'autres qui sont dissimilaires. L'influence des nerfs sur la sécrétion est encore peu connue. Cependant les nerfs cérébro-rachidiens et les nerfs sympathiques paraissent être également propres à servir de régulateurs aux sécrétions.

Les passions influent sur les sécrétions, par exemple sur celles des larmes, de la bile, du lait. Les émotions ont une grande influence sur la nature de la sécrétion purulente et sur l'état des plaies. Il est notoire que la sécrétion salivaire augmente non seulement par la présence des aliments dans la bouche, mais encore à la simple pensée d'un met appétissant (1).

Toutes les sécrétions ne sont pas excrémentitielles; un grand nombre servent à l'entretien des organes ou à

(1) MULLER, t. I, p. 214-273, 327-454. — BURDACH, t. VII, p. 318-419; t. VII, p. 83-238; t. IV, p. 86, 460; t. V, p. 302; t. IX, p. 46-676.

faciliter leur jeu : tels sont les sucs séreux, la synovie, le suc médullaire, les sucs aréolaires, etc.

CHAPITRE III.

Fonctions de la vie organique relatives à la conservation de l'espèce.

Pour bien comprendre cette partie de la physiologie humaine, il est nécessaire de porter ses regards sur l'opération analogue dans les végétaux.

Chaque partie similaire d'un arbre pouvant être considérée comme un jeune arbre qui possède l'aptitude à développer un arbre entier, il résulte de là qu'on doit voir dans ce dernier un système d'individus végétaux qui vivent en société, qui exercent une influence réciproque les uns sur les autres, qui sont reliés par une force commune et supérieure ; force à laquelle ils sont par conséquent subordonnés, et qui fait de leur ensemble un tout unique. Mais ils sont néanmoins aptes à subsister seuls quand on vient à détruire leur association.

Le prolongement des vaisseaux jusqu'à la racine est nécessaire sans doute pour la nutrition de chaque bourgeon et pour la vie d'ensemble de tous les individus, mais elle n'appartient pas nécessairement à la nature de l'individu ; car lorsqu'on détache un bourgeon, la communication se trouve détruite, et cependant le bourgeon n'en est pas moins une jeune plante qui peut continuer à vivre, ou même devenir un nouveau système d'individus. Comme ces vaisseaux viennent des feuilles, celles-

ci sont, dans la bouture, ce qui importe le plus à l'individu végétal ; et quoiqu'on ne parvienne pas à obtenir
des individus nouveaux de la plupart des feuilles, il suffit
cependant à la science que la chose soit praticable avec
un certain nombre d'entre elles. Ainsi les feuilles du ci-
tronnier, de l'oranger, du *ficus elastica,* poussent lorsqu'on les fiche en terre ; de leur bord naissent des
bourgeons semblables à ceux qui ont coutume de se
développer de l'axe végétal. La feuille doit donc déjà
être regardée elle-même comme un individu susceptible
de reproduire le type entier de l'espèce à laquelle elle
appartient, et dont elle renferme en puissance toutes les
parties. La plante développée n'est qu'un multiple de la
plante primitive, un système d'individus qui peuvent
être réduits jusqu'aux feuilles, et qui sont encore contenus dans le tronc mutilé.

Il y a des animaux qui, en croissant, multiplient le
nombre de leurs segments, et chez lesquels une partie
de ces segments peut, après s'être séparée d'elle-même,
ou l'avoir été par l'art, reconstituer un nouvel animal.
Ces segments sont, pendant un certain laps de temps,
soumis à la volonté de l'animal entier, dont, sous ce
point de vue, ils font partie intégrante ; mais un moment arrive où les rapports qu'ils ont avec eux-mêmes
l'emportent sur ceux qu'ils entretiennent avec le tout ;
avant même de se séparer, ils acquièrent une sorte
d'activité propre, et c'est par un mouvement qu'on
dirait volontaire qu'ils brisent les liens à l'aide desquels ils tenaient au tronc maternel. Le jeune individu
ainsi composé d'un petit nombre de segments s'approprie la matière environnante et devient, en croissant, un

nouvel être qui peut se scinder de lui-même, ou être divisé en plusieurs parties ayant chacune le caractère d'un jeune animal. A une certaine époque, cet être est encore soumis à une volonté unique, et ses parties, bien qu'ayant l'aptitude à devenir des individus, ne le sont point encore de fait; mais plus tard le système des parties qui le composent représente un multiple d'individus réels.

Il y a aussi des vers qu'on peut diviser en plusieurs individus, qui par conséquent sont, non pas un individu, mais un système de parties dont chacune contient l'idée entière et toute la puissance de l'animal, de sorte que chacune aussi, quelque grande ou petite qu'elle soit, peut devenir un animal de même espèce.

Comme les végétaux dans leurs feuilles, de même les polypes, dans des parties aliquotes de leur corps dont on ne saurait assigner les limites, contiennent tout ce qui constitue l'idée d'un individu de l'espèce; et à chacune de ces parties est inhérente la faculté de prendre la forme d'un individu, lorsqu'elle ne fait pas partie d'un système de parties ayant ainsi qu'elle l'aptitude à la vie individuelle, et réellement unies entre elles sous la forme d'un individu.

Chez les animaux de degrés plus élevés, insectes, arachnides, crustacées, salamandres, le tronc reproduit des organes entiers, par exemple les membres, l'œil, la mâchoire inférieure, après les avoir perdus; preuve que ces êtres ne sont pas seulement de simples agrégats de leurs organes, qu'ils renferment encore en eux-mêmes le pouvoir de restaurer le tout quand il a subi quelque mutilation. Mais ici jamais la partie détachée du corps ne reproduit un animal entier, et la plupart des parties se comportent comme les bras de l'hydre qui ne peuvent redevenir des hydres.

Tous les végétaux et plusieurs animaux inférieurs sont susceptibles de se multiplier par scission artificielle. Une branche détachée du tronc est un système apte à entretenir l'espèce; elle continue de vivre lorsqu'on la fiche en terre ou qu'on la greffe sur un autre arbre de la même famille. La division artificielle chez les animaux réussit surtout lorsqu'ils sont composés d'une série de parties conformées d'après le même plan, et dont le nombre augmente par le fait même de l'accroissement, comme chez les vers.

On peut admettre trois modes de division :

1° La transversale, qui est surtout possible à l'égard des parties qui se développent en ligne et parallèlement les unes aux autres, par exemple, chez les végétaux et les vers.

2° La longitudinale. Quand une hydre a été fendue en long, les bords de l'incision se rapprochent promptement l'un de l'autre, de manière à reproduire quelquefois l'animal au bout d'une heure, sauf les bras qui repoussent en quelques jours. Trois heures après l'opération l'animal se met à manger.

3° La division artificielle en tous sens. Elle réussit surtout chez quelques végétaux inférieurs, par exemple chez les lichens, et, dans le règne animal, chez les hydres.

La division spontanée est la plupart du temps longitudinale, ou transversale, ou l'une et l'autre à la fois. On ne l'observe guère que chez les animaux; ce qui fait que, dans des cas douteux, des naturalistes l'ont employée, de concert avec d'autres caractères, pour décider si certains êtres organisés inférieurs appartiennent au règne végétal ou au règne animal; c'est un mode de propagation fort ordinaire chez les infusoires, qui se multiplient en outre par des œufs.

La formation des bourgeons, considérée dans son essence, consiste en ce que, chez l'être organisé de manière à jouir d'une vie qui lui soit propre, une portion de la substance superflue pour l'exercice de cette vie se sépare sous la forme d'un organisme non développé, et arrive à posséder la vie en propre, mais sans toutefois perdre les liens qui l'attachent au tronc maternel.

Les causes du développement des bourgeons sur le tronc maternel sont les unes internes, les autres externes. Les organismes les plus simples forment une certaine quantité de substances possédant la puissance de produire l'organisation individuelle de l'espèce. Ainsi, lorsqu'il se forme dans un corps organisé de la substance que la vie propre de ce corps ne peut faire servir à des structures spéciales, ni par conséquent dominer, le multiple virtuel produit des bourgeons. La formation de cette substance semble pouvoir être expliquée en admettant que, comme dans la tendance à la scission spontanée, le multiple virtuel, devenu plus volumineux par l'effet de l'accroissement, tend à concentrer sa force organisatrice sur des masses plus petites de matière.

Les bourgeons développés des hydres peuvent être détachés du tronc maternel et continuer de vivre. Cette séparation de deux individus ne doit pas être confondue avec la scission artificielle d'un animal; car, avant qu'on les séparât, les deux individus avaient acquis déjà leur entier développement, et ils n'étaient qu'adhérents l'un à l'autre.

La génération par scission ou par gemmation et la génération sexuelle diffèrent aussi l'une de l'autre en ce que la première reproduit bien plus sûrement les qualités de l'individu. C'est ce qui fait qu'on préfère la propagation par boutures ou par greffes toutes les fois qu'on se propose de réunir l'ensemble des qualités du tronc maternel dans le nouvel individu. La génération sexuelle, au contraire, ouvre un champ plus vaste aux variétés, et ne reproduit jamais sûrement l'individu : on ne peut compter sur elle que pour la production du genre et de l'espèce.

Au reste, il n'est pas rare que des germes d'œufs dégénèrent en spores analogues à des bourgeons. De nombreuses observations ont établi que certains papillons, complétement isolés des mâles, pondent des œufs d'où proviennent de jeunes animaux. Un autre fait plus connu, c'est que les pucerons, qu'on tient séparés des mâles depuis le moment de leur naissance, n'en mettent pas moins au monde des petits vivants. On a de cette manière obtenu jusqu'à onze générations, et si le chiffre ne s'est pas élevé plus haut, c'est que l'hiver a fait périr les pucerons.

La production d'êtres organisés par d'autres êtres organisés peut être considérée ou comme une formation de nouveaux germes par l'organisation déjà existante (1), ou comme une simple mise en liberté de germes qui se

_____

(1) C'est-à-dire par un travail organique ayant déjà son principe propre.

trouvaient contenus dans un individu dès le début même de son existence.

L'hypothèse, suivant laquelle la génération se réduit au développement de ce qui existait depuis l'instant même de la création, constitue la *théorie de l'évolution,* parmi les partisans de laquelle on compte les hommes les plus célèbres, tels que Leibniz, Bonnet, Haller et même Cuvier.

Une autre doctrine opposée à la précédente est celle de l'*épigénèse,* dont les fauteurs nient l'emboîtement des germes. Suivant eux, les germes sont le produit d'une formation à chaque fois nouvelle, accomplie par l'organisation déjà existante.

Ce qu'il y a de certain, c'est que le germe de l'embryon des mammifères, au moment de sa première apparition, ne paraît pas avoir la moindre analogie de forme avec ce qu'il doit être un jour; on voit naître les organes, tandis que s'ils avaient déjà existé en miniature ils devraient seulement acquérir de plus grandes dimensions.

De plus, une organisation complète, qui peu auparavant était soumise à une volonté unique, se scinde, et, aussitôt après la division, elle a deux volontés; ce qu'on ne peut au moins pas nier de certains vers, dont les deux moitiés se meuvent chacune à part, dès que l'animal a été coupé en deux. La division spontanée d'un organisme achevé combat également la théorie de l'emboîtement, puisque cet organisme se partage alors en deux êtres ayant chacun sa détermination propre, sans que le multiple soit provenu du développement de germes emboîtés les uns dans les autres. La gemmation des végétaux les plus inférieurs exclut aussi la théorie de l'évolution, car nous voyons là un multiple se produire par division d'une cellule simple, ou la cellule pousser un cul-de-sac, qui, bien que faisant partie d'elle-même, devient un nouveau germe par l'effet d'une constriction graduelle.

Si donc les germes des corps organisés ne renferment pas en eux-mêmes la semence des multiples de la génération prochaine et de toutes les générations subséquentes, si c'est en s'accroissant et en s'assimilant la matière ambiante qu'ils acquièrent l'aptitude à produire des multiples, il ne reste qu'une seule chose à admettre, c'est que tous les multiples naissent par scission.

Mais nous n'admettons pas la rigueur logique du dilemme suivant : Ou la force essentielle d'un être organisé, dit-on, a la propriété de ne pas perdre, par une division infinie, la puissance configuratrice ou plastique qui lui appartient en propre ; ou bien, en s'assimilant la matière étrangère et les forces latentes de cette matière, elle a acquis l'aptitude de se diviser de façon à produire plusieurs êtres organisés. Dans ce dernier cas, ajoute-t-on, les semences de tous les êtres existent à l'état latent dans le monde matériel, et l'organisme se les approprie ; ou bien le monde matériel renferme une force protéiforme, susceptible de revêtir toutes sortes d'aspects, et qui, pénétrant avec la matière dans des organismes déterminés, se trouve forcée de produire des effets déterminés par la forme déjà existante. C'est ce qu'on appelle le *panspermisme*.

Nous ferons à ce sujet plusieurs observations.

1° La force essentielle d'un être organisé ne peut être, comme toute force véritable, qu'un sujet, une réalité substantielle; tout le reste n'est qu'une faculté d'un pareil sujet et non une cause véritable. Or, ce qu'on appelle ici la propriété essentielle d'un être organisé n'est que le principe distinct, sujet individuel qui le vivifie, et non une partie quelconque du corps vivifié, non plus que l'ensemble de ses parties, et moins encore, s'il est possible, la vie ou mouvement vital qui se manifeste dans cet être complexe.

2° Supposer que cette force essentielle puisse être divisée, c'est la supposer étendue, composée; c'est la supposer matérielle. Or, le principe de la vie ne peut être matériel, sans quoi toute matière serait vivante, et vivante au même titre, puisque la cause de la vie dans la matière ferait partie essentielle des corps. En effet, si le principe de la vie ne tient pas à l'essence de la matière, il ne fait point partie de l'être véritable de la matière; il n'en est plus qu'un accident, qui, comme tout accident, n'est rien de substantiel, rien de réel, rien qui puisse s'appeler cause ou forme substantielle. Il faudrait donc alors que le principe de la vie fût une substance adjointe à la matière dans certains cas, ou que cette cause individuelle s'emparât, en son lieu et à son heure, de la matière pour en faire un organisme vivant. Mais dans ce cas, cette cause, cette force réelle véritable, étant nécessairement une et indivisible, comme tout ce qui est véritablement, comme tout ce qui est incorporel surtout (fût-il, du reste, matériel), cette cause, disons-nous, est essentiellement indivisible, bien loin d'être divisible à l'infini.

3° Cette indivisibilité absolue d'un principe vital est la même, soit qu'il plaise de l'envisager dans la division de l'organisme vivant auquel elle préside, soit qu'on la considère en elle-même. Au fond, il n'y a pas là deux hypothèses ; il faut toujours arriver à la division de la force organisatrice en divisant soit l'être organisé capable de reproduire par chacune de ses parties un individu tout entier de son espèce, soit la force organisatrice unique qui préside à la vie de cet être.

4° Il est incomparablement plus simple et plus naturel de supposer, dans chacune des parties susceptibles de devenir un tout, des principes vivifiants subordonnés, et comme endormis tant que l'action d'un principe supérieur les contient et ne leur laisse que le jeu compatible avec l'existence de l'ensemble organique de toutes ces parties, du moins tant que l'instrument, dont ces principes de vie, actuellement subordonnés, disposent immédiatement, n'est pas plus développé, ou que ces principes ne sont pas plus puissants, pas plus indépendants.

5° C'est ainsi qu'il faut concevoir les semences de tous les êtres existant à l'état latent. Ce ne sont pas des semences organiques d'abord, mais bien des semences organisatrices ou capables de le devenir ; ce sont, avant tout, des principes de vie immatériels, qui s'unissent en nombre indéfini à des organismes déjà vivants, qui s'y préparent le germe organique qu'ils auront à développer plus tard si les circonstances sont favorables à cette opération, ou qui, sans être obligés de se préparer eux-mêmes cette première et imparfaite habitation, la trouvent toute faite par un principe organisateur préexistant.

De là la réponse à cette question : si des forces organisatrices ont été capables, dans le principe, de créer
des corps organisés dans chaque espèce d'êtres vivants,
plantes et animaux; pourquoi n'en est-il plus de même
aujourd'hui? Parce que, indépendamment de la grande
différence qui tient aux circonstances constitutives des
milieux, il est incomparablement plus simple, et plus facile sans doute pour un principe de vie, d'entrer dans
un germe organique tout préparé, de n'avoir qu'à le développer, ou même de s'établir dans un être de son espèce tout organisé et où les matériaux propres à la
construction de son germe ont été élaborés déjà par un
principe analogue, et qui, après avoir subi une première
main-d'œuvre par le principe qui y déploie son activité
initiale, n'attendent, pour subir une nouvelle transformation, que les matériaux qui doivent être fournis par
un autre sexe.

6° On ne peut pas plus admettre dans le monde une force
unique, protéiforme, qui revêtirait simultanément et successivement toutes les apparences organiques diverses,
qu'on ne peut admettre la divisibilité d'une force organisatrice individuelle, ou qu'on ne peut supposer dans
la même espèce, à plus forte raison dans toutes les
espèces prises ensemble, qu'un seul individu est plusieurs individus, ou que plusieurs individus n'en sont
qu'un seul. *Une* force *unique*, protéiforme en ce sens
qu'elle serait en même temps le principe de vie d'une
multitude indéfinie d'individus d'une espèce, et même
de tous les individus de toutes les espèces, est tout simplement une fiction qui n'est possible que dans les termes, parce que les idées en sont contradictoires.

7° Le panspermisme s'entend encore d'une autre manière qui serait déjà plus tolérable : c'est que les germes de toutes les espèces d'êtres vivants, des végétaux et des animaux inférieurs surtout, auraient été créés dès le principe en nombre infini, qu'ils recéleraient chacun une force vitale capable de les développer quand ils se trouvent dans les circonstances propres à les faire éclore et vivre. Ou bien, si ces germes n'ont pas tous été créés dès le principe, la graine en est conservée, multipliée par le développement des premiers venus à maturité, si bien même que leur nombre peut s'accroître indéfiniment avec les années.

Nous touchons ici, comme on le voit, à la question, aujourd'hui encore si controversée, de la génération spontanée. Après avoir été résolue d'une façon et d'une autre successivement, elle est retombée dans le domaine des choses douteuses, et l'un des aréopages scientifiques les plus imposants a la sincérité de confesser qu'il ne sait plus qu'en penser, et qu'il ne serait point fâché qu'on lui apprît là-dessus ce qu'il ignore.

Sans être de ceux qui peuvent s'estimer en mesure de répondre à cet appel, nous croyons pouvoir affirmer que la question sera tout au plus reculée d'un degré, ce qui serait assurément quelque chose, mais qu'elle ne sera pas résolue. Elle sera, comme de juste, abordée physiquement, expérimentalement, quand toutefois elle est d'un ordre mixte, c'est-à-dire tout à la fois physique et hyperphysique. L'origine de l'organisation individuelle ne peut être trouvée dans l'organisation ; elle n'y peut être cherchée qu'à la condition de commettre une pétition de principe, à la condition de donner pour cause

d'un effet cet effet lui-même. Il ne serait pas plus raisonnable de la chercher dans la matière inorganique où
elle est encore moins.

En d'autres termes, la cause de l'organisation des
germes ne peut être cherchée dans les germes, puisqu'il
s'agit précisément de savoir d'où viennent les germes
tout organisés. Elle ne peut être cherchée dans la matière inorganique, puisqu'il s'agit de savoir en vertu de
quelle force, de quel agent distinct de la matière inorganique et en dehors d'elle, cette matière peut former
un organisme, ou même former des matériaux organi-
sables.

Il est évident qu'il n'y a ni microscopes, ni cornues,
ni réactifs, ni rien de physique qui soit capable de saisir
cet agent immatériel, principe de la vie individuelle. Et
comme on ne le cherchera pas où il est véritablement,
par les moyens propres à le découvrir, on ne le trouvera point du tout.

S'il nous était permis d'émettre notre façon de penser sur un sujet aussi délicat, nous dirions donc que la
génération spontanée est une erreur, si l'on entend par
là que la matière toute seule, la matière pure et simple
peut s'organiser elle-même ; mais que la génération
spontanée pourrait bien être, au contraire, une vérité,
si l'on entend par là que des principes vivifiants, immatériels, ont été dès le principe créés en nombre infini, et
que ces principes, sans cesse disposés à organiser la
matière à des degrés divers, suivant leurs espèces, le
font réellement toutes les fois qu'ils se trouvent placés
dans les circonstances propres à favoriser le succès de
leurs efforts,

De cette manière on échappe à l'absurdité du matérialisme, au cercle vicieux qui fait dépendre l'organisation
de l'organisation même, à l'impasse où se placent de
gaîté de cœur ceux qui ne veulent entendre parler d'aucune origine, et qui ne souffrent même pas que la question de l'organisation primitive de chaque espèce soit
posée, à l'athéisme enfin, puisque Dieu conserve ses attributs de créateur, d'ordonnateur et de conservateur du
monde, tout ne s'accomplissant dans la suite des siècles
qu'en vertu des lois éternelles qu'il a voulues, qu'il ne
cesse de vouloir dans les réalités contingentes qui composent le monde visible et invisible.

Mais nous reviendrons ailleurs sur ce sujet important ;
il est temps de rentrer dans les faits physiologiques qui
sont plus particulièrement l'objet du présent livre.

Toutes les parties des végétaux et des animaux naissent de cellules. Le germe des animaux et d'un grand
nombre de végétaux est même une simple cellule, et le
germe gemmaire est toujours ou un amas de cellules, ou
une cellule unique. L'embryon végétal et animal qui
s'accroît est également composé d'un grand nombre de
cellules semblables à la première.

Renonçons à nous demander si ces cellules rudimen-
taires, les premiers éléments organiques qu'il nous soit
donné de saisir, ne sont pas elles-mêmes composées de
cellules plus petites, et celles-ci d'autres plus petites encore, et jusqu'à quel point il faudrait ainsi descendre
dans l'organisation avant de rencontrer les éléments inorganiques qui lui servent de matériaux premiers.

Si nous nous en tenons à ce qui est observable, nous
dirons donc qu'il résulte de plusieurs faits que tout or-

ganisme adulte est une masse de cellules, ou de parties provenant de cellules, et que chacune des molécules qui le constituent possède la puissance apparente de produire le tout. Cette proposition, manifestement vraie à l'égard de certains êtres organisés, n'est pas démonstrativement applicable d'une manière générale. Les difficultés de l'appliquer aux animaux supérieurs sont si grandes, qu'elle devient invraisemblable comme théorie générale, tandis qu'on n'en peut contester la vérité eu égard aux êtres organisés inférieurs.

Cependant les cellules formeraient, suivant Schwan, tous les tissus des corps organisés, et l'on saurait même comment elles se distribuent dans chacun d'eux. Il faudrait donc distinguer :

1° Les cellules isolées, indépendantes, qui nagent dans les liquides, et qui sont libres et mobiles les unes à côté des autres. Tels sont les corpuscules du sang, dont le noyau, après avoir été renflé par l'eau, reste appliqué à la paroi interne, et dont le contenu se compose de la matière colorante du sang ; tels sont encore les corpuscules de la lymphe, ceux du mucus et du pus.

2° Les cellules indépendantes, qui adhèrent cependant les unes aux autres et forment ainsi un tissu cohérent. Cette classe comprend le tissu corné, le pigment et le tissu cristallin. L'épithélium, les ongles, les plumes en font également partie.

3° Les tissus dans lesquels les parois des cellules sont confondues ensemble sans que les cavités le soient. Tels sont les cartilages et les dents.

4° Les fibro-cellules, dans lesquelles des cellules indépendantes s'allongent en faisceaux fibreux, soit d'un côté seulement, soit de plusieurs côtés à la fois. Tels sont le tissu cellulaire, le tendineux, l'élastique.

5° Les cellules dans lesquelles les parois et les cavités sont confondues ensemble. Tels sont les muscles et les nerfs (1).

Suivant Muller, la puissance de reproduire l'organisme entier n'appartient point à toutes les cellules qui se forment pendant l'accroissement, ni aux molécules de tissus qui en proviennent : cette force, qui, d'après le principe, appartient à une seule cellule, ou du moins à un petit nombre de cellules, c'est-à-dire qui réside dans le germe, augmente bien ensuite par l'effet de l'accroissement ; mais il se produit une multitude de cellules qui ne possèdent que le pouvoir de former leurs semblables, et non celui de produire le tout, comme les cellules cornées, les cellules de cartilage, les fibres musculaires.

L'accroissement consiste donc, du moins partiellement, en ce que tout le *virtuel* d'une cellule se transforme en un tout *réel*, avec des cellules nombreuses, différentes les unes des autres quant à leur structure et à leur constitution chimique.

L'accroissement de tous les êtres organisés comprend donc deux choses fort différentes, d'abord l'ampliation de la forme individuelle par multiplication des particules qui la constituent, ensuite la multiplication de la forme de l'espèce dans un état de non développement, dans un état où tout ce qui doit être séparé un jour se trouve encore confondu ensemble, en un mot, sous les dehors soit d'un bourgeon renfermant en lui-même tout ce dont

(1) MULLER, t. I, p. 746-753.

il a besoin pour se développer, soit d'un germe qui ne peut en faire autant qu'après avoir subi l'influence de la fécondation.

L'organisation des animalcules spermatiques n'est pas encore connue, et l'on ne sait pas encore bien si l'on doit les considérer comme des animaux.

Dans l'état actuel de nos connaissances on ne saurait décider si les spermatozoaires sont des parasites ou des molécules primaires de l'animal chez lequel on les rencontre.

Le plus fort des arguments pour refuser une nature animale particulière et individuelle aux spermatozoaires se tire de l'intime connexion qui existe entre leur présence et l'aptitude du sperme à la fécondation. Non seulement il y a des animaux, surtout dans la classe des oiseaux, chez lesquels on ne les rencontre qu'à la saison des accouplements, mais encore ils ne se développent pas chez les bâtards (métis), qui, pour la plupart, sont impropres à la génération, et auxquels il arrive rarement de produire, avec les espèces constantes, des formes qui d'ailleurs reviennent bientôt à l'une des deux espèces fondamentales.

La présence d'animalcules spermatiques dans les organes propagateurs mâles est un phénomène beaucoup plus rare chez les végétaux que chez les animaux.

Les œufs des animaux ovipares se détachent de l'ovaire sans le concours de la fécondation, surtout aux époques du rut ou du flux menstruel. Alors se manifestent plus qu'à une autre époque les tendances aux approches. Quand l'accouplement a lieu, l'œuf est fécondé; lorsqu'il n'a pas lieu, l'œuf ne se sépare pas moins de l'ovaire, et descend dans la trompe, même jusque dans la matrice où il se détruit. Ce n'est qu'au temps de la maturation périodique des œufs que l'accouplement peut être suivi de fécondation.

Le contact du sperme et de l'œuf, même chez les mammifères, pour qu'il y ait fécondation, est un fait acquis à la science. Mais l'endroit où elle s'opère par ce contact varie beaucoup. Elle peut avoir lieu : 1° hors de l'organisme femelle, comme il arrive chez plusieurs reptiles nus et chez les poissons ; 2° dans l'ovaire même, comme dans les mammifères et l'espèce humaine, cas où les animalcules spermatiques cheminent jusqu'à l'ovaire ; 3° enfin, dans l'intérieur de l'appareil conducteur, comme chez les oiseaux.

Dans la procréation ordinaire, le produit présente non seulement les qualités de la mère, mais encore bien positivement celles du père. La race, la forme, les penchants, les passions, les talents, même les maladies, se transmettent tout aussi sûrement du père que de la mère au produit ; et comme ces qualités sont imprimées au germe par la semence, il s'ensuit que celle-ci doit contenir déjà la forme du père, de même que celle de la mère est contenue dans le germe qu'elle procrée.

Le sperme, malgré sa prédisposition inhérente à la forme déterminée d'un être organique, ne contient pas de cellules primaires, et n'est pas une cellule primaire déjà organisée en individu ; il ressemble davantage à un cystoblastème doué de la prédisposition à une forme déterminée, mais manquant de quelque chose, de sorte qu'il est lui-même incapable de végéter sans la présence d'une cellule primaire.

Des naturalistes soutiennent encore que le fœtus humain, avant d'arriver à son état parfait, parcourt successivement les degrés de développement qui persistent pendant la vie entière chez les animaux des classes inférieures. Cette hypothèse, suivant Muller, n'a pas le moindre fondement. Jamais, dit-il, l'embryon humain ne ressemble réellement à un radiaire, à un insecte, à un mollusque, à un ver. Le plan de la formation de ces animaux est tout à fait différent de celui des animaux vertébrés. Les poissons sont les seuls chez lesquels s'accomplit ici une métamorphose progressive, ayant pour résultat l'apparition de lamelles branchiales sur quelques-uns des arcs branchiaux, qui se manifestent dans la formation des embryons de toutes les espèces vertébrées, mais qui ne sont pas encore des branchies proprement dites.

Les parties élémentaires les plus diverses des corps organisés, animaux et végétaux, sont soumis à une loi commune de développement; cette loi consiste en ce que toutes proviennent de cellules. Il existe d'abord une substance sans structure, située dans l'intérieur ou dans les interstices de cellules déjà existantes. Au milieu de cette substance se forment, d'après des lois déterminées, des cellules qui, en se développant ensuite de manières diverses, deviennent les parties élémentaires des corps organisés.

Dans tout tissu quelconque, il ne se produit de cellules nouvelles que là seulement où une nouvelle substance nutritive trouve un accès direct. C'est là-dessus que se fonde la différence entre les tissus qui possèdent des vaisseaux et ceux qui en sont dépourvus. A l'égard des premiers, le liquide nourricier (liqueur du sang) est répandu dans le tissu entier, d'où il résulte aussi que les nouvelles cellules naissent dans toute l'épaisseur de ce même tissu. Pour ce qui concerne les autres, l'épiderme par exemple, le liquide nourricier n'y arrive que par l'une des surfaces.

La possibilité pour une forme de vie, que la génération a procréée, de contracter une union productive avec une autre n'est pas un caractère exclusif de l'espèce, et n'autorise point à conclure que les individus qui s'unissent ainsi fassent partie d'une même espèce, car des individus appartenant à des espèces différentes, comme le chien et le loup, le cheval et l'âne, etc., peuvent quelquefois produire ensemble ; ce qui donne lieu à des bâtards ou métis.

Le type générique, représenté par des espèces et des individus, est seul capable de comporter une union féconde entre ces individus et ceux qui font partie d'un autre type générique ; mais les hybrides, dont la production est déjà rendue difficile par la répugnance naturelle que des individus d'espèce différente éprouvent à s'unir ensemble, ne sont plus aptes à maintenir leurs caractères en se mêlant avec leurs semblables. Ces sortes d'unions demeurent stériles, ou si parfois elles sont fécondes, comme dans le cas d'union d'un bâtard avec l'une des deux espèces pures qui ont contribué à lui donner naissance, le produit revient au type de l'une ou de l'autre espèce. La reproduction constante du même type ou de la même forme de vie, par l'accouplement entre individus semblables, est donc le caractère essentiel et inaliénable de l'espèce.

Les variétés sont des formes représentées par des individus, mais qui rentrent dans la définition de l'espèce. Les individus qui s'y rapportent peuvent procréer entre eux et avec d'autres variétés de la même espèce. Des individus appartenant à des genres différents ne sont pas capables d'union féconde ; ceux d'espèces différentes d'un même genre le sont ; mais leurs produits ne sauraient se reproduire. La même chose a lieu pour les variétés. Une race née du mélange de deux races se propage par son union avec son semblable, tandis que, quand elle s'unit avec les races qui ont concouru à la produire, elle revient, au bout de plusieurs générations, au type de l'une de ces dernières (1).

Les causes qui font naître des variétés dans une espèce sont, les unes intérieures et fondées sur l'organisme lui-même, les autres extérieures, comme la nourriture, l'élévation au-dessus du niveau de la mer, le climat (2).

(1) Voir sur ce sujet une série d'articles intéressants de M. FLOURENS dans le *Journal des Savants*. Voir, sur la génération de l'homme, MULLER, t. II, p. 558-773 ; — BURDACH, t. I, III et IV, p. 1-310 ; — BLAUD, t. I, 21-61 ; t. III, p. 214 sq. ; — DEMANGEON, *Génération de l'Homme*, in-8°, Paris, 1829, où il faut consulter les articles suivants : la durée de la gestation, p. 332 sq. ; la superfétation, p. 297 ; la nécessité de l'air pour l'entretien de la vie, p. 15 ; l'activité de la matière, p. 19 ; la génération spontanée, p. 26, 29 et 30 ; les entozoaires, p. 34-51 ; la ressemblance des enfants aux parents, p. 55 ; filles et garçons, p. 66 ; mélange de races, p. 89-98, 122-123 ; principe vital, p. 112 ; monstruosités, p. 198-207 ; formation du fœtus, p. 211.

(2) Voir, sur la question des races humaines : BLUMENBACH, CUVIER, DESMOULINS, *Histoire naturelle des Races humaines*, in-8°, Paris, 1826, surtout aux pages 189, 191, 194, 195, 228-231, 238-241, 259, 260, 266, 267, 269-271, 276-282, 285, 321-336, 351, 352 ; — PRITCHARD, même sujet, 2 vol. in-8°, etc.

CHAPITRE IV.

Instruments éloignés des fonctions conservatrices de l'individu et de l'espèce.

Il ne s'agit dans ce chapitre et dans le suivant, ni des organes ni des appareils, mais des tissus, et, parmi les tissus, de ceux-là surtout qui jouent le principal rôle dans le rapport du physique et du moral, des nerfs et des muscles.

Nous nous bornons donc ici, comme dans ce qui précède, à prendre aux auteurs les plus autorisés ce qui nous paraîtra le plus digne de remarque au point de vue qui nous occupe. Et comme les physiologistes ne sont pas toujours d'accord, nous prévenons les uns et les autres que, pour tout ce qui est d'observation un peu scientifique et qui n'est pas à la portée de tout le monde, nous n'affirmons absolument rien de notre chef. Après avoir rendu cet hommage à qui de droit, et décliné de nouveau une responsabilité qui ne peut nous appartenir, nous entrerons en matière sans autre préambule.

Ehrenberg croit avoir découvert des traces du système nerveux jusque chez les infusoires, ou du moins chez les rotifères. Il y aurait donc des nerfs et des parties placées sous leur dépendance, à tous les degrés de l'échelle animale, sans en excepter les espèces qui semblent être d'une simplicité extrême.

Il serait beaucoup trop long de décrire tout le système

nerveux et d'en exposer ensuite toutes les fonctions. Ici
encore nous renverrons aux ouvrages plus spéciaux, qui
abondent. Il suffit d'indiquer ceux de Muller, de Longet, de Bell, de Svann, de Georget, Legallois, Leuret,
Bazin, Brachet, Hirschfeld, Bielfeld, Waller, Magendie
et Flourens.

Tout le monde sait qu'on distingue deux principales
espèces de nerfs, ceux dont l'ensemble forme le grand
sympathique, ou les nerfs ganglionnaires, qui semblent
plus particulièrement présider à la vie purement organique ou végétative, et les nerfs cérébro-rachidiens,
qui fonctionnent plus spécialement dans les opérations
de la vie animale ou de relation. Les uns et les autres se
subdivisent par régions, et se correspondent comme les
fonctions d'un système à l'autre, comme les deux ordres
de faits vitaux dans lesquels ils interviennent.

I. Les nerfs cérébro-spinaux forment un système à
part, celui de la vie animale et humaine réunies, de la
vie supérieure.

Les fonctions principales de ces nerfs sont la sensibilité, le mouvement volontaire et la pensée. Il n'y a pas
le moindre rapport visible, ou même concevable, entre
ces conditions organiques et les effets spirituels qui les
précèdent ou les suivent. On ne saura jamais comment
le sentir, le penser, le vouloir peuvent être l'effet ou la
cause du mouvement des nerfs. Il n'y a donc pas ici de
cause ou de connexion visible; mais il y a consécution
ou succession, espèce de rapport qu'il est d'autant plus
intéressant de connaître qu'il représente celui de causalité, de causalité instrumentale ou conditionnelle au
moins.

Le mode d'action des nerfs dans ces différents cas n'est pas plus connu que le rapport de l'action physique à l'effet psychique. Aussi les physiologistes sont-ils partagés sur ce sujet.

Le même auteur a quelquefois professé successivement des opinions contraires. C'est ainsi que Magendie admet dans ses *Leçons sur le Système nerveux* un fluide que renfermeraient les nerfs, et qui serait l'instrument immédiat de leur puissance. Il avait dit au contraire dans sa *Physiologie* que « l'action des nerfs doit être rangée parmi les actions vitales qui ne sont susceptibles, dans l'état actuel de la science, d'aucune explication. Ni la vibration des cordons nerveux, ajoute-t-il, ni le prétendu *fluide nerveux*, ni même l'électricité, ne sont des explications satisfaisantes de la transmission des sensations. Et cependant nul doute que les nerfs ne soient des agents de la transmission des sensations. » M. Ehrenberg place dans les nerfs sensitifs un fluide parfaitement transparent. Ne serait-il pas si transparent qu'il en serait invisible?

Mais un fait qui a sans doute une très haute importance, c'est la division des nerfs fournis par la moelle épinière, en racines antérieures qui président au mouvement, et en racines postérieures qui président à la sensibilité. Comment s'opère le passage des uns aux autres? Comment la sensibilité est-elle suivie du mouvement, ou le mouvement suivi de la sensibilité? Comment ces deux sortes de nerfs se correspondent-ils et peuvent-ils déterminer, les uns par les autres, des états de l'âme aussi divers que le sentir et le vouloir? Les anastomoses n'expliqueraient absolument rien ; il ne s'agit pas ici de la transmission d'un même liquide comme celui du sang des artérioles ou des veinules. En vain même on imaginerait un fluide qui passerait d'une espèce de nerfs à l'autre : la différence du phénomène psychique y trouverait encore moins sa raison que dans la différence même des nerfs, qui ne suffit point. Ne faut-il donc pas qu'il y ait comme un centre commun tout à la fois capable de sentir et de vouloir, d'être affecté en bien ou en mal à la suite du jeu de certains cordons nerveux, et de mettre d'autres nerfs en action, et par eux les muscles en mouvement?

Par le fait que le jeu des premiers donne un résultat psychique tout différent de celui des seconds, le mouvement ne peut être considéré comme un résultat immédiat de la sensibilité, et le jeu qui détermine le mouvement volontaire des muscles comme la continuation du jeu qui produit la détermination sensible. Aussi, des physiologistes appellent-ils mouvements de réflexion ceux qui succèdent aux sensations. Le cerveau est ici le milieu organique où aboutit le mouvement centripète suivi de la sensibilité, et d'où part le mouvement centrifuge qui va mettre en jeu le système musculaire.

Mais il importe de remarquer que les mouvements qui succèdent à l'excitation sensible sont loin d'être tous volontaires; un grand nombre sont involontaires, convulsifs. Ils excluent, loin de le supposer, l'intermédiaire du moi, du libre arbitre, de l'intelligence et de la réflexion. Et cependant, la partie sensitive des nerfs ne détermine pas plus immédiatement les mouvements involontaires que les volontaires; il faut donc qu'il y ait un autre intermédiaire que le *moi* entre ces deux mouvements, un intermédiaire indivisible cependant, où la sensibilité aboutisse, et d'où la motricité puisse émaner en vertu d'une réaction toute particulière et qui n'a rien de commun avec le phénomène du sentir. Quel peut être ce principe non réfléchi, non volontaire, et cependant sensible, si ce n'est l'âme capable de sentir, mais qui agit alors fatalement?

Ce fait, entre autres, est capital en faveur de nos deux principales thèses, la distinction de l'âme et du moi, l'unité identique de l'âme et du principe de la vie.

Gardons-nous, toutefois, de conclure que l'intervention du cerveau soit absolument nécessaire pour qu'il y ait passage de la sensation au mouvement : il paraîtrait, au contraire, que des sensations et des mouvements (involontaires sans doute) peuvent être déterminés, au moins chez certains animaux et dans certaines parties du corps, sans que la réflexion se consomme dans le cerveau et prenne son cours par la moelle épinière. C'est ainsi qu'après la section de la moelle épinière sur une salamandre terrestre, la sensibilité survit pendant longtemps dans toutes les parties situées au-dessous de la plaie, et que des réactions convulsives se manifestent. Le bout de la queue même est encore sensible. Chaque fois qu'on attaque légèrement une partie séparée du corps de la salamandre, elle se contracte. Mais ce phénomène intéressant, qui persiste pendant des heures entières, n'a lieu qu'autant que la partie détachée du corps contient encore de la moelle épinière; on ne le remarque pas dans les membres coupés.

On est par là conduit à penser que les convulsions générales qui ont lieu chez certains animaux à la suite

d'une irritation locale sont indépendantes aussi du tris-
panchnique ou grand sympathique. Ce phénomène tient
à une irritation de la moelle épinière, irritation qui peut
être provoquée : 1° par la simple section ou par la con-
tusion de la moelle épinière chez certains animaux ;
2° par l'empoisonnement au moyen de substances narcotiques chez d'autres ; 3° par une sensation imprévue
chez beaucoup de personnes ; 4° par une vive excitation
locale d'un nerf du sentiment ; 5° par des irritations locales résultant d'une inflammation ou d'une tumeur ;
6° par une violente irritation des nerfs sympathiques du
canal intestinal, etc.

On ne trouve pas, du reste, dans l'exposition des faits
qui précèdent, une clarté suffisante : on ne voit pas bien
si ce que l'auteur appelle sensibilité ne serait pas, quelquefois au moins, un mouvement déterminé par l'irritabilité pure et simple, et si, par conséquent, le système
musculaire ne jouerait pas ici le principal rôle. Mais
nous ne devons pas anticiper ici sur le rapport des nerfs
et des muscles dans les phénomènes de la contraction.

Ce qui laisse à désirer encore, c'est la possibilité ou l'impossibilité d'une communication indirecte entre la portion
inférieure de la moelle épinière transversalement coupée
dans toute son épaisseur. Ne serait-il pas possible que,
par ses parties inférieures, il y eût un reste de communication avec l'encéphale par la partie supérieure de la
moelle épinière, à l'aide de ramifications nerveuses indi-
rectes? Est-il indifférent d'opérer cette section à une hauteur ou à une autre? Aux maîtres de la science à répondre.

Il n'y a pas de doute, il est vrai, lorsque ce n'est pas
seulement la moelle épinière qui est coupée, mais le

corps entier. Alors encore il y a mouvement convulsif, à la suite d'une irritation. Mais cette irritation est-elle suivie de sensibilité? le mouvement qui s'ensuit n'est-il pas purement organique, aussi dépourvu de volonté que de sensibilité?

Un fait cependant qui ne doit pas être oublié, c'est que le phénomène n'a lieu qu'autant que la partie irritée ou coupée est encore en rapport avec une portion de la moelle épinière. Cette moelle n'aurait-elle pas, chez quelques espèces d'animaux, la vertu de renfermer pour ainsi dire en germe un certain nombre de foyers ou de lieutenants imparfaits du cerveau, à peu près comme, dans d'autres animaux d'une espèce inférieure, un ou plusieurs anneaux renferment un foyer de vie d'où peut sortir, par une sorte de bouture, un animal entier de la même espèce; de la même manière encore que presque toutes les parties extérieures d'une plante peuvent donner naissance, par un procédé analogue, à la production d'un nombre indéfini de sujets de la même espèce?

Quoi qu'il en soit, des physiologistes n'admettent de contractilité musculaire que par l'irritabilité nerveuse. Pour eux donc le muscle n'est pas proprement contractile; c'est à l'action des nerfs qu'il doit cette propriété. Point de nerfs, point de contraction. On sait, dit Muller, que les muscles n'ont point de contractilité sans le concours des nerfs, et que les fibres sensorielles ne procurent de sensation que par leur communication avec la moelle épinière et le cerveau intact. Ainsi, point de mouvement, point de contraction sans nerfs, point de sensibilité sans la participation de la moelle épinière et du cerveau. Les apparences du contraire seraient mensongères. Nous reviendrons plus tard sur ce sujet, en parlant du mouvement; et nous citerons les expériences de l'auteur à l'appui de son opinion.

D'autres physiologistes, et nous croyons pouvoir compter M. Flourens dans le nombre (1), distinguent plus profondément la contractilité et l'irritabilité nerveuse ou la sensibilité; l'une serait une propriété essentiellement musculaire, l'autre n'appartiendrait en propre qu'aux nerfs. La première ne serait donc pas moins possible sans les nerfs que la seconde sans les muscles.

En attendant que les maîtres de la science se soient entendus sur ce point, nous dirons un mot des propriétés particulières aux différentes espèces de nerfs du système cérébro-rachidien.

II. Ce qui caractérise chaque espèce de nerf, indépendamment de la place qu'il occupe dans le corps, et de la texture intime de son tissu si on pouvait la saisir, c'est sa fonction : il n'y a pas de raison *a priori* pour que les nerfs olfactifs, auditifs ou tous autres ne soient pas sensibles à la lumière et aux couleurs, et réciproquement. Pourquoi donc une même cause physique d'irritation, par exemple l'électricité, lorsqu'elle agit sur tous les organes des sens à la fois, produit-elle sur chaque espèce de nerfs sensoriels (2) un effet différent, si ce

(1) *La Vie et l'Intelligence*, 1re part., p. 86.
(2) Muller semble appeler proprement nerfs sensoriels : les oculaires, le trijumeau, le facial, le glossopharyngien, le vague, l'accessoire de Willis, le grand hypoglosse et le grand sympathique. Il nous semble, en ce qui regarde le grand sympathique surtout, que ces différents nerfs ne méritent pas au même titre la qualification de sensoriels. Puis, comme pour ajouter encore au vague de cette classification, l'auteur ajoute : Quelques-uns contiennent cependant des fibres sensitives (susceptibles de la sensation générale du toucher?).

n'est parce que la texture du nerf, d'une nature encore
plus intime peut-être, est différente? Cette diversité de
sensation et de perception, sous l'impression d'un même
agent, a fait croire à quelques physiologistes que les
nerfs des sens ne sont pas des conducteurs passifs,
mais que chacun d'eux possède une force propre, inaliénable, que les agents du dehors ne font que mettre en
jeu. Il faut bien effectivement que le nerf soit considéré
comme un des facteurs du phénomène, ou tout au
moins comme une de ses conditions essentielles.

Il ne faut pas oublier cependant que la réaction nerveuse, si elle existe, et quel qu'en puisse être le mode,
ne suffit point pour rendre raison du phénomène psychique correspondant. Toute sensation, toute perception
est un état du moi qui n'existe qu'en lui, qui ne vient
point d'ailleurs, puisqu'il ne se consomme qu'en lui
seul et qu'il n'en sort pas; seulement, il a ses causes
occasionnelles au dehors et dans l'organisme vivant.

Il n'est donc pas littéralement exact de dire avec
Muller que « la sensation est la transmission à la conscience, non d'une qualité ou d'un état des corps extérieurs, mais d'une qualité ou d'un état de nos nerfs
occasionné par une cause extérieure. » L'illustre physiologiste aurait dû distinguer encore le rôle de l'âme d'a-
vec celui des nerfs, comme il avait distingué le rôle des
nerfs d'avec les causes occasionnelles extérieures. Car
il dit fort bien : Nous ne sentons pas le couteau qui nous
cause de la douleur, mais l'état douloureux de nos nerfs.
L'oscillation peut-être mécanique de la lumière n'est
point en elle-même une sensation de lumière; les vibrations des corps ne sont point par elles-mêmes des sons

etc. Ainsi, c'est uniquement par les états que des causes
extérieures suscitent dans nos nerfs, que nous entrons
en rapport avec le monde du dehors.

III. Le système nerveux affecte pourtant la même distribution : c'est un foyer qui rayonne, un centre et des
expansions. La sensibilité s'accumule à ce centre, et
l'action en part. Dans d'autres cas, les nerfs, comme s'ils
étaient doués d'une sensibilité et d'un mouvement propres, se meuvent et déterminent des mouvements sans
que la conscience et la volonté y aient la moindre part.

Quand les organes centraux éprouvent les effets des
nerfs sensitifs et stimulent en conséquence les nerfs
moteurs sans qu'il y ait conscience, les mouvements qui
s'en suivent sont dits réflexes ou réfléchis, parce qu'en
effet ils s'accomplissent en exécutant une sorte de dé-
tour, ou en passant par les nerfs insensibles de la vie
organique. C'est une marche indirecte et détournée, si
elle est comparée à celle où le mouvement physiologique s'accomplit directement en passant des nerfs sensitifs
aux nerfs moteurs de la moelle épinière, tout en passant
par l'encéphale. En ce cas aussi la conscience accompagne le mouvement dans toute sa marche.

IV. La moelle épinière, qui est comme le lit d'un fleuve
où viennent se décharger un grand nombre d'affluents à
droite et à gauche, n'est, à d'autres égards, qu'un ensemble de courants qui restent distincts dans toute la
longueur du trajet. Cette distinction se maintient dans
l'encéphale. La preuve en est que la lésion d'une partie
du cerveau ou d'une partie de la moelle épinière n'entraîne qu'une insensibilité ou une paralysie locale et
partielle. Il y a en tout ceci des corrélations connues,

certaines, entre les causes et les effets, qui prouveraient déjà clairement la correspondance des organes, quand même on ne les connaîtrait pas anatomiquement. L'étendue de l'effet pathologique se trouve aussi déterminée par celle de la lésion organique.

Cette distinction du cordon nerveux arrivant de toutes les parties du corps sur cette voie commune qui doit les conduire au rendez-vous général, cheminant parallèlement, sans se confondre, dans toute l'étendue de leur trajet, nous mènerait loin s'il fallait la suivre jusque dans ses dernières divisions, si d'ailleurs la chose était absolument possible. Aussi nous garderons-nous d'entrer dans une voie que l'anatomie la plus fine ne se flatte pas d'avoir pleinement parcourue. Nous ne pouvons cependant pas rappeler l'une de ces distinctions capitales, celle qui résulte des expériences de Charles Bell, de Magendie et de Longet, d'après laquelle les principaux cordons de la moelle épinière et des nerfs qui en émanent se divisent en deux parties longitudinales : l'une antérieure, affectée au mouvement ; l'autre postérieure, destinée à la sensibilité. Les exceptions ne sont qu'apparentes, dit-on, et s'expliqueraient par des fibres sensitives ou des motrices qui se réuniraient, pour s'y confondre, aux fibres motrices ou aux sensitives.

C'est par suite de la loi qui régit les rapports des ramuscules, des rameaux, ou des branches des nerfs, avec la moelle épinière, que s'explique le phénomène d'une sensation qui semble encore avoir son siège dans une partie du corps paralysée ou même complétement détachée de l'ensemble. Ce qui prouve bien que la sensation n'est pas où elle paraît être, mais uniquement dans le *sensorium commune*.

Aussi Muller, qui tout d'abord n'avait pas assez dégagé, à notre gré du moins, les fonctions des nerfs d'avec les états ou les opérations du moi, pénètre cette fois plus avant dans ce départ essentiel : « Comme le siége des sensations n'est ni dans les nerfs, qui portent au cerveau les courants ou les oscillations du principe nerveux nécessaire pour la produire, ni dans la moelle épinière, qui n'a non plus d'autre rôle que celui de conduire ces effets au *sensorium commune;* et comme la sensation ne naît que dans le *sensorium commune,* par suite des impressions que les nerfs et la moelle épinière lui transmettent, on comprend sans peine pourquoi le *sensorium commune* sent de la même manière les excitations, tant des fibres de la moelle épinière que de celles des nerfs, en quelque point de leur étendue que ces fibres aient été affectées; car, quelle que soit leur longueur, elles n'agissent jamais sur le *sensorium* que par leur extrémité cérébrale, et les irritations déterminées sur un point quelconque de leur longueur ne peuvent point agir autrement les unes que les autres. Cependant la moelle épinière nous offre, sous ce rapport, la même contradiction que les nerfs. De même, en effet, qu'une compression exercée sur un tronc nerveux donne lieu à des sensations, non seulement dans le tronc même, mais encore, du moins en apparence, à son extrémité périphérique : de même aussi une lésion de la moelle épinière peut être sentie douloureusement, et dans le point où elle a lieu, et dans les parties auxquelles aboutissent les nerfs qui naissent au-dessous de ce point. »

Voilà donc enfin la véritable théorie de la sensation. Il n'y manque, pour qu'elle soit parfaite, que l'interprétation de quelques termes obscurs encore, ou dont le sens littéral serait inexact. Il faut donc entendre ici par *sensorium commune* la conscience ; par *courants, oscillations,* un fait organique quelconque, puisqu'on n'en sait pas davantage ; par transmission de l'impression, une excitation pure et simple dont le mode d'action, dans le passage mystérieux et précis du corps à l'âme, est parfaitement inconnu.

Nous avons moins à reprendre encore sur les caractères différentiels suivants, donnés par le même physiologiste, entre les nerfs proprement dits et la moelle épinière. Ce qu'on pourrait y reprendre devient le plus souvent très acceptable si l'expression est prise figurément, au lieu de l'être au propre ; il n'est pas même bien sûr que l'auteur ait entendu le fait autrement que nous : avec plus de propriété dans l'expression il eût été moins physiologiste pur et moins clair pour un grand nombre de lecteurs.

Voici ces caractères distinctifs :

1° La moelle épinière possède la faculté de réfléchir sur les nerfs moteurs les irritations sensitives des nerfs sensitifs. Un tronc nerveux séparé de la moelle épinière et du cerveau ne sent point, et il ne détermine pas non plus de mouvement à l'occasion des irritations exercées sur les nerfs sensitifs de la peau.

2° Elle est susceptible de réfléchir une action des nerfs sensitifs sur les nerfs moteurs sans sentir elle-même.

3° Elle est comme un appareil chargé de force motrice, qui, même après avoir été séparé du cerveau, peut, sans excitation du dehors, déterminer des mouvements automatiques, par le seul effet de sa décharge.

4° Elle est apte à produire des effets automatiques sur les nerfs du mouvement; mais elle laisse en repos, dans l'état de santé, la plupart de ces nerfs, notamment ceux de la locomotion. Au contraire, elle exerce une influence motrice continuelle sur beaucoup d'autres, et tient les muscles auxquels ils se distribuent dans un état non interrompu de contraction involontaire, qui ne cesse que quand elle tombe en paralysie.

5° Les parties de la moelle épinière ont une grande aptitude à se communiquer réciproquement leurs états ; cette particularité établit une différence bien prononcée entre elle et les nerfs (1).

6° Quand la moelle épinière est atteinte d'une grande irritation, par exemple dans la myélite, après une grande affection des nerfs (tétanos traumatique), ou sous l'influence des narcotiques, elle participe tout entière à cet état, et opère des décharges continuelles vers tous les muscles soumis à la volonté.

7° Les mouvements spasmodiques provoqués par des poisons narcotiques ont leur cause dans la moelle épinière, et non dans les nerfs.

8° La moelle épinière est, par sa tension motrice, la cause de nos mouvements.

9° Elle est la cause de la puissance et de la tension sexuelles : l'exercice du penchant à la reproduction est régi par elle.

10° L'influence qu'elle exerce, par les nerfs organi-

(1) V. p. 699-700.

ques, sur les opérations chimico-organiques du système capillaire, se manifeste non seulement par les changements que la sécrétion cutanée subit dans la syncope, mais· encore, et d'une manière plus prononcée même, par l'état de la peau chez les hommes dont la moelle épinière souffre à la suite d'excès.

11° La moelle épinière est aussi le siége d'une impression morbide dans toutes les affections fébriles, et les changements que la fièvre apporte aux sensations, aux mouvements, aux phénomènes organiques, aux sécrétions, à la production de la chaleur, ne peuvent être conçus que par la communication de la maladie à l'organe dont nous nous occupons.

V. Les observations qui suivent sur l'encéphale ne nous semblent pas moins intéressantes : l'homme est, de tous les animaux, celui qui possède le plus de masse cérébrale proportionnellement au reste du corps. Le plus fort cerveau d'un cheval pèse une livre sept onces, et le le plus petit d'un homme adulte, deux livres cinq onces et demie ; cependant les nerfs qui sortent de sa base sont près de dix fois plus gros dans le cheval que dans l'homme. Le cerveau d'une baleine longue de soixante-quinze pieds pèse cinq livres cinq onces et un gros ; et il est des cerveaux humains qui pèsent jusqu'à trois livres une once sept gros. Toutes les parties du cerveau ne marchent pas, dans le règne animal, d'un pas égal, avec le développement des facultés intellectuelles. La prépondérance de cet organe chez les animaux supérieurs, se rattache surtout à l'accroissement des hémisphères. Le cervelet a bien chez ces animaux un volume proportionnel plus considérable que chez les animaux inférieurs, mais la proportion est beaucoup plus faible. Les tubercules quadrijumeaux sont proportionnellement plus petits chez l'homme, et la moelle allongée, avec ses ramifications dans le cerveau, n'est pas, proportion gardée, plus grosse chez lui que chez aucun animal.

Il ne faut pas s'imaginer, du reste, que le volume absolu du cerveau soit dans un rapport nécessaire avec le développement de l'intelligence. Il en est de même du poids de l'encéphale comparé à celui du corps, du poids du cervelet, de la moelle épinière et de la moelle allongée, comparé encore à celui du cerveau.

Les nerfs une fois séparés du cerveau, sont également soustraits à l'influence de la volonté, et l'animal n'a plus conscience de leurs états.

Tous les organes, à l'exception du cerveau, peuvent ou sortir lentement du cercle de l'économie animale, ou périr en peu de temps, sans que les facultés de l'âme subissent aucun dérangement.

Au contraire, tout trouble lent ou soudain des fonctions du cerveau en change aussi les aptitudes intellectuelles. L'inflammation de cet organe n'est jamais sans délire, et plus tard sans stupeur; l'un de ces deux effets est aussi la conséquence de la pression exercée sur le cerveau proprement dit. Il y a délire ou stupeur, suivant que la pression s'exerce avec ou sans irritation.

Si l'on conserve le cerveau, mais qu'on supprime le *cervelet* par couches successives, on observe que l'ablation des premières couches est suivie d'un peu de faiblesse et de désharmonie dans les mouvements; à l'enlèvement des couches moyennes, une agitation presque générale, mais sans convulsions, se manifeste; au retran-

chement des couches inférieures et dernières, l'animal
perd la faculté de sentir, de voler, de marcher, de rester debout, de se tenir en équilibre. Placé sur le dos, il
ne sait plus se relever, il s'agite follement et presque
continuellement, sans donner une marque de stupeur;
il voit le coup qui le menace, veut l'éviter, mais ne le
peut pas. La volonté, le sentiment et la conscience persistent donc.

Il n'y a d'aboli que la possibilité de coordonner l'action des muscles en mouvements réglés et déterminés,
et les efforts de l'animal pour se maintenir en équilibre lui donnent l'air ivre. Le cervelet n'aurait donc
pour fonction immédiate ni le sentir, ni l'agir, mais le
mode d'action. Toute altération de sa structure détruit
en quelque sorte l'harmonie préétablie entre lui et le
groupe des muscles, ainsi que leurs conducteurs nerveux.
L'intégrité de son action est indispensable au concours
des mouvements pour un certain but, pour le vol, la
marche, la station, et pour la conservation de l'équilibre;
mais ses lésions n'exercent d'influence ni sur les sens,
ni sur aucune fonction du corps. Magendie a cependant
vu des hérissons et des cochons d'Inde auxquels il avait
enlevé le cerveau et le cervelet, se frotter encore le mu-
seau avec les pattes de devant quand on leur mettait du
vinaigre sous le nez. D'autres animaux, après la lésion
du cervelet, s'efforçaient d'aller en avant, mais une
puissance intérieure les obligeait à reculer.

Suivant le même physiologiste, la lésion de certaines
parties du cerveau, des prolongements moyens, du pont
de Varole, détermine chez les animaux un tournoiement
du côté de la lésion (et suivant Longet du côté opposé),

tournoiement très rapide (jusqu'à soixante tours par minute), et qui s'est prolongé quelquefois jusqu'à huit jours sans interruption. Il faut remarquer, en outre, que ce mouvement n'est pas convulsif, mais animique ou spontané (1).

L'hypothèse de Gall, que le cervelet est l'organe central de l'instinct de la propagation, repose si peu sur des faits certains, qu'on a vu, au contraire, des sujets qui n'avaient pas de cervelet, chez lesquels cependant le goût des jouissances honteuses et solitaires s'était développé.

Mais on sait que souvent on a été obligé de retrancher des portions du cerveau, sans que les malades, quand ils jouissaient pleinement de leur connaissance, en éprouvassent aucune sensation. Les lésions des hémisphères ne déterminent pas non plus de convulsions : la seule conséquence qu'elles entraînent, lorsqu'elles sont profondes, c'est la perte de la vue du côté blessé et la stupeur. Encore, suivant Longet et Magendie, la perte de la vue n'est-elle pas constante chez les oiseaux.

Les hémisphères cérébraux, tout insensibles qu'ils sont, paraissent être le siége organique des opérations de l'intelligence. On peut déjà le conclure de la gradation dans le développement de ces hémisphères jusqu'à l'homme, de la coïncidence de l'atrophie et de l'absence des circonvolutions de cet organe avec l'idiotisme. Ces parties de l'encéphale, qui ne paraissent pas plus présider au mouvement qu'à la sensation, puisque leur lésion ne détermine aucun mouvement convulsif, seraient cependant la cause organique de l'action de la pensée,

(1) Cf. MILNE-EDWARDS, *Cours élém. d'Hist. nat.*, 6e édit., p. 177.

puisque l'animal auquel on a enlevé les deux lobes
semble plutôt dormir que veiller. Leur pensée n'est plus
qu'un songe, l'ombre d'elle-même. Mais on ne peut assigner aux différentes parties des hémisphères un rôle
spécial dans la pensée, alors même qu'il serait réel. Il
y a plus, c'est que la mémoire, par exemple, peut être
abolie par la lésion des hémisphères en un point quelconque de leur pourtour. Il en est de même des autres
facultés. Beaucoup d'autres expériences combattent invinciblement l'hypothèse de Gall (1).

VI. La *moelle allongée* met le cerveau en rapport avec
la moelle épinière. Elle participe en général aux propriétés de la moelle épinière. Elle se distingue de toutes les
autres parties des organes centraux, en ce qu'elle est
la source de tous les mouvements respiratoires, en même
temps que le siége de l'influence de la volonté et de la
sensibilité.

La moelle allongée comprend : 1° les pyramides,
2° les cordons siliquaires, 3° l'olive, 4° le cordon latéral,
5° le cordon cunéiforme, 6° le cordon grêle.

Le rapport d'action et de réaction entre le cerveau et
la moelle épinière, ou la mécanique de ces deux parties
du système nerveux central, n'est pas encore bien élu-
cidé.

Les fibres primitives des nerfs, placées côte à côte
dans une même gaîne ne se communiquent point leurs
états ; elles agissent isolément les unes des autres, de la

(1) MULLER, t. I, p. 724, 726-729 ; — LEURET, *Anatomie comparée*, etc.; —
LÉLUT, *Qu'est-ce que la Phrénologie ; Rejet de l'Organologie phrénologique,*
etc.; — AHRENS, *Cours de Philos.*, t. I, p. 221 et s.; — CARUS, *Nachgelass.
Werke*, t. II, p. 375 et s.; — FICHTE, *Zeitschrifft*, etc., t. XII, 2e liv., 1844;
p. 267 et s.; — et notre *Anthropologie*, t. II, p. 181-307.

périphérie au centre et du centre à la périphérie. La communication est-elle possible dans les parties centrales (1)? Quoi qu'il en soit, la propagation dans les fibres de la moelle épinière, n'en a pas moins lieu toujours avec plus de facilité suivant la direction de ces fibres qu'en tout autre sens : autrement, l'excitation motrice des organes de certains nerfs du tronc et l'action croisée du cerveau sur les nerfs rachidiens ne seraient point possibles.

Parmi les appareils moteurs, ceux dont la lésion détermine des convulsions doivent être distingués de ceux dont la lésion diminue l'intensité du mouvement sans provoquer des convulsions. La première classe ne comprend que les tubercules quadrijumeaux, la moelle allongée et la moelle épinière. A la seconde, se rapportent tous les autres appareils moteurs contenus dans l'encéphale, notamment les couches optiques, les corps striés, le cerveau proprement dit, en tant qu'il influe sur les mouvements, le pont de Varole et le cervelet.

Les effets de la moelle épinière et de la moelle allongée, ne se croisent pas, à la différence de ceux du cervelet, des tubercules quadrijumeaux, des hémisphères cérébraux et des parties qu'ils contiennent, effets qui sont presque toujours croisés.

On peut, par un certain mode de lésion, produire des convulsions d'un côté et des paralysies de l'autre : il suffit pour cela de blesser des parties qui déterminent la

---

(1) On ne pourrait l'expliquer que par la continuité des deux ordres de nerfs; ce qui est inadmissible. Comment d'ailleurs le rôle des nerfs changerait-il en partant du centre? Le vrai centre, c'est l'âme : c'est là le vrai *sensorium commune*.

paralysie, et d'autres qui provoquent des convulsions; des parties qui se croisent, et d'autres qui ne se croisent pas. Quand on blesse la moelle épinière et la moelle allongée, on donne lieu à la paralysie et à des convulsions du même côté; quand on agit sur les tubercules quadrijumeaux, on détermine la paralysie et des convulsions du côté opposé. Aux lésions des couches optiques, des corps striés et des hémisphères tant du cerveau que du cervelet succède la paralysie du côté opposé, sans convulsions. Mais si l'on blesse en même temps le cervelet et la moelle allongée d'un côté, il en résulte une faiblesse ou paralysie incomplète du côté opposé, et des convulsions avec paralysie du côté correspondant.

Chez l'homme, la paralysie de l'œil s'observe aussi souvent du côté de la lésion cérébrale que du côté opposé. Comme les deux hémisphères contribuent à la formation du nerf optique de chaque œil, puisque chaque racine fournit des fibres pour les deux yeux dans le chiasma (endroit où les nerfs optiques s'entre-croisent), l'égalité numérique des cas d'effet croisé et d'effet non croisé s'explique sans peine.

Chez l'homme, les lésions du cerveau produisent tout aussi bien la cécité du côté de la lésion cérébrale que du côté opposé, tandis que chez les animaux elles entraînent toujours la perte de l'œil du côté opposé. Cette différence tient à celle du chiasma.

Dans les paralysies du sentiment, la cause peut avoir des siéges très variés. La cécité succède le plus souvent aux dégénérescences des hémisphères, en particulier des couches optiques, puis à celles des tubercules quadrijumeaux; le défaut de sensations tactiles dans les mala-

dies tient à la moelle allongée. La paralysie est tantôt
complète et tantôt incomplète. Les parties dont la lésion
entraîne le plus souvent la perte de l'énergie du mouvement sont les corps striés, les couches optiques, les
pédoncules cérébraux et le pont de Varole. La paralysie
incomplète se déclare surtout dans les maladies des hémisphères cérébraux et du cerveau. Les parties du cerveau qui ont de la tendance à produire des convulsions
indépendamment de la paralysie, sont les tubercules
quadrijumeaux, la moelle épinière, et les parties basi-
laires du cerveau proprement dit. Les effets de la cause
paralysante sont généralement croisés au tronc; à la
tête, ils sont aussi souvent du côté de la lésion que
croisés.

Les convulsions ont leur cause dans les nerfs, ou dans
la moelle épinière, ou dans le cerveau.

Suivant Magendie, en cela contredit par Longet, l'a-
blation des deux corps triés donne aux animaux un irrésistible penchant à se porter en avant, penchant qui
subsiste même après la perte de la vue.

Le premier de ces physiologistes a également observé
une propension aux mouvements rétrogrades chez les
mammifères et les oiseaux dont le cervelet avait été
blessé. Ce phénomène a lieu quelquefois après les lésions de la moelle allongée. Enfin, Magendie a remarqué
que certaines lésions de la moelle allongée déterminent
une tendance à se mouvoir *en cercle,* soit à droite, soit
à gauche, comme dans un manége. Longet a obtenu le
même résultat en blessant l'un des pédoncules cérébraux
immédiatement au devant du pont de Varole.

Certaines impressions sur le cerveau déterminent,

non des mouvements de rotation, mais des sensations rotatoires. Telles sont celles du vertige, qui ont lieu surtout dans le sens de la vue, par exemple quand on tourne longtemps et rapidement sur soi-même (1).

On connaît peu le mode d'action du grand sympathique; mais il est difficile de douter aujourd'hui d'un assez grand nombre de ses effets.

On convient donc assez généralement des points suivants :

1° Les parties soumises à cette espèce de nerfs ne sont pas susceptibles de mouvements volontaires.

2° Elles sont encore susceptibles d'un faible mouvement quand on les a séparées du reste du système nerveux dont les filets les animent. C'est ce qui se passe dans le cœur des reptiles arraché de la poitrine.

3° Leur mouvement est donc, à un certain degré, indépendant du cerveau et de la moelle épinière.

4° Toutefois, le grand sympathique lui-même et les organes placés sous sa dépendance subissent l'influence de l'autre système. C'est ainsi, par exemple, que les mouvements du cœur peuvent être modifiés par le cerveau ou la moelle épinière.

5° Les contractions des organes qui dépendent du grand sympathique, à la suite de l'irritation subie par ces organes ou par leurs nefs, sont d'une certaine durée et constituent des mouvements rhythmiques; la réaction dure beaucoup plus que l'irritation.

6° Ces mouvements involontaires, dus au grand sympathique, conservent leur caractère jusque sous l'in-

(1) MULLER, t. 1, p. 682-728.

fluence des ganglions, et lorsque le nerf sympathique appartenant à l'organe a été détruit jusqu'aux branches qui se distribuent dans cet organe.

7° Le cerveau et la moelle épinière, les ganglions mêmes (quand ils sont irrités), exercent pourtant une influence sur le grand sympathique ; ils modifient les mouvements des parties non soumises à l'empire de la volonté, et sont comme la source de l'activité du grand sympathique, activité qui s'éteindrait bientôt sans cette incessante vivification.

Ainsi, l'action du système cérébro-rachidien sur le grand sympathique est comme une charge qui pourrait être accumulée par intervalles, et suffire pendant un temps à la distribution graduée qui en est faite par le grand sympathique. Ce phénomène expliquerait une partie de ceux du sommeil.

8° Les organes qui ne sont pas soumis à la volonté peuvent être paralysés par la narcotisation des derniers filets du grand sympathique qui se distribuent dans leur intérieur.

9° De vives impressions sensorielles dans ces organes, si elles se propagent à la moelle épinière, peuvent provoquer des mouvements dans les parties du corps qui reçoivent des nerfs du système cérébro-spinal. C'est là une sorte de mouvement par réflexion.

10° Le mouvement qu'éprouve le système cérébro-spinal des impressions sensorielles reçues par les organes soumis au grand sympathique peut revenir au grand sympathique lui-même. C'est un mouvement reflexe plus profond. Ce mouvement est plus ample que celui qui ne part que des nerfs cérébro-spinaux,

11° Il y a des organes qui sont tout à la fois soumis à l'action des deux systèmes nerveux, et qui sont susceptibles de mouvements volontaires et d'involontaires, au moins par association. Ici c'est le mouvement volontaire qui commence, ailleurs ce sera l'involontaire.

12° Le mouvement involontaire est progressif, péristaltique.

Si des mouvements on passe aux sensations rapportées aux parties du corps qui sont plus particulièrement sous l'influence du grand sympathique, on constate les faits suivants :

1° Ces sensations sont faibles, obscures, et semblent rayonner dans les parties voisines. Elles ne deviennent plus nettes et plus précises que si les irritations sont plus intenses.

2° Les impressions que reçoit le grand sympathique se traduisent rarement en sensations ; elles donnent rarement conscience d'elles-mêmes, quoiqu'elles arrivent à la moelle épinière.

3° Les mouvements réfléchis qui partent du grand sympathique aboutissent rarement à la conscience. C'est le contraire dans les mouvements réfléchis qui partent des nerfs cérébro-spinaux.

4° Les ganglions du nerf grand sympathique n'empêchent pas ce nerf de transmettre son action à la moelle épinière ; ils ne jouent pas le rôle d'isolants à leur égard. Les ganglions ne sont donc pas la cause qui empêche les irritations du grand sympathique d'être senties.

5° Il est cependant des cas où de fortes irritations dans les parties auxquelles aboutit le grand sympathique

déterminent des sensations dans ces parties elles-mêmes.
Il en est d'autres où, l'irritation étant plus faible, la
sensation, vague dans les parties affectées, est accompagnée d'une autre plus vive dans les parties différentes,
mais pourvues de nerfs cérébro-spinaux. Ces dernières
sensations se manifestent surtout aux extrémités des appareils affectés. C'est ainsi que les nerfs des intestins
grêles causent des démangeaisons au nez, ceux du gros
intestin du prurit à l'anus; les maladies des reins et
des voies urinaires, des démangeaisons et des douleurs
à l'extrémité de l'appareil.

Il en est des sécrétions comme des sensations : elles
n'affectent pas toujours la partie irritée; le foyer s'en
établit quelquefois ailleurs, par sympathie si la partie
irritée n'est que la continuation de la partie où la sécrétion s'opère, ou par voie de réflexion si le cerveau et la
moelle épinière relient l'irritation à la sécrétion.

D'autres fois, des organes différents par la nature des
tissus sont entre eux dans une telle connexion sympathique, que l'irritation de l'un est suivie de l'inflammation ou de la sécrétion de l'autre, sans qu'ils soient reliés
par des nerfs cérébro-rachidiens (1).

(1) Voir, sur le système nerveux : MULLER, son ouvrage spécial, et sa
Physiologie particulièrement, t. I, p. 499-738; — BURDACH, t. III, p. 417;
t. VII, p. 186, 190, 281; t. VIII, p. 498; t. IX, p. 648; — LONGET, *Anatomie et Physiologie du Système nerveux; Recherches expérimentales sur les
conditions nécessaires à l'entretien et à la manifestation de l'irritabilité
musculaire*, etc.; — MAGENDIE, *Leçons sur les Fonctions et les Maladies du
Système nerveux;* — FLOURENS, *Recherches sur les Fonctions du Système
nerveux;* — FOVILLE, *Traité complet de l'Anatomie, de la Physiologie et de
la Pathologie du Système cérébro-spinal;* — N. GUILLOT, *Exposit. anatom.
de l'organisat. du Centre nerveux*, etc.; — LEGALLOIS, *Expériences sur le
Principe de la vie, des mouvements du cœur, et le Siége de ce principe (la
moelle épinière);* — LEURET, *Anatomie comparée du Syst. nerv. considéré
dans ses rapports avec l'intelligence.*

CHAPITRE V.

Du mouvement comme condition et comme manifestation de la vie organique.

La vie est tout à la fois une cause, un effet, une opération. Nous la connaissons comme effet, nous en re-
chercherons la nature comme cause, nous allons en dire
deux mots comme opération.

L'étroite liaison qui existe entre le mouvement et la
vie porte le sens commun à croire que tout ce qui se
meut est vivant ou animé. Le mouvement devient ainsi
aux yeux du vulgaire le signe de la vie. C'est pour
cette raison que les poètes ont personnifié l'air, le feu,
l'eau, la terre, le soleil, les astres en général, le ciel
lui-même. De là le polythéisme, le naturalisme et le
panthéisme, suivant qu'on déifiait les individus vivants,
ou qu'on les soumettait tous à une seule force interne
qui les animait, à une âme du monde, subordonnée elle-
même à un principe de vie supérieur et divin, ou qu'en
elle on voyait déjà le dernier mot de toutes choses, le
principe divin par excellence.

N'avons-nous pas au dedans de nous-mêmes un principe analogue, le principe de notre pensée, de notre vie
personnelle et propre? Que savons-nous avec plus de
certitude et de clarté, si ce n'est que ce principe, sans
cesse en action, constitue, par le mouvement même de
la pensée, la vie de l'âme, la vie par excellence?

Nous disons que la pensée est la vie par excellence,
parce que, sans la connaissance de cette espèce de vie

intime, de son mouvement incessant, de la spontanéité de son action, de l'unité de ses opérations et de leur cause, il nous serait fort difficile, impossible peut-être, de nous former une idée de la vie organique elle-même. Nous serions donc très porté à penser que la vie, dans le sens propre du mot, est la vie interne de la pensée, avec sa cause unique, son tourbillonnement, sa sphère d'action, tout ce qui constitue enfin l'existence sentie et connue de l'âme. Ce n'est qu'en partant de cette connaissance qu'on est conduit à supposer dans les êtres vivants du dehors une cause interne analogue, unique, relativement première, ou indépendante et spontanée dans son action, qui produit tous les phénomènes d'un système organique ou d'un individu vivant.

Sans cette aperception, d'abord irréfléchie, du mouvement de la vie spirituelle et de sa cause au dedans de nous, il nous serait difficile, impossible sans doute, de concevoir la vie hors de nous; il n'y aurait que changement, mouvement; mais la cause propre, immédiate de cette succession de phénomènes ne serait vraisemblablement pas comprise. Il faut se sentir vivre pour concevoir la vie hors de soi.

Une fois la vie transportée par la pensée au dehors, après avoir été sentie et conçue au dedans, elle y est si multipliée, si diversifiée, si frappante; elle y attire si puissamment le regard par l'intérêt qui s'y attache, par les habitudes premières de notre intelligence à s'appliquer à ce qui nous environne avant de revenir sur elle-même par la réflexion, qu'il nous semble avoir d'abord connu la vie sous sa forme extérieure et organique. Nous croyons ainsi l'avoir vue hors de nous avant de l'avoir sentie au dedans de nous; nous croyons l'avoir vue dans les corps, dans le nôtre même, avant de l'avoir sentie dans notre âme. Nous appelons donc vie, dans le sens propre du mot, la vie organique; et nous transportons la dénomination avec l'idée à la vie de l'âme, croyant ainsi donner à cette expression un sens éloigné, détourné, métaphorique, lorsqu'en réalité le sens primitif et propre est celui de la vie spirituelle, lorsque le sens métaphorique ou analogique est celui qui signifie la vie organique.

Le mouvement lui-même, quoiqu'il ne suppose pas immédiatement la vie, suppose toujours un moteur, un agent, une force. Mais cette force peut être en dehors du corps mu, ou dans ce corps lui-même. Mais en dehors ou en dedans, et quelle que soit la nature du mouvement, il faut toujours que cette force soit ou première, ou seconde. Si première, quelle est-elle? N'est-elle pas nécessairement éternelle? Si seconde, n'est-elle pas nécessairement dépendante par son origine, par sa nature, par les lois qui la régissent, qui en règlent le déploiement, l'énergie, le mode d'action, encore bien qu'elle fût capable d'entrer par elle-même en exercice, qu'elle fût spontanée dans toute la rigueur de l'expression?

Si une cause seconde n'a pas cette énergie initiale et propre, si elle ne se déploie pas d'elle-même dans une certaine mesure et dans certains cas, elle n'est plus une cause, une force individuelle; elle n'est plus qu'un mobile entièrement passif, malgré son apparente activité; elle reçoit l'impulsion avant de la transmettre; elle n'est pas un agent véritable.

Mais pour qu'un agent soit tel, pour qu'il soit une

véritable cause, le point de départ d'une action, n'est-il
pas nécessaire qu'il soit libre, qu'il soit intelligent? et
y aurait-il dès lors d'autres forces que celles des principes pensants? Question grave, et qu'il nous suffit d'a-
voir posée ; mais question essentielle, que la métaphysique de la physique, celle de la physiologie surtout,
soulèvent naturellement.

Sans nous engager dans une échappée qui s'offre
d'elle-même aux regards un peu attentifs de l'esprit,
nous avons au moins le droit de faire observer que le
vitalisme spiritualiste ou animique n'est que la réponse
à cette grande question, et une réponse qui semble pour
le moins aussi naturelle qu'aucune autre. Il n'y aurait
donc, suivant cet aperçu, qu'une seule cause première ;
toutes les causes secondes seraient nécessairement spirituelles. Mais à côté de ces causes seraient, non plus de
véritables forces, puisqu'il n'y a de forces proprement
dites que celles qui sont vraiment causes, mais des
mouvements sans nombre reçus et transmis à des degrés
indéfiniment nombreux, et modifiés par une multitude
innombrable d'influences ou d'actions et de réactions
sans fin.

Passant de ces considérations générales, que nous ne
faisons qu'indiquer, mais qui dominent tout le reste et
y répandent le plus grand jour, aux questions de détails,
nous ne porterons nos regards que sur les mouvements
primitifs et qu'on pourrait appeler générateurs de tous
les autres. Encore est-il vrai de dire que ces faits ne
sont primitifs que relativement ; pour être les plus profonds qu'on ait pu observer jusqu'ici, ils ne sont point
les premiers concevables ; ils sont même nécessairement

consécutifs à une foule d'autres que suppose le mouvement visible des organes, et la formation de ces organes eux-mêmes. Il importe fort à notre objet de ne jamais perdre de vue ce point capital : que le visible se résout dans l'invisible, mais que l'invisible n'est lui-même connu que par le visible.

Cela posé, nous distinguerons avec les physiologistes deux espèces de mouvement initial : celui de la *contraction* des fibres, et celui de l'*oscillation* des cils libres à leurs extrémités, sans qu'on puisse apercevoir aucun autre appareil organique que les cils eux-mêmes.

I. Le mouvement fibrile ou contractile est plus commun que le ciliaire ou vibratile. Celui-ci s'observe chez divers animaux dans plusieurs parties du corps, à la peau, aux intestins, au système respiratoire, à l'appareil génital, dans les ventricules du cerveau chez l'homme. Les organes de cette espèce de mouvement sont des filaments déliés et transparents, qui ont de 0,000075 à 0,000908 de ligne de longueur, et dont la base est presque toujours plus forte que le sommet.

Il paraîtrait, d'après les recherches de M. Donné, que ces cônes, infiniment petits, sont comme autant de foyers propres de mouvement et de vie. Ce mouvement se manifeste, en effet, sur des fragments de membrane détachés du reste du corps, livrés même à la décomposition. « Les cils continuent à s'y mouvoir ; et, de plus, chaque cône a pris un mouvement propre, indépendant, qui en fait un individu distinct, un être vivant, doué des propriétés essentielles qui caractérisent la vie ; c'est-à-dire que ces particules jouissent d'un mouvement spontané très prononcé, se portent dans

toutes les directions au milieu du liquide dans lequel
elles nagent, se contractent et s'allongent pour exécuter
leurs diverses évolutions, et vivent ainsi pendant plusieurs heures. » Si l'on pouvait comparer ces animalcules
aux spermatozoïdes, qui seraient, dit-on, un produit des
voies séminifères des testicules, il y aurait à cet égard
la plus grande ressemblance entre l'animal et le végétal:
l'un comme l'autre ne serait qu'un composé d'êtres vivants ou capables d'une vie propre; seulement, le végétal aurait la vertu de reproduire par tous ses points
un sujet de son espèce, tandis que l'animal, surtout
dans les degrés supérieurs du règne, ne jouit pas de
cette faculté.

Mais serait-il vrai de dire que la vie collective de ces
animalcules microscopiques constitue la vie générale?
Nous ne le pensons point : la vie de l'individu composé
de ces animalcules n'est pas collective seulement, elle
est une; ce n'est pas uniquement une réunion d'êtres
vivants, c'est aussi un seul être vivant. Il peut se faire
que cet ensemble d'êtres vivants inférieurs soit nécessaire à l'existence de l'être composé supérieur dont
ils font partie, mais à coup sûr son unité individuelle
n'en saurait dépendre.

Quoi qu'il en soit, les mouvements vibratiles ont encore cela de particulier qu'ils sont indépendants du
système nerveux, puisqu'ils ne sent en rien troublés
par les substances qui affectent ce système, telles que les
narcotiques. On ne peut admettre non plus qu'ils soient
volontaires, du moins de cette volonté réfléchie, accompagnée de conscience, qui se rapporte au moi. Seraient-
ils volontaires d'une volonté spontanée, concevable dans

l'âme avant toute réflexion et sans elle? Il est difficile de l'admettre, puisque, dans le même temps, chaque cône vivant, une fois séparé de tous les autres par la division de l'épithelium qu'ils constituaient d'abord, a ses mouvements propres et distincts. Une autre raison à l'appui de ce sentiment, c'est que longtemps après la mort du sujet qui porte les membranes où s'observent les animalcules ciliaires, ces animalcules continuent de vivre, au-delà même du temps pendant lequel l'irritabilité persiste dans les parties animales.

Les mouvements vibratiles diffèrent donc de ceux des organes rotatoires de certains phytozoaires, en ce double point qu'ils ne sont ni nerveux ni volontaires.

Ces mouvements semblent propres à un tissu contractile encore inconnu, et qui se distinguerait par là même du tissu contractile des végétaux, de celui des animaux qui se résout en colle, de celui des artères et de celui qui fait la base des muscles. Ces mouvements vibratiles, observés par M. Donné, sont-ils autre chose que les mouvements oscillatoires de Brown? S'il en était ainsi, les êtres organisés ressembleraient par là aux êtres inorganiques, où s'observe un mouvement analogue. Serait-ce là comme le point de jonction entre ce qui est vivant et ce qui ne l'est pas? Il importe du moins qu'on remarque bien que les mouvements vibratoires de Brown sont ceux de petites molécules sans structure encore, et tenues en suspension dans un liquide; ces molécules exécutent un va-et-vient continuel, uniforme et assez rapide, mais dans des limites très rapprochées. Il a lieu même après la mort du sujet. Un semblable mouvement s'observe dans les matières inor-

ganiques solides réduites en très petites molécules. Il
appartient aussi à toute matière minérale finement pul-
vérisée, qui nage au milieu d'un liquide. On ignore encore, dit Muller, quelle en est la cause.

Il paraîtrait néanmoins que les cônes vibratiles dont
il a été question d'abord ne ressemblent pas aux molécules vibratoires. Les premières sont en outre des êtres
composés, qui peuvent par conséquent renfermer déjà
des appareils, des organes, des tissus divers, des fibres,
des cellules et des molécules constitutives de ces cellules mêmes.

Dans les quatre espèces de tissus dont il a été question plus haut se manifestent aussi des mouvements :
tel est celui de la sensitive dans les plantes; celui du
tissu cellulaire des animaux dans le phénomène appelé
chair de poule; le retour sur elle-même de la tunique
fibreuse des artères lorsque la cause de la distension
cesse d'agir; la contractilité musculaire enfin.

II. La contractilité musculaire, dont il a déjà été question, réclame comme une de ses conditions la présence
des nerfs sensitifs; mais elle est indépendante des nerfs
moteurs. La présence du sang artériel ne paraît pas moins
nécessaire pour qu'il y ait contractilité. Mais le sang
et les nerfs sensitifs ne figurent ici, selon toute apparence, qu'à titre de condition éloignée, ou comme cause
de la vie et de la nutrition du système musculaire. Il
ne faudrait même pas exagérer la nécessité de ces deux
conditions de la contractilité musculaire, puisque les
muscles sont encore contractiles après la destruction du
cerveau et de la moelle épinière.

Quant aux nefs du mouvement, s'ils ne sont pas une

condition de contractilité, ils ne semblent pas moins y contribuer que ceux de la sensibilité, puisque la contractilité disparaît à la suite d'une longue paralysie des nerfs moteurs.

Mais quelle que soit la part des nerfs sensitifs mêmes dans la contractilité, elle semble bien n'être que conditionnelle ou secondaire. En sorte que le phénomène nerveux et la contractilité musculaire seraient deux phénomènes conjoints dont le second pourrait bien dépendre du premier sans en être le produit immédiat. C'est ce que semblent prouver les faits suivants :

1° Les mêmes excitations qui, lorsqu'elles s'adressent immédiatement aux muscles, en déterminent le mouvement, en provoquent la contraction lorsqu'elles s'appliquent aux nerfs.

2° Les substances propres à priver les muscles de leur contractilité détruisent aussi celle des nerfs.

3° Des cuisses de grenouilles privées de leurs nerfs ne sont plus sensibles à l'excitation galvanique.

4° Des décharges électriques violentes, soit sur les muscles, soit sur les nerfs seulement, détruisent très promptement la faculté que possèdent les muscles de se contracter à la suite d'excitations extérieures.

5° L'irritabilité des muscles s'éteint après la paralysie prolongée, à la suite de la section de leurs nerfs, et si ces nerfs n'ont pas été reproduits.

Il semblerait résulter de ces expériences de Muller que la contractilité musculaire n'est pas aussi indépendante de l'irritabilité nerveuse que d'autres physiologistes le prétendent et que nous l'avons dit nous-même, en nous fondant sur leur autorité. Il faudrait reconnaître, au contraire, que « l'intégrité des nerfs qui se répandent dans les muscles est nécessaire à l'excitation musculaire, et que les muscles ne sont point accessibles par eux seuls, pas très longtemps du moins, aux irritations, et que si, en définitive, la contractilité est inhérente aux muscles, elle suppose du moins le concours des nerfs pour sa manifestation. »

On distingue, dans l'état normal, le mouvement musculaire en volontaire et en involontaire. Les muscles susceptibles de la première espèce de mouvement sont généralement rouges; les autres, comme ceux des intestins, sont pâles.

Les muscles capables de mouvements volontaires et réguliers le sont aussi de mouvements involontaires, désordonnés et convulsifs. Les muscles à mouvements involontaires, comme ceux du cœur, du canal intestinal, de la vessie, etc., se contractent sous l'influence d'une excitation extérieure. Les muscles des membres, et en général ceux qui sont propres aux mouvements volontaires, ne se contractent pas ainsi, dans l'état normal, sans la participation de la volonté.

Quand un mouvement involontaire est continu, qu'il affecte un rhythme régulier et dépend de causes naturelles ordinaires, il prend le nom d'automatique. Tels sont ceux de la respiration, des battements du cœur, de l'estomac et des intestins, des vaisseaux lymphatiques, etc. Ils sont très nombreux. Quelques-uns de ces mouvements persistent même quelque temps après que l'organe a été séparé du reste du corps, tels sont ceux du cœur et des intestins. On l'a particulièrement observé dans l'oviducte arraché du corps de la tortue jusqu'à ce que les œufs eussent été expulsés (1).

La vie n'est qu'un perpétuel mouvement. Une fois qu'elle a commencé à se déployer, il faut qu'elle continue; une suspension complète, absolue pendant longtemps serait la mort pour la plupart des êtres vivants. Il semble néanmoins, d'après ce qui s'observe chez certains rotifères, chez les insectes ou les animaux d'un ordre plus élevé qui sont sujets à une hibernation plus ou moins marquée, et s'il fallait en croire ce qu'on rapporte de quelques jongleurs indiens, que la vie peut être suspendue, très ralentie tout au moins, pendant un temps considérable. C'est sans doute aussi le cas des crapauds trouvés vivants dans la pierre ou le plâtre, si toutefois le fait est bien avéré.

Ce qu'il y a de certain c'est que si on la considère comme en action déjà dans la graine qui se forme, elle peut s'arrêter longtemps, et reprendre son mouvement pour développer la graine et la faire devenir plante.

Mais ce point de vue n'est pas le véritable : le mouvement de formation et d'accroissement de la graine appartient à la plante qui porte la graine plutôt qu'à la graine elle-même. Celle-ci n'entre en mouvement, d'un mouvement propre, qu'après s'être séparée de la plante qui l'a produite, et pour donner naissance à une plante de son espèce. Une fois ce mouvement commencé, la plante elle-même ne peut vivre longtemps sans quelque mouvement.

Mais avant que l'impulsion vitale soit donnée, le prin-

_____

(1) MULLER, t. I, p. 499-788.

cipe qui est capable d'imprimer peut rester des années,
des siècles dans un état absolu de repos qui ne doit
pas être confondu avec la mort. C'est le cas de l'œuf
fécondé, mais non couvé encore; c'est le cas surtout de
l'œuf végétal avant sa germination, si d'ailleurs il est à
l'abri des agents extérieurs qui pourraient en opérer la
dissolution.

Les agents capables de le détruire sont aussi ceux qui
sont propres à favoriser son développement, ceux qui en
entretiennent sans cesse le mouvement une fois commencé, c'est-à-dire l'eau, l'air, la lumière et la chaleur.
Les autres agents dont les corps organisés subissent
l'influence contribuent également à l'entretien du mouvement vital, telles sont les substances alimentaires.

Il ne faut pas confondre cette action toute chimique
ou toute mécanique des agents extérieurs avec l'action
même du principe de la vie. Si la première de ces actions
était seule, il n'en résulterait que des produits chimiques
ou des effets purement mécaniques; et comme la vie
est tout autre chose, il est évident qu'il faut, pour
l'expliquer, l'intervention d'un agent spécial, son action
immédiate et propre, action dont tout le reste n'est que
l'excitation ou la condition extérieure.

Quand même on serait d'accord sur la présence de
l'électricité dans les nerfs des animaux; quand même
on conviendrait qu'elle y est une cause plutôt qu'un
effet, ou un effet plutôt qu'une cause, ou bien enfin
qu'elle y joue ce double rôle tour à tour ou simultanément, on n'aurait pas encore atteint la cause du mouvement vital primitif, organisateur. L'électricité n'expliquerait pas plus qu'aucune autre force ou agent purement

physique *l'idée,* la conception fondamentale et typique
qu'exprime chaque être vivant. On n'est généralement
pas assez frappé de l'idée dans les êtres : non seulement
chaque homme est une idée qui pense, sent et se meut;
chaque animal une idée qui sent et se déplace, chaque
plante une idée qui végète, chaque minéral une idée
qui cristallise suivant certaines lois géométriques ; mais
chaque, fragment de minéral, chaque partie d'une plante,
chaque partie d'un animal, chaque partie de l'homme est
elle-même une idée matérialisée, harmonisée; et cette
idée dans les êtres organisés n'est ni par elle seule, ni
pour elle seule : elle fait partie d'un tout harmonique où
chaque partie ne peut guère plus se passer des autres
parties elles-mêmes que l'ensemble ne peut former un
tout sans les parties qui le composent.

On explique si peu la vie par l'électricité dans l'organisme, qu'il paraîtrait, au contraire, que cet agent
physique n'y joue pas un autre rôle que dans les corps
inorganiques; c'est-à-dire qu'elle y serait le produit
d'une sorte de pile dont le nerf serait comme l'élément
positif, et le muscle comme l'élément négatif. Le courant marcherait donc du nerf au muscle.

On le voit, alors même que la matière et le mouvement suffiraient pour faire un monde inorganique, ces
deux choses ne pourraient expliquer le moindre brin de
mousse, le plus obscur cryptogame. Tout dans le monde
organique réclame le mouvement instinctif tout au
moins. Mais au-dessus de cet instinct est l'idée, l'intelligence qui le guide. Cette intelligence brille d'un éclat
incontestable dans les phénomènes de la vie spirituelle ;
elle est au fond des phénomènes organiques pour qui

sait voir ; elle se révélera non moins clairement dans les phénomènes d'action et de réaction de la vie organique sur la vie spirituelle et de la vie spirituelle sur la vie organique.

LIVRE III.

CORRÉLATION DYNAMIQUE ENTRE LE CORPS ET L'AME.

CHAPITRE PREMIER.

Influence du Corps dans les opérations de la raison et dans celles de l'entendement en général.

L'ordre naturel de l'étude qui va suivre serait de reprendre chacune des fonctions intellectuelles que nous connaissons pour en avoir fait une étude à part sous le titre commun de *Faits spirituels*, ou *Psychologie expérimentale*, d'en rechercher les causes, les conditions organiques, ainsi que les effets qu'elles peuvent déterminer dans le corps. Mais, il faut le dire, les physiologistes sont malheureusement si peu psychologues, qu'ils ont rarement distingué ce qui doit l'être, et que leur méthode, leur classification et leur vocabulaire, en ce qui touche les phénomènes spirituels, laissent considérablement à désirer. De là un désaccord encore plus apparent que réel entre eux; de là des faits qu'ils croient avoir observés chez les animaux, et qui n'en sont que l'apparence, tels que la comparaison, le jugement, la généralisation, l'induction, la déduction.

Il faut se garder surtout de leur demander une distinction entre la raison et l'entendement, entre les conceptions fournies par l'une et les notions formées par l'autre, entre la conscience et ses déterminations, entre la spontanéité et la volonté, entre la volonté et la liberté. Toutes ces différences leur sont, en général, complétement étrangères; ils confondent tout, depuis la conception jusqu'à la sensation.

Cette déplorable confusion nous met donc dans l'impossibilité absolue de procéder avec détail dans l'étude des rapports du physique et du moral, comme nous l'avons fait dans l'étude du moral seul. Tant qu'un psychologue habile n'aura pas fait lui-même, ou fait faire sous ses yeux les expériences physiologiques propres à jeter du jour sur les rapports du corporel et du spirituel, ces sortes d'observations manqueront de méthode, de netteté et de justesse. Nous serons donc obligé de procéder ici par grandes masses : par exemple, de parler d'intelligence sans distinction de raison et d'entendement, et parfois même sans distinction de perception.

Il n'est pas inutile, avant de passer outre, de faire comprendre par des faits la justesse de la critique qui précède. Mais hâtons-nous de dire que notre respect pour les noms éminents que nous allons passer en revue n'en est pas moins réel, et que nous voudrions seulement que les physiologistes comprissent comme nous qu'il n'y aurait guère moins d'avantage pour eux à être versés dans la psychologie, qu'il n'y en aurait pour les psychologues à posséder la physiologie. Il serait donc temps, quand on a la louable intention de connaître l'homme, de l'étudier dans toutes ses parties, et de bien se persuader qu'il n'y a de physiologie vraiment saine et complète qu'à la condition de passer par la psychologie, ni de psychologie suffisamment éclairée qu'à la condition réciproque de n'être point étrangère à la physiologie ; il serait temps, en un mot, de substituer l'anthropologie à l'étude exclusive de l'une quelconque de ses deux parties, et cela dans l'intérêt même de chacune d'elles.

Que les physiologistes cependant ne s'y trompent point : l'une de ces parties de la science totale de l'homme peut plus facilement se suffire que l'autre ; les faits de conscience peuvent très bien être étudiés comme tels ou en eux-mêmes, indépendamment de tout autre point de vue ; tandis que le physiologiste, qui a la prétention non seulement de décrire les phénomènes visibles des fonctions organiques, mais d'en assigner les causes et les effets, ne peut souvent se dispenser de sortir du visible ou du physique pour en rechercher les effets ou les causes dans un autre ordre de faits.

Consultons à présent les physiologistes sur l'action du cerveau dans les phénomènes de la pensée.

Magendie nous démontrera d'abord qu'on peut percer le crâne d'un oiseau, d'un pigeon, par exemple, d'avant en arrière, de gauche à droite et de droite à gauche, l'embrocher en tous sens, avec la seule précaution de ménager certaines parties de la base, sans que l'animal témoigne la moindre douleur, sans qu'il perde rien de ses facultés perceptives. On peut enlever presque en entier les lobes cérébraux d'un canard, sans déterminer des

changements très notables dans ses habitudes (1). Une
jeune fille de onze ans n'avait pas de cervelet, n'en avait
jamais eu, et cependant rien n'annonçait en elle l'absence
de cet organe. Ses mouvements, en particulier, n'avaient
rien de désordonné (2). Que devient, dès lors, la théorie
M. Flourens, d'après laquelle le cervelet serait l'organe
de la coordination des mouvements? ou que deviennent
les observations et les expérimentations de Magendie, si
on les rapproche de celles de M. Flourens? Voilà donc
un sujet qui peut penser, vouloir, agir sans cervelet;
voilà des animaux qui peuvent sentir, percevoir, agir
avec spontanéité, quoique privés de la presque totalité
des lobes cérébraux.

Ceux qui s'imaginent que les animaux ont des idées
générales, qu'ils jugent et raisonnent, qu'ils sont doués
de conceptions, par exemple de celle du moi; ceux-là,
disons-nous, seront bien obligés de convenir que toutes
ces opérations sont possibles sans l'encéphale, d'autant
plus que les parties inférieures de cet organe sont bien
plus indispensables à certaines perceptions dont elles
renferment les organes, à la sensibilité, à la vie organique encore, qu'aux fonctions de l'intelligence, à celles
de la raison pure, et que si elles ne doivent servir qu'à
une fonction, c'est visiblement à celle de la dernière espèce.

De deux choses l'une donc : ou les animaux pensent
d'une pensée supérieure et presque humaine, et alors
non seulement ce n'est pas le cerveau qui pense, mais le

(1) *Leçons sur le Système nerveux*, t. I, p. 189, 176, 179, 181, 184, 200,
201, 281.
(2) Pag. 207, 217.

cerveau n'est pas même la condition organique de la pensée ; ou bien ils ne pensent pas de cette sorte de pensée, et alors un organe est inutile à cet effet ; alors encore la manière dont nous avons jugé leurs opérations psychiques se trouve confirmée.

Il y a plus, le cerveau et le cervelet, surtout s'ils sont attaqués par une maladie qui les anéantisse insensiblement, qui les réduise peu à peu à un état de décomposition tel que les fonctions en seraient presque anéanties complétement, ne paraissent pas immédiatement nécessaires à la pensée dans l'homme ; ils peuvent être indispensables à la vie, à la sensibilité, à la perception, à la vigueur même des opérations de l'entendement et de la raison, comme condition plus ou moins prochaine ; mais tous les ordres de conceptions, ainsi que la faculté de former les notions, subsistent encore chez des sujets dont l'encéphale est fortement endommagé : « Les deux hémisphères cérébraux ont même pu être labourés par une balle sans qu'il en résultât de troubles nerveux autres que ceux qui accompagnent en général toute espèce de plaie de tête sans lésion de la substance cérébrale. On a vu des portions de lobes, des lobes entiers écrasés, sans que la mort suivît immédiatement ; souvent même les malades ont conservé l'intégrité de leurs mouvements et le libre exercice de leurs facultés intellectuelles (1). »

La conservation des facultés s'explique mieux encore dans les cas où l'organe n'est pas frappé de stupeur par une lésion subite ; alors le principe pensant bat pour ainsi dire en retraite méthodiquement en face de l'enne-

(1) MAGENDIE, ibid., p. 217.

mi ; il s'habitue à la privation croissante de ses instruments corporels, à un usage extraordinaire de ce qui lui en reste, comme l'aveugle parvient à la longue à remplacer jusqu'à un certain point l'usage des yeux par celui des autres organes ; comme l'estomac et les autres organes de l'appareil digestif, comme tout le système de la nutrition, enfin, s'habitue au poison par un un usage gradué de cette substance.

Voici pourtant d'autres faits qui s'accordent peu avec les précédents :

« La *vue* et l'*ouïe*, en supposant qu'elles résident réellement dans le cerveau, n'y ont pas les mêmes conditions organiques que les facultés intellectuelles, suivant Bouillaud. Ce praticien célèbre a enlevé plusieurs portions des lobes cérébraux sans altérer les sensations de la vue et de l'ouïe, bien que les animaux eussent perdu, par cette ablation, une ou plusieurs facultés intellectuelles. Il cite à l'appui un passage de l'ouvrage de M. Calmeil sur la *Paralysie des aliénés,* d'où il résulte que ces infortunés ne peuvent souvent entendre que des sons vagues et confus; qu'ils ont perdu toute intelligence, et qu'il faut leur enfoncer les aliments dans la bouche; qu'ils se salissent sans s'en apercevoir; qu'ils ne s'occupent plus de ce qui les environne ; que cependant ils entendent, voient, goûtent, perçoivent les odeurs fortes ; mais qu'on les affecte difficilement, et qu'on n'est pas toujours sûr que la sensation soit réelle. Une femme atteinte d'une paralysie générale qui la retenait sur son fauteuil, finit par ne plus distinguer sa main droite de sa main gauche, son œil de son nez; il fallut l'habiller, la coucher, la faire manger ; elle voyait, elle sentait, elle entendait ; mais elle avait absolument perdu la faculté de penser, et cette abolition de l'entendement s'opéra d'une manière lente et presque insensible.

« Si l'on enlève ou si l'on désorganise à un animal la partie antérieure des hémisphères cérébraux, il est aussitôt privé des exercices d'un nombre plus ou moins considérable d'actes intellectuels; mais il conserve encore certaines facultés qu'on ne rencontre que chez les êtres dits *intelligents*. Ce qu'il y a d'évident, c'est qu'il continue à jouir de ses facultés sensitives, les perceptions des cinq sens. Ils sont encore accessibles à la crainte, à l'impatience, à l'étonnement; cherchent à éloigner les objets qui les irritent. Mais les plus dociles, les plus intelligents, les chiens par exemple, ne sont plus caressants, ne comprennent plus ce qu'on leur dit, deviennent indifférents aux menaces et aux caresses, aboient irrésistiblement dès qu'on les contrarie, et ne profitent d'aucune correction. Ils ont perdu sans retour la connaissance des personnes; ils voient les objets sans en connaître les rapports utiles ou dangereux.

« Lorsqu'on ne détruit ou qu'on ne désorganise qu'une portion de la région antérieure des lobes cérébraux, la dégradation intellectuelle est moins étendue...

« Des animaux qui présentent toutes les marques d'une stupidité profonde n'en conservent pas moins la faculté d'éviter les obstacles en marchant et de se préserver de certains dangers; par exemple, d'éviter une chute d'un lieu élevé, tel qu'une table. Ils conservent donc des idées de hauteur, de distance, et cependant ils ne savent ni boire, ni manger, ni s'abriter, ni reconnaître leur plus mortel ennemi. L'idée, la notion d'aliment ou de qualité alimentaire, est en quelque sorte une notion surajoutée à la sensation qui fait voir l'objet; et cette notion, ce rapport, l'animal cesse de les saisir, de les comprendre, quand il est privé de la partie antérieure du cerveau, bien qu'il continue à voir. Or, cette faculté de trouver, de reconnaître des rapports, est essentiellement intellectuelle, et diffère évidemment des facultés sensitives (1). »

« Une poule, continue M. Bouillaud, à laquelle on avait enlevé les lobes cérébraux tournait la tête, la mettait sous l'aile, se secouait, agitait les ailes, ouvrait les yeux, se réveillait par suite d'une irritation; elle portait çà et là des regards stupides, changeait de place, marchait spontanément, cherchait à s'échapper lorsqu'elle était dans une cage, voulait fuir lorsqu'on la prenait; elle s'agitait, criait sans aucune irritation extérieure; elle caquetait et chantait un peu; elle ne connaissait ni les lieux, ni les objets, ni les personnes, et ne donnait aucun signe de mémoire; elle ne savait ni saisir ni avaler le grain ou toute autre nourriture qu'on lui mettait au bec. Une sorte d'attention semblait cependant se réveiller en elle sous l'influence d'une violente irritation; elle ne savait, du reste, ni éviter son ennemi, ni se défendre (2). »

Voilà une poule qui semble réduite par cette opération à la sensation, à la perception visuelle et tactile, et à quelques mouvements spontanés, mais dans laquelle le sou-

---

(1) M. Bouillaud, *Nosographie*, t. IV, p. 17-24.
(2) Ibid., p. 17 et 18.

venir et les instincts sont profondément altérés. L'auteur
nous laisse supposer que l'ablation des lobes cérébraux a
été entière. On s'étonne alors de voir dans l'animal un
reste de perception visuelle. Si les lobes n'ont pas été
complétement enlevés, au contraire, il était très important de le dire. Quoi qu'il en soit, M. Bouillaud conclut
de cette expérience « que les lobes du cerveau sont le
siége de la mémoire des sensations auditives et visuelles,
de toutes les opérations intellectuelles, telles que la
comparaison, le jugement, l'induction, le raisonnement;
qu'ils régissent toutes les actions qui supposent ces opérations diverses de l'entendement (1); mais qu'il ne faut
pas en conclure, avec M. Flourens, que les lobes cérébraux soient le réceptacle unique des instincts et des
volitions (2). »

On ne voit pas pourquoi M. Bouillaud ne fait pas des
lobes du cerveau le siége de la mémoire en général, et
non pas seulement de la mémoire des sensations auditives et visuelles (3).

Remarquons, en outre, que le mot *siége* est mis ici
pour condition organique, ce qui est fort différent.

Nous dirons, de plus, qu'attribuer aux animaux la
comparaison, le jugement, l'induction, le raisonnement,
c'est prendre l'apparence pour la réalité. Nous avons
vu, en psychologie, que ces opérations s'expliquent,
chez les animaux, par l'association des sensations et des
perceptions. Même erreur quand on suppose des voli-

---

(1) L'auteur dit : « qui supposent la connaissance de tous ces objets »
ce qui ne nous a pas paru suffisamment clair.

(2) BOUILLAUD, *Nosographie*, t. IV, p. 18.

(3) Voir ci-après.

tions dans des créatures qui ne peuvent avoir de *moi*, ni par conséquent de volonté proprement dite.

Nous ne voyons pas non plus que M. Bouillaud soit autorisé, par les faits qu'il cite, à nier, contre M. Flourens, que les lobes du cerveau soient la condition organique exclusive des mouvements instinctifs et spontanés, si surtout l'on entend par mouvements instinctifs tous ceux de la vie de relation qui ont pour but la conservation de l'individu et celle de l'espèce, puisque la poule en question n'en fait plus aucun de ce genre.

Quant aux mouvements spontanés, la conclusion de M. Bouillaud sera plus fondée, puisque la poule fait encore quelques mouvements sans buts connus. Rien pourtant ne nous prouve que dans le battement des ailes, dans la marche de l'animal, dans son regard, si hébété qu'il soit, il n'y ait pas encore un reste d'instinct; ce qui alors condamnerait, jusqu'à un certain point, les aperçus de M. Flourens.

Il faut encore remarquer que cette expérience, alors même qu'elle semblerait détruire tous les *mouvements* instinctifs, ne permettrait pas de conclure que les *instincts* ont leur siége dans les lobes cérébraux. Autre chose est l'instinct comme incitation, *stimulus;* autre chose le *mouvement* qui lui obéit. Les lobes cérébraux, sans être la condition organique primitive d'un instinct, par exemple de l'instinct de la propagation, peuvent encore être une condition sans laquelle cet instinct n'agit pas sur le principe vital, et ne détermine pas les mouvements qui en sont la conséquence naturelle et ordinaire.

Dans un autre endroit de sa *Nosographie* (1), M. Bouillaud paraît bien reconnaître que les mouvements de l'animal, qu'on a privé des lobes cérébraux, n'ont plus rien qui ressemble à un moyen propre à atteindre un but en harmonie avec la destinée de l'individu, puisque « l'animal heurte contre tous les obstacles. » Cette fois, il semble supposer clairement que l'ablation de ces lobes a été complète, puisqu'il conclut de l'opération, que ces parties de l'encéphale ne sont pas la condition organique « essentielle de toute perception, » attendu que l'animal regarde encore ça et là d'un air stupide, et que la pupille se contracte à une forte lumière. Les nerfs optiques seuls avaient sans doute été ménagés dans cette opération, qui est vraisemblablement la même que ci-dessus.

Quelle est donc enfin la fonction des lobes cérébraux dans les opérations de l'esprit? C'est ce qu'il est difficile de dire. MM. Bouillaud et Longet paraissent en faire le siége des souvenirs des sensations et des perceptions, puisque l'animal qui en est privé ne paraît plus jouir d'aucun souvenir de cette sorte. Ainsi, des sensations et des perceptions sont encore possibles sans cette partie de l'encéphale; mais les souvenirs de ces sensations et de ces perceptions ne le sont plus.

D'où il faudrait conclure, contre le système de Gall, qu'autre chose est la perception ou la sensation, autre leur souvenir, et que l'organe qui préside à la mémoire n'est pas l'organe à l'aide duquel l'âme sent et perçoit.

Mais comment serait-il possible qu'un organe con-

(1) T. IV, p. 6-9.

servât le souvenir de sensations et de perceptions qu'il n'aurait pas éprouvées? Comment conserverait-il l'idée d'états affectifs ou cognitifs qu'il n'a jamais connus, qui n'ont jamais été les siens? N'est-il pas nécessaire que ce qui se souvient de la sensation et de la perception ait senti et perçu? Assurément. D'où il faut conclure qu'aucun organe ne sent et ne perçoit, qu'aucun autre ne se souvient, mais que le même principe qui se souvient est aussi celui qui sent et perçoit. Et comme, d'après les expériences qui nous occupent, des organes divers fonctionneraient cependant lorsqu'il s'agit de sentir et lorsqu'il s'agit de rappeler la sensation, il faut en conclure aussi que les organes ne sont ici et là que des instruments ou des conditions, et que le principe qui se sent et se souvient est une troisième chose distincte des organes de la sensation et du souvenir; que cette troisième chose est la même ici et là.

Nous croyons trouver aussi dans ce passage de la *Nosographie* de M. Bouillaud la raison pour laquelle il restreignait tout à l'heure aux lobes cérébraux la mémoire des sensations auditives et visuelles? C'est sans doute que d'autres observations, faites cette fois sur l'espèce humaine, porteraient à penser qu'une grave et profonde lésion des lobules antérieurs n'empêche ni la mémoire des mots ni l'articulation des sons, quoique la parole proprement dite soit abolie. »

D'où M. Bouillaud conclut que « ces parties du cerveau président aussi à la coordination des mouvements organiques de la parole (1), » et que cette fonction n'est

(1) *Nosographie*, t. IV, p. 6-8.

point le partage exclusif du cervelet, comme le prétend M. Flourens.

Nous avons ici plusieurs remarques à faire.

Jusqu'à quel point est-il rationnel de confondre ainsi les expériences faites sur les animaux et les faits constatés sur l'espèce humaine? Vous avez conclu, dirions-nous à l'illustre médecin, en partant de l'observation faite sur l'homme, qu'une poule qui ne paraît plus avoir aucun souvenir des sensations visuelles et auditives, *après l'ablation des lobes cérébraux,* pourrait cependant bien avoir d'autres souvenirs, puisque la mémoire des mots n'a pas entièrement disparu chez l'homme dont les *lobules antérieurs* ont été *grièvement et profondément lésés.*

De même, sans doute, vous concluez, d'après ce qui s'est passé dans la poule à laquelle on enlève les lobes cérébraux, que l'homme pourrait encore avoir des perceptions visuelles et auditives, mais qu'il n'aurait aucun souvenir de ces perceptions. Toutes ces conclusions nous semblent très peu rigoureuses, et voici pourquoi :

1° Il s'agit d'espèces différentes, et aussi différentes que l'homme est différent de la poule. Or, on sait que les mêmes opérations n'amènent pas toujours des résultats identiques, même chez les animaux, et chez des animaux de même espèce (1).

2° Il y avait d'autres expériences à faire encore sur la poule et sur d'autres animaux, pour s'assurer si les sensations de l'odorat, du goût, du toucher, subsistaient également après l'ablation des lobes cérébraux, avant de

_____

(1) Voir MAGENDIE, *Leçons,* etc., passim.

nous dire que les sensations auditives et visuelles étaient seules conservées.

3° La situation est fort différente dans le cas de la poule et dans celui de l'homme : on enlève à la poule les deux lobes cérébraux ; l'homme présente seulement des lésions graves et profondes aux lobules antérieurs.

4° La différence dans les résultats n'est pas, d'ailleurs, aussi grande qu'on nous le dit. Si la poule ne parle pas, si elle n'a pas conservé la mémoire des mots, elle caquette, elle chante encore. Il est vrai que cette opération peut être instinctive et sans souvenir aucun ; mais le souvenir des sons n'est pas impossible ici, et rien ne démontre qu'il n'existe pas.

5° Nous ne comprenons pas bien quelle différence on met ici entre la parole proprement dite et la mémoire des mots, s'il s'agit de la mémoire des mots comme signes, et non des mots comme sons purs et simples. Comment encore l'articulation des sons reste-t-elle possible, quand la parole proprement dite ne l'est plus? De quoi donc se compose la parole, sinon de sons articulés destinés à exprimer la pensée? Il y a dans ce passage une obscurité sur laquelle nous n'insisterons pas, puisque nous n'avons pas à deviner la pensée de l'auteur.

6° M. Gerdy, d'après M. Bouillaud, reconnaîtrait aussi à l'animal, qui a subi l'ablation des lobes cérébraux, le pouvoir d'exécuter divers mouvements spontanés ou instinctifs, et même des mouvements volontaires. Cela suffit sans doute pour prouver qu'on ne peut regarder les lobes cérébraux comme la faculté organique du mouvement ; mais on se tromperait si l'on croyait à l'existence de mouvements volontaires proprement dits chez les animaux. C'est avec raison, du reste, que M. Gerdy confond les mouvements spontanés des animaux avec les mouvements instinctifs, du moins en ce qui regarde la vie de relation.

7° Quant à l'action que peuvent avoir les lobes cérébraux dans la coordination des mouvements, elle ne peut se conclure de l'absence de cette coordination dans la parole, par les raisons suivantes : 1° L'impossibilité d'*agencer* des sons de manière à former des mots et des phrases peut tenir à l'impossibilité de penser. Il faudrait donc s'assurer si l'homme, qui ne peut plus parler dans ce cas, peut encore penser. 2° Il faut distinguer entre la coordination des mouvements et les mouvements eux-mêmes. Si ce sont là deux fonctions distinctes, comme le prétend M. Flourens, il suffit que le mouvement de la parole soit impossible, pour que l'organe de la coordination n'y ait plus rien à faire, sans toutefois qu'on puisse en conclure qu'il ne préside pas à la coordination des mouvements de la parole comme aux autres. C'est donc par des arguments plus décisifs qu'on pourrait attaquer utilement la théorie de M. Flourens. 3° Il y a des mouvements plus ou moins compliqués, et si ceux qui sont nécessaires à l'articulation de certains sons doivent encore être regardés comme assez complexes, on ne voit pas pourquoi ils ne s'expliqueraient pas encore par l'influence du cervelet.

Pour démontrer que le cervelet ne jouit pas de la faculté que lui attribue M. Flourens, ou qu'il n'en jouit du moins ni exclusivement ni à tous les degrés, il faut prouver qu'en l'absence du cervelet, il y a encore tels ou tels mouvements complexes, organiques ou spontanés, soit,

par exemple, le mouvement par lequel l'animal se roule,
celui par lequel il tourne sur lui-même, cet autre qui lui
fait décrire des cercles comme fait un cheval dans un
manége, cet autre qui le porte en avant, cet autre encore
qui le fait marcher à reculons. Tous ces mouvements
sont très complexes, et les organes qui les exécutent
doivent agir de concert pour les produire. Il y a donc là
coordination ; et si le cervelet n'est pas nécessaire, dans
la théorie de M. Flourens, pour les produire, cet organe
ne rend pas raison de tous les mouvements coordonnés (1).

Entend-on par coordination des mouvements leur
appropriation à un but raisonnable dans l'homme, à un
but instinctif dans l'animal? A la bonne heure. Mais alors
il faudrait ne faire présider le cervelet qu'à la coordination des mouvements spontanés de l'animal ou des mouvements volontaires de l'homme. Et encore, l'exemple
de la jeune fille de onze ans qui manquait de cervelet
et dont les mouvements n'avaient rien eu de désordonné, prouverait-il péremptoirement que le cervelet
n'est pas absolument indispensable à l'existence des
mouvements les plus complexes et les plus libres.

Et cependant les idées de M. Flourens, par rapport
aux fonctions attribuées au cervelet, sont adoptées,
même par ceux qui en contestent l'exactitude. C'est
ainsi que M. Bouillaud reconnaît que « le cervelet préside, comme l'a reconnu le premier M. Flourens, à la
coordination des mouvements, quoique pas d'une ma-

(1) M. Bouillaud semble bien être de notre avis en ce point, comme
on va le voir par les rectifications qu'il va opposer à l'opinion de
M Flourens.

nière aussi absolue que le prétend cet expérimentateur.
M. Bouillaud restreint cette fonction aux actes de la station et de la progression. Ces deux actes ne sont pas distincts, mais momentanément bouleversés seulement par
l'irritation du cervelet. On observe des sauts, des cul-
butes, des pirouettes et autres mouvements bizarres très
rapides. Une lésion profonde de l'organe, sa destruction,
fait perdre à l'animal la faculté de se tenir debout et de
marcher; mais il peut encore exécuter des mouvements
partiels et remuer ses membres dans tous les sens (1). »

Mais M. Bouillaud irait lui-même trop loin, du moins
d'après M. Magendie (2), en refusant toute sensibilité au
cervelet. Il convient toutefois que des perturbations profondes sont la suite de la lésion de cet organe. Il résulte,
dit-il, des expériences de MM. Magendie, Flourens, La-
fargue et Longet, que si l'un des *pédoncules cérébelleux
moyens* est coupé, l'animal roule sur lui-même selon
l'axe de sa longueur. Ce curieux phénomène a lieu également quand on divise, un peu en dehors de la ligne
médiane, le pont de Varole, c'est-à-dire les fibres trans-
versales et superficielles de la protubérance. Le mouvement de rotation a lieu dans un sens en quelque sorte
croisé, ou de droite à gauche si le pédoncule droit est
coupé, ou de gauche à droite si c'est le gauche....

« Si l'on coupe un des *pédoncules cérébraux* immédiatement au-devant de la protubérance, ou un peu au-
delà, les animaux soumis à cette opération exécutent un
mouvement circulaire ou de manége, qui a toujours lieu

---

(1) BOUILLAUD, *Nosographie*, t. III, p. 612-614.
(2) *Leçons*, etc., t. I, p. 179 et 180.

du côté opposé à la lésion, comme dans la section de l'un des pédoncules cérébelleux moyens (1). »

En prenant toutes ces expériences relatives au cervelet, on arrive à cette conclusion générale, que si cet organe n'est pas absolument indispensable au mouvement, et même à la régularité des mouvements, il y est néanmoins pour beaucoup ; mais il n'y est pas pour tout, car on voit les mouvements cesser ou devenir très désordonnés lorsqu'on attaque certaines parties inférieures du cerveau. C'est ainsi que « les couches optiques doivent être considérées principalement comme des *centres d'innervation locomotrice,* suivant les expériences de M. Longet. Enlevez, dit-il, chez un lapin les deux hémisphères cérébraux, puis les deux corps striés eux-mêmes, et la station ainsi que la progression seront encore possibles ; mais à peine aurez-vous supprimé la couche optique droite, par exemple, que l'animal tombera sur le côté gauche, et *vice versa.* L'action des couches optiques est également croisée chez l'homme. »

Bien qu'excessives peut-être, les opinions de M. Flourens sur les fonctions de l'encéphale doivent être connues. Ses expériences tendraient donc à prouver ces quatre points :

1° Les facultés *intellectuelles* dépendent du *cerveau ;*

2° La faculté d'*équilibrer le mouvement,* du cervelet ;

3° La *sensibilité* et le *mouvement* lui-même, de la moelle épinière ;

4° Le *principe de la vie,* enfin, aurait son siége ou sa condition dans la partie moyenne de la *moelle allongée,* qu'il appelle le *nœud vital.*

(1) *Nosographie,* t. III, p. 610.

De plus, les facultés s'éteindraient progressivement dans cet ordre (1).

Cet illustre physiologiste ne paraît pas avoir changé de sentiments, car il nous dit dans un écrit bien postérieur : « Dans mes expériences sur le système nerveux, je suis parvenu à localiser bien des forces : j'ai localisé la *motricité* dans certaines fibres des nerfs et de la moelle épinière, la *sensibilité* dans certaines autres, la *coordination* des mouvements de locomotion dans le cervelet, l'*intelligence* dans les lobes ou hémisphères cérébraux ; la force même de la vie, la force pure et simple de la vie, dans ce que j'appelle le *nœud vital*. Toutes ces forces sont également obscures (2). »

Alors même que les résultats dont parle M. Flourens seraient de tous points incontestables, les explications qui en sont implicitement données par l'auteur ne seraient pas littéralement admissibles. En effet, il confond le mouvement, la sensation, la pensée avec la motricité, la sensibilité et l'intelligence avec les causes organiques ou occasionnelles des phénomènes, et avec leur cause efficiente et véritable.

Ne prenons dans chacune de ces séries de choses que l'un des trois éléments qui la composent : par exemple, le mouvement. On peut bien s'assurer que tel organe ou tel tissu se met en jeu dans telle circonstance physiologique ; mais autre chose est le mouvement, autre la cause motrice, autre la condition organique de l'action

(1) *Journal des Savants*, avril 1847.
(2) *Journal des Savants*, septembre 1853, p. 532. — Nous parlerons bientôt d'un ouvrage encore plus récent du même auteur : *De la Vie et de l'Intelligence*, où les mêmes doctrines sont amplement reproduites.

de cette cause. Vous constatez, je suppose, qu'en excitant telle partie de la moelle épinière, on détermine un mouvement dans un certain membre ; soit. Mais, outre qu'il peut se faire que la vertu motrice de la moelle épinière dépende du cerveau (1), et que cette propriété cérébrale soit à son tour l'instrument pur et simple d'un agent inorganique, il est toujours inexact de dire que la motricité est localisée. Une cause comme cause, et le mot *motricité* (2) ne veut sans doute pas dire autre chose ici que force motrice, ne peut être localisée, parce qu'une force véritable n'a rien à démêler avec l'étendue, et que les nerfs moteurs de la moelle épinière ne sont pas plus des causes efficientes ou proprement dites que quelque autre partie du corps que ce puisse être, bien qu'ils soient des causes instrumentales.

Ai-je besoin de dire que la sensibilité, comme capacité d'être affecté agréablement ou désagréablement, et l'intelligence, comme faculté de connaître, se laissent bien moins localiser encore que la faculté de mouvoir ?

Il faut donc entendre le langage de M. Flourens et de la plupart des physiologistes comme il demande à l'être, c'est-à-dire ne voir dans la motricité, la sensibilité et l'intelligence localisées, que des conditions organiques de la locomotion, de la sensation et des idées, ou tout au plus le siége où ces phénomènes spirituels semblent se manifester.

_____

(1) C'est ainsi que l'ont entendu MM. FOVILLE et PINEL-GRAND-CHAMP, qui ont considéré la substance blanche du cerveau comme affectée aux *mouvements* dont elle peut être le principe, et la substance grise ou corticale comme destinée aux *fonctions intellectuelles*. — M. BOUILLAUD, *Nosographie*, t. IV, p. 10.

(2) Mot dont la formation pèche contre l'analogie, puisqu'il indique l'activité par son radical et la passivité par sa désinence.

Il serait encore plus inexact de faire de ces trois causes, considérées dans leur essence, comme trois foyers d'action, comme trois forces substantielles, réelles et distinctes. C'est pourtant ce qu'insinue ailleurs le même physiologiste. C'est prendre les fonctions diverses d'une même cause pour cette cause même et la multiplier non seulement sans raison, mais contre cette raison péremptoire de l'unité de la force motrice, sentante et pensante en nous, unité invinciblement proclamée par celle du *moi*, comme centre unique et indivisible d'où tout part en nous et où tout aboutit.

C'est l'opinion professée par un physiologiste du premier mérite, qui a sur la plupart des autres naturalistes l'avantage d'être plus familiarisé avec les phénomènes psychiques, et de mieux comprendre toute la différence qui existe entre une cause instrumentale et une cause efficiente : nous voulons parler de J. Muller, qui repousse toute localisation du principe sentant, pensant et voulant; qui n'en admet point la divisibilité, et qui ne voit dans les organes que des conditions physiologiques des phénomènes spirituels. « Rien ne nous autorise, dit-il, à admettre dans le cerveau des organes ou des départements particuliers qui soient consacrés aux opérations diverses de l'esprit, ou à considérer ces opérations elles-mêmes comme autant de facultés spéciales de l'âme. Ce ne sont que des modes d'action d'une seule et même force, quoique la clarté de la conception, la profondeur de la pensée et la vivacité de la passion soient modifiées par des changements matériels du cerveau, et que l'intégrité de cet organe soit indispensable pour la conscience; cependant la vie intellectuelle ne

saurait être expliquée par des changements matériels
qui surviennent en lui : on doit la regarder comme une
activité tout à fait indépendante de la matière (1). »

Il est regrettable que Muller ne soit pas toujours aussi
fermement spiritualiste, et qu'il dise, par exemple, que
l'âme a besoin de l'organisation pour exister comme
conscience (2); ce qui est vrai cependant si l'on n'entend
parler que de la conscience de l'homme comme composé
d'un corps et d'une âme. Mais comme il n'est pas certain
que l'âme doive toujours être unie à un corps, quoi
qu'en ait dit Leibniz, rien ne prouve que, dans sa condition d'âme séparée du corps, elle doive être sans pensée.

Nous croyons donc pouvoir ici nous séparer de Muller,
d'autant plus que ce n'est point là précisément une
question de physiologie. En physiologie même, le psychologue, qui ne peut guère expérimenter, fera sagement de garder une certaine réserve, et de n'accepter le
témoignage des plus grands maîtres eux-mêmes qu'avec
une extrême circonspection, puisqu'ils sont loin d'être
d'accord. Nous ne devons point oublier les paroles de
l'un des physiologistes les plus autorisés : « La pathologie cérébrale se prostitue en quelque sorte à toutes les
opinions, témoigne servilement pour ou contre toutes.
Elle est si riche de faits, qu'elle n'en refuse à aucun système ; tout ce qu'on veut y voir, on l'y trouve; tout ce
qu'on lui demande, elle le donne. Selon la manière
dont on l'interroge, elle conduit à l'erreur, au doute ou
à la vérité (3). »

(1) *Manuel de Physiologie*, t. II, p. 493.
(2) Ibid., p. 485-487.
(3) *Anatomie et Physiologie du Système nerveux*, t. I, p. VII.

Ce que nous avons de mieux à faire, c'est donc de nous appliquer à la recherche des faits sur lesquels règne une sorte d'accord entre les homme les plus compétents, sans toutefois dédaigner les opinions différentes, et sans négliger même les questions sur lesquelles le désaccord est encore entier. Dans les sujets obscurs et difficiles, l'esprit humain est d'abord réduit à tâtonner. Ce travail préliminaire, indispensable, mérite toute notre estime, puisqu'il est le plus ingrat ; gardons-nous de le mépriser ou de le décourager. Une hypothèse en peut amener une autre déjà préférable, et conduire à travers les chimères à une vraisemblance précieuse.

Reprenons donc le fil de notre étude. Après avoir été quelque temps détourné par la doctrine un peu confuse des physiologistes, dont nous venons de parcourir provisoirement les opinions sur le rôle de l'encéphale et de ses parties principales dans les phénomènes de l'ordre spirituel, nous avions à rechercher plus spécialement quelle pouvait être l'influence de l'organisme sur les conceptions ou idées de la raison pure.

Qu'elles ne soient point abolies chez l'animal par la perte de l'encéphale, rien de plus simple, puisqu'elles n'existent pas chez eux et qu'elles y sont remplacées par des opérations instinctives qui nous abusent. Au surplus, comme l'instinct lui-même est profondément atteint dans la plupart des animaux soumis à ce genre d'opérations, il est vrai de dire qu'elle entraîne pour eux l'équivalent de la perte de la raison pour nous.

Si la perte de tel ou tel organe de l'encéphale, lors surtout qu'elle est lente et graduée, ne semble pas entraîner infailliblement la perte de la raison dans l'homme

1.   24

mais plutôt affaiblir cette faculté à des degrés divers, ce n'est pas une raison de penser que l'encéphale, pris dans son entier, ne soit cependant pas un organe de la pensée la plus pure. Mais notons soigneusement deux choses : la première, que la nécessité absolue de cet organe pour la pensée en général, c'est-à-dire pour les phénomènes psychiques, et surtout pour cette partie spéciale de la pensée que nous appelons notions pures de la raison ou conceptions, n'est point démontrée ; la seconde, que le résultat serait le même, c'est-à-dire qu'il y aurait également absence de conceptions dans le cas où l'encéphale ne serait que la condition de la vie organique ou animale dans l'homme, et dans le cas où cet organe servirait d'instrument immédiat pour la production des conceptions.

C'est donc la même chose, en apparence, que l'encéphale soit seulement une *condition de la vie* ou *l'organe immédiat* des conceptions ; dans un cas comme dans l'autre, elles seraient impossibles sans lui.

Mais au fond, cependant, les choses seraient fort différentes, puisque, dans le second cas, l'âme humaine ne pourrait pas penser, de sa pensée la plus propre même, sans le secours de l'organe, ou du moins qu'elle ne pourrait penser ainsi que dans son état d'union avec le corps qu'à cette condition ; tandis que, dans le premier cas, elle pourrait absolument penser de la sorte sans le corps, mais qu'elle ne pourrait animer le corps, y remplir ses autres fonctions qu'à l'aide de l'encéphale.

Mais si l'on fait attention qu'un grand nombre de conceptions ne sont produites qu'à l'occasion des sensations et des perceptions, et que ces dernières, quoique absolument possibles dans l'âme sans l'intervention de l'organisme et sans l'action des choses extérieures sur lui, ne se manifestent cependant qu'à cette double condition, il en faudra conclure que sans l'organisme, et sans cette partie de l'organisme qui préside plus spécialement à la reproduction des sensations et des perceptions, une partie des conceptions de la raison n'aurait pas lieu.

Ce n'est pas à dire que les organes des sensations et des perceptions soient aussi les organes des conceptions qui les accompagnent; bien loin de là : les sensations et les perceptions semblent seules être la condition de l'action de l'âme dans la production des conceptions qui se rattachent à ces deux sortes d'état. Il faudrait, pour que le cerveau, par exemple, fût l'organe de l'âme dans la production de certaines conceptions, des plus approchantes de la perception, de celles que Kant appelait des *intuitions a priori,* celles d'espace et de temps en un mot, que l'âme ne pût les produire sans l'intervention directe du cerveau, même après que cette partie de l'encéphale a déjà rempli une première fonction dans la production de la sensation et de la perception; il faudrait que mon cerveau fonctionnât d'une manière directe dans la production des conceptions qui constituent la plupart des idées dont je cherche en ce moment à faire comprendre la nature. Cela se peut, sans doute; mais est-ce vraisemblable, lors surtout que je prends ces conceptions une à une, sans aucune intention de les arranger en une pensée suivie?

Il ne faut pas confondre, comme on est extrêmement porté à le faire, l'*influence* avec la *cause.* Que mon âme, ma raison subisse l'influence de mon cerveau lorsqu'elle pense, qu'elle en ressente plus ou moins les entraves, c'est un fait. Mais qui peut dire que la fatigue cérébrale résultant de la pensée soit la conséquence du service rendu à l'âme par l'organe, ou la suite de la résistance qu'il présente à l'action spirituelle de l'âme? Dans cette dernière hypothèse, la facilité et la difficulté plus ou moins grandes de la conception ne dépendraient nullement du service plus ou moins énergique et prompt du cerveau, mais tout au contraire des entraves ou moindres ou plus fortes qu'il apporterait à l'âme. Le meilleur cerveau pour l'âme ne serait plus celui qui l'aiderait le mieux dans la pensée pure, mais celui qui lui laisserait le plus de liberté d'action, qui interviendrait le moins dans les affaires les plus propres de l'âme. Le cerveau le plus défavorable à la pensée pure serait, au contraire, celui qui laisserait à l'âme le moins de liberté, qui tendrait toujours à la servir de la manière à lui propre.

C'est ainsi qu'on pourrait, à la rigueur, expliquer ce qu'on appelle l'influence du cerveau dans les affections intellectuelles résultant de l'irritation, de la compression, d'une conformation vicieuse, de l'hydrocéphalie, des lésions organiques accidentelles.

Une exaltation plus ou moins marquée, le délire, résulte de l'irritation. Le vertige, la torpeur, la défaillance, la perte de la connaissance, de la conscience, ou celle du souvenir au moins, sont les suites ordinaires de la compression. Une conformation vicieuse peut engendrer un défaut d'harmonie dans l'exercice des facultés, l'affaiblissement de quelques-unes, ou l'idiotie, qui est presque l'anéantissement d'elles toutes. L'hydrocéphalie intérieure ou extérieure, suivant que le liquide compressif se forme dans le cerveau ou à sa surface externe, peut amener les mêmes affections; mais l'hydrocéphalie extérieure est beaucoup plus fréquente que l'autre. Ce qu'il y a de singulier dans les lésions, c'est qu'il en est qui sont favorables à certaines facultés : c'est ainsi, dit-on, qu'un savant bénédictin, Mabillon, ne devint un prodige de mémoire qu'à la suite d'une chute contre une borne où il faillit s'assommer.

On se tromperait, du reste, si l'on croyait que toutes les affections mentales tiennent à des lésions graves du cerveau; il est très fréquent, au contraire, de rencontrer autant ou plus de désordres apparents dans l'encéphale des personnes qui avaient été fort raisonnables que dans celui des aliénés; ou, si l'on aime mieux, les cerveaux d'aliénés ne présentent souvent pas plus de lésions apparentes que ceux des hommes sains d'esprit.

Un autre fait qui mérite une attention toute spéciale, c'est que le dérangement des facultés intellectuelles est si loin de pouvoir être attribué toujours à une lésion organique, qu'on ne peut tout au plus le rapporter qu'à un vice dans les fonctions des nerfs, puisqu'il n'est pas rare de voir des aliénés recouvrer toute leur raison quelques heures avant la mort. « Une modification matérielle du cerveau ne pourrait ainsi s'évanouir, » dit avec raison Magendie (1).

Il ne faut pas non plus accorder trop d'importance à la configuration, au volume et au poids de l'encéphale. Nulle différence appréciable souvent sous ce triple aspect entre le cerveau d'un fou et celui d'un sage (2). Le

(1) *Leçons sur le Système nerveux*, t. I, p. 93, 94, 190.
(2) M. LÉLUT, *Rejet de l'Organologie*, p. 7, 11.

front de Montesquieu, aussi projeté en arrière que celui d'un Éthiopien ou d'un Malais, n'était pas moins celui d'un homme de génie ; et tel autre front d'un angle de 90 degrés ou davantage n'est que celui d'un imbécile.

Pourquoi la baleine, qui a près des deux cinquièmes de plus de cerveau en poids que l'homme le plus intelligent, a-t-elle moins d'esprit que le renard ou le chien ? Qu'importe qu'elle ait moins de cerveau que l'homme proportionnellement au poids de son corps ? La pensée est-elle donc plus difficile à effectuer dans une masse de 25 mètres de long que dans une de 1 mètre et quelques fractions de mètres ? Calculer le poids du cerveau par rapport à la masse du sujet, au lieu de comparer cerveau à cerveau quant au poids, c'est sortir de la question. Si c'est le cerveau qui pense, ou même s'il est l'instrument indispensable de la pensée, et que la force et l'étendue de la pensée doivent être proportionnées au poids du cerveau ou à son volume, il est nécessaire qu'un cerveau plus pesant ou plus volumineux, quelle que soit l'espèce qui le porte, pense avec plus d'étendue et de profondeur. Et alors c'en est fait de la supériorité de l'homme.

Veut-on, au contraire, que la qualité, le type ou la contexture du cerveau soit ici pour quelque chose, pour beaucoup, pour tout même ? A la bonne heure ! mais qu'on ne nous parle plus d'angle facial, ni de volume, ni de poids absolu ou proportionnel, ou qu'au moins on ne mette tout cela qu'en seconde ligne.

Si de l'intelligence nous passons à la sensibilité, nous reconnaîtrons, avec Magendie et d'autres physiologistes, que les deux tiers supérieurs de l'encéphale, et peut-être davantage, peuvent être enlevés sans que le sujet témoigne aucune souffrance, mais qu'il n'en est pas de même pour les parties inférieures. Les expériences faites sur les nerfs sensitifs du système cérébro-rachidien, et par conséquent sur la moelle épinière, prêtent à la même conclusion, puisque, séparés de l'encéphale, ils ne peuvent plus servir à la sensation.

Bien plus, la sensation s'opère sans eux, à l'aide de la portion centrale du nerf qui subsiste encore, par suite d'une impression du dehors ou par l'action seule du cerveau sur les extrémités internes des nerfs, ou peut-être encore sans elle (quoique moins vraisemblablement), au point de faire éprouver des douleurs dont le siége semble être encore dans des membres depuis longtemps séparés du tronc. Ce sont des sensations subjectives, dit-on. Je le veux; mais elles ne sont ni moins réelles, ni moins indépendantes des extrémités originellement périphériques des nerfs auxquelles on les rapporte. Cette relation, fatalement conçue par le moi, est donc un effet de la liaison du corps et de l'âme, de la loi qui préside à la localisation apparente de déterminations du moi, déterminations qui ne sont réellement que dans l'âme.

Si déjà la sensibilité commence à se dégager ici de l'organisme, elle s'en montre on ne peut plus indépendante, du moins en apparence, lorsque le plaisir ou la peine ont une cause toute spirituelle, une idée, une idée rationnelle pure, comme celles d'utile et de nuisible, de beau et de laid, d'honnête et de déshonnête, de juste et d'injuste, de vrai et de faux, etc.; d'où l'on voit que si le cerveau doit intervenir dans les sentiments, c'est de la même manière qu'il intervient peut-être dans les conceptions de la raison pure. Mais rien ne prouve cette intervention immédiate.

Mais il paraît bien certain que si le système nerveux intervient dans le sentiment, ce n'est point le même que celui qui préside aux sensations : en effet, la paralysie des nerfs de la sensibilité physique, quand elle ne va pas jusqu'à éteindre la vie, au moins tant que le moi persiste, n'empêche point la sensibilité morale; loin de là, puisque les malheureux paralytiques, qui ont conscience de leur état, des peines qu'ils donnent à ceux qui les entourent de soins, y sont très sensibles.

Nous observons un phénomène tout semblable dans l'activité intellectuelle comparée à l'activité organique, c'est-à-dire entre la volonté et le mouvement. Les nerfs moteurs, séparés de l'encéphale ou frappés d'une lésion grave dans quelque point de leur étendue, ne peuvent plus servir au mouvement dans toute la partie au-dessous du point lésé; la partie supérieure peut fonctionner encore et toujours ainsi, en faisant remonter la lésion jusqu'à l'origine centrale de ces sortes de nerfs. Mais si la lésion atteint l'extrémité centrale, alors paralysie complète, mais paralysie du mouvement seul; l'activité intellectuelle et de pure volition reste entière. Il faudrait un autre genre de lésion, celle du cerveau, pour que la volonté fût empêchée; et peut-être alors encore ne le serait-elle qu'indirectement, c'est-à-dire parce que la vie animale, qui est comme le support de la vie intellectuelle, se trouverait atteinte. C'est encore pis si la vie organique, base de la vie animale elle-même, n'est plus possible.

Il ne faut pas oublier cependant qu'il est des animaux privés d'encéphale en qui l'on ne peut méconnaître de la sensibilité et de l'instinct : tels sont les mollusques, les insectes, etc., et que la sensibilité physique, ainsi que le mouvement spontané, ne sont point en raison des nerfs, puisqu'il y a des parties dépourvues de nerfs, de nerfs visibles du moins, qui sont parfois d'une sensibilité extrême, et qu'il en est d'autres, au contraire, qui, tout en renfermant beaucoup de nerfs, sont insensibles ou doués seulement d'une sensibilité vague dans l'état de santé. Tels sont, d'une part d'abord, le tissu cellulaire, les tendons, les méninges, les cartilages, les os, la moelle; d'autre part, la plèvre, le mésentère, le tube intestinal, le cœur, etc. (1). On sait que le grand sympathique est fort peu sensible, si tant est que la sensibilité qui s'y manifeste ne soit pas due à des filets du système encéphalo-rachidien.

On a remarqué aussi que des mouches auxquelles on a enlevé la tête continuent de marcher ou de voler, que des guêpes privées de la même partie du corps dardent encore leur aiguillon, et que des sauterelles guillotinées ne laissent pas de s'accoupler. Des tortues, des poissons et d'autres animaux à sang froid peuvent survivre plusieurs semaines à l'ablation totale du cerveau; des canards et des pigeons supportent une opération analogue sans perdre entièrement la faculté de sentir et celle de se mouvoir d'eux-mêmes.

Si, dans l'état de complète formation des animaux vertébrés, la sensibilité et le mouvement n'ont lieu qu'à

(1) Gioja, *Ideologia*, t. I, p. 135-136.

la condition qu'il n'y ait pas solution de continuité entre
les nerfs et le cerveau, à une époque moins avancée une
sorte de mouvement, celui de la formation organique,
paraît s'accomplir en dehors de ces conditions, que le
système rachidien se forme ou non dans toute son étendue à la fois. S'il se forme pour ainsi dire sporadique-
ment sur un point, sur un autre, et qu'il tende à s'unir
de la périphérie au centre et du centre à la périphérie,
ou que, dans le même temps et sur tous les points du
système, il y ait action simultanée; toujours est-il que
cette action formatrice ne peut, dans son premier moment, s'expliquer par l'influence du système nerveux.

Plusieurs raisons, d'ailleurs, semblent prouver, indépendamment de l'observation, qui serait ici d'accord
avec le raisonnement déduit d'autres données, que la
formation des nerfs est sporadique, qu'ils ne naissent
point du centre cérébral, pas plus que le centre cérébral n'en est la terminaison, et n'en forme à ce titre un
ganglion ou un plexus terminal (suivant qu'on l'envisage
par sa partie supérieure ou par sa base). En effet, si les
nerfs partent du cerveau, comment peuvent-ils exister
indépendamment de cette origine centrale, non seulement chez les animaux qui sont dépourvus de ce centre
nerveux, mais naturellement encore chez ceux qui n'en
sont privés qu'accidentellement, comme les acéphales
des mammifères? N'est-il pas singulier encore que les
nerfs de la région lombaire soient plus volumineux que
ceux de la région dorsale et de la cervicale, quoique
plus éloignés de leur origine (1)?

(1) Voy. Burdach, *Traité de Physiologie*, t. III, p. 417; — Gioja, *Ideologia*, t. I, p. 133.

Si ce mode de formation des nerfs était le véritable, ce serait un argument de plus contre le système de la préexistence des germes, et pour celui de la formation du germe lui-même par le principe vital. Mais quel que soit le mode de formation auquel on s'arrête, il demeure toujours certain qu'il y a un acte de formation ou de développement qui ne peut s'appeler un *mouvement proprement dit,* et qui s'exécute par une force naturelle où la sensibilité et l'irritabilité ne sont pour rien.

Il faut se garder de confondre avec la sensibilité et le mouvement deux autres phénomènes analogues : l'*irritabilité* et la *contractilité.* L'irritabilité est indépendante des nerfs, puisqu'elle s'observe dans les plantes comme dans les animaux. Le tissu musculaire est éminemment contractile, lors surtout qu'il est muni de nerfs ; il n'est pas même nécessaire que ces nerfs communiquent avec le centre cérébral. Cependant le défaut de communication avec cet organe est loin d'être favorable au phénomène de l'irritation, sans doute parce que les nerfs sensitifs, en communication avec le centre cérébral, sont la condition de la durée de la vie organique. Certains nerfs eux-mêmes, ainsi pris isolément, sont irritables aussi, mais à un bien plus faible degré.

L'irritabilité n'est point la sensibilité, et ne se manifeste que par un mouvement de contraction aussi étranger à la spontanéité, à la volonté surtout, que l'irritabilité même. L'irritabilité et la contractilité sont donc deux phénomènes propres à la vie organique, et qui, en s'accomplissant chez les animaux comme chez les végétaux, n'arrivent pas jusqu'à la conscience et n'en partent pas.

Comme l'irritabilité et la contractilité se tiennent à titre présumé de cause et d'effet; comme l'irritation ne nous est connue que par la contraction; comme la dénomination d'*irritabilité* fait supposer involontairement dans l'organe irritable une certaine susceptibilité qui ne ressemble pas mal à la sensibilité; comme, enfin, des physiologistes s'y sont trompés et s'y trompent encore, malgré les explications de Haller, au point de supposer dans les tissus contractiles une sensibilité latente, et dans les ganglions du sympathique, ou dans les autres parties du corps qui se meuvent sous l'influence d'une irritation quelconque, mais dont nous n'avons pas conscience, un foyer de sensibilité propre, une sorte d'âme locale; il nous semble qu'il conviendrait de ne plus employer le mot d'*irritabilité* et de le remplacer par celui de *contractilité*. Celui-ci n'indique que l'aptitude de l'organe ou du tissu à se contracter, sans rien préjuger sur la cause de la contraction elle-même; il ne dit donc rien que de connu et de certain.

CHAPITRE II.

Influence du Corps sur quelques opérations de l'entendement en particulier.

Tout ce qui porte au mouvement, à la distraction, à la légèreté est un obstacle à la fixité de l'esprit. D'un autre côté, l'insensibilité, l'indifférence, en laissant l'esprit tranquille, ne le provoquent point. Une grande sensibilité est très mobile, sans doute; mais aussi elle est facilement impressionnable. En général, les esprits froids ou les esprits passionnés, ardents, les constitutions lymphatiques, bilieuses, sont ou plus difficiles à distraire, ou plus appliqués et plus tenaces. Les constitutions sanguines et les nerveuses, plus faciles à émouvoir, sont bien moins fixes.

Les habitudes font beaucoup encore : les hommes, dont les muscles sont généralement plus exercés que le cerveau, sont peu capables d'une attention forte et soutenue. Aussi nos pieux paysans sont-ils peu sensibles à l'éloquence de nos Massillons de campagne, surtout pendant la saison des travaux des champs.

On a cru remarquer que les constitutions lymphatiques des hommes du Nord ont généralement plus d'aptitude pour les langues et les travaux d'érudition que les constitutions contraires des hommes du Midi, et qu'ils ont plus de mémoire. Ne serait-ce pas plutôt qu'ils travaillent davantage, que la nature extérieure les altère moins, les tient plus renfermés dans leurs habitations et au dedans d'eux-mêmes, les rend plus méditatifs, en un mot? Si les hommes du Nord ont plus de mémoire que ceux du Midi, ils ne semblent pas avoir moins de jugement et de raison, deux choses qui ne vont pas toujours ensemble.

Une remarque plus fondée, c'est que la mémoire de l'enfance est plus vive, plus nette, plus sûre, plus tenace que celle des autres âges ; que les petites filles surpassent les petits garçons pour la mémoire mécanique ou non raisonnée. Cette faculté tient-elle, comme on le suppose, à la nature plus molle du cerveau dans l'enfant et dans la femme, ou plutôt à l'intérêt tout particulier avec lequel l'enfant observe tout ce qui est encore nouveau pour lui? L'attention est pour beaucoup dans le souvenir, et dès que, par l'habitude ou par suite de préoccupations, notre esprit devient exclusif, il est naturel que nous n'ayons de mémoire que pour ce qui nous intéresse.

La mémoire est, du reste, la faculté qui semble, quant à la matière du souvenir, dépendre plus spécialement du cerveau.

Et d'abord, les perceptions qui font image, celles de la vue ou celles qui semblent se graver dans l'esprit par le rhythme, la mesure et le ton combinés, comme le chant, se retiennent plus facilement que les perceptions ou les sensations plus obscures, plus animales. Cette différence peut s'expliquer aussi bien, et peut-être mieux encore, par l'intervention plus marquée de la raison dans les perceptions supérieures de l'ouïe et de la vue, que par une action plus puissante du cerveau, et surtout que par des traces ou plus nettes ou plus profondes, ou par des mouvements plus prononcés et plus faciles à reproduire ; d'autant plus, en effet, que personne n'a vu des traces ou des mouvements de cette nature.

Expliquera-t-on plus aisément par l'action du cerveau la facilité plus ou moins grande avec laquelle nous retenons telle ou telle espèce d'idées ? Ces spécialités en fait de mémoire ne s'expliqueraient-elles pas aussi bien par la constitution intellectuelle et par les habitudes de l'esprit?

Comment encore expliquer le souvenir des perceptions ou des idées par l'organe vrai ou supposé qui préside à leur acquisition, comme on le prétend dans le système de Gall, quand on voit des hommes doués d'une vue excellente et manquer de la mémoire des perceptions visuelles ? Ne sait-on pas, d'autre part, que le souvenir des perceptions visuelles peut être très vif, la partie de l'imagination qui y correspond très ardente chez des aveugles ? Démocrite, Homère, Milton en sont la preuve. Que devient dès lors l'assertion de Darwin, qui prétend expliquer le souvenir des perceptions par la reproduction des mouvements nerveux des organes, du dehors au dedans ? Au contraire, il peut y avoir souvenir sans reproduction des mouvements dans les sens externes, comme il peut y avoir oubli avec faculté de reproduire ces mouvements.

On peut perdre la mémoire des mots sans perdre celle des choses ou des idées correspondantes : preuve que les idées sont indépendantes du langage ; que le souvenir des idées des choses, aidé sans doute par l'imagination, par le sentiment, ou de quelque autre manière, est par là même plus tenace que le souvenir des mots, qui n'est pas soutenu par les mêmes moyens ou le même intérêt. On a vu des personnes, à la suite d'une maladie, sans souvenir aucun de leur propre langue, obligées de s'exprimer par signes comme des sourds-muets, quoiqu'elles eussent recouvré la faculté de lire dans un degré très limité, par exemple les prières du soir et du matin, sans, du reste, pouvoir se rappeler les mots qu'elles avaient lus, quand ils n'étaient plus sous leurs yeux.

Voilà donc des intelligences qui ne peuvent plus aller des idées aux mots, mais qui peuvent aller des mots qu'elles lisent (ou sans doute aussi qu'elles entendent), mais dans des limites très restreintes, aux idées exprimées par ces mots.

Un phénomène analogue, c'est celui d'une personne qui apprend une langue étrangère par la lecture, et qui peut bien dire ce que signifie, dans sa langue maternelle, le mot en langue étrangère qu'il voit, mais qui ne peut faire l'opération inverse. L'association de ces deux idées n'a pas été réciproque ; elle a deux sens ; on n'est habitué qu'à un seul. Il en est de même de la récitation de l'alphabet ou de la table de Pythagore, en commençant par la fin. C'est comme la pente d'un courant.

D'autres fois la mémoire ne fait défaut que pour une classe de mots, pour les substantifs communs et propres, tandis que les adjectifs sont rappelés fidèlement.

Un notaire avait oublié, à la suite d'une attaque d'apoplexie, jusqu'à son propre nom, celui de sa femme, ceux de ses enfants. Il ne savait plus ni lire ni écrire ; mais il se rappelait les actes qu'il avait faits, et indiquait les cases où ils étaient déposés.

Une bizarrerie plus étrange, c'est de ne savoir plus lire et de savoir encore écrire.

Il en est aussi qui ont oublié la vraie signification des noms, et qui, par exemple, demandent leurs souliers ou une armoire quand ils veulent leur montre ou leur tabatière. Un genre d'affection analogue est celui qui fait transposer les lettres d'un mot de manière à dénaturer les expressions.

Enfin, il y a des mémoires qui ne se rappellent que les mots comme sons, sans y attacher d'idées, ou qui sont fort peu sûres des idées qu'ils expriment. Les personnes qui sont dans ce cas, ne peuvent pas se faire entendre ; elles se perdent dans des phrases inintelligibles.

Ce n'est pas toujours ce qu'on sait le mieux qui s'oublie le plus difficilement : ainsi, l'on voit des cas d'épilepsie ou d'apoplexie qui emportent la mémoire des mots de la langue maternelle, et laissent subsister le souvenir de ceux d'une langue morte ou d'une langue étrangère apprise dans l'enfance. Y aurait-il donc autant de facultés cérébrales qu'il y a de langues possibles, ou la différence dans le souvenir des unes et des autres ne tiendrait-elle pas plutôt aux habitudes intellectuelles, au degré d'attention apporté au langage, et, si l'on veut encore, aux mouvements plus familiers du cerveau dans l'acte de la parole, si tant est qu'il y ait mouvement?

Puisqu'il y a une si grande différence entre un souvenir et un autre, quant à la matière, il est très naturel qu'on en retrouve une non moins grande entre la mémoire et le jugement, bien que la mémoire fournisse au jugement ses matériaux ; aussi voit-on d'excellentes mémoires sans jugement, et de très bons jugements avec des mémoires fort ingrates. D'où nous concluons deux choses : 1° que ce n'est pas plus l'organe de la mémoire et des perceptions qui compare et qui juge, que ce n'est celui qui perçoit; 2° que psychologiquement on distingue avec raison le jugement d'avec la mémoire, et, dans la mémoire et le jugement, la matière d'avec la forme. Cette distinction trouvait déjà son application dans le phénomène des spécialités de la mémoire, car la différence dans la facilité relative du rappel ne tient point à la forme, mais uniquement à la matière. D'où l'on voit que la psychologie spéciale confirme nos idées sur la psychologie générale.

Parfois la mémoire subsiste quand la sensation, la

perception et même le jugement font défaut. C'est ainsi que Baudelocque, dans une maladie, reconnaissait au son de leur voix les personnes qui le visitaient (il avait perdu la vue), et n'avait aucun sentiment de son existence physique ; il ne croyait avoir ni tête, ni bras, ni corps en général. Une dame, mère de famille, avait oublié qu'elle était mariée, mère de plusieurs enfants, et ne pouvait consentir à le croire. Elle ne recouvra jamais le souvenir de la première année de son mariage. Elle oubliait qu'elle venait d'être saignée, quoiqu'elle eût fait les préparatifs de l'opération.

On a remarqué des mémoires qui étaient plus heureuses dans les saisons froides que dans les chaudes. Ce sont surtout les maladies qui agissent dans le souvenir, ainsi qu'on l'a vu plus haut déjà. Mais cette cause n'agit pas uniformément, parce qu'elle n'est pas elle-même uniforme : ainsi le plus souvent, la mémoire quand elle est atteinte n'est qu'affaiblie ; quelquefois elle est détruite en totalité ou en partie ; d'autres fois, mais plus rarement, elle s'en trouve fortifiée. Les épileptiques et les somnambules ne se rappellent généralement point ce qui s'est passé en eux pendant leurs accès. Certaines fièvres abolissent les souvenirs du passé et du présent. La peste d'Athènes, décrite par Thucydide, avait effacé dans l'esprit de quelques malades jusqu'à leurs propres noms.

La mémoire perdue peut revenir, mais rarement dans sa plénitude, et l'intelligence entière s'en trouve souvent affaiblie. Mais il est des maladies telles, que la mémoire exhume des souvenirs depuis longtemps oubliés, en même temps qu'elle laisse échapper le souvenir de faits plus récents et bien connus avant la maladie ;

puis, par un retour à l'ordre naturel des choses, ces anciens souvenirs, un instant ravivés, disparaissent avec le retour de la santé, en même temps que les autres reviennent. D'autres fois, par exemple dans un coup reçu à la tête, la perte de la mémoire ne porte que sur des événements très récents.

La mémoire peut encore recevoir des atteintes par suite d'affections morales trop vives ou imprévues, telles que la frayeur, la colère, les chagrins.

La contention excessive de l'esprit, comme le défaut habituel d'attention, produisent des effets analogues.

Quand les souvenirs reparaissent, ils suivent une marche inverse à celle de leur disparition : les souvenirs des faits, qui ont été les derniers à s'évanouir, sont les premiers à reparaître, puis ceux des qualités ou des mots qui les expriment; viennent ensuite les noms communs, et enfin les noms propres (1).

Quoiqu'il ne soit pas impossible, tant s'en faut, que le cerveau ait un rôle à jouer dans le souvenir, mais un rôle subordonné ou d'instrument, il est pour le moins aussi vraisemblable que les souvenirs, qui ont été d'abord des états de l'âme accompagnés de conscience, lorsqu'ils cessent d'être présents à la pensée, au moi, subsistent dans l'âme à l'état latent, pour donner conscience d'eux-mêmes par le retour de l'esprit sur eux. Comment expliquer autrement que par un travail secret et spontané de l'âme un souvenir qu'on a voulu susciter d'abord, qu'on a provoqué avec effort, et qui, long-temps rebelle et abandonné, se présente enfin comme

(1) Gioja, *Ideologia*, t. II, p. 158-170.

de lui-même à la conscience et semble lui dire : « Me voici ; il m'a fallu le temps nécessaire pour répondre à ton appel ; l'âme qui me retenait avec beaucoup d'autres de mes pareils, a dû m'évoquer à son tour et me faire monter insensiblement jusqu'à toi. » Que le cerveau intervienne ou non dans cette opération involontaire et secrète, toujours est-il qu'il ne peut agir que comme instrument, et qu'il n'est pas plus dépositaire des souvenirs qu'il n'est l'âme ou le moi, le principe pensant en général.

Or, nous ferons voir qu'il ne peut pas l'être. Il nous suffit de savoir pour le moment que le principe qui se souvient n'est pas différent du principe qui pense ou connaît tout d'abord.

Nous disons maintenant que si rien ne restait d'une connaissance passée dans le principe pensant, quel qu'il soit, une fois que la conscience de cette connaissance aurait cessé d'être, nous serions toujours comme au début de la connaissance, c'est-à-dire que nous ne pourrions jamais rien apprendre, puisqu'en vain nous aurions eu autrefois des idées qui auraient disparu de notre conscience, attendu, par hypothèse, qu'elles n'auraient pas plus laissé de trace dans l'âme que dans le moi. Et si l'on dit que ce qu'il en reste dans l'âme c'est beaucoup moins ces idées elles-mêmes à l'état latent qu'une disposition plus grande à les reproduire, une habileté et un penchant à les replacer sous l'œil de la conscience, nous répondrons que cette vertu spéciale, que cette pensée *habituelle* (d'*habitus, habilitas*), par opposition à la pensée *actuelle*, nous suffit.

Notre distinction de l'âme et du moi nous fournit

donc un moyen facile d'expliquer le souvenir latent, sans recourir à l'hypothèse absurde des traces dans le cerveau, ou à l'hypothèse évidemment contradictoire et fausse de la présence permanente, mais sans conscience, des souvenirs dans le moi, si affaiblie que puisse être cette prétendue conscience.

L'association des souvenirs, celle même des sensations et des perceptions fournies par des organes divers, la comparaison qu'on en fait, le jugement qu'on en porte, et par-dessus tout le principe unique qui est le sujet de tous ces états, la cause de toutes ces opérations, ne permet pas de considérer le cerveau avec ses parties diverses fonctionnant ou non séparément, comme étant ce sujet et cette cause. Il faut un centre absolu d'états et d'opérations : un *sensorium commune,* s'il est organique, n'explique rien, et ne peut être tout au plus qu'un instrument de toutes ces pensées. Encore ne parlé-je point du flux incessant du corps, de sa disparition intégrale et de son renouvellement complet environ tous les sept ans, suivant certains physiologistes, ni, dans cette hypothèse, de l'impossibilité physiologique que nos souvenirs pussent remonter jamais au-delà de cette période.

L'imagination poétique ou créatrice, qui est un composé de souvenirs et de conceptions, ne peut donc pas plus être l'œuvre immédiate du cerveau que les souvenirs et les conceptions elles-mêmes. Il n'est pas douteux cependant, qu'alors même que le cerveau n'interviendrait point ici comme organe, il n'exerce une influence marquée sur ces opérations particulières de l'esprit comme sur toutes les autres.

Autant donc son action comme cause efficiente est nulle, autant son intervention comme cause instrumentale est douteuse en beaucoup de cas, autant aussi son influence est certaine dans tous. Quelle que soit la nature de nos travaux intellectuels, toutes nos dispositions corporelles, et par suite nos dispositions cérébrales, agissent d'une manière très sensible sur la nature et le cours de nos idées et de nos sentiments. Un jour les idées, les pensées se présenteront avec abondance et dans un ordre parfait ; elles seront justes, faciles, claires, profondes, étendues, pleinement satisfaisantes, en un mot. La parole en sera la fidèle expression ; elle en reproduira sans peine, avec lucidité, avec élégance, avec force et bonheur, tous les caractères. Un autre jour les pensées, et des pensées de même ordre, se feront prier pour venir, ou même n'apparaîtront point malgré tous nos efforts, ou bien elles manqueront de justesse, de clarté, de précision, d'éclat, de profondeur, ou d'étendue ; et le langage, à son tour, révèlera toutes ces misères. C'est là ce que nous surprenons chaque jour en nous-mêmes. Quelle différence n'apercevrions-nous pas si nous pouvions un instant comparer notre situation intellectuelle avec celle des autres hommes, en passant de la pensée si puissante d'un Newton, d'un Leibniz, ou d'un Kant, à la pensée si débile de l'homme de peine, sans culture intellectuelle, à celle du pâtre qui passe sa vie presque entière avec son troupeau !

Mais cette influence n'est pas celle du cerveau seulement ; c'est celle encore de tout le reste du corps par le cerveau si l'on veut, celle même du monde extérieur par le corps entier.

C'est dans le sens qu'on vient de dire que le style est
l'homme, bien plus que dans le sens moral : il est bien
plus facile d'afficher la santé de l'âme qu'on n'a pas, de
dissimuler les vices dont on souffre, que de montrer des
qualités intellectuelles qu'on ne possède point, ou de
consentir à laisser transpirer des défauts d'intelligence
dont on est naturellement exempt.

Il y a, du reste, dans la parole, comme dans la plupart
des opérations de l'âme, deux périodes bien distinctes :
celle de l'instinct et celle de la volonté. La parole instinctive, qui mérite à peine le nom de parole, et qui
nous est commune avec les animaux, se compose des
cris, des gestes, de tout le langage d'action en général,
en tant qu'il est spontané ou inspiré. Ce langage persiste
même lorsque le langage artificiel ou appris est acquis ;
mais il est généralement d'autant plus réduit ou plus
effacé, que le langage proprement dit est plus parfait :
l'homme qui trouve dans la parole de quoi rendre toute
sa pensée, surtout si cette pensée est exempte de pas--
sions et de sentiments, si elle approche de celle d'une
raison pure et sans mélange d'animalité, ne fait qu'un
médiocre usage des gestes. Au contraire, celui dont la
langue est rebelle, qui ne sait ou ne peut dire par la
parole seule tout ce qu'il voudrait dire, recourt à la déclamation extérieure ou corporelle, comme il use souvent
outre mesure du langage figuré, et tombe dans l'enflure,
l'exagération et le faux, dans la déclamation parlée, en
un mot. Même impuissance, comme même défaut, ici et
là.

Mais ce qu'il nous importe plus particulièrement
d'observer, c'est que le langage naturel, instinctif,

d'abord parlé sans intelligence, sans volonté, sans conscience, part néanmoins de *l'âme,* mais pas encore du moi. Ce n'est qu'après l'avoir ainsi parlé longtemps sans qu'il s'en doute que le nouveau-né y associe des sensations, des perceptions, des souvenirs, qu'il finit par le remarquer, par remarquer que ce langage part de son âme, du fond de son être, et qu'il peut volontairement le produire ou l'empêcher. De ce moment seul l'enfant parle, quoiqu'il ne fasse encore que crier.

Mais de ce moment il sait aussi qu'il peut parler; et comme il conçoit qu'il peut parler beaucoup mieux qu'il ne le fait, surtout s'il prend la parole toute faite de ceux qui l'entourent, il l'étudie, la grave dans sa mémoire, la fait pour ainsi dire passer dans l'organe vocal, qu'il exerce et forme en conséquence. Cette langue volontaire, acceptée, n'est plus une langue naturelle, la langue instinctive de l'âme; c'est la langue du *moi,* la parole étudiée, réfléchie, plus ou moins savante et artificielle : parole qui n'exclut point le langage naturel, qui ne peut même être apprise sans son secours, mais qu'elle est appelée à remplacer dans une mesure plus ou moins étendue, suivant la mesure d'après laquelle la raison l'emportera sur la sensibilité, la liberté sur la spontanéité, et la conscience sur l'instinct. Cette mesure est elle-même déterminée par les circonstances physiques et sociales au sein desquelles on se trouve placé par l'éducation reçue, par la nature des occupations habituelles, et surtout par la constitution ou le tempérament des sujets. L'homme sanguin ne parle pas, non plus qu'il ne pense, ne sent et n'agit, comme le bilieux ou l'athlétique, ni l'athlétique et le bilieux comme le

nerveux et le lymphatique, ni le lymphatique et le nerveux comme le sanguin (1).

CHAPITRE III.

Influence de la Raison et de l'Entendement sur le corps.

Si l'influence du corps sur l'âme est incontestable,
celle de l'âme sur le corps est encore plus frappante.

La pensée de quelque utilité à retirer, de quelque
avantage à se procurer, la présomption que les chances
favorables sont pour nous, qu'elles sont considérables,
cette pensée, dis-je, nous anime ; l'ambition s'allume,
le courage et la persévérance se joignent à l'envie de
posséder ou de parvenir, et l'on déploie parfois une activité dont on ne se croyait pas capable. La passion du
beau et du sublime, de l'honnête et du juste, du vrai et
du divin, fait les enthousiastes, les poètes, les artistes,
les savants, les héros et les saints. Quand le feu sacré,
sous une forme ou sous une autre, s'empare d'une âme,
elle n'est plus qu'un instrument de cette force d'en-
haut, jusqu'à ce qu'elle soit consumée par l'ardeur même
qui l'anime, mais qui la dévore en l'excitant.

La seule attention, la plus humble de toutes les opérations intellectuelles, donne à la physionomie, aux
organes qui en sont comme le véhicule, une expression
toutes péciale, et où resplendissent, à des degrés divers et

(1) Voir sur ce dernier point VIREY, *l'Art de perfectionner l'Homme*,
t. II, p. 65-67.

sous des formes variées, la supériorité et la puissance
de la pensée. L'attention opère bien d'autres merveilles
dans l'organisation, suivant qu'elle se porte ici ou là;
elle fait disparaître à un certain degré la sensation qui
existe, ou crée celle qui n'existe pas. C'est ainsi que le
goutteux appliqué à sa partie d'échecs oublie sa douleur, et que l'homme bien portant finira par croire, à
force d'y penser, qu'il éprouve dans quelque partie de
son corps une sensation, une douleur qu'il n'y aper-
cevait pas.

Nous avons encore des dispositions à tousser, mais
nous sommes convalescents, l'affection a presque entièrement disparu : qu'on nous demande des nouvelles de
notre bronchite, aussitôt notre pensée se porte à l'organe encore un peu souffrant, et nous y sentons à
l'instant une irritation à laquelle nous ne pensions plus,
et qui détermine en nous l'acte de tousser. Une sensation agréable ou désagréable est rendue beaucoup plus
intense par l'attention.

Mais c'est surtout l'imagination qui exerce une puissance prodigieuse sur l'organisme. Je ne rapporterai
point ce qu'on débite de l'influence de cette faculté sur
l'embryon ou le fœtus; assez de faits incontestables at-
testent l'empire souvent irrésistible de cette puissance;
et si l'on voulait établir la possibilité de l'action de la
pensée de la mère sur l'enfant qu'elle porte encore dans
son sein, il suffirait de rappeler des faits non moins
merveilleux, mais beaucoup moins contestés.

Qui ne sait que l'entourage, dont l'imagination enveloppe l'idée d'un mal ou d'un bien encore à venir,
donne au sentiment qui résulte de cette idée plus de

charme ou d'amertume que le bien ou le mal lui-même n'en feront ressentir, et qu'ainsi l'imagination est souvent au-dessus du réel, que la crainte du mal est quelquefois pire que le mal même, l'attente d'un bien au-dessus de la jouissance, outre qu'elle n'est point soumise à la lassitude ni au dégoût?

L'imagination, cette enchanteresse de la vie, n'en est pas moins souvent le mauvais génie, et sa palette est riche en couleurs de toutes sortes; souvent encore ces couleurs sont si vives qu'elles dominent celles du monde réel, les transforment ou les font même disparaître. Alors nous vivons comme dans un monde enchanté, où le mensonge se mêle profondément et largement à la vérité, où la veille n'est encore qu'un songe, la vie entière qu'une grande et continuelle illusion.

Que ceux qui ne peuvent admettre qu'une somnambule trouve à un verre d'eau le goût du vin ou de toute autre liqueur, que le magnétiseur veut lui faire prendre sous cette forme, nous disent comment une dame qui respire de l'air atmosphérique avec la persuasion que c'est du protoxyde d'azote éprouve tous les effets attribués à ce dernier gaz?

Faut-il crier à l'impossible, lorsqu'on nous parle de l'usage de la parole subitement recouvré par le fils de Crésus sous une impression forte et soudaine, quand nous voyons une paralysie subite frapper un membre à la suite d'une idée fâcheuse et inattendue, ou une paralysie disparaître à l'instant sous l'influence d'un acte extraordinaire et subit de la volonté?

Comment se fait-il qu'un homme qui vient d'avaler un pain à cacheter, et auquel on dit que ses intestins vont être collés, soit saisi d'une telle frayeur qu'il en meure? D'où vient que des personnes mordues depuis des années par des chiens, qu'elles ne savaient pas alors être atteints d'hydrophobie, éprouvent tout à coup cette terrible affection après avoir appris, par hasard, que ces animaux étaient réellement enragés? N'a-t-on pas vu des personnes rendre le dernier soupir à jour dit et presque à heure dite, par suite d'un pressentiment d'un sort imaginaire, ou d'une hallucination qui s'était convertie en idée fixe, en monomanie fatale?

Pourra-t-on révoquer en doute l'action de la pensée, de l'imagination sur certaines affections qui ne sont point contagieuses de leur nature, et qui ne le deviennent qu'en passant par cette faculté? Il n'est que trop certain que la folie, l'épilepsie peuvent s'emparer d'un sujet faible par une sorte d'imitation, de même que le bâille-et le bégaiement, certains tics et certaines allures. Comment expliquer l'effet souvent funeste de la démoralisation dans les maladies, l'abattement physique à la suite de la prostration morale? Le principe vital, s'il était distinct de l'âme, et si l'âme elle-même n'était pas substantiellement identique avec le sujet auquel se rapporte le moi, ne défendrait-il pas toujours la place avec la même énergie, le même succès ou la même impuissance?

On prétendra expliquer tout cela, je le sais, par des influences; mais je crains fort qu'on n'abuse du mot, et qu'il soit bien plus difficile qu'on ne le croit généralement de comprendre l'action de tant de principes divers les uns sur les autres, difficulté qui disparaît dans l'hypothèse de l'identité substantielle du moi, de l'âme et du principe vital.

Plus tard nous aurons à voir, une fois pour toutes, ce qu'il convient d'entendre par l'influence du corps sur l'âme, de l'âme sur le corps, par l'action d'une chose sur une autre en général. Il ne s'agit pour le moment que de la coïncidence ou de la succession régulière des phénomènes d'ordres différents. Quel que soit le lien secret qui les unisse, peut-on ne pas apercevoir une sorte de liaison causale entre les états de l'âme et du corps dans la joie et dans la tristesse? L'allégresse n'allège-t-elle pas pour ainsi dire le corps, n'en rend-elle pas toutes les fonctions plus faciles, ne produit-elle pas dans toute la machine un bien-être général, qui est comme la sensation de la bonne santé et de l'heureux équilibre de toutes les facultés? La tristesse, l'abattement ne produit-il pas tous les effets contraires? Il y a donc des idées, des images, des ensembles d'idées et d'images, des décorations intérieures, des revêtements de l'âme qui font vivre, vivre longtemps et vivre heureux; qui conduisent paisiblement, et par une transition insensible de la vie la plus active et la plus pleine à la vie qui s'arrête et s'éteint tout à fait, à la difficulté de vivre, comme disait Fontenelle en parlant de lui-même. S'il n'y a pas d'idées qui ressuscitent les morts, il y en a qui raniment les mourants, qui guérissent plus sûrement les malades que tous les arcanes de la pharmacopée la plus savante et la plus habilement appliquée.

Mais il y a d'autres idées qui sont la vraie cause première de maladies chroniques incurables : le chagrin continu mine, épuise, tue le sujet qu'il ronge. Il agit à la manière des poisons lents. Il amène, pour finir, des lésions organiques qui portent le dernier coup, la phthi-

sie pulmonaire, l'ulcération de l'estomac, la métrite car-
cinomateuse, etc.

D'autres idées agissent comme le fluide le plus délétère ; elles asphyxient et paralysent momentanément
les sujets : telle est l'idée subite d'un éminent danger.
D'autres fois leur action est plus terrible et plus décisive
encore, puisqu'elles frappent d'une mort soudaine comme
la foudre.

L'idée subite d'un grand bonheur imprévu, inespéré ;
celle d'un malheur extrême auquel on n'était point préparé, agissent sur l'âme par le moi, sur le principe de
l'organisation, de manière à troubler ou à paralyser pour
toujours les fonctions les plus importantes de la vie.

Quelqu'un qui se croit seul, dans l'obscurité, s'imagine
entendre ou entend réellement une voix qui lui crie
d'un ton sépulcral : Il faut mourir. On le lui répète jusqu'à trois fois. Il se persuade que c'est une voix du
ciel, il en est frappé comme d'une sentence irrévocable.
Peu de jours après il meurt (1).

D'où viennent les sensations subjectives qui font souvent souffrir de très grandes douleurs à des membres
qu'on a perdus depuis longtemps?

Il est remarquable, cependant, que cette espèce de
phénomène n'a pas lieu pour les perceptions : le sourd-
muet de naissance ne croit jamais entendre, l'aveugle-né
ne croit jamais voir, et vraisemblablement un homme
privé originellement du goût, de l'odorat et du toucher,
ne croirait jamais sentir des odeurs, goûter des saveurs,
percevoir des résistances ou des formes; mais rien ne

(1) Moritz, *Magazin für die Seelenkunde*, t. V, p. 62.

nous prouve qu'il ne fût pas encore sujet à des douleurs analogues à celles de la brûlure et de la déchirure des tissus. Quant aux autres sensations internes, telles que les rhumatismales, il n'y a pas de doute qu'il pourrait les éprouver encore.

Quand l'imagination, volontaire ou non, peut opérer de semblables effets dans la vie organique, en troubler les lois, les suspendre ou les arrêter pour toujours, il n'est pas bien surprenant qu'elle agisse encore d'une foule d'autres manières sur cette partie du système nerveux, qui est généralement en dehors de l'action de la volonté, au moins de son action directe. C'est ainsi qu'une grande appréhension agit puissamment sur les entrailles, qu'une certaine timidité, une pudeur qui s'effarouche aisément, agissent sur le cœur et sur le poumon, que le chagrin semble serrer le cœur, fermer l'orifice du cardia et fait perdre l'appétit. Pareillement, la joie favorise les fonctions digestives, rend la respiration plus libre et la circulation plus active. Une grande joie, une émotion tendre, une grande douleur, la colère, la rage font couler les larmes. Un simple souvenir, le spectacle de maux imaginaires peuvent produire le même effet. La colère surtout dévaste une organisation ; elle met tout le corps en mouvement, y détermine des phénomènes divers suivant la nature de l'émotion et ses degrés, suivant la constitution du sujet qui s'y livre, et mille autres circonstances.

Toutes les passions ont aussi leur langage involontaire, que la physiologie, la médecine, la psychologie, la morale, la physiognomonie, la peinture, la statuaire, la poésie ont souvent rendu chacune à sa manière.

L'instinct d'imitation pourrait avoir en partie sa raison dans l'influence de l'idée sur les membres : une pensée susceptible d'être réalisée, la vue d'un mouvement nous met presque en action nous-mêmes. On dirait que l'image du mouvement circule dans nos membres, les sollicite. Et quand à cette image vient se joindre la mesure, la cadence, le rhythme, l'instinct est plus fort encore. L'animal lui-même y est sensible.

Mais nous pouvons être comme obsédés par l'idée d'une action possible sans même la voir faire. C'est ainsi que beaucoup de mauvaises tentations prennent le caractère d'idées fixes, de monomanies, et précipitent dans le mal. Quelquefois elles aboutissent au bien ; mais celles-là sont moins remarquées. Il faut expliquer de la même manière certains défis que la nature semble nous jeter, comme de nous précipiter du haut d'une tour, défis que nous avons quelquefois la faiblesse d'accepter, et cela peut-être encore pour faire acte de liberté et d'indépendance : dérision de la fatalité !

On pourrait parler ici des songes, du somnambulisme, des pressentiments, d'un certain mysticisme, de l'extase, des hallucinations, de tout ce cortége de l'imagination, qui est comme l'introduction naturelle à la folie. Mais comme les aberrations de l'esprit méritent une attention spéciale, et que la méthode exige qu'on parle d'abord des phénomènes ordinaires et réguliers avant de traiter de l'extraordinaire et de l'irrégulier, nous ne parlerons des actes qui approchent des aberrations caractérisées et y conduisent, que dans un autre ouvrage, qui sera comme une introduction et une étude sur la folie.

CHAPITRE IV.

Part du Corps dans les sensations et les perceptions.

Les organes des cinq sens sont les conditions physio-logiques des sensations et des perceptions qui leur sont propres. Mais ce ne sont pas les seules ; la moelle allongée et le reste de l'encéphale y sont aussi pour quelque chose. Le rôle de ces deux dernières parties du système ner-veux est plus difficile à déterminer que celui des organes.

On a cru longtemps que les nerfs de chaque organe étaient la condition organique propre de la sensation ou de la perception de chacun d'eux. Il n'en est rien. Leur sensibilité propre, et même leur sensibilité géné-rale ou tactile, qu'il faut distinguer de la première, provient surtout des nerfs de la cinquième paire (le trijumeau ou trifacial), bien que la cinquième paire ne puisse les remplacer. Ainsi, les nerfs optiques privés de son action ne sont plus sensibles aux couleurs, et ce n'est cependant pas le nerf optique qui perçoit les cou-leurs.

Les sensations et les perceptions, en tant qu'elles dé-pendent du jeu des nerfs sensoriels, sont rapportées aux organes auxquels ces nerfs aboutissent et qui ont été impressionnés par les objets extérieurs.

Il arrive cependant que des personnes qui ont perdu ces organes ont encore des sensations qu'elles y rappor-tent. Il suffit, pour qu'il en soit ainsi, que la portion de nerf qui aboutit à l'encéphale subisse un mouvement pareil à celui qu'y aurait déterminé l'action d'un corps étranger, pour que l'âme, en vertu des lois qui président à son union avec le corps, rapporte la sensation à l'extrémité périphérique du nerf destiné à la recevoir en apparence.

Il n'est pas même nécessaire, pour qu'un phénomène semblable existe, que la portion restante d'un nerf sensoriel soit stimulée par son extrémité externe ou par quelqu'un des points placés au-dessous de son extrémité centrale. Il suffit, en effet, que cette extrémité soit affectée par une cause organique ou spirituelle, pour qu'il en soit ainsi. Nous disons par une cause spirituelle : il est probable, en effet, que plusieurs des sensations qui ont lieu pendant les songes ou sous l'empire d'une image, d'un souvenir sans objet extérieur en rapport avec l'organisme, ne sont pas dues à une autre cause. Il est peut-être possible même que ces sortes de sensations subjectives se réalisent par le seul fait de l'imagination et après l'abolition complète de tout l'organe, de tout nerf de cet organe. C'est, en effet, ce que semblerait prouver le souvenir fort net des couleurs chez des sujets dont les nerfs optiques ont été complétement détruits ou rendus insensibles.

N'est-ce pas ainsi qu'on peut expliquer les hallucinations et tous les états psychiques analogues ? Que l'âme agisse ou non sur les nerfs d'un organe pour produire en elle les déterminations qui sont ordinairement la conséquence du jeu de cet organe ; que cette action, d'ailleurs involontaire, ait sa cause première dans une perturbation de l'activité spirituelle ou dans celle d'un mouvement organique cérébral, toujours est-il que les sensations et les perceptions subjectives sont un fait très commun dans les songes, dans le délire, dans les hallucinations, dans l'extase, etc.

Les sensations et les perceptions varient comme les organes, comme les individus, comme les agents du dehors qui les excitent, comme les circonstances externes au milieu desquelles opèrent ces agents, comme les conditions organiques ou psychiques même où se trouve le sujet.

Chaque organe, d'ailleurs, a deux sortes de sensibilité : l'une qui lui est propre; l'autre qui lui est commune, et qu'on appelle pour cette raison *générale ou tactile*.

C'est assez dire qu'on a mal à propos voulu ramener toutes les sensations au toucher. Qu'il y ait ceci de commun entre le toucher et tous les autres sens, qu'un certain contact, une certaine relation physique soit indispensable ici et là entre l'organe et quelque corps extérieur pour qu'il y ait sensation, rien de mieux; mais autre chose est ce rapport physique, autre la sensation ou perception tactile. Cela est si vrai : 1° que le même organe est d'autant moins propre à exercer sa fonction spéciale, qu'il remplit mieux et plus exclusivement celle du toucher, s'il n'est pas l'organe du toucher lui-même, par exemple, l'œil, la langue, l'intérieur du nez; 2° qu'au contraire, il n'y a pas proprement sensation du toucher dans la perception des couleurs, des sons, des saveurs, des odeurs; 3° que la sensation spéciale se perd quelquefois sans que celle du toucher disparaisse, comme dans la cécité, le coryza, la section du nerf lingual; 4° que, dans le toucher lui-même, on distingue à merveille les sensations de froid et de chaud d'avec les perceptions tactiles proprement dites; 5° qu'en général, les sensations tactiles sont exemptes de jouissance ou de souffrance, tandis qu'il n'en est pas ainsi des sensations spéciales.

Le même organe n'est pas réduit à une seule espèce de sensation; il peut en avoir en nombre indéfini, et qui sont agréables ou désagréables, ou même indifférentes.

Il y a entre les sensations et les perceptions d'un même organe une sorte d'harmonie qui a permis de les classer entre elles, non seulement quant à l'intensité, mais quant à la qualité. Cette classification a lieu surtout pour les sons. Elle est moins rigoureuse pour les couleurs, pour les saveurs et pour les odeurs.

Il y a quelque analogie entre les sensations et les perceptions d'un organe et d'un autre, par exemple, entre les couleurs et les sons; et cette analogie se révèle dans le langage par des métaphores. Il serait sans doute possible d'établir une échelle graduée de ces analogies.

On s'est demandé si le même nerf du même organe, le même filet nerveux, plutôt, est propre à déterminer indistinctement toutes les variétés de sensations dont cet organe est capable, et d'où vient alors la différence physique d'un effet organique qui est le même, au moins quant à l'organe? Suffit-il, pour expliquer cette différence, d'admettre une action diverse des agents étrangers sur les mêmes nerfs, sans que la fonction du nerf soit elle-même différente; ou la fonction du nerf sera-t-elle différente sous une impression identique, ou l'impression et la fonction différeront-elles en même temps? Ne faudrait-il pas plutôt supposer que chaque agent du dehors n'a d'action que sur tel ou tel filament nerveux d'une gaîne totale appartenant au même sens? S'il n'en est pas ainsi, comment, par exemple, les nerfs simples qui composent les nerfs acoustiques, peuvent-ils, sans trouble, fonctionner tous en même temps de façon à donner tous ensemble, et dans le même instant, les sons variés de plusieurs instruments, les intonations diverses qui constituent l'harmonie? N'est-ce pas là faire plusieurs choses à la fois?

Quoi qu'il en soit de l'action identique ou diverse, successive ou simultanée de toutes les fibres qui composent un nerf, il y a une pluralité qui ne peut en aucune manière se concilier physiologiquement ni physiquement avec l'unité du sujet qui sent et qui perçoit; d'où il faut conclure que ce ne sont point les nerfs qui sentent. Cette conclusion tire une nouvelle force de la simultanéité des sensations ou des perceptions par plusieurs organes.

L'unité du moi, l'unité de son attention, ne serait-elle pas la véritable cause pour laquelle non seulement nous ne voyons pas double le même objet, pour laquelle nous n'entendons pas double le même son, mais pour laquelle encore nous n'entendons pas l'un et ne voyons pas l'autre autant de fois qu'il y a de filament nerveux dans les nerfs optiques et dans les acoustiques? S'il est des cas où une double image se forme momentanément, cette exception elle-même confirmerait notre conjecture, puisque avec une direction inharmonique des yeux, ou avec une vue d'inégale intensité dans l'un et l'autre, l'âme, qui ne peut donner son attention à la fois à deux images différentes ou d'inégale netteté, ne tarde pas à ne se servir que d'un œil, et à laisser tomber l'autre dans une faiblesse et une inertie croissantes.

Tout ce qui se passe au dehors et qui arrive jusqu'à nous, en agissant sur nos organes; tout ce qui s'accomplit dans notre organisme même considéré comme corps ne peut être conçu que sous la notion de mouvement, et rentre dans les lois mécaniques, physiques ou chimiques qui régissent les corps. Si donc les sensations et les perceptions n'ont rien de commun avec un mouvement quelconque, si ce sont des états tout spirituels, des phénomènes tout psychiques, des déterminations pures et simples du moi, rapportées au corps ou non; il s'en suit que les impressions des agents extérieurs sur nos organes, le jeu même de ces organes ne sont que des conditions de ces états spirituels et des conditions toutes contingentes encore : c'est-à-dire des conditions dont la raison ne conçoit en aucune manière la nécessité, qu'elle ne peut regarder comme des causes efficientes, et qu'il y a un abîme entre ces conditions, tant externes qu'organiques, et les phénomènes psychiques qui les suivent.

Ce n'est donc qu'improprement qu'on regarde les antécédents organiques et autres des sensations et des perceptions comme des causes de ces phénomènes, et plus improprement encore qu'on localise les états de l'âme, en les rapportant aux nerfs et aux organes, comme en étant des modes ou des produits. L'expression est encore plus forcée, quand on fait transmettre de l'organe au cerveau l'état purement psychique, ou qu'on transmet les actes psychiques du centre nerveux à ses branches. La sensation, la perception n'existent ailleurs que dans le moi; ni l'une ni l'autre ne se déplacent; elles naissent, durent et s'évanouissent au sein de la conscience. De même, la volonté y prend naissance dans l'activité réfléchie du moi, et n'en sort point. A la suite de ses volitions, qui ne se déplacent pas plus que la volonté elle-même, que le moi dont elles ne sont que des modes, les organes se meuvent. Voilà le fait : le surplus est imaginaire.

Il est facile, d'après cela, d'apprécier ce qu'il y a de vrai ou de littéralement inexact dans les lois suivantes empruntées à Muller. D'ailleurs, les inexactitudes elles-mêmes représentent une apparence psychique ou physiologique, qui est encore un fait, et qui a droit, à ce titre, d'être formulée.

a) Nous ne pouvons avoir, par l'effet de causes extérieures, aucune manière de sentir que nous n'ayons également sans ces causes et par la sensation des états de nos nerfs.

b) Une même cause interne (v. g. l'accumulation du sang dans les vaisseaux capillaires des corps sans nerfs) produit des sensations différentes dans les divers sens, en raison de la nature propre à chacun d'eux.

c) Une même cause externe (v. g. un coup, l'électricité, une influence chimique) produit des sensations différentes dans les divers sens, en raison de la nature propre à chacun d'eux.

d) Les sensations propres à chaque nerf sensoriel peuvent être provoquées à la fois par plusieurs influences internes et externes.

e) La sensation est la transmission à la conscience, non pas d'une qualité ou d'un état des corps extérieurs, mais d'une qualité, d'un état d'un nerf sensoriel déterminé par une cause extérieure, et ces qualités varient dans les différents nerfs sensoriels.

f) Un nerf sensoriel ne paraît être apte qu'à un mode déterminé de sensation. Un sens ne peut donc pas être suppléé par un autre sens.

g) On ignore si les causes des énergies diverses des nerfs sensoriels résident en eux-mêmes ou dans les parties du cerveau et de la moelle épinière auxquelles ceux-ci aboutissent; mais ce qu'il y a de certain, c'est que les parties centrales des nerfs sensoriels au cerveau sont susceptibles d'éprouver, indépendamment des cordons ou conducteurs nerveux, les sensations déterminées propres à chaque sens.

h) Les nerfs sensoriels ne sentent immédiatement que leurs propres états, où (?) le sensorium sent les états des nerfs sensoriels. Mais comme ces derniers, en leur qualité de corps, participent aux propriétés des autres corps; comme ils occupent de l'étendue dans l'espace, qu'un ébranlement peut leur être communiqué, et qu'ils sont susceptibles d'éprouver des changements chimiques de la part de la chaleur et de l'électricité, il s'ensuit que, quand ils viennent à être modifiés par des causes extérieures, ils indiquent au sensorium non seulement leur état propre, mais encore les qualités et les changements du monde extérieur, et cela d'une manière propre à chaque sens, en raison de ses qualités ou de ses énergies sensorielles.

i) Il n'est pas de la nature même des nerfs de placer actuellement hors d'eux le contenu de leurs sensations ; l'imagination (la raison), instruite par l'expérience qui accompagne nos sensations, est la cause de ce déplacement.

k) Non seulement l'âme reçoit le contenu des sensations acquises par les sens, et les interprète de manière à produire des représentations et des idées, mais encore elle a de l'influence sur ce contenu, en ce qu'elle donne plus de précision et de netteté à la sensation. Cette opération peut se borner, pour les sens qui distinguent l'étendue, aux diverses parties de l'organe sensible, et, pour ceux qui distinguent le temps, aux divers actes de la sensation. Elle peut aussi faire acquérir à un sens la prépondérance sur les autres (1).

Après ces considérations générales, il nous resterait à faire l'étude spéciale de chaque espèce de sensation ou de perception dans ses rapports avec chaque organe en particulier, et avec le reste du corps en général. Mais, outre qu'une pareille étude rentrerait dans la physique ou dans la physiologie pure, nous serions réduit souvent à répéter, en particulier pour chaque sens, ce qui vient d'être dit pour tous. Il nous suffira donc de faire remarquer deux autres espèces de lois dont il n'a pas encore été question, celles de l'intensité et celles de la sympathie (2). Nous terminerons par quelques particularités propres à chaque organe.

a) Pour qu'un stimulant produise son effet sur un tissu vivant, il faut que son action soit d'une certaine durée — [et d'une certaine intensité].

b) Les divers stimulants mettent plus ou moins de temps, selon leur nature, à produire leurs effets respectifs.

(1) MULLER, *Man. de Phys.*, t. II, p. 251-272.
(2) Ces lois sont empruntées à MELCHIOR GIOJA, *Ideologia*, t. I, p. 103-129.

c) L'effet d'un stimulant continue pendant un certain temps après qu'il a cessé d'agir.

d) L'application d'un stimulant, tout en ne lésant point l'organe auquel il est appliqué, surtout si la dose va croissant, en épuise la capacité.

e) L'organe dont la capacité est épuisée a besoin d'un certain temps pour la reproduire.

f) Chaque organe a bien son degré spécifique de capacité, mais ce degré n'est pas d'une aussi exacte précision qu'on l'observe dans les forces physiques des êtres inorganiques.

g) Les degrés d'excitation auxquels les organes peuvent être soumis, et qui leur permettent de reprendre leur action ordinaire, ne sont pas très étendus.

h) L'absence des stimulants habituels est la source des appétits animaux.

i) Toutes les fois que les fonctions d'un organe ont été suspendues pendant un certain temps, il devient, en les reprenant, plus sensible à l'action des divers stimulants avec lesquels il se trouve habituellement en contact.

k) En général, le passage rapide d'un état d'excitation à l'état contraire doit être nuisible à l'organe, et quelquefois le détruit.

l) On diminue la sensibilité en comprimant les organes.

m) L'application continuée d'un stimulant en diminue l'intensité, excepté dans les cas suivants :

Si le stimulant blesse l'organisation;

Si le besoin du stimulant même se reproduit;

Si l'usage du stimulant est accompagné d'attention, et s'arrête, pour ainsi dire, aux degrés de la délicatesse.

n) L'habitude de faire usage d'un stimulant en développe un besoin tel qu'il y a douleur à s'en priver.

o) Un organe épuisé par la fréquente répétition d'un stimulant peut être excité par l'application d'autres substances stimulantes.

p) Les parties d'un tissu vivant semblent être solidaires; elles s'affectent et se guérissent, pour ainsi dire, les unes les autres.

q) Ce qui fait que deux fonctions un peu importantes et insolites ne peuvent s'exercer avec énergie en même temps.

r) La lacération des tissus vivants est plus douloureuse que leur section, celle-ci fût-elle plus étendue.

s) Les poisons tirés du règne végétal, comme ceux qui proviennent du règne animal, produisent des effets plus prompts et plus dangereux lorsqu'ils pénètrent dans l'intérieur par une plaie, que quand ils sont pris par la bouche.

Notre machine corporelle forme un tout : chaque partie tient à toutes les autres d'une manière plus ou moins intime, et par des tissus divers plus ou moins conducteurs de la sensibilité et du mouvement, s'il est permis d'assimiler par analogie des choses, d'ailleurs, très différentes.

Mais il faut observer que les relations sympathiques n'existent pas toujours entre les organes qui semblent avoir anatomiquement le plus de relations; que, lorsqu'elles existent, les affections ne sont pas identiques, mais qu'elles varient en nature comme en degré suivant le caractère propre des parties affectées primitivement et sympathiquement; que l'affection sympathique est quelquefois plus prononcée que l'affection directe, ce qui prouve qu'elle n'est pas comparable à un mouvement communiqué, mais qu'elle est le fruit d'une action propre à l'organe excité consécutivement; qu'il n'y a pas réciprocité dans l'action de deux parties du corps, et que A ne reçoit pas toujours de B l'équivalent de l'influence qu'il exerce sur lui; que l'influence s'exerce parfois à distance, c'est-à-dire sans que les parties intermédiaires s'en ressentent, et même sans qu'elles tiennent entre elles par un lien commun.

On a défini la sympathie : une correspondance entre les organes de la machine animale, telle que, sans l'intervention d'une cause mécanique sensible, l'affection de l'un détermine dans d'autres plus ou moins éloignés un état de douleur, ou de plaisir, ou de mouvement, ou de volume, ou de couleur, etc.

Les sympathies ont lieu principalement de nerf à nerf; du cerveau au cervelet; des organes des sens entre eux ou avec d'autres organes; du système osseux au système fibreux; d'une partie du système musculaire à une autre; de la peau à d'autres parties du corps; entre les vaisseaux sanguins et le cœur; entre les glandes et les vaisseaux lymphatiques; entre les organes de la sécrétion; entre les organes génitaux, les poumons, l'estomac et d'autres organes.

De même des mouvements musculaires s'associent comme les sensations, et quelquefois les sensations par les mouvements et les mouvements par les sensations.

Il nous reste à dire quelques mots sur les phénomènes physiologico-psychiques les plus remarquables sur chacun des cinq sens. On trouvera plus de détails

dans notre *Anthropologie* (1), et surtout dans les physiologistes (2).

I. ODORAT. — Nous avons dit précédemment que les
branches de la cinquième paire étaient cause, au moins
partielle, de la sensibilité générale et particulière des
nerfs propres de chaque organe, puisque si on la coupe
la sensibilité disparaît ; mais que la cinquième paire ne
peut cependant jouer le rôle affecté aux nerfs sensoriels,
puisque la sensation spéciale n'a pas lieu non plus quand
on détruit ces nerfs. Nous lisons néanmoins dans la
Physiologie de Magendie, que « si l'on détruit dans un
chien les deux nerfs olfactifs et qu'on présente à l'animal des odeurs fortes, il les sent parfaitement et se
comporte comme s'il était dans son état ordinaire. »
D'où l'auteur conclut, ce qu'il croit avoir démontré plus
tard (3), que les nerfs de la cinquième paire pourraient
bien être ici la cause de la sensibilité générale et de la
sensibilité particulière.

On sait cependant que la sensibilité tactile peut subsister encore quand la sensibilité olfactive a disparu.
Mais, outre que les nerfs olfactifs sont vraisemblablement pour quelque chose dans cette dernière, il faut
reconnaître qu'il n'y aurait aucune impossibilité à ce
qu'il en fût encore ainsi dans le cas même où les deux
sortes de sensibilité tiendraient essentiellement à l'intégrité de la cinquième paire, puisqu'il est très vraisemblable qu'un nerf ne fonctionne pas de la même manière
dans la production de deux phénomènes différents, et

(1) T. I, p. 36-114.
(2) Même ouvrage, t. II, p. 251-484.
(3) *Leçons sur le Système nerveux*, t. I, p. 280-281.

que l'empêchement d'une fonction n'entraîne pas nécessairement l'impossibilité d'une autre. Ajoutons à cela que des fibres particulières peuvent être affectées à chaque espèce de sensibilité.

On sait aussi que la susceptibilité des organes varie avec les individus. Lecat, dans son *Traité des Sens*, cite plusieurs exemples de personnes qui avaient l'odorat aussi fin que les animaux qui l'ont le plus. On a vu des Noirs, dans les Antilles, qui suivaient d'autres hommes à la piste, comme des chiens de chasse suivent le gibier, distinguant à l'odeur un Noir d'un Blanc. Bougainville raconte que les Otahitiens avaient découvert par le seul odorat, parmi les personnes à bord, une jeune fille habillée en homme qui accompagnait le navigateur, et dont aucune personne de l'équipage n'avait jusque là soupçonné le sexe. Le chevalier Digby parle d'un enfant, élevé dans les bois, qui avait l'odorat si fin, qu'il découvrait par ce moyen l'approche d'un ennemi, c'est-à-dire sans doute l'approche d'un homme ou d'un animal qu'il pouvait redouter. Le *Journal des Savants* de 1684 fait mention d'un individu qui distinguait à l'odorat une fille d'une femme, et une femme chaste d'une femme qui ne l'était pas (1).

II. Gout. — Il est d'autant plus naturel que les nerfs du goût tiennent leur sensibilité générale et particulière d'une branche du trifacial ou de la cinquième paire, qu'ils en sont en partie formés (2). Le nerf lingual est le

(1) MORITZ, *Magazin*, t. V, 1re part., p. 18-20, ann. 1787.
(2) MAGENDIE, *Leçons*, etc., t. II, p. 289, 291, 292. L'hypoglosse et le glosso-pharyngien sont des nerfs moteurs, et ne donnent pas de sensibilité. Cf. MILNE-EDWARDS, op. cit., p. 148.

principal organe du goût; le palais, les gencives, la face interne des joues sont aussi sensibles aux saveurs.

Pour qu'il y ait sensation de saveur, il faut que l'organe ne soit pas desséché, et que la salive puisse dissoudre les parcelles des corps sapides, ou leur servir de véhicule, en même temps qu'elle donne plus de souplesse et de délicatesse aux nerfs. Cependant la nature et le degré de la sensation ne peuvent point s'expliquer par là. La sapidité des corps n'est point en rapport avec leur solubilité. Un phénomène remarquable, c'est que les dents s'imbibent promptement, on ne sait de quelle manière, des liquides avec lesquels elles sont en contact.

III. Ouïe. — Les nerfs acoustiques ne sont pas non plus sensibles par eux seuls. La grande sensibilité de l'oreille, dit Magendie, est à la partie extérieure. Elle est déjà fort obtuse dans la caisse, et le nerf acoustique, ou de la huitième paire, est subordonné, pour ses fonctions, à la cinquième paire. Quand ce dernier nerf est coupé ou malade, l'ouïe est faible et souvent abolie.

Beaucoup de personnes ont l'ouïe fausse, c'est-à-dire ne distinguent pas nettement les sons.

Si l'on se bouche exactement une oreille, et que l'on fasse produire à quelque distance de soi un bruit léger dans un lieu obscur, il sera impossible de juger de la direction du son.

IV. Vue. — La rétine ou épanouissement du nerf optique au fond de l'œil possède peu ou point de perception tactile ; on peut la pincer, la déchirer sur un animal vivant sans qu'il manifeste aucun signe de douleur. Mais elle est très sensible à la lumière, surtout dans sa partie centrale. Toutefois elle n'est point à elle

seule la condition organique de la vision ; le concours
de la cinquième paire, celui des lobes optiques ou tubercules quadrijumeaux, et, enfin, l'action des hémisphères
cérébraux sont indispensables pour qu'il y ait perception visuelle. Si l'on coupe la cinquième paire tout en
laissant la rétine intacte, la vision devient presque nulle.
Il est probable que le nerf optique transmet au cerveau,
dans un état indivisible, l'impression que la lumière fait
sur la rétine ; mais on ignore absolument par quel mécanisme. Le nerf optique soumis à l'expérience présente
les mêmes résultats que la rétine, avec dépendance de
la cinquième paire.

La section du nerf ophtalmique est constamment suivie, chez les animaux, d'une violente inflammation avec
suppuration abondante de la conjonctive ; mais la surface
de l'œil n'en reste pas moins insensible. C'est la conjonctive, et non la rétine, qui rend l'œil si sensible : si
les nerfs aboutissant à la rétine sont coupés, elle n'est
pas même sensible à l'action délétère de l'ammoniaque.

Le regard prolongé d'une couleur, si elle est éclatante surtout, fatigue l'organe et tend à le rendre insensible. C'est ce qui s'observe en passant d'une tache
blanche sur un fond noir à un fond blanc, nous croyons
voir sur celui-ci une tache blanche. (1) Mais dans d'autres cas la fatigue, en produisant une insensibilité relative, semble l'augmenter à d'autres égards. Si l'on
regarde longtemps un objet vert, il prendra une teinte
de plus en plus sale et grise ; mais l'œil devient alors
plus sensible que jamais à la couleur rouge. Au con-

(1) MILNE-EDWARDS, op. cit., p. 168.

traire, l'application prolongée au rouge le rend insensible au vert. De même, contempler longuement un champ jaune diminue la sensibilité pour le jaune et l'accroît pour le violet; mais avec réciprocité cette fois. Le regard longtemps appliqué au bleu augmente la sensibilité pour l'orangé, et *vice versa,* tandis que la couleur qu'on regarde longtemps fixement, sans passer à une autre, apparaît de plus en plus sale (1).

On a observé que chez les individus affaiblis par les excès vénériens, la pupille est très large, ainsi que chez les personnes qui ont des vers intestinaux, un engorgement abdominal, une hydrocéphalie, etc.; qu'une application pendant quelques heures de plantes narcotiques sur la conjonctive, particulièrement de belladone, dilate la pupille; que souvent dans les affections cérébrales la pupille est ou très élargie, ou très contractée.

L'harmonie des yeux est ce qui fait que nous ne voyons pas les objets doubles. Dans le strabisme, on reçoit deux impressions d'un même objet.

Il paraît que l'action réunie des deux yeux est absolument nécessaire pour juger exactement de la distance.

Quant à la question de savoir pourquoi nous ne voyons pas les objets renversés, quoiqu'ils se peignent ainsi au fond de l'œil, on a essayé plus d'une solution. Les uns disent que l'âme voit réellement les objets renversés, comme leur image; d'autres, qu'elle ne voit que l'image et la voit telle qu'elle est, c'est-à-dire renversée, le haut de l'objet en bas et le bas en haut; d'autres, qu'elle ne voit rien ainsi sens dessus dessous, parce que,

(1) MULLER, op. cit., t. I, p. 35-54.

tout étant renversé, c'est en définitive comme si rien ne l'était, puisque cette idée est essentiellement relative, et que, sa corrélative manquant, elle ne peut être conçue faute d'opposition.

Les partisans des deux premières opinions recourent à l'expérience et au raisonnement pour faire redresser les objets par l'âme. Mais, outre qu'une pareille expérience et un semblable raisonnement ne sont pas nécessaires à la plupart des animaux pour apprécier la position des choses et de leurs parties par rapport à eux, nous pouvons dire encore que ces deux opérations n'ont laissé aucune trace dans notre esprit. De plus, la première opinion suppose, en outre, deux perceptions quand il n'y en a qu'une : celle des choses au dehors et celle de leur image au fond de l'œil. C'est au moins une de trop. La seconde opinion, plus sobre, n'est peut-être guère plus vraie; car il est très probable, nous n'oserions dire certain, que l'âme ne perçoit point l'image qui semble se dessiner au fond de l'œil, et qui ne s'y dessine peut-être que pour un spectateur du dehors. Pour percevoir cette image, comme l'aperçoit un étranger, c'est-à-dire comme une image véritable, il faudrait que le principe percevant fût muni d'un second œil, qui lui permît de voir ce qui se passe dans le premier. Il faudrait qu'il fût placé avec cet œil, non pas dans les profondeurs du cerveau ou du *sensorium commune,* mais sur la rétine elle-même; car autrement à quoi servirait une image qui ne peut être transmise par le nerf optique dans les profondeurs ténébreuses du cerveau? Nous donnerions déjà la préférence à la troisième opinion, si elle ne supposait aussi que l'âme voit une image.

Le vrai, selon nous, c'est que l'âme pour percevoir n'a pas besoin d'avoir perçu; ce qui d'ailleurs irait à l'infini. Il n'y a donc perception visuelle dans l'âme qu'à la condition que les antécédents organiques voulus aient eu lieu; jusque-là, point de perception. Mais, une fois ces conditions remplies, un phénomène d'une toute autre nature que ce qui précède s'accomplit à son tour, la perception visuelle. Or, la perception telle qu'elle est dans l'âme, n'a rien, absolument rien de commun avec une image, puisqu'elle est la modification intellectuelle d'un être simple, indivisible, inétendu, incorporel, et qu'ainsi elle est elle-même inétendue, indivisible, spirituelle. Pas donc d'image dans l'âme, pas d'image même à percevoir pour elle et par elle; seulement, à la suite d'un ordre de phénomènes, d'autres phénomènes d'un ordre tout différent se présentent sans qu'on puisse en saisir la connexion. Puis donc que l'âme ne voit ni les objets, ni leurs images renversées, ni les uns par les autres, comme dans une glace, puisqu'elle ne perçoit les objets qu'en elle-même et par ses propres états, qui n'ont rien d'étendu, la question du renversement des images n'était pas même posable; en d'autres termes, elle se résout par l'absurde.

V. Toucher. — Il faut distinguer le tact du toucher : le tact est, à peu d'exceptions près, généralement répandu dans tous nos organes, et particulièrement sur les surfaces cutanées et muqueuses. Dans l'exercice du tact, nous pouvons être considérés comme passifs, tandis que nous sommes essentiellement actifs quand nous exerçons le toucher. — Le *tact* existe chez tous les animaux, tandis que le *toucher* n'est exercé que par les parties évidemment destinées à cet usage. Le toucher n'existe donc pas chez tous les animaux, et n'est autre chose qu'une certaine contraction musculaire dirigée par la volonté. Jusqu'ici, les physiologistes avaient considéré tous les nerfs comme pouvant concourir au tact et même au toucher. Cette idée est loin d'être exacte ; l'expérience montre, au contraire, qu'un grand nombre de nerfs ne paraissent pas doués de cette propriété, et que dans le même nerf tous les filets ne la présentent pas.

Les sensations et les perceptions tactiles sont celles qui se localisent le plus sensiblement. Il est néanmoins permis de croire que cette localisation est chez l'homme une affaire d'éducation, du moins en ce sens que l'homme ne peut rapporter avec intelligence une sensation à l'une quelconque des parties de son corps, même au toucher, qu'après avoir appris à connaître son corps et ses membres. La sensation s'accomplit d'abord dans le moi, qui n'en sait pas davantage, et qui ne peut songer à la rapporter à une partie qu'il ne connaît pas.

Celui qui est étranger à l'anatomie rapportera de même plus difficilement à son véritable point (je ne parle pas du nom de la partie, qu'il ne connaît pas ou qu'il ne sait comment appeler) une sensation qu'il éprouve dans les profondeurs de son corps, que celui qui est versé dans ces sortes de connaissances.

Maine de Biran cite un fait qui confirme ce que nous disons là : c'est qu'un paralytique qui, ne voyant pas la partie de son corps sur laquelle on exerce une action assez forte pour réveiller sa sensibilité, ne saura pas où la rapporter, et ne l'éprouvera que comme une douleur dont le siége est indéterminé ; tandis que s'il voit exercer

l'action, il la rapportera au membre qui est affecté (1).
L'imagination fraierait-elle, pour ainsi dire, le passage à
la sensibilité, de manière à rétablir imparfaitement l'action
organique à la suite de l'action de la pensée?

Les sensations intérieures ne se localiseraient pas davantage, si le moi ne connaissait pas son corps au moyen
des sens, et surtout de sa raison.

Les animaux n'ayant pas les conceptions d'interne,
d'externe, de corps propre, de corps étranger, ne localisent donc point leurs sensations; ils n'ont aucune idée
des parties qu'elles affectent. Les mouvements qu'ils
font en conséquence de ces affections sont donc purement instinctifs.

Cette réflexion, suffisamment fondée par tout ce qui
a été dit dans la première partie de cet ouvrage sur
l'identité apparente de certaines facultés chez l'homme
et chez l'animal, nous rappelle l'opinion qui fait consister le connaître dans le sentir, et qui résout même le
sentir dans la sensation.

Nous avons déjà traité cette question en psychologie;
mais comme le point de vue physiologique ne pourrait
qu'ajouter encore aux raisons tirées de l'ordre des faits
spirituels, la question serait également à sa place ici.

Deux faits déjà constatés suffiraient pour la résoudre :
c'est 1° que la paralysie des organes de la sensibilité
physique n'entraîne point celle du sentiment; 2° que les
animaux auxquels on a enlevé la partie antérieure et
supérieure du cerveau ont encore des sensations et des
perceptions, mais ne possèdent généralement plus les

(1) *Nouvelles Considérations sur les Rapports du Physique et du Moral*,
p. 96-97.

facultés analogues à celles de l'entendement humain,
non plus que l'instinct, qui leur tient lieu de raison. Il
en est de même de l'homme dont l'encéphale a souffert
une lésion analogue.

CHAPITRE V.

Rapports du Physique et du Moral dans le plaisir et la peine.

En plaçant le siége de la douleur physique dans les lésions organiques, il était naturel de conclure : 1° qu'il
doit y avoir douleur partout où il y a lésion ; 2° que l'intensité de la souffrance est en raison du désordre physique apporté à l'organe ; 3° qu'il n'y a pas lésion où il
n'y a pas douleur.

En fait, cependant, il y a des lésions organiques qui
ne sont pas accompagnées de douleurs, comme il y a des
douleurs qui ne sont pas proportionnées aux lésions, et
des douleurs qui se ressentent à d'autres endroits qu'au
siége même de la lésion organique.

Si grands que soient les désordres qui surviennent
dans notre machine, s'ils ont lieu insensiblement, la
douleur est nulle et n'en révèle pas l'existence. Au contraire, le changement le plus léger, s'il est rapide, se fait
sentir.

La péripneumonie latente est un des exemples les
plus frappants d'une profonde altération possible d'un
organe important sans qu'il y ait douleur. La lésion se
fait lentement, le poumon s'engorge peu à peu et de-

vient incapable de remplir ses fonctions sans que la plus
légère irritation en avertisse. Quelquefois même le malade succombe sans que l'observateur le plus attentif ait
pu reconnaître l'existence de la maladie.

Pas non plus de proportions entre la douleur et la gravité de la lésion. Les parties nobles du corps, celles dont
l'intégrité est le plus indispensable à l'existence et à la
force, sont peu sensibles dans l'état de santé, et peuvent
être profondément atteintes sans qu'il y ait souffrance.
La plèvre peut être ossifiée; le poumon hépatisé ou en
état de suppuration; le péritoine enflammé; le foie tu-
berculeux, dur, plein d'hydatides; la vésicule du fiel
remplie de calculs; la rate et le pancréas durcis; le cerveau à l'état de liquide purulent, etc., sans que le sujet
en souffre très sensiblement. L'odontalgie, les névralgies, le panaris, sont accompagnés de douleurs très
vives, tandis qu'une attaque d'apoplexie ou de catalep-
sie est souvent sans souffrance.

Il ne faut pas toujours s'en rapporter, pour apprécier
l'intensité de la douleur, aux signes qu'en donnent les
sujets : Posidonius et un Sybarite en donneraient également une fausse idée. L'intensité des effets de la douleur est un signe moins trompeur que les actes spontanés qu'elle peut provoquer. Au nombre de ces effets
sont l'insomnie, l'inappétence, les nausées, l'amaigrissement, l'apathie, l'ennui, la tristesse, la petitesse et la
concentration du pouls, la fièvre, l'altération de la physionomie, la contraction extraordinaire de tous les muscles (comme dans le Laocoon).

On a soutenu que le plaisir n'a rien de positif, que
c'est une simple cessation d'action, celle de la douleur;

qu'il n'y a pas deux plaisirs consécutifs possibles; que la douleur est le seul mobile de l'homme. Toutes ces propositions peuvent être combattues par des faits de l'ordre physiologique, comme par ceux de l'ordre spirituel pur.

a) C'est ainsi, par exemple, que dans le plaisir les organes qui en sont le siége se dilatent et semblent aller au devant de la jouissance; ils multiplient, pour ainsi dire, leur surface pour accroître leur volupté. Le phénomène contraire se manifeste dans la douleur.

Une peine ou un plaisir excessifs altèrent également la digestion et peuvent produire la syncope.

Les sensations agréables sont accompagnées d'efforts musculaires destinés à les faire durer, et les désagréables, d'efforts destinés à les faire cesser.

Des réflexions ou rêveries agréables déterminent dans le physique des effets tout différents de ceux qui accompagnent ou qui suivent des réflexions pénibles. Il en est de même de l'effet d'une lecture qui plaît, et de celui d'une lecture qui ennuie. Qui ne sait qu'on peut être frappé de mort par une joie comme par une douleur excessive? On succombe subitement quelquefois à une douleur physique, telle que la torture, au chatouillement, à l'angoisse, au dépit, à la goutte, à la colère, à l'effroi, etc.

b) Il y a des douleurs qui cessent tout à coup sans qu'il y ait plaisir : tel est le cas de certaines névralgies qui agissent à la façon de la secousse électrique. Il en est de même dans l'apaisement subit des douleurs de dents par le *pyrethrum* ou l'éther, dans l'extraction d'une épine qui est entrée dans les chairs.

c) Il y a des plaisirs consécutifs ou sans douleurs inter-médiaires : on prend encore volontiers le café après un bon dîner ; et si la société est agréable, le temps peu propice, on cause avec plaisir au coin du feu, jusqu'à ce qu'il prenne fantaisie de faire une partie de jeu, ou qu'une belle musique vienne interrompre la causerie, ou que le temps, plus engageant, permette de faire une promenade dans des lieux que l'art et la nature ont embellis de concert.

d) L'intensité du plaisir, en tout cas, ne correspond pas toujours à celle de la douleur ; elle est tantôt infé-rieure, tantôt supérieure.

Si le plaisir ne pouvait pas être plus grand que la dou-leur, s'il consistait uniquement dans la satisfaction d'un besoin, il serait assez difficile de comprendre comment on pourrait avoir des besoins factices, de luxe, d'autres besoins, en un mot, que ceux de première nécessité, et comment il ne serait pas indifférent de les apaiser par un des moyens quelconques qui y sont propres. Or, cependant, une même situation du corps et de l'âme étant donnée, le plaisir change de caractère suivant la nature de l'objet extérieur qui le produit.

e) Le moteur principal de l'homme est l'espérance, et ce sentiment est agréable : on l'a appelé le *baume de la vie*. C'est une force morale qui soutient et conserve les forces physiques, tandis que la douleur les abat et les détruit.

Le plaisir et la douleur influent diversement sur les traits de la physionomie, sur le sommeil, la digestion, les forces physiques, les facultés intellectuelles et morales, la santé, la maladie, le bonheur, la durée de la vie, etc.

Plusieurs de ces effets se rencontrent même chez les animaux (1).

CHAPITRE VI.

Rapports du Physique et du Moral dans les besoins, les inclinations, les passions, les habitudes, les instincts et les mouvements.

I. Dans l'état de santé, une foule de sensations semblent avoir leur origine, comme leur siége, dans le corps : besoins de repos, de mouvement, de sommeil, de chaleur, de fraîcheur, d'air, d'aliments, de boissons; besoin de débarrasser le corps des résidus de l'alimentation; besoins relatifs à la propagation de l'espèce, etc.

Dans l'état de maladie, des besoins d'une nature anormale se développent : on connaît les goûts bizarres des hystériques, des aliénés (2).

Des sensations réitérées, qui d'abord n'étaient pas suggérées par la nature, qui y étaient même opposées, finissent par être redemandées, par devenir un besoin : c'est ainsi que se créent les habitudes du tabac, de l'eau-de-vie, de la bière, etc.

Il en est de même de certaines habitudes actives. Le système musculaire aussi a ses incitations, ses tendances, à la suite des habitudes auxquelles on le plie d'abord.

II. Les passions qui ont un but physique, qu'elles répondent ou non à des besoins naturels ou primitifs, ont

(1) GIOJA, *Ideologia*, t. II, p. 3-56; — VIREY, *l'Art de perfect. l'Homme*, t. I, p. 358-374.
(2) VIREY, *l'Art*, etc., t. II, p. 437-445.

aussi leur origine organique; mais on diffère sur le siége
de plusieurs d'entre elles. La plupart des physiologistes
le placent hors du cerveau, dans le foie, dans la bile,
dans le cœur, dans les ganglions nerveux, etc. Lacaze,
Bordeu, Buffon y donnent un rôle considérable au diaphragme. Comment alors expliquer les phénomènes analogues à la passion dans les reptiles et les poissons, qui
manquent de ce muscle?

Le cerveau semble n'être pas étranger aux passions,
et même en être une des principales conditions organiques. En effet, l'idée et le sentiment, auxquels le cerveau
participe, ont une large part dans la passion. La joie, la
tristesse, l'amour, la haine, etc., ne naissent pas en nous
sans l'intervention de l'intelligence et de la sensibilité.
En second lieu, si les passions dépendaient plutôt des
autres viscères que du cerveau, comment se fait-il que
l'homme y soit plus sujet que l'animal; que l'homme soit
même le seul être à nous connu qui ait des passions?
Pourquoi les herbivores, qui ont quatre estomacs, un
foie volumineux, des poumons, un cœur, sont-ils si peu
passionnés? Les idiots, les imbéciles, qui sont plus dominés par l'estomac que par le cerveau, ne sont cependant pas les plus passionnés des hommes. Les quadrupèdes dont les viscères du tronc ressemblent le plus à
ceux de l'homme, le bœuf et le pourceau, n'approchent
pas de lui pour les passions. D'un autre côté, les viscères
du loup, du tigre, de la brebis, du lièvre, du castor, présentent bien plus de ressemblance qu'on n'en trouve
dans les mœurs de ces différentes espèces d'animaux.
Comment le cœur, par exemple, serait-il l'organe de la
férocité dans le loup, et l'organe de la douceur dans la

brebis? Les insectes, qui n'ont ni foie ni bile, ne laissent pas d'être très colères, et les oisons ne manquent pas d'ardeur amoureuse, quoiqu'ils n'aient pas de diaphragme.

Qu'est-ce qui peut donc porter à reconnaître un si grand nombre d'origines physiologiques des passions? Est-ce la difficulté d'expliquer des phénomènes très divers pour un seul organe, ou plutôt la manifestation des effets physiologiques des passions dans plusieurs parties du corps? Mais voudrait-on, par hasard, placer la honte dans les joues, la crainte dans les jambes, la colère dans les dents? Et comme les passions exercent leur action sur tout le corps, il n'y aurait plus qu'à les répandre dans toute l'économie organique ; encore faudrait-il varier le siége principal des mêmes passions, suivant les individus, puisque chez les uns c'est l'estomac qui en souffre le plus, chez les autres le foie, la tête ou le poumon. On n'est point embarrassé de ces différences, en donnant le cerveau pour siége principal aux passions, puisque le cerveau rayonne sur tout le reste du corps (1).

Les physiologistes sont aussi partagés sur la manière dont les passions agissent du cerveau sur les autres organes. Est-ce par l'intermédiaire des nerfs ou par celui du sang? La première opinion est la plus générale. On dit, en faveur de la seconde, que l'effet de la honte est une preuve frappante de l'influence des affections de l'âme sur le sang, et par le moyen du sang sur l'organe qui le met visiblement en action, le cœur. Alors, sans doute,

(1) GIOJA, *Ideologia*, t. I, p. 147-180.

le cœur bat plus fort, mais la rougeur ne s'explique point par cette action plus marquée du cœur; c'est le contraire, le mouvement plus rapide du cœur s'explique par celui du sang, car souvent il y a battement précipité du cœur sans rougeur. Il y a pour le sang une vie supérieure, universelle et totale, manifestée par la joie et par la honte, un *turgor vitalis* qui se développe sous l'action croissante du principe universel de la vie. Au contraire, dans l'angoisse et la crainte, il y a plutôt collapsus dans le sang. On comprend donc comment un excès de joie ou de crainte peut tuer subitement, tandis qu'une joie modérée, durable, est une passion douce, une seconde force vitale pour le corps et l'esprit humain. Le long chagrin est, au contraire, un poison lent qui agit principalement sur le sang artériel, sur le sang mâle, et qui tue par conséquent les hommes plutôt que les femmes (1).

Les passions déprimantes ou oppressives exercent sur le sang des effets plus dangereux que les blessures. La colère empoisonne ordinairement le lait de la mère; le nourrisson en ressent tout à coup des crampes et en meurt souvent : la salive même d'un homme en colère devient amère et venimeuse. On sait combien les passions sont propres à déterminer des affections du cœur, du foie, du bas-ventre, de la rate. La mélancolie et l'hypocondrie dépendent plus des affections du sang que de celles des nerfs. Il ne faut donc pas s'étonner de ces paroles d'Harvey : *Utrumque autem sensum scilicet et*

(1) STEINHEIM, *Die Humoralpathologie, ein kritisch-didaktischer Versuch,* 1826, p. 565.

*motum sanguini inesse, plurimis indiciis fit conspicuum,
etiamsi Aristoteles id negaverit* (1).

Si le siége et le mode d'action des passions sont encore une question, leur influence sur le corps n'a jamais
été douteuse; elle a été décrite mille fois et sous tous
les points de vue. Plutôt que d'effleurer un sujet traité
tant de fois et avec plus ou moins de bonheur, nous préférons renvoyer aux principaux ouvrages sur la matière,
à Cureau de la Chambre, Lebrun, Alibert, Descuret,
Delestre, etc.; il nous suffira de faire quelques remarques.

Tout en admettant que les passions proprement dites
semblent avoir leur origine dans les idées et les sentiments, il n'est pas douteux néanmoins que les dispositions du corps engendrent dans l'âme même des instincts passionnés. « Des fibres d'une grande sensibilité,
dit Bonnet, un sang bouillant et qui coule avec impé-
tuosité, donnent à l'homme un certain sentiment de ses
forces qui est inséparable de la confiance, et cette confiance est le principe du courage et de la valeur. Des
papilles médiocrement sensibles, et un estomac modéré
dans son action, sont la cause naturelle de la sobriété.
Un genre nerveux, délicat, une imagination qui peint
avec assez de force et qui peut faire ressentir à l'âme
quelque chose d'analogue à ce que les malheureux
éprouvent, constituent le matériel de la pitié. Des solides d'une élasticité tempérée, des humeurs qui cir-
culent difficilement, sont le physique de la douleur. »

_____

(1) ENNEMOSER, *Der Geist des Menschen in der Natur, oder die Psychologie in Uebereinstimmung mit der Naturkunde.*

L'influence originelle du physique sur le moral dans les passions, si elle pouvait être mise en doute, serait suffisamment attestée par ce fait indubitable, l'hérédité des complexions, et par elles l'hérédité des maladies intellectuelles et morales dont elles sont le germe; seulement, l'influence en est corrigée par celle du père ou de la mère qui ne sont pas atteints du même vice. Les goûts les plus dépravés, les penchants les plus criminels, les passions les plus impures, ont ordinairement pour causes primitives et si souvent inaperçues ces spécialités d'organisation que les médecins appellent idiosyncrasies, et dont l'influence, réunie aux effets d'une mauvaise éducation et d'un pernicieux exemple, ne peut être méconnue dans la plupart des hommes qui sont devenus honteusement célèbres par la licence et la dépravation de leurs mœurs, ou par l'énormité de leurs crimes.

Les bonnes ou les mauvaises habitudes peuvent avoir leurs principes organiques dans la constitution, dans le corps en général; mais elles peuvent aussi être le fruit de la volonté, de la persévérance, de l'éducation, du genre de vie et du régime. L'inclination et le goût une fois contractés, la passion peut naître; si la volonté y cède trop aisément, la passion pousse des racines de plus en plus profondes, et ce qui n'était qu'une conséquence ordinaire du mal peut en devenir un effet désastreux. C'est ainsi qu'une volonté mauvaise d'abord, et qui peut n'être que faible ensuite, se trouve si puissamment tyrannisée à la fin, qu'elle ne peut résister sans des efforts héroïques (1) : *Principiis obsta.*

(1) Voy. VIREY, op. cit., t. II, p. 446-447.

Quoique « chaque âge ait ses instincts, son esprit et ses mœurs, » il y a aussi dans chacun de nous des tendances communes plus profondes, essentiellement humaines, et qui sont seulement modifiées par les instincts spéciaux. Ces tendances peuvent être regardées comme les instincts universels de l'espèce. Il y en a de corporels et de spirituels, suivant la nature des besoins qui les excitent. Nous connaissons la double fin des premiers; quant aux seconds, ils ont leur cause dans les besoins de la raison comme faculté du saint, du beau, du vrai, du juste et du bien.

Ces instincts universels sont modifiés par les instincts spéciaux, qui constituent les vocations, les prédestinations mêmes.

Instincts généraux ou spéciaux, s'ils sont pratiques, ils tendent à se traduire au dehors par le mouvement; leur idée veut être exprimée en actes, s'ils sont spéculatifs; encore leur faut-il les mouvements qu'exige la contemplation (1).

Le mouvement lui-même n'est d'abord que le produit de l'instinct, un effet de l'âme; ce n'est que plus tard qu'il devient un effet du moi. Ces deux sortes de mouvements coexistent ensuite ou se succèdent dans la vie comme on le voit en particulier dans les passions.

Les mouvements s'associent aux sensations, aux sentiments, aux notions, aux conceptions, aux volitions, aux mouvements eux-mêmes, et se coordonnent de manière à produire l'effet voulu par l'agent, ou qu'il est dans les lois de son instinct de réaliser.

(1) Voy., pour les *instincts,* Cabanis, *Œuv. compl.,* t. III, 232-394.

Encore bien qu'un mouvement soit volontaire dans l'homme, spontané dans l'animal, tel que la marche, le saut, le vol, la reptation, la natation, etc., le jeu en est parfaitement inconnu dans ses profondeurs secrètes ; la volonté ne l'explique point, et la spontanéité moins encore.

En considérant les mouvements spontanés par rapport à un centre nerveux qui en serait la condition organique première, et qui marquerait le point où les phénomènes de l'irritabilité et de la sensibilité expirent et semblent se transformer, on rencontre certains faits dignes d'attention, et qui méritent qu'on en tienne compte dans l'examen de la question du principe vital. Ainsi, par exemple, expliquerait-on par un principe unique la vie et le mouvement des sangsues, du corail, des pyrosomes ? Une sangsue coupée en deux marche de même que quand elle était entière. Le corail, d'après M. Ehrenberg, n'est ni un simple assemblage d'animaux volontairement réunis, ni un animal unique à plusieurs têtes ou seulement fendu, ni un tronc végétal portant des fleurs animales ; c'est un tronc animal, vivant, dont les sujets se développent sans cesse sur ceux qui les précèdent et sont susceptibles de jouir d'une pleine indépendance, bien qu'ils ne puissent pas se la procurer euxmêmes. Les pyrosomes sont des mollusques composés, réunis en un cylindre creux ouvert à une de ses extrémités ; ils sont libres dans la mer, et l'on dit que le cylindre marche par l'effet des contractions simultanées de tous les animalcules (1).

(1) MULLER, *Manuel*, etc., t. II, p. 102-103.

III. La locomotion se rattache à la sensibilité par son but et par son principe : l'animal ne se déplace que pour satisfaire un besoin ; c'est-à-dire qu'il est mu par la sensibilité, au profit de la sensibilité même. Tout le reste, imagination, conception ou raison, volonté, n'est qu'un intermédiaire entre ces deux extrêmes.

Le mouvement mécanique ou par choc, le mouvement céleste ou par attraction, le mouvement chimique, par affinité ou par répulsion, n'appartiennent pas à cette étude. Nous n'avons à considérer que le mouvement vital ou organique, c'est-à-dire le mouvement qui est dû au principe vital. Ce phénomène appartient essentiellement au rapport du physique et du moral. Il est comme la transition de la psychologie pure à la physiologie psychologique. Le mouvement organique peut donc être considéré comme phénomène externe purement et simplement, ou comme phénomène externe produit par le principe vital.

Comme phénomène externe, le mouvement organique lui-même consiste essentiellement dans le déplacement d'un corps, dans la translation d'un point de l'espace à un autre.

Deux grandes sortes de mouvements, l'un qui s'opère par translation, l'autre qui a lieu pour ainsi dire sur place. Celui-ci n'est que le déplacement des points matériels qui composent un corps, sans que ce corps change de lieu, autrement que par la dilatation et la condensation ou le retrait. A cette seconde espèce de déplacement appartient le mouvement intestin des corps vivants, et qui est un des effets de la vie. C'est là un premier mouvement vital.

Ce premier mouvement vital, ou mouvement intestin par lequel le principe de vie, selon toute apparence, organise le germe de son corps, le développe, le nourrit, le soutient, est tout interne, sans intelligence, sans perception, sans sensation même connue du moi. On ne peut donc pas dire quel est le stimulant de l'âme dans cette première action organique.

Mais à une époque plus avancée de la vie, l'âme, stimulée soit à l'insu du moi, par exemple dans l'animal (qui n'a pas de moi réfléchi), soit avec une faible, obscure et tardive connaissance de cette excitation encore secrète (comme dans l'homme), agit sur son corps sans le vouloir, sans le savoir. Tels sont une foule de mouvements physiologiques internes, et les premiers mouvements que le fœtus (l'enfant) imprime à ses membres.

D'où vient cette excitation sensible, qui produit l'instinct proprement dit à son plus faible degré? Est-il déjà la conséquence de l'action du corps sur l'âme, moyennant, bien entendu, l'action consécutive de l'âme pour produire immédiatement l'excitation, dont l'influence organique n'est que la cause occasionnelle; ou bien, au contraire, l'âme posséderait-elle dans ses énergies propres une faculté capable de déterminer en elle une excitation de ce genre; ou bien, enfin, agirait-elle en ce cas sans excitation, et en vertu d'une activité innée, automatique, première? C'est ce qu'il est difficile de décider.

Les premiers mouvements de l'âme, en tant qu'ils produisent l'organisation et les phénomènes de l'ordre organique pur, ne sont point accompagnés de sensation; mais les phénomènes de l'ordre supérieur de la vie animale, et qui déterminent les mouvements de la vie de relation, quoique instinctifs encore, sont généralement accompagnés de sensation.

Il en est enfin, et ceux-là n'appartiennent qu'à l'homme, qui sont éclairés par l'intelligence ; qui sont voulus, non seulement de la volonté spontanée de la brute, mais encore de la volonté réfléchie, délibérée même, de la raison. Ces mouvements sont humains par excellence. Mais au-dessous des mouvements délibérés, volontaires, spontanés, se trouvent aussi des mouvements fatals, que la volonté ne peut empêcher, sans qu'ils soient, du reste, purement organiques, par exemple le clignement des paupières à l'approche subit d'un corps étranger qui menace l'œil ; le mouvement du corps entier pour échapper à un danger subit et prochain ; le mouvement convulsif de la peur ou de la colère. Déjà cependant ces dernières sortes de mouvement appartiennent à la vie animale, quoiqu'elles soient des effets de l'agitation morale, de la passion et de l'imagination. Le tremblement nerveux qui accompagne le vertige, lorsqu'on se trouve placé à une grande hauteur, et qu'on ne se croit pas en parfaite sûreté, est un des effets les plus frappants de l'imagination sur l'organisme. Cet effet, un effet analogue du moins, se produit à la pensée seule du péril possible, pourvu qu'elle soit un peu vive, et sans que le corps soit le moins du monde exposé en réalité.

Il faut se rappeler ici, à l'occasion des mouvements volontaires, et de l'effet que l'attention donnée au jeu des organes peut déterminer en eux, lors surtout que ce jeu a été souvent répété, ce qui a été dit plus haut de l'habitude.

En distinguant, comme nous l'avons fait, les mouvements du moi et les mouvements de l'âme, c'est-à-dire des mouvements accompagnés de volonté et d'intelligence, et d'autres qui n'ont pas ce double caractère, on peut attribuer à l'âme, considérée comme principe vital, tous les mouvements de la vie physiologique pure ou végétative, la formation même des appareils, des organes, des tissus, de toute la vie organique enfin.

CHAPITRE VII.

Des modifications apportées par des influences diverses dans les rapports du physique et du moral.

Il y aurait infiniment à dire sur ce sujet. Les observations recueillies sont déjà fort nombreuses, et Dieu sait combien d'autres pourraient y être ajoutées.

Mais précisément parce qu'il y aurait tant à faire encore, malgré tout ce qui a été fait déjà, nous nous bornerons à reproduire le cadre de ces sortes de recherches, et à signaler les principaux ouvrages que l'on peut consulter sur tous ces points, suivant qu'il s'agit de l'influence :

1° De la Constitution et des Caractères (1);

(1) Voy. surtout CARUS, *Nachgelass. Werke*, t. II, p. 92-121; — MULLER, *Man. de Phys.*, t. II, p. 545; — GIOJA, *Ideol.*, t. I, p. 69-74, 174, 194, 202; — CABANIS, *Rapports*, etc., t. III de l'édition de 1824; *Œuvres complètes*, p. 366-437, et 429-454 pour les tempéraments, et tabl. alph. des matières; — VIREY, *L'Art de perfect. l'Homme*, t. I, p. 79-115; — KANT, *Anweisung zur Menschen und Weltkenntniss*, p. 54; *Menschenkunde oder philosophische Anthropologie*, p 338; *Anthropologie in pragm. Hinsicht*, p. 215; — LAVATER, avec les notes de MOREAU (de la Sarthe); — KANT, ouvrages précédemment cités, et à la suite de ce qui est relatif aux tempéraments.

2° Des Ages (1);

3° Des Sexes (2);

4° Du Sommeil (3);

5° Des Maladies;

6° De la Température, du Moment de la journée, de la Saison, du Climat (4);

7° De l'Education, de la Profession, du Régime, du Genre de vie, de la Condition, de l'Etat de Fortune;

8° Des Institutions civiles, politiques, religieuses;

9° Du degré de la Civilisation (5);

10° Des Races.

(1) Voy. ARISTOTE, *Rhétorique*; BOSSUET, JUVÉNAL, HORACE, BOILEAU; — BURDACH, *Traité de Physiologie*, t. V, p. 515-530; — GIOJA, t. I, p. 80-83, 172-174, 192-194; — CABANIS, t. III, p. 229-292, et l'analyse de Destut de Tracy; — VIREY, t. I, p. 115-281; t. II, p. 146; — ADELON, *Traité de Physiologie*, t. IV, p. 379-644.

(2) GIOJA, t. I, p. 220-224; — CABANIS, t. III, p. 293-365, et analyse de Destut de Tracy; — BURDACH, t. II, p. 276; — ROUSSEL, *De la Femme*; — MENVILLE, *Histoire médicale et philosophique de la Femme*, 3 vol. in-8°, 1845; — VIREY, *L'Art*, etc., t. II, p. 14; — CARUS, op. cit., p. 5-16.

(3) Voir CABANIS, t. IV, p. 355-374 et 515-519; — VIREY, t. II, p. 186-237; — LEMOINE, *Du Sommeil*, etc.; — GAUTHIER, *Histoire du Somnambulisme*; — VIREY, ibid., t. I, p. 61-67, 178-208; — GIOJA, ibid., t. I, p. 75-79, 178-182, 202; — CABANIS, t. III, p. 438-500; t. IV, p. 487-490; — et tous les pathologistes.

(4) GIOJA, p. 132-184; — Ibid., p. 203-205; — VIREY, t. I, p. 265-273; — PERRIN, *De la Périodicité*, p. 9; — PERRIN, op. cit., p. 3-9; — VIREY, t. I, p. 249-265; — GIOJA, t. I, p. 103; — CABANIS, *Rapports*, etc., t. IV, p. 122-231, 497-501; — GIOJA, t. I, p. 83-94, 204-209.

(5) VIREY, t. II, p. 1-41; — GIOJA, t. I, p. 194-197; — CARUS, p. 150 et suiv.; — CABANIS, t. IV, p. 3-131, 411-497; — GIOJA, t. I, p. 83-94, 168-184, 204-208; — VIREY, t. I, p. 238, 244; — CARUS, p. 122; — DUMOULIN, op. cit., p, 160-163; — ENNEMOSER, op. cit., p. 372-390.

CHAPITRE VIII.

Caractères physiques auxquels on a cru pouvoir reconnaître
immédiatement le moral par le physique.

§ I.

*Caractères qui seraient en conséquence l'indice du développement plus ou
moins grand des facultés et de la prédominance de l'une quelconque
d'entre elles.*

Platon s'était imaginé que, chez les hommes d'une
taille élevée, ou dont le cou est long, le cerveau se
trouvait trop éloigné du cœur pour en être suffisamment
stimulé. S'il est vrai, en général, que les grands hommes
sont rarement des hommes grands, il ne faut pas oublier
deux choses : la première, que les tailles exceptionnelles
sont par là même peu communes; la seconde, que des
hommes d'une stature élevée ont été pourtant des grands
hommes, même par la force de la pensée; qu'enfin, on
ne voit pas bien que l'élévation de la taille empêche la
proportion, et qu'il est dès lors naturel que le plus
grand trajet que le sang doit parcourir soit compensé
par une impulsion plus forte. Des modernes, tels que
Bacon, Richerand, Virey, ont cependant cru que l'opinion de Platon n'était pas dépourvue de fondement.

Mais une autre opinion généralement répandue, c'est
que, toutes choses égales d'ailleurs, l'intelligence est
en raison du volume de l'encéphale. Aristote, Pline,
Galien, étaient déjà de cet avis; et beaucoup de mo-

dernes, tels que Soemmering, Blumenbach, Monro, Vicq-d'Azir, l'ont partagé.

Il paraît assez naturel de penser que si le cerveau est la cause de l'intelligence, que cette cause soit efficiente ou qu'elle soit purement conditionnelle ou instrumentale, son énergie doit être proportionnée à son volume.

On ne fait pas attention cependant que c'est assimiler la pensée dans son rapport avec le cerveau à un effet physique produit par un agent matériel : par exemple, à un mouvement produit par une cause mécanique. Plus cette cause sera puissante, c'est-à-dire plus le volume sera considérable à densité égale, plus forte aussi sera l'action qu'elle exercera dans le choc. Mais la pensée n'étant pas un effet physique, il n'y a pas de raison d'affirmer qu'elle doit être, quant à son énergie, proportionnée au volume de l'organe qui contribue à la produire. Que l'action mécanique d'un organe, par exemple la force d'un muscle destiné à faire mouvoir un membre, soit en raison de la force de ce muscle, et cette force en raison du volume, cela se conçoit encore, bien que des muscles plus grêles et plus faibles en apparence soient souvent plus forts que d'autres plus volumineux. Mais la pensée n'est point le produit d'une force physique, et la force physique ne peut être la mesure, unique au moins, de celle de la pensée. Le rapport entre la force qui produit un effet physique et celle qui engendre un effet psychique, n'est point un rapport d'identité, mais d'analogie, par la raison que le quantum d'un phénomène corporel et celui d'un phénomène spirituel n'ont point de commune unité de mesure, et ne sont eux-mêmes qu'analogues. Comparez, en effet, si vous le pouvez, au même dynamomètre tel degré de l'énergie musculaire et les degrés de l'énergie de l'attention ou du raisonnement.

Il est vrai cependant que le cerveau est en général l'organe immédiat et principal des phénomènes intellectuels; que l'homme en a plus que les animaux domestiques qui l'environnent, et que les animaux supérieurs en ont plus que les inférieurs.

Mais, qu'on y prenne garde, si le volume de l'encéphale était à lui seul la raison, le signe, et pour ainsi dire l'expression visible de l'intelligence, on ne s'expliquerait plus pourquoi l'homme, dont l'encéphale est moins volumineux absolument que celui de l'éléphant et surtout de la baleine, pourquoi, disons-nous, il est cependant plus intelligent que ces deux espèces d'animaux. On ne s'expliquerait pas davantage pourquoi le cheval et l'âne, qui ont plus de cervelle que le chien et le singe, sont cependant moins intelligents; pourquoi le loup a d'autres instincts que la brebis, le porc ou le tigre, quoique le volume de l'encéphale soit à peu près le même dans ces trois espèces; pourquoi le pigeon et l'épervier, qui sont à cet égard dans le même cas, sont loin cependant d'avoir les mêmes mœurs. Comment surtout se rendre raison du prodigieux instinct du formica-leo, de l'abeille, de l'araignée, de la fourmi et de tant d'autres insectes ou animaux, dont l'encéphale est ou nul, ou problématique, ou tout au moins si peu de chose en volume?

N'est-il pas encore très évident que, si la différence en volume entre ces cerveaux était la principale, l'unique même dans l'hypothèse, il ne pourrait y avoir qu'une différence en degré entre l'intelligence et les mœurs des différents animaux ?

Il faut donc renoncer à ce terme de comparaison.

On s'est rejeté sur le poids de l'encéphale comparé au poids total du corps, et l'on a prétendu qu'un animal est d'autant plus intelligent que le quotient exprimant le rapport du poids du corps divisé par le poids du cerveau est plus petit.

Mais ce moyen d'appréciation n'est guère moins fautif que le précédent. Pourquoi, en effet, comparer le poids du cerveau au poids du reste du corps ? La pensée est-elle donc plus difficile à produire dans un gros corps que dans un petit ?

Que de faits et de conséquences se réunissent pour combattre cette hypothèse ! Le rapport qui exprime le poids relatif du corps et de l'encéphale est en moyenne, chez l'homme, dans les quatre grandes périodes de la vie, $1/22$, $1/25$, $1/30$, $1/35$. D'où il suit que l'intelligence de l'enfant devrait être supérieure à celle du vieillard dans le rapport de $1/22$ à $1/35$, à celle de l'homme mûr et dans toute la force de l'âge de $1/22$ à $1/30$, etc.

Comme le rapport du poids du cerveau à celui du corps est le même pour le dauphin, le babouin, la musaraigne et la taupe que pour l'homme, ces animaux devraient avoir la même intelligence que lui.

Bien plus, le rapport dont il s'agit étant de $1/14$ pour le canari, de $1/23$ pour le moineau et le serin, de $1/25$ pour le coq, de $1/27$ pour le pinson, de $1/32$ pour le rouge-gorge, le canari devrait avoir plus d'intelligence que Descartes, Leibniz et Newton ; le moineau et le

serin plus que tout homme au-dessous de vingt-cinq ans;
le pinson plus que le raisonneur le plus consommé; le
rouge-gorge plus que le vieillard le plus expérimenté.

A ce compte, une linotte pourrait avoir plus de tête
qu'un Ulysse ou un Nestor.

Suivant la même loi, la taupe, la brebis, le veau, la
plupart des quadrupèdes et des oiseaux seraient supérieurs à l'éléphant; le lièvre, le lapin, le chevreau,
l'emporteraient sur le castor, les oiseaux sur le chien.

Pourquoi encore les animaux qui se trouvent dans le
même rapport auraient-ils une intelligence et des mœurs
différentes? Il faut donc que cette double différence
tienne à quelque autre cause qu'à celle du poids relatif
de l'encéphale au poids du corps.

On n'est pas plus heureux en substituant à la loi précédente celle qui se fonde sur le rapport du poids de
l'encéphale au reste du système nerveux encéphalo-rachidien, et qui détermine les degrés croissants d'intelligence sur le chiffre qui exprime l'approximation de
plus en plus grande de l'encéphale et de son terme de
comparaison, ou son égalité ou sa supériorité.

Alors, en effet, la réputation de ruse qu'on a faite au
serpent serait bien mal fondée, puisqu'il est certain de
ses nerfs qui l'emporte sur tout l'encéphale.

Chez les batraciens et les poissons, le volume des
nerfs est encore supérieur. Chez les mammifères des degrés les plus élevés, le poids de l'encéphale approche
davantage de celui des nerfs, il ne l'atteint pas encore.

Mais le jeune dauphin, le chien de mer, les oiseaux,
ont, à cet égard, l'avantage sur l'homme, et devraient

avoir plus d'intelligence que lui. Le dauphin devrait l'emporter sur l'orang-outang, le phoque sur le chien, et tous les trois sur le reste des animaux.

Les résultats ne sont pas plus satisfaisants si l'on compare seulement le poids du cerveau et celui du cervelet.

Ces deux parties de l'encéphale sont chez l'homme dans le rapport de 9 à 1, rapport plus fort dans les singes. Suivant la même loi, le bœuf devrait avoir plus d'intelligence que le cheval; la taupe, le rat, le lièvre, le bœuf encore, le mouton, plus que le castor.

Sœmmering, Cuvier, Ébel, ont aussi cherché un moyen d'apprécier comparativement l'intelligence des animaux dans le rapprochement de largeur de la base du cerveau et de la moelle allongée. Mais, sous ce rapport encore, des faits importants viennent contredire la théorie. Ainsi, l'homme serait inférieur au dauphin dans le rapport de 7 à 13; le chien serait moins intelligent que le lapin, le bœuf moins que le veau.

Camper imagina un autre moyen d'estimer la force respective des intelligences; ce moyen consiste à prendre la mesure de l'angle facial formé par les deux lignes qui se rencontrent à la dent laniaire supérieure, et dont l'une se dirige vers le point le plus élevé du crâne, et dont l'autre traverse le trou auditif externe. Plus l'ouverture formée par ces deux lignes approcherait de l'angle droit, plus le sujet posséderait d'intelligence.

Lavater, partant de cette donnée, a construit une sorte d'échelle du développement progressif des intelligences, depuis la grenouille jusqu'à l'Apollon du Belvédère.

Mais ici, comme dans tous les systèmes précédents, les faits sont loin d'être d'accord avec l'hypothèse. C'est ainsi, par exemple, que l'enfant devrait avoir plus d'intelligence que l'homme fait, puisque l'angle facial du premier est à celui du second comme 90 est à 80. Le plus borné des blancs devrait être supérieur au plus intelligent des noirs. Le lièvre, la marmotte, le babyroussa, auraient plus d'entendement que le cheval. Les trois quarts des animaux connus auraient les mêmes instincts, la même industrie, et ne différeraient des autres qu'en degrés. Comment expliquer alors la différence de mœurs et d'instincts du chien et du loup?

Que deviennent, dans cette hypothèse, les différences qui peuvent exister entre les individus, d'après la plus ou moins grande quantité de liquide encéphalo-rachidien, d'après le plus ou moins de développement des sinus frontaux et des muscles sourciliers?

On n'est guère plus avancé, lorsqu'on divise la face en trois régions, dont la supérieure, qui s'étend depuis la racine du nez jusqu'au point le plus élevé du front, représente l'intelligence; dont la moyenne, qui s'étend depuis la bouche à la racine du nez, correspond aux sentiments, et dont la troisième, qui part de la bouche et va jusqu'à l'extrémité du menton, est affectée aux instincts, particulièrement à la sensibilité.

Sans nous demander ce qu'on entend ici par instincts, par sentiments et par intelligences, nous pouvons faire observer, et nous aurions pu le faire plus tôt, que les apparences peuvent être fort trompeuses pour la partie supérieure, puisque l'hydrocéphalie donne une tête très faible en pensée et très forte en volume. Que l'affection soit dans les ventricules du cerveau ou en dehors, ou bien à la fois et en dehors et en dedans de cet organe, elle a toujours pour conséquence, chez les jeunes sujets principalement, de développer outre mesure la partie supérieure de la tête, et de faire perdre en intelligence à proportion.

Les peuples du Nord en général, sans en excepter les sauvages de l'Amérique, ont cette partie de la tête plus développée que ceux des régions moyennes et méridionales, sans pour cela posséder une dose supérieure de facultés.

Un autre système, qui a fait plus de bruit que les précédents, et qui compte encore des partisans, le système de Gall, a cela de commun avec la plupart des autres : il suppose que le cerveau est l'instrument de l'intelligence, que l'intelligence est en raison du développement de l'organe. Mais il a cela de propre : 1° que, tout en admettant l'unité de l'encéphale, il le suppose cependant composé d'autant d'organes distincts et dont les fonctions de chacun sont indépendantes de celles des autres, qu'il y a de facultés fondamentales; 2° que ces facultés sont aujourd'hui connues, ainsi que les parties du cerveau qui en sont au moins l'instrument sinon la cause; 3° que ces organes partiels sont situés à la surface du cerveau ou y aboutissent tout au moins, et 4° que celles qui forment des protubérances correspondent à ces facultés prépondérantes; 5° que les dépressions physiques correspondent à des faiblesses de l'ordre psychique; 6° qu'en un mot, il y a entre les deux ordres de faits parallélisme complet, constant, perceptible; 7° que ce parallélisme constitue la phrénologie, et sa percevabilité, la cranioscopie.

En réfléchissant quelque peu à ces propositions essentielles du système de Gall, on est tout naturellement conduit à faire ses réserves pour la partie commune à ce système et aux précédents, et à maintenir les observations critiques applicables ici comme là.

Quant aux propositions essentielles au système, on se demande :

1° Comment, si l'encéphale forme un organe complexe, mais unique néanmoins dans sa complexité, comment il peut fonctionner diversement, et surtout d'une manière indépendante, dans chacune de ses parties? Une simple machine, telle qu'une horloge destinée à marquer les années, les mois lunaires, les mois solaires, les jours, les heures, les minutes et les secondes, par autant d'aiguilles, ne formerait une machine unique qu'à la condition d'avoir un seul mobile, une maîtresse roue, qui, par des engrenages successifs et multipliés, imprimerait aux différents systèmes de rouages qui composent la machine un mouvement propre à produire l'effet voulu. Cette maîtresse roue ne dépendrait point des autres, mais toutes en dépendraient, sans, du reste, qu'elles se commandassent entre elles ; en sorte qu'une partie secondaire de la machine pourrait se briser sans que le reste en fût altéré, et cela jusqu'à ce qu'il ne restât que la roue première, mais dont le mouvement ne produirait aucun des effets voulus.

Ce système sera déjà une sorte d'organisme, mais extrêmement imparfait en comparaison de celui des êtres vivants, où l'on distingue non seulement une multiplicité d'appareils, d'organes ou de rouages, mais encore une influence réciproque de l'un sur l'autre, une solidarité plus ou moins prononcée entre tous. Or, si dans une machine ordinaire, quelque simple qu'elle soit, il y a nécessairement unité de mobile, transmission du mouvement dans toutes les parties, dépendance unilatérale de toutes ces parties par rapport à celles qui les séparent du moteur, à plus forte raison cette dépendance doit-elle exister dans une machine vivante telle que l'encéphale.

On se demande en outre :

2° Comment les phrénologistes sont parvenus à dresser leur double liste des facultés et des organes, et quelle est cette liste, quels sont ces organes ?

3° Comment il se fait que les parties si diverses de l'encéphale qui occupent la région centrale du cerveau et sa base, la base du cervelet, la partie supérieure de la moelle allongée, n'aient aucun rôle à jouer dans les phénomènes psychiques, ou comment ce rôle peut se manifester à la surface de l'encéphale ? Comment, s'ils restent oisifs dans le jeu organique du sentir, du penser et du vouloir, comment des parties beaucoup plus similaires, homogènes, telles que les différentes portions de la substance corticale du cerveau, peuvent produire des faits cependant si divers ? Comment encore des animaux dont la partie externe du cerveau ne présente point ces anfractuosités qui se remarquent chez d'autres, et auxquelles on fait jouer un si grand rôle dans l'homme, peuvent avoir des instincts analogues à ceux des animaux dont le cerveau est plein de ces circonvolutions ?

Beaucoup d'autres difficultés surgissent des différentes parties du système ; elles viendront en leur lieu.

Il faut voir maintenant quelle est la valeur des raisons qui ont porté Gall à reconnaître plusieurs organes dans un seul. C'est : 1° la diversité même des phénomènes psychiques; 2° celle de l'intensité diverse des facultés, par exemple entre la mémoire et le jugement; 3° celle de l'aptitude plus ou moins grande de la même faculté appliquée à divers ordres d'idées, par exemple la plus grande facilité à se rappeler les faits que les dates; 4° l'apparition et la disparition successives des facultés; 5° l'affaiblissement des unes, tandis que les autres conservent toute leur puissance, par exemple la perte de la mémoire et la persistance du raisonnement; 6° le repos des unes quand les autres travaillent, comme le délassement par le changement d'occupations intellectuelles; 7° le sommeil des unes et la veille des autres, ce qui est manifeste dans le sommeil et le somnambulisme; 8° le désordre de celles-ci et la régularité de celles-là, comme dans les monomanies.

Si c'étaient là des raisons suffisantes d'admettre un nombre indéfini d'organes, à fonctions distinctes et pour ainsi dire isolées, il faudrait qu'on ne pût pas expliquer autrement les faits; je veux dire par une hypothèse plus naturelle ou moins violente. Or, tout en admettant que l'encéphale est l'instrument de l'âme dans toutes ses fonctions, il n'y a nulle nécessité à le diviser en plusieurs organes distincts, alors même que la continuité de ses parties et son unité organique ne s'y opposeraient pas physiquement ni physiologiquement.

En effet : 1° pour qu'un même instrument produise des résultats divers, par exemple un orgue des airs différents, il suffit qu'il soit mis en jeu de plusieurs manières;

2° la diversité dans l'intensité des phénomènes s'explique de même par une intensité d'action variée dans la cause de leur mouvement; 3° pas plus de difficulté pour comprendre la différence dans l'exercice d'une même faculté, en ce qui regarde la participation du cerveau : la cause peut en être dans l'âme qui n'a pas la même aptitude pour faire un usage également habile de l'organe dans un cas et dans un autre, tout de même que l'artiste ne réussit pas également bien, avec les mêmes instruments, à rendre tous les effets de son art. Il suffit que l'organe doive subir un jeu différent, pour produire les phénomènes divers, et qu'il ne soit pas également propre à remplir ces jeux variés sans l'action de l'âme, ou que l'âme elle-même n'ait pas l'habileté suffisante pour tirer toujours un parti également bon d'un instrument d'ailleurs excellent, mais qui ne produit des effets variés qu'à la condition d'être employé différemment. Si parfois des facultés disparaissent ou donnent des produits désordonnés quand d'autres subsistent et fonctionnent régulièrement, la faute peut en être à l'âme ou à l'organe : si elle en est à l'organe, c'est un rouage secondaire qui se brise ou se détraque, c'est un instrument qui n'est plus monté comme il doit l'être.

Pas donc la moindre nécessité pour expliquer ces faits, d'ailleurs incontestables, de recourir à l'hypothèse forcée de la multiplicité des organes dans un seul.

Il suffirait, au besoin, d'admettre que telle partie doit jouer le rôle principal dans un cas, telle autre partie dans tel autre cas, mais sans qu'il y eût absence de toute coopération ou de tout retentissement dans toutes les parties environnantes.

Si dans le sommeil mes perceptions visuelles, auditives, etc., n'ont pas la même régularité, la même fixité
que dans l'état de veille, est-ce à dire encore que le
cerveau fonctionne par d'autres parties dans l'état de
veille que dans l'état de sommeil? Ne suffit-il pas, pour
rendre raison de cette différence, de savoir que dans l'é-
tat de veille il y a impression des choses extérieures sur
mes organes; que cette impression est subordonnée à la
distribution des objets visibles dans l'espace, à la direction des regards, à leur fixité ou à leur inconstance,
quand, au contraire, dans l'état de sommeil, le jeu
s'exerce en dehors de toutes ces conditions de régularité
et de fixité par le mouvement imprimé accidentellement
ou suivant une loi en apparence désordonnée aux extrémités nerveuses internes (1)?

Nous connaissons les idées fondamentales du système
de Gall et les motifs qui les ont produites : il faut en
voir l'application.

Il doit y avoir dans la détermination des organes partiels des facultés un parallélisme constant. Mais comme
les idées des organes et des facultés, ainsi que celle du
rapport qui les unit, sont de l'ordre contingent, l'expérience seule peut faire connaître et ces facultés et ces
organes, et le rapport déterminé qui existe entre ces deux
choses. Encore est-il vrai de dire que les facultés, prises
en elles-mêmes, ne sont pas des phénomènes, que leurs
produits seuls possèdent ce caractère.

Cela étant, comment procéder dans l'observation de
ces trois faits? Il est bien évident tout d'abord que le

(1) GJOJA, op. cit., t. I, p. 161-170.

rapport ne peut s'observer avant les deux termes qu'il relie. Il est clair encore que si les protubérances peuvent être connues comme telles, on ne peut les connaître, au contraire, comme organes, qu'après avoir reconnu l'existence des facultés et le rapport de concomitance qui les rattache aux organes. Encore faut-il, comme dans toute connaissance expérimentale qui aspire à être érigée en loi, que cette concomitance soit constante, qu'elle ait été observée souvent et invariablement.

Si l'organe peut exister sans la faculté ou la faculté sans l'organe, l'organe n'est plus nécessaire à la faculté, et n'en est plus ni l'effet ni la cause. Nous disons ni l'effet ni la cause, parce qu'il peut être l'un ou l'autre, et, jusqu'à un certain point, l'un par l'autre. En effet, l'organe, dans le sens des phrénologistes matérialistes, serait la cause de la faculté. Mais il peut en être l'effet d'abord, et ensuite une cause instrumentale des produits de la faculté, d'autant plus énergique même que la faculté s'en sera servi plus souvent et avec plus d'habileté.

Une seule chose, des trois que nous considérons, peut donc être observée, déterminée sans les deux autres : ce sont les facultés. Ainsi, la psychologie est parfaitement exécutable sans l'organologie, tandis que l'organologie n'est pas possible sans la psychologie.

Il serait donc très rationnel d'arrêter d'abord la liste des facultés d'après l'observation interne. Cette liste, une fois dressée, on ne pourrait procéder à celle des organes qu'en passant d'un sujet à un autre, et en s'attachant aux facultés prépondérantes ici ou là. Car, chez un sujet où cette inégalité ne se rencontrerait pas, que du reste les facultés prises dans leur ensemble fussent également fortes ou également faibles, il n'y aurait pas de proéminence, par conséquent pas d'organologie possible.

Il faut donc qu'il y ait inégalité dans les facultés et dans les organes, et que la seconde suive fidèlement la première chez tous les sujets. Ce n'est qu'après avoir constaté cette coïncidence non pas une fois, mais des centaines ou des milliers de fois ; c'est après avoir constaté les coïncidences contraires, qu'on pourra établir les lois de la phrénologie ; jusque là ce n'est qu'une hypothèse, une pure chimère peut-être. C'est même une science démontrée impossible, faute de fondement dans la nature, si ce qu'on nous donne comme facultés ou groupes de facultés est impossible.

Or, si l'on se rappelle ce que nous avons dit précédemment des facultés, de leur nature, de leur nombre et de leur classification, et si nos résultats doivent être considérés comme l'expression de la vérité, on sera forcé de reconnaître que la liste et la classification des facultés par les phrénologistes ne peuvent être admises.

Gall reconnaît trente-cinq facultés, dont neuf instincts ou penchants, douze sentiments, douze facultés perceptives et deux facultés réflexives.

Cette division des facultés en quatre catégories n'est pas fondée. En réalité, il n'y a que sensibilité et intelligence. L'activité est au fond de toute phénoménalité d'une espèce ou d'une autre.

Les penchants ou instincts sont des phénomènes complexes, qui se rattachent à la sensibilité, à l'intelligence, et qui supposent, comme tous les autres, l'activité. Mais

tantôt cette activité se sait et se possède, tantôt elle s'i-
gnore et ne s'appartient pas. Les actes instinctifs diffèrent beaucoup chez l'homme et chez l'animal. Dans
l'homme, développé surtout, l'instinct est peu ou point
séparable de la raison.

Les organes de la raison, ceux de la perception, doivent donc fonctionner simultanément dans les actes instinctifs. Il en est de même dans les sentiments, dans les
facultés perceptives et dans les réflexives. C'est donc une
erreur grave de prétendre qu'à chacune de ces classes de
facultés est affectée une région spéciale de la substance
encéphalique, et dans cette région une place particulière pour chacune des subdivisions de ces régions premières.

Notons aussi que les penchants et les autres facultés
ont été distinguées, fort mal distinguées, suivant leurs
objets, parce que ces objets ne sont point déterminés :
ce sont encore des abstractions.

Il fallait ou considérer les facultés d'une manière très
générale, très abstraite, ou d'une manière très concrète. Dans le premier cas, on n'aurait eu qu'un très
petit nombre de facultés; dans le second, on en aurait
eu une infinité. Pourquoi, par exemple, si l'on distingue
la mémoire des couleurs de la mémoire des sons, ne dis-
tinguerait-on pas une mémoire spéciale pour chaque espèce de couleur, et une mémoire plus spéciale encore
pour chaque nuance d'une même couleur? Pense-t-on,
au contraire, avoir de bonnes raisons pour s'arrêter dans
ces subdivisions à un certain degré d'abstraction? Qu'on
dise donc quelle est cette raison. Elle est prise, dit-on,
du langage, qui n'admet pas seulement la perception,

mais encore des couleurs. Soit; mais le langage n'admet pas seulement des couleurs, il a aussi les termes de bleu, de rouge, de jaune, etc. Il fallait donc descendre jusque là, ou rester dans la généralité plus élevée de perception, ou descendre tout au moins aux perceptions déterminées de chaque sens. Or, par une inconséquence bizarre, on donne la faculté des sons, des couleurs, et l'on ne donne pas celle des odeurs ni des saveurs.

De même, quand on admet l'instinct de la constructivité, pourquoi ne pas admettre autant d'instincts secondaires qu'il y a d'espèces réelles de constructions; par exemple, l'instinct de faire des nids, celui de faire des toiles, celui de construire des cellules, des terriers, des tas de terre ou de brins d'herbe sèche, de bois, etc.? Il fallait donc ne pas descendre jusqu'à la constructivité, ou pousser beaucoup plus loin la subdivision; car la faculté de construire, la constructivité, n'est qu'une abstraction; on ne construit pas sans construire quelque chose, et chaque espèce construit à sa manière, et cette manière de l'espèce se trouve encore modifiée par les individus.

Sous le titre de sentiments, on a confondu beaucoup de choses très distinctes : les conceptions, les sentiments proprement dits, les passions, les facultés de l'entendement; et, d'un autre côté, ni les facultés intellectuelles, ni les passions, ni les sentiments, ni les conceptions n'y sont énumérés complétement. Double vice fort grave : confusion, énumération incomplète.

Il en est de même des facultés perceptives; toutes les espèces de perception ne se rencontrent pas sous ce titre, et l'on y trouve par contre une multitude de conceptions qui n'auraient point dû s'y rencontrer.

Enfin, les facultés dites réflexives, — et pourquoi réflexives? — sont au nombre de deux : la comparaison et
la causalité. Ce qui est une confusion et une énumération incomplète encore. La comparaison est un acte de
l'entendement, une opération préliminaire d'une autre,
et naturellement une faculté spéciale, puisqu'elle ne
donne aucun produit distinct ou propre. La causalité ou
plutôt la raison, qui donne la notion de cause, en donne
une multitude d'autres qui ne sont pas moins primitives
et *sui generis* que celle-là : telle est, par exemple, celle
de substance.

Voilà donc un premier point jugé : c'est que les facultés de l'âme sont mal observées et mal classées. Je
ne dis pas qu'elles sont mal nommées, c'est la moindre
des choses. Elles ont, en outre le vice fort grave, dans
le système surtout, de n'être pas pour la plupart fondamentales ou premières. Un autre vice, qui est comme le
pendant de celui-là, c'est que des facultés fondamentales, telles que l'intelligence et la sensibilité ne s'y trouvent point. Les divisions les plus générales mêmes de
ces facultés n'y ont pas de place encore ; on y cherche-
rait en vain la conscience psychique, l'attention, la réflexion, la mémoire, la sensation, le sentiment proprement dit, etc., etc. (1).

Si l'un des termes du parallèle qui doit constituer la
phrénologie est manqué, et ce serait ici le terme capital,
il est impossible que l'autre soit bien observé et bien
classé : il ne peut pas y avoir d'organes pour des facultés imaginaires ; et s'il y a des organes pour les facultés

(1) Voir, sur ce sujet, notre *Anthropologie*, t. I, p. 181-340.

réelles, comme ils n'ont pu être cherchés, attendu que ces facultés sont restées la plupart inconnues dans leur propriété constitutive ou essentielle aux phrénologistes, ils n'ont pu être trouvés. On a donc été conduit, à la suite d'une première méprise, à chercher ce qui ne pouvait pas se trouver, à imaginer par conséquent ce qui n'existe pas, et à ne pas remarquer ce qui, dans la pensée fondamentale du système, ne pouvait être remarqué.

C'est ainsi, en effet, que la théorie se trouve, dans la partie organique, en contradiction avec les résultats de l'expérience de bien des manières : nous ne parlerons que d'un petit nombre.

1° Elle suppose que la substance cendrée ou corticale du cerveau et du cervelet, par ses circonvolutions, joue un rôle jusque dans les phénomènes psychiques, et un rôle presque exclusif. Déjà nous avons fait remarquer combien il est peu vraisemblable que les parties qui sont à la base ou dans le milieu de l'encéphale, parties d'ailleurs beaucoup plus distinctes et plus caractérisées que celles qui forment la superficie de l'encéphale, n'aient pas une importance aussi grande au moins ; que la vivisection faite sur l'homme et les animaux prouve, au contraire, de concert avec l'anatomie, que ces parties inférieures ou centrales sont réellement plus importantes que le reste. Nous ajoutons maintenant que les encéphales des animaux qui ne présentent point de circonvolution, qui sont unies, n'en sont pas moins les instruments d'un instinct supérieur ; qu'il y a bon nombre d'animaux qui ne possèdent point de ces circonvolutions, par cette raison radicale qu'ils n'ont point d'encéphale, et qu'ils n'en sont pas moins pleins d'industrie ; qu'il en est, enfin, chez lesquels ces circonvolutions sont aussi nombreuses ou plus nombreuses même que chez l'homme, par exemple l'éléphant, et qui ne sont cependant pas au-dessus, ni même au niveau de l'homme par l'intelligence.

2° Que ni le volume ni le poids absolu ou relatif de l'encéphale n'est un caractère distinctif essentiel de l'étendue et de l'énergie des facultés, pas plus que du jeu régulier de leurs fonctions, puisque les idiots n'ont pas moins d'encéphale, proportionnellement à leur taille, que les hommes sains d'esprit, et que chez eux le poids de cette partie du corps n'est pas non plus inférieur au poids moyen de celle des hommes les mieux doués (1).

3° Que la distribution des différentes classes de facultés, et de quelques-unes d'entre elles en particulier, a été faite d'après une analogie qui n'a rien de rigoureux, puisqu'elle n'a pour base qu'une métaphore. C'est ainsi qu'ayant appelé l'une de ces classes *supérieure,* une autre *moyenne,* une troisième *inférieure,* suivant qu'elles deviennent de plus en plus le partage commun de l'homme et des animaux, ou qu'elles sont de moins en moins rationnelles, ou de plus en plus expérimentales, le créateur de la phrénologie s'est imaginé que c'était là une raison suffisante de placer au sommet de l'encéphale les organes de la classe supérieure, en bas et derrière ceux de la classe inférieure, dans la région moyenne, enfin, les organes des facultés intermédiaires. C'est ainsi que dans les détails encore, l'organe qui fait rechercher

_____

(1) Voir M. Lélut, *Rejet de l'Organologie,* p. 7, 8, 195-196, 315-333.

les hauteurs, qui attache aux montagnes, est aussi l'organe de l'orgueil (1).

Si Gall a semblé un instant avoir raison sur ce point, c'est en ce qui regarde les fonctions du cervelet.

Or, il est reconnu aujourd'hui, et par de nombreuses observations faites par divers physiologistes, que si le cervelet préside à une fonction quelconque, ce n'est point à celle qui lui avait été dévolue d'abord (2).

Il a été reconnu encore que des lésions organiques affectant d'autres régions que celles qui étaient censées présider à certaines facultés, à celle de la parole, par exemple, entraînaient la perte de ces facultés, malgré l'état parfaitement sain des parties organiques qui auraient dû présider à l'opération (3). On a reconnu encore des penchants très prononcés, par exemple ceux du meurtre et du vol; celui du calcul, chez des sujets qui, loin de présenter un développement extraordinaire des organes qu'on prétend être la cause ou l'effet de ces penchants, semblaient plutôt en manquer (4).

Quelle confiance peut-on, d'ailleurs, avoir en un système conçu avec tant de précipitation, de confiance ou de mauvaise foi, que la détermination de l'organe d'une faculté ne se fonde quelquefois que sur un fait unique, encore pris chez les animaux plutôt que chez l'homme seulement; que d'autres fois l'organe indiqué n'existe pas dans l'espèce animale à laquelle on l'assigne; que, s'il existe, il est mal indiqué; que si l'indication est

(1) LÉLUT, ibid., p. 161.
(2) LÉLUT, ibid., p. 128-129, 151-154, 157; 3, 4, 312.
(3) LÉLUT, ibid., p. 3 et 4.
(4) Ibid., p. 312.

juste, le volume relatif de l'organe n'est pas celui que
l'auteur accuse ; que les dessins sont ou infidèles ou en
désaccord avec la lettre qui les explique ; qu'il n'y a pas
accord entre les phrénologistes sur le nombre, ni sur
la place occupée par les organes ; que la liste de Gall a
été tellement remaniée par ses successeurs qu'elle est en
grande partie changée, tant par le déplacement des facultés reconnues par tous que par une multiplicité d'autres qui ont été ajoutées aux premières, par le dédoublement de quelques-unes qui ont paru composées, par la
réunion de quelques autres qui ont semblé n'en former
qu'une seule (1). Mais ce qui achèverait d'ôter tout cré-
dit au système de Gall, alors même qu'il aurait un certain fondement, c'est le charlatanisme frauduleux dont
il a cru devoir user pour mieux accréditer sa doctrine.
Nous laissons parler M. Leuret.

« Il y a dans la collection de Gall, collection qui fait
maintenant partie du Musée d'anatomie du Jardin des
Plantes, trois portions de crâne attribuées chacune à trois
individus différents : l'une à un musicien (il n'est pas dit
si ce musicien était ou non aliéné) ; l'autre à une certaine baronne Franke qui, dans un accès de lypémanie,
se serait suicidée ; on montre sur cette portion de crâne
l'organe de la circonspection excessivement développé
pour une tête de femme. La troisième portion de crâne
est attribuée à un marchand, mort dans un accès de folie érotique ; les cavités qui logent le cervelet y sont indiquées comme ayant des dimensions considérables. Or,
les trois portions de tête, savoir : celle du musicien, celle

(1) LÉLUT, op. cit., p. 206-246, 262-289, 53, 54.

de la baronne Franke, celle du marchand érotique, ne
sont pas autre chose que trois portions d'un même
crâne... Le tout réuni forme une belle tête d'homme (1). »

§ II.

Caractères physiques auxquels Lavater a cru pouvoir reconnaître
les dispositions, les habitudes et les états de l'âme.

Tout le corps, pour Lavater, est un signe de l'âme.
L'organisme, qui est ou un effet, ou une cause, ou l'é-
lément d'un ensemble harmonique, est donc une sorte
de langage que l'âme parle fatalement. Plus tard, lorsque l'habitude de la réflexion est venue se mêler aux
mouvements de la nature, le moi peut, dans une certaine
mesure, commander à l'âme et au corps, et, par l'exercice d'une liberté plus ou moins puissante, contenir ou
modifier les penchants, en faire naître qui n'existaient
pas dans le principe. De cette manière, les signes corporels peuvent être eux-mêmes modifiés, ou n'exprimer
qu'une tendance qui n'est point obéie, ou bien rester
muets quand cependant le cœur et l'intelligence parlent.

---

(1) *Traitement moral des Aliénés*, p. 52. — Voir aussi, sur le système
entier de Gall, CARUS, op. cit., p. 377; AHRENS, etc., t. I, p. 221-247. Les
physiologistes les plus éminents sont peu favorables à la phrénologie.
CUVIER, GEORGET, LONGET, MAGENDIE, MULLER, FLOURENS, quand ils ont
eu occasion de s'en expliquer, ne se sont pas bornés à un doute ou à
un défaut de sympathie. Magendie appelle tout le système « des créations d'esprit tout à fait arbitraires et souvent contradictoires. » (*Leçons
sur le Système nerveux*, t. I, p. 54 et suiv.) Voir aussi p. 81, 89, 90, 167,
193, 213; et t. II, p. 11 et 13. — Voir aussi BALMÉS, *Mélanges religieux,*
philosophiques, etc., t. II, p. 62-105, 155-176, 274-296.

En d'autres termes, l'usage raisonné de la liberté peut modifier ou contredire la nature extérieure comme signe de l'intérieur.

C'est dire que la physiognomonie serait d'une pratique beaucoup plus sûre si l'homme n'était pas libre. Comme science, elle aurait encore ses difficultés, il s'agirait toujours de découvrir le signe externe qui correspond à la disposition interne.

La physiognomonie est, en effet, une science d'observation, où le procédé de Bacon peut être très utilement appliqué. On peut donc ici dresser trois tables : table de présence, table d'absence, table de proportion. Mais cette méthode elle-même n'est sûre qu'autant que les observations sont faites sur une très grande échelle, et que les résultats sont assez constants pour qu'on puisse les regarder comme des lois, sinon certaines, du moins d'une probabilité imposante.

Pour faciliter encore le travail, on peut, comme le prescrit Lavater, distinguer dans le corps humain les parties solides et les parties molles, en diviser les capacités en trois régions : celle de la tête, celle de la poitrine et celle de l'abdomen. On peut diviser de même la tête, comme la région qui, à elle seule, représente éminemment la vie sous toutes ses formes. On peut s'aider aussi des différentes figures géométriques qu'affectent plus ou moins sensiblement cette partie du corps, ou les parties de cette partie.

Mais ce sont là des moyens ou des règles qui ne peuvent réussir qu'entre les mains d'observateurs sagaces et opiniâtres. Et, quand bien même on y joindrait tous les autres expédients plus ou moins ingénieux que prescrit Lavater, par exemple, de rapprocher les aptitudes extrêmes, les habitudes, les plus opposées, l'Institut et Charenton, la crosse et l'épée, tout cela ne donnerait point le talent de l'observation à qui ne le possèderait pas. Rien donc ne peut suppléer à une certaine aptitude naturelle.

Et encore qu'on possédât ce talent, et qu'on l'appliquât de la manière la plus circonspecte et la plus méthodique, il resterait toujours beaucoup à faire. Lavater lui-même est loin d'avoir rempli son programme. L'eût-il fait, eût-il possédé une science peut-être possible en soi, en eût-il consigné par écrit, avec la plus grande précision, tous les résultats; eût-il fait connaître avec la même exactitude tous les procédés par lui employés ou à employer, cette science ne pourrait cependant s'acquérir par un autre qu'à la condition, non seulement de suivre avec soin la même marche, mais encore d'observer longtemps, d'observer beaucoup, et, par-dessus tout, de posséder le tact nécessaire (1).

La vie, considérée dans ses effets, se compose de deux ordres de phénomènes, les physiologiques ou corporels, et les psychiques ou spirituels. Il en est qui participent de ce double caractère, telles que les sensations et les perceptions.

----

(1) Voir LAVATER, et l'abrégé que nous avons donné de sa doctrine, avec une appréciation critique, dans le t. II de notre *Anthropologie*, p. 57-181; — AHRENS, t. I, p. 219-221; — VIREY, t. II, p. 55-67, 131-171; — CARUS, p. 448.

CHAPITRE IX.

Résumé et Conclusion de la Première partie; ou de la Vie,
de ses formes et de leur unité harmonique.

La vie, considérée dans son principe, consiste dans sa
cause unique ou multiple qui produit les phénomènes
corporels et psychiques.

Considérée dans ses effets et dans sa cause tout à la
fois, la vie pourrait donc être définie : les déterminations
constamment variables d'un sujet, résultant de l'action
incessante et propre, fatale, spontanée ou volontaire de
ce sujet même.

On distingue trois degrés de vie, qu'on appelle aussi
des espèces de vie : la végétative, l'animale et l'humaine (1).

Si les êtres qui occupent les degrés supérieurs de la
vie n'ont pas passé par les degrés inférieurs, ou plutôt
s'ils ne s'y sont pas arrêtés, et n'en ont par conséquent
pas revêtu les formes d'une manière bien déterminée ;
s'il n'y a pas eu pour eux métamorphose proprement
dite, il est certain cependant qu'ils gardent encore quelque chose des degrés inférieurs, qu'ils les cumulent avec
les degrés supérieurs, et que ceux-ci ne peuvent pas
être, à certains égards, sans ceux-là. C'est ainsi que la
nature humaine suppose la nature animale, et celle-ci
la nature végétale. Ce qui ne veut pas dire cependant

_____

(1) Voir, pour les différences de ces trois sortes de vie : ENNEMOSER,
op. cit., p. 136, 159, 227 ; — VIREY, op. cit., t. I, p. 309 ; — MULLER, op.
cit., t. II, p. 498.

que des natures raisonnables ne puissent exister sans
être unies à des corps, ni même que la sensibilité soit
inconcevable sans une organisation.

Des naturalistes ont soutenu que nous passons rapidement par tous les degrés inférieurs de l'animalité, pour
arriver à celui que nous occupons, et qu'ainsi le fœtus
humain passe par les états successifs d'œuf, de ver, de
têtard, de poisson, etc., quoiqu'il n'ait aucune de ces
formes parfaites. Ainsi, il aurait du têtard la queue, qui
serait promptement résorbée, et du poisson la forme de
la tête. Ce qui prouve, du reste, que ces états successifs
sont bien plus éloignés de notre forme véritable, c'est
que nous ne les revêtirions que peu dans l'existence de
la vie intra-utérine, et dans la période de cette vie la
moins avancée. A cette époque nous ne vivons pas encore d'une vie propre ou indépendante, en sorte qu'on
peut dire à certains égards que ces formes premières
seraient plutôt des transitions pour arriver à la forme
humaine véritable que cette forme elle-même.

On donne cependant comme un témoignage frappant
de ces formes primitives, les ghilanes ou nègres du
soudan de Gondar, qui conservent toute leur vie l'appendice caudal, que nous ne gardons qu'à l'état d'embryon. Mais, en supposant le fait avéré, ce qui ne l'est
pas, aux yeux de plusieurs physiologistes du moins, on
ne connaît pas de race humaine qui ait conservé une
configuration de cerveau semblable à celle des poissons,
ou dont le cœur ne soit encore qu'un simple tuyau
comme il l'est d'abord.

Ce qu'il y a de certain, toutefois, c'est qu'il y a une
sorte de transformation organique. Sans parler des ex-

périences de M. Serres, qui aurait fait descendre à des lombrics l'échelle de l'animalité de trois ou quatre degrés : les degrés des arénicoles, des hélianthoïdes et des polypes, il est certain que notre corps change avec les années ; et sans même admettre qu'il est complétement renouvelé tous les sept ans, il subit d'autres changegements peut-être plus profonds, suivant les âges : ce sont d'autres goûts, d'autres aptitudes, d'autres dispositions maladives, et quelquefois une constitution profondément modifiée.

Quoi qu'il en soit de ce qui se passe dans notre organisation, depuis le moment de sa formation jusqu'à celui de sa dissolution, il n'est pas douteux que l'action des choses du dehors, de tout ce qui entoure l'homme, contribue aux changements qu'il subit. On se demande par conséquent si notre organisme serait autre chose qu'une partie du tout immense de l'univers, et s'il n'en serait pas de notre corps par rapport à tout le reste comme d'une de ces parties organiques de ce corps qui passent et sont remplacées par d'autres. En termes différents : notre existence, notre vie est-elle aussi indépendante qu'elle paraît l'être au premier abord, ou n'est-elle pas plutôt une parcelle d'une vie supérieure, de la vie universelle? Plus généralement : y a-t-il plusieurs vies, ou n'y en a-t-il qu'une seule, la vie du tout, la vie universelle?

Cette question, à laquelle beaucoup répondent affirmativement, peut se transformer ainsi : la vie existe-t-elle, peut-elle même exister en dehors des sujets vivants ; et y a-t-il un sujet vivant universel, peut-il même y avoir quelque chose de semblable? La question ainsi posée est

d'une solution beaucoup plus facile. La réponse ne
peut être affirmative que pour ceux qui donnent dans le
réalisme le plus outré, qui ne peuvent distinguer une
abstraction et une généralisation d'avec une réalité.

Mais on verra, si l'on y fait attention, que, malgré
l'harmonie qui existe entre les différentes parties de l'u-
nivers, malgré même l'influence mutuelle qui peut exister entre ces parties, il en est cependant qui forment des
touts individuels ; que ces touts, sans cesser d'être
soumis à des lois qui leur sont communes avec d'autres,
sont doués cependant d'une force propre qui en fait des
êtres distincts.

On pourrait peut-être douter de l'existence de ces
forces individuelles, et regarder les individus visibles
comme des produits de modes d'action particuliers d'une
force unique et universelle, si nous-mêmes, en tant que
nous nous connaissons, n'étions pas une de ces forces
individuelles. Mais, grâce à la conscience, nous savons
que nous sommes nous et pas autre chose, malgré les
influences innombrables auxquelles nous nous trouvons
soumis. Nous savons de science certaine que notre moi,
la sphère de notre pensée, notre âme vivante, forme un
cercle parfaitement clos en tout sens, une individualité
distincte ; que nous avons une existence propre, finie,
qui ne se confond avec aucune autre, quoique mêlée
avec beaucoup d'autres. Nous savons cela de la science
la plus évidente, et il faut douter de tout ou reconnaître
cette vérité fondamentale.

Sans doute, notre existence ne s'explique pas par elle-
même ; sans doute, elle suppose une cause. Mais autre
chose est de supposer une cause dont on relève, autre

chose de supposer un sujet substantiel dont on ne serait qu'un accident ou un mode. Eh bien ! le moi humain se conçoit un sujet propre, substantiel, qui n'est l'accident de rien autre, tout en se concevant l'effet d'une puissance antérieure et supérieure. C'est ainsi qu'il conçoit toute chose visible et finie. Et quand même notre sujet substantiel, notre force pensante, tiendrait indissolublement et sans cesse à la force créatrice par des racines si profondes que la conscience n'y pût pénétrer ; quand même elle ne serait en réalité qu'une partie ou une expression de cette force-principe, toujours est-il que, comme sujet pensant, nous avons chacun une sphère d'existence à nous, à nous seuls, une existence propre ou individuelle par conséquent. Cela nous suffit pour admettre également en nous une existence substantielle, indépendante et propre; c'est du moins, s'il pouvait y avoir doute, la très grande vraisemblance.

Cela étant, la question de la vie universelle est très facile à résoudre : non, il n'y a pas de vie universelle, pas plus qu'il n'y a de vie sans sujet vivant, pas plus qu'il n'y a de sujet vivant universel. Non, il n'y a pas de vie universelle possible, parce qu'il implique contradiction qu'un sujet, un sujet véritable, c'est-à-dire une substance, *une* et indivisible, soit *multiple,* indéfiniment multiple. *Un* sujet *universel* étant une contradiction, *une* vie *universelle* n'est donc pas possible.

Mais s'il n'y a que des vies particulières et indépendantes substantiellement, il y a unité harmonique entre chacune d'elles et le reste des existences, puisqu'il y a compossibilité, action et réaction, influence salutaire et réciproque en tout cela. Il ne faut pas confondre l'unité harmonique ou d'accord, qui est une unité de relation ou d'ensemble, sans objet réel qui lui soit propre, avec l'unité substantielle ou d'existence. L'unité harmonique ou d'ensemble, loin de supposer un sujet substantiel qui lui corresponde immédiatement, ne suppose pas même nécessairement une force distincte ayant pour mission spéciale de produire cette harmonie; elle ne suppose donc aucune âme du monde; il suffit, pour l'expliquer, de l'hypothèse d'une cause supérieure sagement créatrice ou ordonnatrice. Mais, dans l'hypothèse même d'une âme du monde, et dans l'hypothèse encore où cette âme serait Dieu, dans l'hypothèse extrême du panthéisme, enfin, les âmes individuelles ne seraient pas moins certaines psychologiquement, et l'âme cosmique ne serait pas tellement universelle qu'elle rendît impossible l'individualité dans des âmes subordonnées.

Nous croyons donc avoir suffisamment établi que l'esprit et la matière ne sont pas de simples modes d'un principe unique plus profond; que les phénomènes externes et les internes, considérés dans leur cause, ne sont pas des effets de deux fonctions différentes, d'un principe supérieur et unique, au lieu d'être dus à deux forces spéciales, à deux essences distinctes.

Dans le système d'un principe universel et unique, à fonctions diverses, système qui est le fond du panthéisme de toute couleur, il y aurait :

1° Un principe unique;

2° Deux grandes fonctions de ce principe, destinées à produire, l'une les phénomènes de la physique, l'autre ceux de la vie à tous les degrés;

3° Ces phénomènes eux-mêmes.

Il n'y aurait, par conséquent, ni esprit ni matière ; mais quelque chose qui ne serait ni l'un ni l'autre quant à son essence, et qui néanmoins expliquerait l'un et l'autre quant aux phénomènes.

Mais en reconnaissant, au contraire, comme nous l'avons fait, que l'esprit et la matière sont des essences substantielles distinctes ; il faut que ces essences, tout en relevant d'un principe supérieur unique quant à leur existence, et quoique elles y soient soumises, aient une existence propre.

Cette existence individuelle, qui n'est qu'apparente et vraisemblable pour les choses matérielles, est rendue évidente pour le principe pensant, par son activité et par sa conscience propre, individuelle ou personnelle. La sphère de la conscience ne peut, sans contradiction, n'être qu'une limite, un degré dans l'infini indivisible : ces limites, ces degrés dans l'infini, dans l'indivisible plutôt, ces diversités dans l'identité, ces multiplicités dans l'unité absolue sont inconcevables.

De cela seul donc qu'il y a plusieurs vies différentes, nous sommes sûrs qu'il y a plusieurs principes de vie ou plusieurs âmes, puisque les âmes ou principes de vie ne sont autre chose que les sujets vivants, et qu'il y a autant de sujets vivants que de sphères de vie distinctes.

Mais où se termine la vie proprement dite, ou quels sont les phénomènes du plus bas degré qui en soient les effets ? Si tout principe de vie est force, toute force ne serait-elle pas un principe de vie, et tout phénomène quelconque une manifestation de la force vitale ? N'y aurait-il pas ainsi autant de foyers de vie qu'il y a de foyers de force ; et les forces corporelles elles-mêmes,

considérées dans leurs principes, ne seraient-elles pas
autant de foyers de vie dont les effets ne s'étendraient
pas au-delà des propriétés générales du corps?

Ce qu'il y a de certain, c'est que les masses corporelles, petites ou grandes, semblent agir les unes sur
les autres, en vertu d'une certaine force qu'il est convenu d'appeler attraction, et qu'elles sont impénétrables
les unes aux autres; qu'elles se résistent mutuellement
à des degrés divers, proportionnés à leur densité respective; qu'elles s'ébranlent mutuellement aussi par le
choc, en raison de leur masse et de la vitesse qui les
anime. Elles ont, de plus, des attractions électives ou
des affinités spécifiques, qui font que certaines d'entre
elles semblent rechercher les unes et fuir les autres. Et
quand bien même il faudrait attribuer ces sympathies et
ces antipathies apparentes à la présence de fluides divers,
comme ces fluides, impondérables ou non, sont sans
doute corporels encore, on peut élever à leur sujet la
même question qu'en ce qui regarde les corps solides
ou liquides. Si l'on aime mieux que ces fluides soient
inétendus, incorporels, nous le voulons bien; mais nous
demanderons alors s'ils sont des forces, et si ces forces
n'ont d'autres fonctions que de produire dans les corps
des phénomènes de l'ordre mécanique, physique ou
chimique. Si ces phénomènes sont produits sans conscience, sans intelligence, sans spontanéité, comme
c'est présumable, ces forces sont essentiellement différentes des forces animales et humaines que nous appelons des âmes; elles diffèrent aussi des principes vivifiants des végétaux. Elles déterminent, par leurs affinités
électives ou chimiques, ou par leur attraction univer-

selle, des masses qui présentent un certain ordre, par exemple dans la forme rectiligne et variée des cristaux, dans la forme elliptique des grandes masses corporelles ou de certains liquides. Mais elles ne peuvent produire, par elles seules du moins, les phénomènes si complexes et si variés de la vie végétative.

Si donc il y avait au fond de la matière, c'est-à-dire dans son essence, un quelque chose qui méritât le nom de force, comme nous le croyons, cette force n'aurait du moins que la vertu de produire et les phénomènes généraux qui se rencontrent dans tous les corps, et les phénomènes spécifiques qui distinguent une espèce de matière d'une autre espèce. Ces qualités spécifiques des corps exigeraient donc qu'aux forces capables de produire les phénomènes qui constituent tous les corps comme corps à nos yeux, fussent réunies d'autres forces qui fussent la raison des qualités spécifiques; ou, ce qui nous semblerait plus vraisemblable, que toutes les forces douées de vertus spécifiques, fussent en même temps capables de produire les phénomènes généraux de la matière. De cette manière, il y aurait d'abord autant de sortes de forces physiques distinctes qu'il y a d'espèces de corps bien tranchées ou absolument irréductibles. Ce n'est pas tout encore : il devrait exister individuellement autant de sortes de forces qu'il y a d'éléments fondamentaux ou derniers dans les corps. Ces individualités dernières sont la seule chose qui soit réelle dans la matière; elle constitue la matière véritable.

Elles ne sont pas étendues, parce que la force n'a d'autre grandeur que celle de son intensité; parce que

encore l'étendue continue du corps n'est qu'apparente;
parce que, de plus, fût-elle réellement continue, elle
n'appartient pas aux corps, mais à l'espace, qui est le
lieu possible ou réel des corps; parce qu'enfin cet espace
lui-même, l'étendue pure, l'étendue extensive par excellence ou le vide, n'est que l'étendue résistante possible, ou, en d'autres termes, la possibilité objective
des corps par cette matière inétendue et en soi et en apparence, mais qui est de telle nature cependant qu'en
agissant sur nos sens, elle fait concevoir à notre raison
l'étendue.

La matière n'est pas aux corps qu'elle semble composer, comme des parties sont au tout qu'elles forment;
non, il n'y a pas ici un rapport de plus à moins, de
tout à partie, un rapport de degré, mais bien un rapport de cause occasionnelle à effet. La matière invisible,
force pure dans ses éléments derniers, les seuls véritables, agit sur nos sens; et, à la suite de cette action,
notre raison se met en jeu, et produit, dans des circonstances spéciales que l'analyse psychologique détermine, la conception d'étendue; conception qu'elle objective, qu'elle semble réaliser même en l'appliquant,
en l'incorporant pour ainsi dire à la matière. Cette
opération de la raison forme à elle seule l'étendue des
corps. Elle forme, jusqu'à un certain point par conséquent, les corps mêmes; elle les forme du moins en tant
qu'ils sont conçus étendus, divisibles, composés de parties en dehors les unes des autres (*partes extra partes*),
comme distincts entre eux autant qu'ils sont aussi en
dehors et séparés les uns des autres.

Dans l'étendue résistante, tangible, ce qui résiste

n'est donc pas l'étendue; c'est la force que l'étendue semble recouvrir; c'est la matière seule, c'est-à-dire quelque chose d'un, de simple, d'inétendu en soi. De même, *mutatis mutandis*, pour l'étendue visible.

Il résulte de tout ce qui vient d'être dit que les forces physiques pures ont cela de commun avec les forces vivantes proprement dites ou les âmes, qu'elles sont inétendues, simples, indivisibles, douées d'énergie, toujours en action. Mais il y a cette différence entre ces deux sortes de forces, que l'action des forces physiques n'est souvent qu'une sensation immobile : par exemple dans leur cohésion permanente, et que, mobiles ou non, ces forces sont bornées à des effets distincts des phénomènes qui composent les trois degrés de la vie totale des êtres, et qu'ainsi les forces physiques pures ne sont point des forces vivantes, dans l'acception propre du mot; ou que, si elles sont des forces vivantes, c'est-à-dire si elles sont capables de produire d'autres phénomènes encore que ceux qui s'observent dans les corps organiques, mais que, par le fait de circonstances qu'il nous est impossible d'apprécier, elles ne puissent déployer dans cette situation que les énergies propres à produire les phénomènes de l'ordre physique et chimique pur, ces forces ne sont vivantes que virtuellement, et qu'il faut d'autres circonstances, d'autres situations pour qu'elles déploient toutes leurs énergies.

Si, à mesure que des forces parviennent à déployer des énergies supérieures, elles conservent toutes celles de l'ordre ou des ordres inférieurs, il s'ensuit que les forces végétatives pourraient être en même temps les forces matérielles qui apparaissent sous la forme de

phénomènes purement corporels dans les végétaux ;
que les forces animales seraient en même temps le
principe des phénomènes de la vie végétative pure, et
des phénomènes physiques ; qu'enfin le principe pensant dans l'homme suffirait pour expliquer en nous,
non seulement la vie hominale, mais encore la vie végétale et les qualités de notre corps comme corps.

Est-ce ainsi que les choses se passent? N'y a-t-il pas
une trop grande différence entre les phénomènes de
l'ordre physique pur, et ceux des ordres supérieurs
pour qu'on puisse raisonnablement les expliquer par un
principe unique? Nous le croyons. Il nous semble donc
que les forces physiques pures doivent être admises
pour rendre compte des phénomènes physiques en général, et que des forces d'un autre ordre doivent être
reconnues comme exclusivement douées des vertus
propres à produire les phénomènes des trois degrés de
la vie.

Reste à savoir maintenant si nous devrons encore admettre des forces spéciales pour chacun des trois genres
de vie, ou, si nous attribuerons les trois genres de vie
à une force unique dans les êtres vivants supérieurs, et
si l'âme humaine sera ainsi chargée, non seulement du
rôle de la pensée, mais encore de sentir, de mouvoir
et de faire vivre l'animal et le végétal en nous ; si
même elle doit organiser le germe corporel avec une
matière première qui, dans l'ordre général des choses,
aura subi une première préparation par d'autres âmes
vivantes et vivifiantes, ou avec une autre matière plus
rudimentaire encore. Les âmes des animaux seraient,
en conséquence, chargées des mêmes fonctions, à la

différence de celles qui distinguent l'homme de l'animal, et les animaux des espèces inférieures d'avec les animaux de degrés plus élévés. Les âmes des végétaux n'auraient plus enfin qu'à remplir les fonctions générales de la vie végétative et celles propres à l'espèce de végétal dont elles porteraient en elles la raison.

Mais dans ce système, il resterait encore à savoir si les âmes des végétaux renferment virtuellement les énergies des âmes animales, si celles-ci sont virtuellement des âmes humaines, et si enfin les circonstances seules font toute la différence; ou bien, au contraire, s'il n'y a dans les âmes des végétaux que des vertus végétatives; dans les âmes des animaux que des vertus animales pures, ou des vertus animales, plus, des vertus végétatives; dans les âmes humaines enfin que des vertus purement humaines, ou des vertus humaines, plus des vertus animales, plus encore des vertus végétatives.

Les vitalistes à principe distinct sont eux-mêmes si persuadés que c'est le même principe de vie qui pense, sent et habite en l'homme, qu'il leur paraîtrait fort peu raisonnable de mettre en nous l'homme d'un côté et l'animal de l'autre, de les scinder ontologiquement, et de n'admettre de l'un à l'autre que des influences.

Mais si nous les identifions substantiellement, si en nous l'âme de l'homme est en même temps l'âme de l'animal, on ne voit pas trop pourquoi un pas de plus dans cette voie serait impossible, c'est-à-dire pourquoi l'âme humaine ne remplirait pas aussi les fonctions de la vie organique pure; pourquoi, en d'autres termes, elle ne serait pas en nous l'âme végétative, et, par conséquent, le principe unique de la triple forme de la vie. Nous allons plus loin, et nous pensons qu'il y a de nombreuses et puissantes raisons en faveur de l'unité du principe de toute vie en nous. C'est ce que nous espérons établir dans la seconde partie de cet ouvrage. Ce qui va suivre en est déjà une preuve indirecte.

LIVRE IV.

IDENTITÉ DU PRINCIPE DE L'INTELLIGENCE ET DE LA VIE,

PROUVÉE INDIRECTEMENT, OU PAR LA DÉMONSTRATION DE L'IMPOSSIBILITÉ DU CONTRAIRE.

Nous avons vu dans les trois livres qui précèdent les deux grands ordres de phénomènes qui font de l'homme un être intelligent et vivant, un animal raisonnable, comme on disait autrefois, et la corrélation de ces deux ordres de phénomènes. Ils ne forment pour nous, dans leur ensemble, que la manifestation complexe d'une force unique, celle de la vie. La vie, ainsi manifestée dans l'homme, n'est donc pas pour nous l'ensemble des phénomènes organiques seulement; elle est l'ensemble de tous les phénomènes qui s'observent dans l'homme comme être organisé, sensible et intelligent.

Si la vie, envisagée comme effet, ne devait s'entendre que des phénomènes organiques, il faudrait lui reconnaître un principe propre, une cause exclusive. Il en serait de même des phénomènes de sensibilité, de perception, de locomotion, etc., qui s'observent à des degrés divers dans l'animal. Il faudrait aussi qu'ils eussent une cause efficiente exclusive. Pourquoi n'en serait-il pas encore ainsi pour les phénomènes intellectuels qui dis-

IDENTITÉ DU PRINCIPE DE L'INTELLIGENCE ET DE LA VIE. 479

tinguent plus particulièrement l'homme d'avec le reste
des êtres vivants? Et alors comment échapper à la nécessité de trois âmes dans l'homme, de deux âmes dans
les animaux? Les plantes seules n'en auraient qu'une.

De quelque manière qu'on entende la vie, comme
cause d'un certain ordre de phénomènes; qu'on ne lui
attribue que des effets organiques, ou bien encore des
faits intellectuels d'un ordre inférieur, toujours est-il
que si la vie, entendue comme cause et par opposition
à l'intelligence, est une force substantielle à part, distincte, l'intelligence aura également sa raison exclusive
et propre. Il y aura ainsi deux principes ou deux causes
au moins, de la diversité phénoménale qui s'observe
en nous. Il y aura dans l'homme comme un double mécanisme qui fonctionne plus ou moins d'accord, mais pas
en vertu d'un moteur unique et supérieur. L'homme
sera deux êtres et non un seul. Il y aura en lui, entre
les deux êtres qui le composent, une harmonie préétablie, comme l'enseignait Leibniz.

C'est ce qui serait, en effet, s'il était vrai que le siége
de la vie dans l'organisme fût essentiellement différent
du siége de l'intelligence; qu'il y eût entre la vie et l'intelligence, considérées comme causes substantielles ou
comme agents, une différence de nombre. Mais cette
multiplicité n'a rien de nécessaire, si par siége de telle
ou telle cause on entend la condition organique des effets, et si par cause on entend la faculté ou la fonction
du principe actif, il n'est plus nécessaire d'admettre une
pluralité d'agents ou de principes pour expliquer la différence des espèces de phénomènes.

Pour pénétrer plus avant dans ces distinctions nécessaires, et pour résoudre la question de l'unité ou de la multiplicité des principes de vie dans l'homme, nous n'avons rien de mieux à faire qu'à nous livrer à l'étude attentive d'un travail récent, sorti d'une plume célèbre, et où l'on prétend établir une séparation absolue entre la vie et l'intelligence mêmes, par la séparation des siéges organiques des forces qui produisent ces deux ordres de phénomènes; nous voulons parler du livre de M. Flourens, intitulé : *De la vie et de l'intelligence*. Nous avons sous les yeux la première édition (1858); mais, à moins que l'auteur ne soit revenu à sa première manière d'envisager les phénomènes psychiques et de les exprimer (1), ce qui est peu probable, nous n'avons pas lieu de penser que notre appréciation critique puisse pour cela tomber à faux.

CHAPITRE PREMIER.

Examen de la première partie du livre *De la Vie et de l'Intelligence*.

I.

Lorsque cet ouvrage parut, j'étais encore tout préoccupé de cette grande question : Quelle peut être la cause seconde ou naturelle de la vie dans les plantes, dans les animaux et dans l'homme?

Je ne pouvais avoir aucun doute sur la cause première. Mais, d'un autre côté, comme l'action de Dieu

(1) Voir à ce sujet les observations curieuses de M. LÉLUT, *Mémoire sur la Physiologie de la Pensée*, p. 30 et ss.

dans le temps n'est que l'accomplissement de ses éternels desseins par la force constitutionnelle des choses, et suivant des lois réglées et voulues dès toujours par une intelligence et une volonté sans passé et sans avenir, comme tout ce qui est éternel; je me disais avec Senèque : *Semel jussit, semper paret.* Tout ce qui s'accomplit dans le temps n'est que la conséquence de décrets éternels. La machine universelle a donc été montée dès le principe de manière à fonctionner comme elle fait. Il y a donc en elle des forces, des agents, des causes destinées à produire les phénomènes qui remplissent le monde, et qui s'écoulent comme un fleuve immense, formé par d'innombrables affluents. L'une des meilleures parties de notre savoir humain consiste à connaître ces phénomènes, la manière dont ils s'accomplissent, et, s'il est possible, leurs causes, et les causes de ces causes.

Quelle est donc, pour chaque individu vivant, la cause immédiate ou seconde de son organisation, de son développement, de sa durée, de sa vie enfin?

J'en étais là, je me trompe, je croyais avoir résolu la question avec assez de vraisemblance, lorsque l'annonce du livre de M. Flourens vint provoquer ma curiosité. Voilà, me disais-je, un de nos plus illustres physiologistes qui traite de la vie. Il aura certainement dit tout ce qu'on sait aujourd'hui sur la question. J'ai pour moi une multitude de grands noms ; mais un de plus n'est pas à dédaigner, alors surtout que c'est celui de M. Flourens.

Je concevais bien quelque appréhension en voyant l'illustre secrétaire de l'Académie des sciences intituler son livre : *De la vie et de l'intelligence.* J'entrevoyais là

une opposition sérieuse, toute une théorie enfin, où la
vie devait être d'un côté, et l'intelligence de l'autre. J'a-
vais beau me dire : les phénomènes intellectuels font
partie de la vie totale de l'homme ; la connaissance la
plus élevée a son point de départ, sinon sa source,
dans la perception ; la perception tient aux sens, les sens
à l'organisation, l'organisation à la vie, dont elle n'est
qu'une expression. M. Flourens aura sans doute aperçu,
prouvé l'unité du principe de la vie dans l'homme ; il
aura montré mieux que personne que le fait de la pensée et de la volonté, les phénomènes de la sensibilité,
les mouvements intestins et incessants de l'organisme
vivant ne sont que trois grandes manifestations de la vie
dans l'homme ; qu'elles peuvent bien supposer trois
fonctions différentes, trois modes d'action d'un principe
unique, trois moyens divers pour les obtenir ; mais
qu'elles ne peuvent pas plus être l'effet de trois principes
de vie qu'il n'y a en réalité trois êtres dans un seul.

La lecture de l'ouvrage si impatiemment attendu ne
tarda pas à dissiper mes doutes. Je ne devais pas y trouver ce que j'espérais ; mais je devais y retrouver plusieurs points de doctrine, de la doctrine de M. Flourens
que je connaissais déjà. Je dirai même que je les connaissais tous. Mais comme ces points de doctrine sont
ici présentés d'une manière plus concise, plus synthétique qu'ailleurs ; que c'est pour ainsi dire la moelle de
M. Flourens, sa substance scientifique, ses principaux
titres à l'immortalité, j'y ai trouvé une occasion de raisonner ma solution, en raisonnant ses résultats. Et,
comme il arrive souvent, à force de raisonner, j'ai fini
par trouver à la théorie de l'illustre académicien, ou, si

l'on veut, à sa manière de présenter les faits, des difficultés qui ne m'avaient pas d'abord frappé. C'est assurément ma faute. Mais comme cette faute est celle de
mon intelligence, et nullement celle de ma volonté;
comme je désire vivement que la lumière se fasse, et que
la théorie de M. Flourens soit à mes yeux aussi claire en
réalité qu'en apparence, j'ai pris la résolution de dire ici
tout ce qu'elle me semble laisser encore à désirer.

En me livrant à cet examen, je suis d'autant plus
dans mon droit que je réponds pour ma faible part à un
appel de l'auteur; puisse cette réponse être accueillie
avec autant de bienveillance qu'elle est pleine de respect et de sincérité! M. Flourens, en donnant son livre
à méditer au monde savant, a bien prétendu l'instruire :
« Je livre, dit-il, cet ensemble de choses, originales et
neuves, aux physiologistes et aux philosophes; ils y trou-
veront, les uns et les autres, ce qui leur manque : le
physiologiste des vues, et le philosophe des faits. » Je
remercie bien sincèrement l'auteur de ces avances géné-
reuses. Mais en les acceptant pour ma part avec toute la
reconnaissance nécessaire, je demande la permission
d'exposer humblement les difficultés qui s'y attachent
encore dans mon esprit.

II.

Sans rien préjuger sur la nature de l'homme, il faut
pourtant reconnaître qu'il présente une sorte d'unité, et
que, malgré la différence des phénomènes qui s'observent en lui, on peut néanmoins les appeler d'un nom
commun, la *vie;* la vie, non pas encore dans son prin-

cipe ou sa cause, mais dans ses effets. On abuse si peu
des termes en faisant des phénomènes intellectuels et des
phénomènes de l'organisme vivant un tout, un genre,
auquel il faut bien donner un nom, que ces deux sortes
de phénomènes sont étroitement liés dans les sensations,
dans les perceptions, et sans doute encore dans les actes
de l'entendement, dans ceux mêmes de la raison et de la
volonté, et que, d'ailleurs, la perte des uns entraîne celle
des autres, quand ils ne s'éteignent pas en même temps.
De même le développement des sens aide au développement de la raison; il en est même la condition indispensable.

A son tour, le développement de l'intelligence, une
attention vive, soutenue, habituelle, sagace, lorsqu'elle
s'applique aux sensations et aux perceptions, rend les
unes et les autres plus susceptibles et plus délicates.

La vie, entendue dans le sens le plus large du mot,
comprendrait donc tous les phénomènes qui se manifestent dans l'être vivant, n'en exclurait que ceux-là seuls
qui lui sont communs avec les corps inorganiques.

M. Flourens veut, au contraire, qu'on sépare la vie et
l'intelligence, les propriétés vitales et les propriétés intellectuelles. C'est, dit-il, un point capital de ses expériences sur le système nerveux. C'est même, ajoute-t-il,
un résultat qui lui appartient en propre, en ce sens du
moins qu'avant lui cette séparation n'était pas certaine;
elle n'était pas expérimentale comme aujourd'hui. En
d'autres termes, on n'avait pas séparé les propriétés par
les organes. Une propriété n'est incontestablement distincte d'une autre, suivant M. Flourens, qu'autant qu'elle
réside dans un organe distinct.

L'intelligence et la vie sont donc aussi distinctes que les organes qui sont le siége de l'une et de l'autre. Pour mettre cette distinction dans le jour le plus complet, il suffit de faire voir que « l'intelligence réside dans un organe où ne réside pas la vie, et réciproquement la vie dans un organe où ne réside pas l'intelligence. »

Voilà donc bien visiblement l'intelligence qui a son siége dans un organe, et la vie son siége dans un autre. Aussi peut-on « ôter l'organe de l'intelligence et l'intelligence par conséquent, sans toucher à la vie, sans ôter la vie, en laissant la vie tout entière. » Soit. Mais pourquoi la réciproque n'est-elle pas vraie, pourquoi ne pourrait-on pas enlever l'organe de la vie sans enlever en même temps l'intelligence? ou bien M. Flourens aurait-il oublié cette alternative et cette contre-épreuve? Il est trop habile raisonneur, expérimentateur trop ingénieux pour omettre un point de cette importance dans une démonstration expérimentale.

J'en puis donc conclure avec certitude que s'il n'a pas dit ici qu'il y a réciprocité, c'est-à-dire que l'on peut enlever l'organe de la vie sans enlever l'intelligence, comme on enlève l'organe de l'intelligence sans enlever celui de la vie, c'est qu'en effet la réciprocité n'est pas admissible.

D'où nous concluons encore que, suivant M. Flourens lui-même, l'intelligence tient à deux organes, l'un qui peut s'enlever sans que le reste de la vie disparaisse, et l'autre dont l'ablation entraîne la perte de l'intelligence et de la vie, ou de la vie et de l'intelligence en même temps.

Cette deuxième conclusion nous conduit à une troisième, c'est que si l'organe qui est le siége de la vie est indépendant de celui qui est le siége de l'intelligence, indépendance que M. Flourens n'admettrait sans doute lui-même que sous certaines réserves, il n'y a pas réciprocité; c'est-à-dire que l'organe de l'intelligence n'est pas indépendant de celui de la vie.

Cette troisième conclusion nous conduit à une quatrième : à savoir, qu'il pourrait parfaitement se faire que l'organe qu'on nous donne comme le siége de l'intelligence n'en fût que l'instrument, et que celui qu'on nous présente comme le siége exclusif de la vie fût aussi le siége exclusif de l'intelligence. Pourquoi, en effet, si la vie intellectuelle était aussi différente de la vie organique que le prétend M. Flourens; pourquoi si chacune de ces deux espèces de vie, de ces deux formes de la vie générale, avait son siége propre, exclusif dans un organe, pourquoi ne pourrait-on pas enlever l'organe de la vie sans faire disparaître en même temps l'intelligence? Évidemment c'est que l'intelligence tient si étroitement à la vie et à l'organe de la vie, qu'elle ne peut subsister sans l'une et l'autre.

Concluons donc en cinquième lieu que la séparation que M. Flourens se flatte d'avoir établie est loin d'être aussi absolue qu'il le dit; qu'il n'y a pas de raison pour que la partie du corps, qu'il regarde comme l'organe de la vie, ne soit pas aussi l'organe de l'intelligence; que ses expériences prouveraient plutôt le contraire; que les vues et les faits, les raisonnements et l'observation ne sont pas entièrement d'accord; que ce défaut d'harmonie se trahit déjà lorsqu'en parlant d'une même partie du corps il l'appelle indistinctement (jusqu'ici du moins)

l'organe ou le siége de telle ou telle propriété. Or, il est
certain cependant que ce sont là deux choses fort différentes. Le phénomène qui est dû à telle ou telle propriété (pour nous servir de la nomenclature de l'auteur)
ferait également défaut si l'on enlevait l'organe qui en
est la condition, ou l'organe qui en est le siége.

Nous ne croyons donc pas nous tromper en disant que
le raisonnement de M. Flourens dépasse cette fois la
portée des faits qu'il leur donne pour base, et que cette
vue, si elle manque aux philosophes, n'est pas des plus
regrettables. Ils admettaient la différence essentielle des
phénomènes purement organiques ou vitaux, et des
phénomènes intellectuels, témoin les trois formes de la
vie qui se rencontrent dans tous leurs ouvrages, et qui
leur ont fait conclure, bien avant que les physiologistes
s'en soient doutés, que l'homme pourrait bien, par un
certain côté de sa nature, former un genre à part. Mais
ce qu'ils n'admettaient pas, c'est que la vie intellectuelle fût indépendante de la vie organique. Ce qu'ils
n'admettaient pas davantage, c'est qu'un appareil, un
organe, telle partie du corps qu'il plaira de concevoir,
puisse être indifféremment le siége ou l'organe de propriétés vitales et de propriétés intellectuelles. Ils n'admettaient pas non plus, quel que soit le rapport secret
qui existe entre le physique et le moral, comme ils di-
saient, qu'il y ait séparation de l'un et de l'autre; ils
croyaient, au contraire, qu'il y a étroite liaison, dépendance souvent réciproque, mais tantôt plus marquée
d'un côté ou de l'autre. En n'admettant rien de tout cela
les philosophes n'y perdaient rien, puisque ce sont là,
bien évidemment, autant d'erreurs.

Mais c'était peut-être dans ce qu'ils admettaient qu'é-
tait leur tort ; et c'est peut-être aussi en admettant le
contraire, ou tout au moins en s'abstenant, que l'illustre
physiologiste dont nous parlons s'est montré plus sage
qu'eux. Voyons donc.

Il évite avec un soin particulier de parler du principe
de la vie, de la cause des phénomènes qui la constitue,
des facultés ou fonctions qui sont les modes d'action
de cette cause, de l'unité indivisible de cette cause encore. Il est possible que les faits condamnent ou du
moins n'autorisent rien de tout cela. Mais nous ne
croyons pas qu'il y ait des effets sans cause, ni que les
faits vitaux fassent exception. Nous ne croyons pas davantage que le principe de la causalité soit de ceux qui
demandent une longue expérimentation pour être reconnus. C'est bien plutôt une loi de l'esprit humain qu'il
faut accepter sous peine de tomber dans le scepticisme
le plus radical.

Cela posé, nous disons que la méthode expérimentale
elle-même ne permet pas de confondre la vie comme effet
ou ensemble de phénomènes avec la vie comme cause ;
qu'affecter de confondre ces deux choses, sous prétexte
qu'on ne connaît que des faits et pas de causes, serait
aussi peu sensé que de nier le principe de causalité lui-
même. Nous voulons bien qu'on s'occupe beaucoup plus
des faits que de leurs causes, lors surtout que les causes
ne sont plus d'elles-mêmes des faits ou quelque chose
qui y ressemble. Mais nous ne croyons pas que l'ignorance de la nature des causes nous autorise à nier leur
existence. Nous ne croyons pas même qu'il soit juste de
penser que si cette nature ne peut pas être connue im-

médiatement, intuitivement, elle ne puisse l'être à certains égards et dans une certaine mesure de quelque autre manière.

D'ailleurs, il est si peu possible de résister à ces lois de l'esprit humain qu'en essayant d'y échapper on retombe aussitôt sous leur empire. Qu'est-ce, nous le demandons, que les mots *propriétés, forces, matière*, etc., sinon les équivalents ou les analogues de ceux de facultés, agents, substance, etc.

III.

Or, voici de nouvelles difficultés. M. Flourens « sépare les *propriétés* par les *organes*. » Comment le fait-il? Probablement en observant et en raisonnant. Mais qu'observe-t-il? les propriétés elles-mêmes? Impossible: considérées en soi ou comme facultés (car c'est là leur véritable nom), elles sont invisibles, intangibles, imperceptibles en un mot. Les organes en eux-mêmes? Ils tombent assurément sous la prise des sens, mais leur simple vue, leur étude même la plus intime ne suffit point pour faire dire avec précision quelle en est la fonction ou l'effet, ni surtout quelles sont les propriétés, intellectuelles ou vitales, dont ils sont les instruments. Nous maintenons qu'il n'y a pas de raison suffisante *a priori* (et c'est bien ici la question) pour qu'on puisse dire, si on ne le sait pas autrement, à l'inspection anatomique la plus minutieuse : tel organe est fait pour odorer, tel autre pour goûter, celui-ci pour entendre, celui-là pour voir, etc. Plus on pénétrera dans les détails, moins on sera capable de rien pouvoir décider.

Nous posons donc en fait : 1° que les propriétés ne peuvent pas être observées directement ; 2° que l'étude des organes eux-mêmes ne les donne point ; 3° mais que l'étude des fonctions mêmes des organes, faisant connaître les phénomènes, permet seule d'en concevoir la cause ou faculté, et de distinguer autant de causes qu'il y a de sortes de fonctions organiques ; 4° que ces fonctions ne permettent pas de conclure que l'organe soit le siége des propriétés dont il s'agit.

Une pareille conclusion pourrait être erronnée à plusieurs titres : 1° parce que des propriétés, comme facultés, n'ont d'autre siége immédiat que l'agent dont elles sont des modes d'action ; 2° parce qu'étant des modes d'action, elles n'ont aucune réalité en soi et ne siégent nulle part ; 3° parce qu'il pourrait très bien être que leur sujet substantiel ne siégeât pas dans tous les organes qu'il met en jeu, ou que cet agent ne se servît de plusieurs d'entre eux qu'indirectement ; 4° parce qu'enfin ce sujet substantiel peut être incorporel, et ne siéger, à proprement parler, ni dans un organe ni dans un autre.

Nous ne pensons pas qu'à l'idée d'un principe spirituel possible M. Flourens se récrie ; il n'est pas de ceux, nous le savons déjà, qui craignent de nommer les choses par leurs noms, et qui seraient tentés de nier les idées fondamentales de toutes les sciences physiques, telles que celles de cause, de force, de matière. « Dans mes expériences sur la *formation des os*, dit-il, je me suis donné ce grand problème, pour la première fois posé en physiologie : le rapport des *forces* et de la *matière* dans les corps vivants. » Voilà certes une grande et belle question, et qui touche de fort près à la métaphy-

sique : la *formation*, la *force*, la *matière* ; tout cela ressemble beaucoup aux questions d'origine, de cause,
d'agent, de mode d'action, de substance, etc.

On s'engage encore plus avant dans cette voie lorsqu'on reconnaît que « ce n'est pas la *matière* qui vit ;
qu'une force vit dans la *matière*, et la meut, et l'agite,
et la renouvelle sans cesse. » Mais nous craignons qu'on
ne s'explique pas très exactement lorsqu'on dit qu'une
force vit dans la matière ; nous croirions plutôt qu'une
force vivifie la matière, et que c'est la matière organisée
qui vit réellement par l'action de cette force ; que l'une
des manifestations de la vie est même ce mouvement,
cette agitation, ce renouvellement incessant de la matière dont on nous parle. Nous ne connaissons en
réalité l'action de la force vivifiante, et cette force elle-
même, que par les effets, par l'ensemble des phénomènes organiques ou autres que nous appelons la vie en
action.

La formule de la vie, donnée par M. Flourens, ne contredit en rien ce que nous disons là : « Le grand secret
de la vie, dit-il, est la permanence des forces et la mu-
tation continuelle de la matière. » Seulement, nous ne
voyons pas bien nettement ce que, d'après lui, nous devons entendre par le mot *force*. C'est sans doute un
agent, une cause substantielle. Et comme cette cause est
distincte de la matière mûe, agitée, renouvelée, c'est
sans doute parce qu'elle n'est pas elle-même matérielle.
C'est bien là ce que croyaient Aristote, et la plupart des
philosophes spiritualistes qui sont venus depuis. Ajoutons, avec M. Flourens, les grands poètes, tel que Vir-
gile : *Mens agitat molem*, etc.

C'est donc l'esprit, l'âme pensante, *mens*, qui, dans la pensée de M. Flourens, est aussi le principe de la vie organique. Et dès lors nous avons une raison de plus de croire que le siége de l'intelligence et celui de la vie ne sont pas différents; que le sujet de l'une est le sujet de l'autre; qu'il n'y a d'autre séparation à faire ici que celle des fonctions et des instruments.

IV.

Mais peut-être entendons-nous mal notre auteur, car nous ne sommes encore qu'à la préface, et cette préface ne comprend que deux petites pages; mais telle est la vertu des grands penseurs et des grands écrivains, qu'ils savent beaucoup dire et faire beaucoup penser en peu de mots.

Si cependant nous nous étions trompé jusqu'ici dans la manière de l'entendre, nous sommes tout prêt à revenir sur nos pas; seulement, nous aurons le droit d'affirmer que notre erreur a été parfaitement involontaire, et qu'alors, quelle que soit la clarté de l'auteur, sa manière de s'exprimer a été pour quelque chose dans notre erreur momentanée.

Du reste, qu'on ne s'étonne pas de nous voir arrêter si longtemps à ces généralités; les idées de cette nature dominent tout le reste, et permettent de le juger rapidement.

Tout à l'heure nous croyions que M. Flourens n'admettait dans chaque individu vivant qu'un principe de vie, une force vivifiante unique; nous croyions même que cette force n'était pas distincte de celle qui pense.

Nous pourrions nous être trompé. Nous lisons, en effet, dans le chapitre premier : « Il y a, dans la vie, des forces qui en gouvernent la matière, qui en maintiennent la forme, et des forces qui mettent l'être vivant en rapport avec le monde extérieur, et l'homme avec Dieu. »

Que de choses dans ces quatre lignes ! Aussi l'auteur, comme le premier de nos publicistes, Montesquieu, fait-il ses chapitres fort courts ; il sait qu'en peu de mots il dit tant de choses qu'il y a pour le lecteur grande matière à réflexion. Pour mettre en entier ce chapitre fondamental sous les yeux du lecteur, nous ajouterons aux quatre lignes qui précèdent les trois suivantes : « J'appelle proprement VIE les deux premiers ordres de ces forces (celles qui gouvernent la matière de la vie et qui en maintiennent la forme), et j'appelle le troisième ordre : INTELLIGENCE. »

Entrons maintenant de notre mieux dans la pensée de l'auteur, et, pour ne pas nous y tromper, réduisons-la en propositions dogmatiques très explicites :

1° La vie contient des forces.

2° La vie contient la matière (vivante ou vivifiée?).

3° Les forces de la vie gouvernent la matière de la vie.

4° Les forces de la vie maintiennent la forme de la vie.

5° D'autres forces mettent l'être vivant en rapport avec le monde extérieur.

6° D'autres (ou une autre) encore mettent l'homme en rapport avec Dieu.

7° De là trois ordres de forces, dont les deux premiers constituent la vie, et dont le troisième est l'intelligence.

V.

Ces propositions nous suggèrent les réflexions suivantes. Nous les reprenons une à une.

1° *a*) La vie, considérée comme effet, ne contient aucune force ; c'est un ensemble de phénomènes.

b) La vie, considérée comme cause, ne contient pas de forces non plus ; c'est un agent, et le nom propre de ses modes d'action est facultés ; celui de ses opérations est fonctions.

c) Il n'est pas indifférent de se servir du mot force, ou du mot faculté, quand il s'agit de faire entendre la vertu productrice de la vie dans l'agent qui possède en effet cette vertu. Le mot force est très obscur ; il signifie tantôt la faculté, tantôt le sujet ou l'agent considéré comme substance capable d'agir, tantôt l'agent en action. Il implique généralement la notion de substance. Il n'en est pas de même du mot faculté, qui ne signifie jamais directement ni un sujet substantiel, ni une opération, mais toujours purement et simplement une vertu ou puissance qui n'est rien en soi, et qui n'est dès lors qu'une manière d'être essentielle d'un individu, une énergie virtuelle.

2° *a*) On ne comprend pas bien ce que peut être la matière de la vie, alors surtout que la force est distinguée de la matière, et que la force vit dans la matière (p. 2 et 3) (1).

_____

(1) Nous prévenons qu'en citant ainsi, nous supposons avec l'éditeur que la préface et même le titre et le faux-titre sont paginés : deux pages de préface forment ainsi dix pages. Edition de 1858.

b) La matière de la vie ne signifie, selon nous, que la matière vivifiée ou susceptible de l'être.

c) A la rigueur, la matière n'est pas plus dans la vie (comme agent vital ou cause), que la vie dans la matière.

d) En disant que la vie comme cause est dans la matière, on peut faire entendre que cette cause est une propriété, une vertu de la matière, ou que la matière possède en elle-même une vertu ou faculté organisatrice. Et alors il n'y aurait pas de cause de la vie, distincte de la matière. Il n'y aurait que de la matière dans le monde vivant.

3° *a*) Nous trouvons encore de l'équivoque et, par suite, de l'obscurité dans cette locution : *les forces de la vie*. Si par *vie* l'on entend un agent, et par *forces de la vie* les facultés ou puissances de cet agent, nous admettrons la locution.

b) Si, au contraire, on entendait par *forces de la vie* des agents particuliers d'un autre agent, des entités, nous repousserions cette manière de parler et de penser comme ne signifiant et n'étant que des abstractions réalisées. Les mots *forces de la vie* peuvent signifier encore les agents individuels qui produisent la vie ici et là ; en ce sens, la locution peut encore s'accepter.

Alors la matière de la vie signifierait la matière vivifiée.

4° *a*) Nous croyons avec l'auteur que la cause de la vie est aussi la cause qui la fait durer.

b) Mais la *forme de la vie* est une locution impropre s'il s'agit de la vie comme cause. Elle n'est guère plus propre s'il s'agit de la vie comme effet ; le mode de la vie

n'en est pas la forme, il en serait plutôt la loi. On pourrait entendre aussi par forme de la vie, la forme du
corps vivant. Il est même présumable que c'est là le
sens de l'auteur. D'où l'on voit qu'il entend ici par vie
les effets du principe vivifiant.

c) Mais y a-t-il ou n'y a-t-il pas pour chaque individu
vivant plusieurs agents vitaux? On nous parle ici de plusieurs forces, comme de plusieurs causes de la vie phénoménale dans un individu. Si par forces on entend ici
autant d'agents, la proposition est au moins contestable.
S'il ne s'agit, au contraire, que de facultés diverses
comme les fonctions et les produits correspondants, il
reste toujours à savoir quel est le sujet unique de ces facultés.

5°, 6° et 7° *a*) Le principe de la vie est-il le même,
malgré la diversité des forces ou facultés qui se déploient dans le gouvernement de la matière vivante, dans
la conservation des formes de la vie, dans les relations
avec le monde extérieur et avec Dieu? Question capitale dont nous trouverons peut-être ailleurs la solution.

b) Quoi qu'il en soit, nous craignons que la vie n'ait
pas été envisagée ici dans toute son étendue, et que le
gouvernement et la *conservation* de la matière vivante ne
comprennent pas, dans la pensée de M. Flourens, une
première question tout aussi naturelle que les deux
autres : D'où vient l'organisation de la matière vivante,
ou d'où vient la manifestation de la vie, non pas dans la
matière (on ne la connaît pas en elle-même, ou dans les
éléments derniers, absolus, des corps), mais dans les
corps eux-mêmes? — Attendons encore la lumière sur
ce point.

c) Si l'auteur entendait par *ordre de forces* des espèces d'agents, et non des facultés, il admettrait donc trois principes de vie dans l'homme, trois âmes, dont la première présiderait à la vie végétative, la seconde à la vie de relation ou vie animale, la troisième à la vie religieuse. C'est la division adoptée par Maine de Biran.

Mais on se demande s'il y a là trois âmes, et non trois ordres de facultés seulement, ce que devient l'unité, l'individualité dans les êtres vivants, surtout dans l'homme? S'il n'y a là, au contraire, que trois ordres de fonctions, dues à un principe unique, pourquoi ne pas le dire?

d) Il semble, enfin, qu'il n'y ait pas harmonie entre les forces quelles qu'elles soient, agents divers ou facultés diverses, et leurs produits, puisque les causes sont au nombre de *trois*, et que les produits ne sont qu'au nombre de *deux*. Pourquoi trois ordres de forces pour expliquer la *vie* d'un côté et l'*intelligence* de l'autre? Il semble qu'il eût été pour le moins aussi naturel de n'admettre qu'un seul ordre de forces, tant pour *gouverner* la matière que pour en *maintenir* la forme, que d'en admettre deux, car maintenir c'est encore gouverner. Et alors, le second ordre de forces eût été consacré à la double vie de relation, tant avec le monde qu'avec Dieu, d'autant plus que nous n'affirmons Dieu comme cause qu'en vertu des principes qui nous servent à l'affirmation d'autres causes, et que nous ne le connaissons que par analogie avec les créatures, avec nous-mêmes en particulier.

Il y a là, semble-t-il, un défaut d'harmonie et peut-être de justesse de vue.

I.   32

e) Nous croirions volontiers à un vice du même genre lorsque M. Flourens identifie la vie, ainsi que l'intelligence, avec les ordres de forces qui produisent l'une et l'autre. C'est évidemment confondre la cause avec son effet. Et comme il admet une séparation tranchée, aussi tranchée que l'est celle d'organes très différents, au moins par la forme et le lieu qu'ils occupent, sinon par la nature de la substance et du tissu, entre la vie et l'intelligence, il s'ensuit qu'il admet la même différence dans les ordres de forces, dans les sujets de ces ordres. Il s'ensuit qu'il admet plusieurs principes vivifiants, plusieurs âmes, trois âmes au moins, deux pour la vie végétative, une pour la vie animale et intellectuelle. Voilà, du moins, ce qu'il semble dire ici, après avoir paru dire tout le contraire ailleurs.

Ne jugeons pas définitivement, toutefois; et quoique sa pensée semble aussi mobile que les figures de Dédale, pour nous servir d'une comparaison de Socrate, ne nous lassons pas de chercher à la saisir. Nous y attachons trop de prix pour ne pas mettre tous nos efforts à la connaître. Mais un peu plus de précision, et moins de concision, nous eût épargné bien de la peine, et au lecteur peut-être bien de l'ennui. Pourquoi, par exemple, ne pas distinguer une bonne fois entre la vie comme cause et la vie comme effet? Tantôt nous croyions qu'il s'agissait de la vie comme effet, comme phénomène, et maintenant qu'elle est confondue avec les forces, il faut entendre par là une ou plusieurs causes. Or, nous disons plusieurs, du moins pour le moment.

Peut-être même qu'il y en a plusieurs dans chaque ordre : « Il y a dans la vie des forces qui gouvernent

DE L'INTELLIGENCE ET DE LA VIE.   499

la matière. » p. 12. Si ce ne sont pas là de simples
puissances de l'agent vital, il y aurait plusieurs causes
dans une seule cause, plusieurs agents dans un seul
agent, plusieurs sujets dans un seul sujet, pluralité dans
l'unité.

Supposons donc que les forces ne soient décidément
que des facultés ou modes virtuels d'action.

VI.

De plusieurs expériences curieuses sur la formation
des os, sur la reproduction des membres chez certains
animaux, M. Flourens admire avec raison cet accroissement et cette reproduction : il va même jusqu'à dire
que « la force » qui reproduit ainsi un membre enlevé,
avec tous les détails et tous les accidents nécessaires
pour la vie et l'usage du membre nouveau, « ne s'y
trompe pas. » p. 21.

Nous sommes obligé cette fois de reconnaître qu'il
s'agit ici d'une cause, et même d'une cause intelligente.
Si ce n'est pas là une façon métaphorique de parler,
nous avons le droit de regarder M. Flourens comme
partisan du vitalisme spiritualiste. C'est l'âme alors, et
l'âme capable d'intelligence et de calcul, qui opère la
reproduction, qui est la force vitale reproductrice, réorganisatrice. Mais pourquoi cette force réparatrice ne
pourrait-elle pas être aussi la force organisatrice?

Nous voulons bien, toutefois, d'autant mieux même
que c'est notre opinion, que la force organisatrice ou
réorganisatrice, tout en ayant l'air de savoir si bien ce
qu'elle fait, n'en sache rien du tout, mais qu'elle agisse

sans intelligence, sans conscience, sans volonté, à l'a-
veugle, sous l'impulsion et la direction d'une cause supérieure parfaitement intelligente; que cette cause elle-
même agisse actuellement et directement, ou, comme
nous le croyons, en vertu de modes d'action ou de lois
déposées pour ainsi dire dans l'essence des forces vivifiantes. Mais toujours est-il qu'un effet aussi merveilleux
veut une cause qui agisse instinctivement, si c'est une
cause seconde, ou une cause intelligente supérieure.
Nous voilà donc placés entre le vitalisme et le mysticisme, car M. Flourens ne prétend point que les merveilles de la vie s'expliquent par la matière seule.

Toutefois, nous regrettons qu'il ait admiré si fort une
expression de Cuvier qui nous semble inexacte. Le
grand naturaliste avait dit en parlant du mouvement organique de la vie : « La matière actuelle du corps vivant n'y sera bientôt plus, et cependant elle est dépositaire de la force qui contraindra la matière future à
marcher dans le même sens qu'elle. »

Nous en demandons humblement pardon à l'ombre de
Cuvier et à son disciple; mais il nous semble plus rationnel de rendre la force dépositaire de la matière, que
la matière dépositaire de la force; d'autant plus que
l'on convient que la forme des corps vivants, forme
qui est l'œuvre de la force, « leur est plus essentielle
que leur matière, puisque celle-ci change sans cesse,
tandis que l'autre se conserve. » p. 20. N'est-il pas naturel encore qu'entre l'ouvrier et la matière, le premier
qui doit travailler la seconde, qui doit la remplacer par
une autre, quand elle vient à manquer, qui est actif et
permanent, soit en possession de la matière qui est

passive, relativement inerte et passagère? Un véritable
spiritualiste ne s'y serait pas trompé. La matière, comme
telle, n'est point dépositaire des forces organisatrices,
elle ne la possède point essentiellement, que ces forces
soient des agents immatériels ou leurs propriétés seulement. Dire que la matière est dépositaire de semblables
forces, ce serait dire que la matière est spirituelle, ou
que, sans être spirituelle, elle possède au moins les propriétés d'un être spirituel; deux propositions également
contradictoires.

L'expression de Cuvier n'aurait donc une sorte de
justesse qu'autant que les forces dont on parle seraient
considérées comme des propriétés de la matière, comme
matière pure et simple, car la matière organique, outre
qu'elle ne diffère pas au fond de celle qui n'est pas organisée, n'est déjà, quant à l'organisation, qu'un effet
de la vie : vouloir expliquer la vie comme cause par
l'organisation, c'est évidemment commettre un cercle
vicieux ; c'est prétendre expliquer la cause par son effet.

Quant à la question de savoir si la matière en soi,
comme matière pure et simple, ne possède pas des forces
organisatrices, elle nous semble suffisamment résolue
par le double fait que toute matière n'est pas organisée,
ni peut-être organisable, et que l'organisation suppose
au moins un instinct, une sorte de sensibilité qui est déterminée à l'action et à tel ou tel mode d'action dans des
circonstances déterminées. Reste à savoir si l'instinct,
la sensibilité, l'action, sont des facultés qui entrent naturellement dans la notion de matière. Telle n'est pas,
croyons-nous, l'idée qu'on s'en fait généralement. Nous
pouvons donc supposer, jusqu'à preuve contraire, que

telle n'était pas non plus l'idée qu'en avait Cuvier, et qu'en a M. Flourens lui-même.

Et quand on pourrait contester utilement cet aperçu, l'opinion que nous contredisons ne serait pas encore à l'abri de toutes difficultés. On se figure, en effet, les forces organisatrices ou conservatrices et réorganisatrices, dont la matière serait dépositaire, comme des entités capables de se détacher d'une matière et de passer à une autre : « la matière actuelle, la matière qui est à présent, ne les a reçues qu'en dépôt; elle les a reçues de la matière qui l'a précédée, et ne les a reçues que pour la rendre à la matière qui la remplacera bientôt. » p. 24.

Ainsi la matière, qui est mise en œuvre, posséderait les forces qui la traitent, et quoique passive sous l'action de ces forces, elle aurait la singulière vertu d'en disposer comme d'un instrument que se transmettent des ouvriers qui se succèdent dans l'accomplissement d'une tâche, tandis qu'en réalité ce sont les ouvriers qui restent, et qui font passer entre leurs mains une matière qui s'y succède sans interruption, qui s'y écoule pour ainsi dire, et qui n'y existe, comme Heraclite l'avait déjà remarqué, qu'à cet état de mobilité perpétuelle.

Mais il y a plus, et si nos maîtres en physiologie croient nous tenir en cette occasion un langage sérieux, scientifique, s'ils ne sont pas surpris en flagrant délit de poésie, je veux dire de fiction, il faut qu'ils nous disent comment, si les forces vivifiantes sont des propriétés de la matière, ces forces peuvent se détacher de leur sujet, comment ces qualités peuvent se séparer de leur substance? — Comment, ne subsistant que dans cette substance et par cette substance même, elles peu-

vent néanmoins s'en séparer, se conserver, être trans-
mises et assimilées à d'autres substances matérielles?
Comment cette matière qui s'écoule, une fois dépouillée
de ses qualités, peut subsister encore, ou, si elle ne
subsiste pas, comment elle peut être naturellement ané-
antie? — Il faut qu'ils nous disent, une fois qu'ils se
sont ainsi placés de gaieté de cœur sur ce terrain de
l'ontologie, comment, si au contraire les forces dont ils
parlent ne sont pas de simples vertus de la matière,
mais des agents substantiels différents de la matière, ou
de simples manières d'envisager ces agents immatériels;
comment ils peuvent être la possession passive d'une
matière relativement inerte? — Comment cette matière
peut en disposer, ce qu'elle en peut faire, etc.

Ce ne sont pas là de vaines querelles; toutes ces
questions sont imposées par l'hypothèse qui les engendre; il faut ou ne pas s'entendre, ou les résoudre.

M. Flourens ne les résout pas. Et alors il est difficile
de ne pas convenir que ce qu'il appelle « la grande loi
qui fixe les rapports des forces avec la matière, dans les
corps vivants » p. 24, n'a de sens que dans le vitalisme
spiritualiste, où l'âme est le principe de la vie entière.
En ce sens il est vrai de dire que « la matière passe et
que les forces restent; » il n'y a d'autre modification à
introduire dans cette formule que celle du singulier au
lieu du pluriel.

VII.

Mais M. Flourens est-il vitaliste en ce sens? C'est peut-
être ce que nous pourrons décider plus sûrement en
étudiant sa doctrine sur l'intelligence. Ce qu'il vient de

dire de la vie ne nous permet pas encore de nous prononcer à cet égard, tant nous avons trouvé d'indécision,
de vague et d'obscurité dans les expressions, surtout
dans celles de *vie* et de *force*. A moins de définitions plus
précises ou d'explications plus complètes, nous devons
nous attendre encore à de nouvelles obscurités par le
retour des mêmes mots. C'est, en effet, ce qui arrive
avec aggravation d'embarras. Il nous a semblé plus
d'une fois que M. Flourens n'était pas vitaliste matérialiste, en d'autres termes, qu'il n'expliquait pas la vie par
la matière, et nous avons même hésité à croire que les
forces vivifiantes qu'il croyait en dépôt dans la matière
fussent autre chose que les forces d'un principe distinct
de la matière. Peut-être avons-nous été trop généreux.
En effet, quand il s'agit d'expliquer la sensibilité, la
motricité, la coordination des mouvements, l'intelligence même et jusqu'au principe de la vie, l'auteur ne
voit en tout cela que « des propriétés ou des forces du
système nerveux. » p. 27.

Ainsi les nerfs sont la cause de la vie intellectuelle,
c'est-à-dire des rapports des êtres vivants avec le monde
extérieur, et, dans l'homme, des rapports avec Dieu
même. M. Flourens ne distingue point entre une cause
occasionnelle, une cause instrumentale et une cause efficiente. Rien cette fois ne paraît plus clair que sa parole:
« Les propriétés ou forces du système nerveux sont au
nombre de cinq : la sensibilité, la motricité, le principe
de la vie, la coordination des mouvements de la locomotion, et l'intelligence. »

Plusieurs observations se présentent à la lecture de ce
passage :

1° Les propriétés et les forces sont une même chose ; les unes et les autres sont, ici du moins, une vertu du système nerveux.

2° Mais comme le système nerveux n'est un que d'une unité collective, et que la conscience est une d'une unité absolue, il reste à savoir comment l'unité de la conscience ou le moi est possible avec la multiplicité indéfinie des nerfs.

L'intelligence, la sensibilité même n'est pas expliquée par les nerfs.

3° Les propriétés des nerfs, comme organes matériels, ne peuvent être encore que des qualités matérielles, qui n'ont pas le moindre rapport visible avec les effets qu'on leur attribue, par exemple avec la *volonté*, dont on ne parle pas, mais qu'on suppose sans doute lorsqu'on parle de la coordination des mouvements. Il est donc nécessaire d'admettre en dehors des nerfs un principe capable d'agir soit par eux, soit sans eux. Si mes volitions étaient le produit direct, immédiat de mes nerfs, comment pourrais-je vouloir par mes organes et n'être pas obéi par eux? Dire que certains nerfs expliquent la volition, et d'autres l'action, c'est répondre par la question.

Mais ce qui n'est pas une question, c'est que ma volonté n'est pas une qualité, une propriété, une force corporelle, bien que je ne puisse pas vouloir, comme homme, sans cerveau et sans nerfs.

4° On pouvait croire, d'après la séparation, en apparence si tranchée, que l'auteur avait faite de la vie et de l'intelligence, des forces et des organes qui correspondent à chacune d'elles, qu'il ne donnerait pas la même espèce de tissu pour cause de l'une et de l'autre. C'est pourtant le contraire qui arrive, car le principe de la vie et l'intelligence sont également des propriétés ou des forces du système nerveux.

Il est vrai de dire que, suivant l'auteur, « chacune de ces forces réside dans un organe propre. La *sensibilité* réside dans les faisceaux postérieurs de la moelle épinière et des nerfs ; la *motricité* dans les faisceaux antérieurs ; le principe de la vie dans la moelle allongée ; la *coordination* des mouvements de locomotion dans le cervelet, et l'*intelligence* dans le cerveau proprement dit (lobes ou hémisphères cérébraux). » p. 28.

Tel est, en peu de mots, le résumé de ce qu'on pourrait appeler la physiologie de la pensée de M. Flourens. Nous ne reviendrons pas sur l'opinion d'autres physiologistes, qui serait de nature à jeter au moins des doutes ur cette doctrine, non plus que sur certaines considérations de physiologie comparée, qui concordent peu avec une théorie qu'on nous donne comme absolue. Non, et tout en admettant comme vrais les faits que M. Flourens nous allègue, nous dirons qu'ils ne le sont cependant qu'à certains égards. Nous voulons bien que la moelle épinière, la moelle allongée, le cervelet et le cerveau jouent précisément, exclusivement même, le rôle qu'on leur assigne, mais nous soutenons que ce n'est là qu'un rôle instrumental, que ces organes ne sont en réalité ni le siége ni le principe des phénomènes spirituels qu'on leur assigne. Ce ne sont pas mes nerfs qui sentent, c'est moi qui sens par mes nerfs ; ce ne sont pas mes nerfs qui mettent en jeu mes membres, c'est moi qui les meus par mes nerfs ; ce n'est pas la moelle allongée qui est le principe de ma vie totale, c'est moi, c'est mon âme, encore bien que la moelle allongée, et telle partie de cette moelle, fût une condition essentielle de ma vie corporelle (1); ce n'est pas mon cervelet qui préside à l'ensemble de mes mouvements, c'est moi, ma volonté, quoique par mon cervelet; ce n'est pas mon cerveau qui pense, c'est moi, mon âme par mon cerveau. S'il en était autrement, il ne serait pas plus possible d'avoir un individu véritable dans un être vivant, une unité aussi absolue, aussi indivisible que l'est celle de la conscience, qu'il n'est possible qu'un certain nombre d'organes n'en fassent qu'un seul, et qu'occupant différents lieux dans le corps ils n'en occupent qu'un seul, qu'étendus ils soient réduits à un point. Cette théorie, ce langage au moins, est donc aussi peu exact qu'il le serait de dire que la pluralité et l'unité sont une même chose, que les corps sont pénétrables les uns aux autres, que plusieurs peuvent être réduits à un point, et au même point.

VIII.

Si nous voulions suivre M. Flourens dans les détails de cette doctrine, il nous serait facile de relever plus d'une inexactitude encore. C'est ainsi, par exemple,

---

(1) Il y a bien apparence que l'extinction de la vie par la lésion du point vital n'est qu'indirecte; que c'est la respiration qui s'en trouve atteinte, et, par la respiration, la vie même. En sorte que, suivant la manière même de voir de M. Flourens, ce ne serait point la moelle allongée qu'il faudrait considérer comme le siége de la vie, mais bien les poumons. Comp. sur le rapport des poumons avec la moelle allongée Muller et les autres physiologistes.

qu'après avoir fait des tubercules quadrijumeaux le siége
du principe de la vision, il fait des lobes cérébraux le
siége des perceptions en général, comme si la vision n'é-
tait pas une perception. Nous ne pouvons voir une différence essentielle en ce qu'il y a dans un cas : siége du
principe de la vision ; et dans un autre : siége des perceptions. Cette distinction est purement nominale ; elle
ne serait que sophistique et vaine subtilité si l'on prétendait le contraire. Qu'est-ce d'ailleurs pour nous, pour
l'homme, que le principe de la vision ? Nous dirions que
c'est ce qui voit, ce qui sait qu'il voit, l'âme. Or, si l'âme
était dans les tubercules quadrijumeaux, elle ne serait
probablement pas dans les lobes cérébraux, ou si elle
avait la vertu de l'omniprésence, tout indivisible et
simple qu'elle est, autant vaudrait dire qu'elle est étendue, multiple, ou, ce que nous trouvons préférable,
qu'elle soutient avec le corps une sorte de rapports qui
n'est point celle des corps entre eux, et qu'on ne peut
dire, en réalité, qu'elle siége ici ou là, quoiqu'elle y
agisse ou s'y fasse sentir.

Est-il bien juste aussi de réduire l'intelligence aux
perceptions, et de faire des volitions elles-mêmes une
partie de l'intelligence ? Cette esquisse de la faculté de
connaître est tellement imparfaite, qu'il est impossible
qu'il y ait quelque précision dans la partie physiologique correspondante.

Nous tenons donc pour avéré qu'il y a beaucoup à
faire encore pour porter à un certain degré de perfection
la physiologie du système nerveux.

Mais nous devons plus particulièrement signaler un
point où la théorie que nous examinons ne semble pas se

concilier parfaitement avec elle-même. Si le cervelet est
le siége de la coordination des mouvements, ce qui signifie sans doute le siége de la faculté ou du principe
qui coordonne les mouvements, ou bien encore, et
nous l'aimerions mieux, la condition organique de la
coordination des mouvements : d'où vient qu'on donne
pour siége aux volitions les hémisphères cérébraux?
Les volitions ne seraient-elles pour rien dans l'ensemble
et l'harmonie de nos mouvements, ou bien les volitions
s'accompliraient-elles par un organe, et les mouvements
qui leur correspondent par un autre organe? Mais
alors y aurait-il ou n'y aurait-il pas d'organe intermédiaire? S'il y en a un, quel est-il? S'il n'y en a pas,
qu'on explique cette corrélation?

Nous comprenons très bien cependant que si l'on
avait fait du cervelet le siége des volitions, une autre difficulté d'une égale force se serait levée. Comme la volonté est inséparable de l'idée, de l'intelligence, on se
serait tout naturellement demandé alors comment une
volonté, qui aurait eu son siége dans le cervelet, pourrait être éclairée par une intelligence qui résiderait dans
les hémisphères cérébraux. On était donc entre Cha-
rybde et Sylla; on n'a su cette fois éviter l'un qu'en s'a-
bîmant dans l'autre.

Ce naufrage est-il nécessaire? Oui, quand on sépare
d'une manière rigoureuse les facultés et les organes;
non, quand, plus fidèle à la nature des choses, on
laisse en rapport ce qui n'est réellement point isolé.

Faisons remarquer encore qu'en identifiant « le principe de la vie » (p. 28) avec « le principe, premier moteur du mécanisme respiratoire » (p. 34 et 35-37), on

confond deux choses qui peuvent être tout à fait distinctes : il est très possible, en effet, que ce qu'on appelle
ici le *nœud* ou le *point vital* par excellence soit la condition organique première de sa fonction respiratoire ;
mais cela ne prouve point du tout, comme on a l'air de
le penser, qu'en dehors de cette partie du système nerveux il n'y ait pas un moteur auquel les nerfs obéissent
dans cette circonstance comme dans toute autre. Cela ne
prouve pas non plus que ce point soit le seul qui, enlevé ou désorganisé, entraîne la mort du sujet. Cela ne
prouve pas même d'une manière démonstrative que tous
les vertébrés, tous les mammifères mêmes soient soumis, à cet égard, à la même loi de vitalité : le raisonnement n'a ici d'autre force que celle qui tient à une
analogie de tel ou tel degré. Il en est de même de toutes
les conclusions du même genre, où l'on passe de la
vivisection de la poule, du lapin ou du cochon d'Inde, à
l'homme, par exemple.

IX.

Dans son étude sur le système nerveux, telle du
moins qu'elle est résumée dans l'opuscule *De la Vie et de
l'Intelligence*, aucun rôle n'est assigné au grand sympathique. Est-il présumable qu'il soit sans fonction, sans
fonction importante même ? N'aurait-il aucune part au
moins dans les opérations obscures de la nutrition, de
l'action médicatrice, dans tous les actes instinctifs ? Est-il,
d'ailleurs, d'une saine psychologie de mettre sur le même
rang les instincts, la volonté et l'intelligence ? Nous ne
pouvons dire si le cerveau intervient également dans

ces trois sortes d'actes, comme paraît le supposer M. Flourens (p. 43); mais nous n'avons certes pas besoin de le savoir pour être parfaitement assuré que ces opérations ne se ressemblent point. Aussi la psychologie ne les a-t-elle jamais assimilées. C'est là déjà une assez grande présomption que les instruments ne sont pas les mêmes ici et là, ou que s'ils sont les mêmes, l'agent qui s'en sert produit avec les mêmes moyens, mais par la différence seule dans la manière de s'en servir, des effets très divers.

Supposons même que le cerveau fût nécessaire dans la production des actes instinctifs, au moins chez certains animaux, est-ce à dire qu'aucune autre partie du système nerveux ne soit pas aussi indispensable? Je ne répondrais pas, d'ailleurs, que M. Flourens eût bien distingué dans l'instinct le moment de l'impulsion sensitive, de celui de l'acte extérieur destiné à satisfaire le besoin, et, dans cet acte, ce qui est rapport (inconnu de l'agent) des moyens aux fins, avec les circonstances perceptives qui éclairent cet agent. Il serait fort possible, il est très vraisemblable même, que ces circonstances seules, qui rentrent dans la perception, soient dues au cerveau, et que, cet organe enlevé, les actes instinctifs ne puissent recevoir leur manifestation extérieure, leur complément nécessaire.

Nous craignons aussi que M. Flourens ne se soit pas fait une juste idée de l'action spontanée, en l'identifiant, comme il semble le faire (p. 43), avec la volition; la spontanéité tient beaucoup plus de l'instinct que de la volonté proprement dite.

Par contre, il nous semble avoir distingué un peu

abusivement, ou du moins d'une manière qui n'est pas probante, entre la sensation et la perception visuelle. L'ablation du tubercule détruirait la sensation, l'ablation du lobe cérébral détruirait la perception (p. 45). Ces expressions laissent singulièrement à désirer. On peut demander en effet :

1° Si la perception n'est pas détruite également par l'ablation du tubercule, et, dans le cas d'affirmative, s'il est rationnel de localiser la perception visuelle dans le lobe cérébral, puisqu'il ne peut rien à lui seul pour la perception ?

2° Si en détruisant le lobe cérébral on détruit aussi la perception, il reste à savoir ce qui reste de la sensibilité visuelle qu'on dit survivre à cette opération. Est-ce une sensibilité affective, qui fasse souffrir ou jouir le sujet ? Est-ce une simple irritabilité organique locale, par suite de l'action de la lumière sur la rétine, et qui entraîne un mouvement dans l'iris ? Dans le premier cas, l'organe n'éprouverait que de la sensibilité tactile générale, et nullement de la sensibilité propre ; ou bien s'il était encore affecté comme il l'est dans l'état sain lorsqu'il est impressionné par une lumière éblouissante, par exemple, il y aurait encore perception, et l'on distinguerait faussement entre la sensibilité et la perception. Ainsi : ou plus de sensibilité propre, et dès lors pas de distinction entre la sensation et la perception visuelle ; ou sensibilité propre, et alors encore distinction sans fondement. Dans le second, vanité de la même distinction, et, de plus, confusion du mouvement d'irritabilité pure et simple avec la sensibilité, ou conclusion illégitime de l'un à l'autre.

La distinction entre la sensation et la connaissance
(p. 46) n'en est pas moins légitime en thèse générale ;
mais outre que la psychologie y suffit parfaitement, la
physiologie ne la confirme pas ici d'une manière évidente. Elle prêterait plutôt à la conclusion contraire.
(Cf. p. 72 et 73.)

Si penser n'est pas sentir, ce n'est pas du tout,
comme le dit et le répète M. Flourens, parce que « la
sensibilité est dans les nerfs et la moelle épinière où n'est
pas l'intelligence, et que l'intelligence est dans le cerveau où n'est pas la sensibilité, » puisqu'en effet sentir
et penser ont le même siége véritable, le moi, et que la
diversité des conditions organiques ou des parties auxquelles le phénomène du sentiment ou de la pensée pourrait être instinctivement rapporté comme à son siége, ne
prouve point la différence qui existe entre le sentir et le
penser, il faut que cette différence nous soit connue
d'ailleurs. En effet, ce qui caractérise essentiellement l'é-
tat affectif du sentir et l'état cognitif de la pensée, ressort
immédiatement de l'observation de l'un et de l'autre. On
n'a pas attendu qu'on connût le rôle des nerfs et du cerveau dans ces deux états pour les distinguer entre eux.

Il y a plus : c'est que la différence dans l'intervention
et le jeu de ces deux organes, fût-elle aussi marquée
qu'on le prétend, n'empêcherait point que toute véritable
affection sensitive ne fût inséparable d'une certaine connaissance, celle qui fait dire : je sens. Si toute connaissance n'est pas accompagnée de sentiment, tout sentiment est du moins accompagné de connaissance. Cela
suffit pour mettre à néant la séparation absolue qu'on
prétend établir entre ces deux choses, et pour rendre

passablement suspecte l'action isolée de deux organes dans le sentir et le penser, ou pour prouver que si la fonction de l'un n'a pas le sentiment pour conséquence, il n'en est pas de même de celle de l'autre, et qu'il faudrait dire, si l'on voulait conserver un langage équivoque, superficiel et d'apparence matérialiste, que la sensibilité et une certaine intelligence sont dans les nerfs et la moelle épinière, mais que l'intelligence seule est dans le cerveau.

Il est donc faux de dire d'une manière absolue que « tout ce qui est d'organe différent est de nature différente, » puisqu'autrement la conscience ne serait pas commune à toutes les sensations et à toutes les perceptions.

Expliquera-t-on cette lumière du moi, de son unité, par l'intervention constante d'un troisième organe? On ne le peut, par la raison qu'on a rompu contre nature tout rapport entre les organes, qu'on les fait fonctionner séparément, quoique dans le même temps, et qu'il n'y a plus alors entre eux aucune correspondance, aucune sympathie. L'organe de la conscience, de son unité, du moi, si un pareil organe existait, ne donnerait donc conscience de rien que du moi tout seul, d'un moi abstrait ou dépourvu de toute détermination, c'est-à-dire d'un moi aussi impossible qu'inutile.

M. Flourens a lui-même senti la difficulté, puisqu'il se demande d'où vient l'unité de l'intelligence. Mais quand il l'explique par l'unité collective du cerveau, il ne fait que protester contre la localisation plus restreinte qu'on pourrait lui chercher, ou contre le défaut de lien et de connexion où l'on pourrait laisser les différentes facultés. Mais vouloir que le cerveau tout entier, le cerveau proprement dit, ou seulement l'un de ses lobes, soit le siége de l'intelligence, comme faculté une et réelle, ainsi que semble l'enseigner M. Flourens (p. 48 et 49), c'est expliquer l'unité par la multiplicité, c'est prétendre que les parties du cerveau ne sont pas aussi bien des touts partiels, que les parties de l'encéphale du système céphalo-rachidien en général sont des touts distincts. C'est unir, identifier même arbitrairement, après avoir divisé et diversifié de même. Ce n'est pas le cerveau, pas plus que l'encéphale, pas plus que le système rachidien ou le système nerveux tout entier, qui peut rendre raison de l'unité indivisible non seulement de l'intelligence, mais encore de la sensibilité et de l'activité volontaire réunies à l'intelligence; il faut pour rendre raison de cette unité rigoureuse de foyer, un siége rigoureusement un lui-même; il faut un principe d'intelligence, de sensibilité et d'action parfaitement un; or, c'est un principe de cette nature que nous appelons l'âme.

M. Flourens s'est bien aperçu de l'insuffisance de sa prétendue preuve physiologique de l'unité de l'intelligence, puisqu'il reconnaît que « la preuve philosophique est bien plus forte. » Il n'est pas vrai, au surplus, que l'intelligence soit une faculté réelle, c'est une faculté collective qui n'existe dès lors que comme genre, et non comme puissance ou énergie individuelle et propre. Le cerveau ne serait donc lui-même qu'une collection de différents organes. Mais, tout comme les facultés diverses de l'intelligence ont des rapports entre elles et une unité de foyer, celui de la conscience, de même les parties du cerveau qui correspondent à ces facultés tiennent entre elles et forment un tout organique.

X.

C'est une louable prétention que celle de servir la philosophie et la physiologie en même temps. Nous sommes heureux de reconnaître que c'est aussi celle de M. Flourens. Aussi ne pouvons-nous qu'applaudir à ses sentiments lorsqu'il se propose de déterminer au juste « les rapports du mouvement et de la volonté, de la sensibilité et de l'intelligence, de la sensation et de la perception, de l'intelligence et de la vie. » Mais nous avons le regret de ne pouvoir applaudir à ses succès. Il ne nous a rien, absolument rien appris de tout cela ; seulement, si les résultats des observations étaient aussi fondés qu'il le prétend, ou si ceux de ces résultats qui sont le mieux établis lui étaient aussi propres qu'il semble vouloir le persuader, on saurait un peu mieux, non pas quels sont les *rapports* divers qu'il cherche à connaître, mais seulement quelles en sont les *conditions organiques,* deux choses fort différentes ; si différentes même que la première peut être connue sans la seconde, mais pas la seconde sans la première. Ce qui prouve de nouveau que la psychologie, comme science pure et simple des phénomènes du sens intime est possible sans la physiologie, mais que cette partie de la physiologie, qui est la science des conditions organiques des phénomènes internes, n'est pas possible sans la psychologie. On peut connaître le conditionné en lui-même ou comme fait, mais on ne peut connaître le conditionnant sans le conditionné. On ne peut le connaître que comme organisme pur et simple ou anatomiquement, mais non comme cause d'une fonction ou physiologiquement. Il faut reconnaître, toutefois, qu'on connaîtra mieux les phénomènes internes, qu'on en saura surtout davantage à leur occasion si l'on peut les rattacher à leurs conditions organiques que si l'on ne le peut pas, et que l'alliance de la psychologie et de la physiologie n'est guère moins désirable pour un ordre de science que pour l'autre.

Ce que nous avons dit jusqu'ici fait déjà pressentir assez si les services rendus à la philosophie par M. Flourens sont aussi importants qu'il paraît le croire. Ce qui va suivre achèvera de nous éclairer sur ce point.

Il fait honneur de ce qu'il donne comme ses découvertes en tout ceci, à sa méthode; et sa méthode aurait cela de propre et de nouveau, qu'elle consisterait à isoler les parties (p. 56).

Nous ne savons jusqu'à quel point on peut appeler méthode un simple aperçu, une simple règle d'action. Mais ce que nous savons bien, c'est que cette règle n'a pas toujours produit des résultats bien satisfaisants; nous l'avons vu. Nous pouvons affirmer, en outre, que cette méthode n'a pas été rigoureusement mise en pratique; il ne suffit pas, en effet, d'expérimenter sur un organe isolément pour avoir sa fonction propre, exclusive; il faudrait auparavant l'isoler complétement, absolument de tous les autres organes par circoncision parfaite; autrement les sympathies, les influences, les phénomènes en retour ou de réflexion peuvent donner au fait observé un caractère mixte qui ne répond plus

du tout à l'attente de l'expérimentateur, et qui, s'il est
interprété comme un produit exclusivement propre à
l'organe interrogé, pourrait fort bien ne fournir qu'un
renseignement mal compris, mal rendu, et, partant,
erroné.

Nous ne voulons pas nier que M. Flourens n'ait expérimenté plus habilement, ou plus rationnellement tout
au moins, que Haller, Rolando, Belchier, Duhamel,
Hunter, Serres, Doyère, Brullé, Hugueny, Jobert de
Lamballe, Heine et Wagner sur le mode d'accroissement
des os; nous n'avons pas qualité pour prononcer entre
nos maîtres; mais M. Flourens n'ignore pas sans doute
que ces noms divers lui ont été opposés. Il sait aussi
bien que nous, pour le moins, qu'on lui a trouvé des
prédécesseurs, des rivaux et des contradicteurs dans
les recherches sur le système nerveux : Rolando, Coster,
Le Gallois, Gall, Ch. Bell, Magendie, Jobert de Lamballe, Brown-Séquard, Cl. Bernard, Serres, Rayer,
Andral, Toulmouche, Taillé, Combette, Bouillaud,
Gratiolet, Muller, Parchappe, etc., ne sont pas d'une si
mince autorité dans la science que M. Flourens puisse
les ignorer ou ne tenir aucun compte de leurs travaux.
Quant à nous, qui ne sommes point compétent pour
prononcer entre des réputations si bien établies de part
et d'autre, nous devons à la justice dont nous sommes
tenu envers autrui, à la prudence envers nous-même,
au respect pour la vérité, de suspendre jusqu'à plus
ample informé notre jugement sur la priorité et la valeur des découvertes physiologiques dont M. Flourens
se proclame l'auteur, ainsi que sur le mérite relatif de
ce qu'il appelle sa méthode. Quant au mérite absolu de

cette méthode, nous croyons l'avoir apprécié avec justice. Nous persistons avec d'autant moins de scrupule dans cette manière de voir, que nous y sommes autorisé par M. Flourens lui-même. Il a dit avec beaucoup de raison en effet : « En physiologie, lorsqu'on se trompe, c'est presque toujours parce qu'on n'a pas assez vu toute la complication des faits. » p. 61 et 62. Nous craignons que la méthode de l'*isolement* des organes et même des parties ne tende précisément à faire méconnaître cette complication. Mais ne nous lassons pas d'entendre le maître qui nous a promis des vues et des faits dont physiologistes et philosophes ont si grand besoin.

XI.

Nous savons que la division capitale des fonctions, d'après M. Flourens, est celle de la vie et de l'intelligence. La *nutrition* (c'est-à-dire la *digestion,* la *circulation,* la *respiration,* etc.), le *mouvement,* la *locomotion* et même la *sensation,* voilà, suivant lui, ce qu'il faut entendre par la vie (p. 66).

L'intelligence comprend, au contraire, tous les actes d'*entendement :* la *perception,* l'*attention,* la *mémoire,* le *jugement,* la *volition* (p. 66).

L'animal qui a perdu ses lobes cérébraux, et par suite son intelligence, ne *perçoit* plus, n'est plus capable d'*attention,* ne se *souvient* plus, ne *juge* plus, ne veut plus (p. 66).

Il nous serait facile de prouver à M. Flourens que son système des facultés intellectuelles laisse beaucoup à désirer, et que s'il n'est fait que pour l'animal, il pourrait

bien encore contenir trop ou trop peu. Mais comme on
l'applique à l'homme, par analogie, quoiqu'on n'ait expérimenté que sur des animaux, nous pouvons dire que la
faculté la plus noble, fort distincte de toutes les autres,
aussi distincte pour le moins que la sensibilité est distincte de la pensée, la *raison* ou faculté des notions pures
ou *à priori* ne trouve pas de place dans le système de
M. Flourens. Qu'à cela ne tienne, cependant, malgré
l'extrême gravité du fait; mais l'entendement, est-il au
moins bien compris? Non : l'auteur confond les facultés perceptives avec les opérations qui en travaillent les
données sensibles ; ou du moins il met tout cela sur le
même plan. Il n'y a pourtant ni égalité entre les fonctions et les produits, ni simultanéité des actes. Laissant
de côté les facultés perceptives, et ne nous attachant qu'à
l'entendement proprement dit, c'est-à-dire à l'ensemble
des actes de l'esprit sur les données de la perception,
nous pouvons demander avec toute raison, ce nous semble, si, donnant l'attention comme une faculté, l'abstraction ne pouvait pas aussi trouver sa place dans cette
énumération? Le fait est que l'attention n'est pas une
faculté, puisqu'elle ne produit rien par elle seule; ce
n'est qu'un mode de l'activité intellectuelle. Mais ce qui
ressemble davantage à une faculté spéciale, c'est l'imagination, la généralisation et le raisonnement, qui ne
figurent cependant pas dans la liste de M. Flourens.

Si l'on dit que l'animal ne fait rien de tout cela, nous
demanderons si l'on est bien sûr qu'il juge, qu'il veuille,
qu'il donne son attention? Nous savons bien qu'il *semble*
le faire; mais nous savons aussi qu'il semble raisonner,
généraliser, imaginer, abstraire, etc.

Ce n'est pas tout : la sensibilité est mise au rang des actes purement vitaux ; on ne la classe point parmi les phénomènes intellectuels. Soit ; mais qu'on nous dise ce que c'est, par exemple, qu'une douleur ou une jouissance qui n'est pas accompagnée de conscience, qu'une sensation qui n'est pas sentie, qui n'est pas éprouvée ? Qu'on nous dise ce que serait une sensation éprouvée, sentie, sans conscience, et une conscience sans une sorte de réflexion ou de moi, quelle qu'en soit l'obscurité ? Toutes ces questions ne sont ni sans fondement ni sans gravité ; et comme elles font essentiellement partie du problème philosophique ; comme, d'autre part, elles ne se trouvent pas même abordées dans l'ouvrage de M. Flourens, nous laissons à penser s'il peut dire avec raison que « le problème philosophique n'est pas moins résolu, et non moins sûrement résolu, que le problème physiologique » (p. 56).

XII.

Si M. Flourens avait moins promis, ou s'il n'était pas capable de tenir tout ce qu'il promet, nous serions moins exigeant. Au risque de paraître importun, mais dans la réalité pour fournir à l'illustre académicien l'occasion de tenir parole, pour l'engager même à donner plus qu'il n'a promis, nous lui avouerons encore que nous manquons de vues et de faits sur quelques points. Mais afin d'être court, nous réduirons désormais nos réflexions à des propositions interrogatives et dubitatives, telles que les suivantes :

Si la *sensation* est *perçue*, comment peut-on classer la

sensation dans la catégorie de la vie, et la perception (interne) dans la catégorie de l'intelligence? (p. 66, 67 et pass.).

Comment, du moins, peut-on séparer la vie et l'intelligence d'une manière complète? (p. 68.)

Si « l'organe de la sensibilité ne sert en rien à l'intelligence, et que l'organe de l'intelligence soit dénué de toute sensibilité, absolument impassible » (p. 68), et si cependant il y a un *sens commun* du sentir et du penser, n'en faut-il pas conclure nécessairement que ce n'est pas le cerveau qui pense, que ce ne sont pas les nerfs qui sentent, que par conséquent la pensée ne siége pas plus immédiatement dans le cerveau que la sensibilité dans les nerfs?

A-t-on bien bonne grâce à reprendre Locke, Condillac, Helvétius et Descartes lui-même pour avoir vu la pensée jusque dans le sentir, et surtout dans le sentir, quand le sentir et le penser sont entendus par eux dans un sens très large qu'ils définissent, et quand soi-même on fait passer « les perceptions dans le cerveau, et même dans les sens, où elles étaient sensations, avant d'arriver à l'âme? » (p. 72, note). C'est bien là, si nous ne nous trompons, les sensations transformées en perceptions.

Comment, si les sensations deviennent des perceptions en passant des sens dans le cerveau, et les perceptions des pensées en passant du cerveau dans l'âme (p. 72), comment « le percevoir, et non le sentir, serait-il le premier élément [ou forme] de l'intelligence? » (p. 73).

S'entend-on bien sur le mot *occasionnel* lorsqu'on dit que « la volonté n'est jamais que cause occasionnelle du mouvement? » (p. 74). Quelle en est donc la cause efficiente? Les nerfs? Mais n'en seraient-ils pas plutôt la cause instrumentale? et n'aurait-on pas encore confondu la cause instrumentale avec la cause efficiente?

Est-il possible qu'il y ait, dans un être vivant, sans volonté aucune de sa part, des mouvements extérieurs, appartenant à la vie de relation, « des mouvements généraux, d'ensemble, des mouvements des plus réguliers et des mieux coordonnés, ceux de locomotion, par exemple? » (p. 74). Ne serait-il pas plus naturel de penser qu'en enlevant les lobes du cerveau on n'a pas alors enlevé la volonté, que de penser que ces sortes de mouvements s'accomplissent sans volonté? N'y aurait-il pas ici une erreur provenant d'un raisonnement tel que celui-ci : « La volonté fait partie de l'intelligence » (p. 74); or, l'intelligence réside dans les lobes du cerveau; donc en enlevant les lobes du cerveau on enlève la volonté? Ne serait-il pas plus raisonnable de dire : Des mouvements coordonnés de l'ensemble du corps et des membres, des mouvements appropriés à l'une des fins de la vie de relation supposent la volonté; la volonté suppose une certaine intelligence; donc ni l'intelligence ni la volonté ne résident dans les lobes du cerveau, puisque, les lobes enlevés, ces sortes de mouvements s'accomplissent encore?

Est-il bien vrai que « *de* la perception naisse l'attention, de l'attention la mémoire, de la mémoire le jugement, du jugement la volonté? » (p. 75). Et quand nous savons que la perception elle-même naît de la sensation (p. 72); qu'en outre, la perception, l'attention, la mémoire, le jugement et la volonté sont l'intelligence

(p. 75), que l'intelligence et la pensée sont une même chose (p. 72), pouvons-nous ne pas voir la pensée procéder de la sensation par voie de transformation? Et pourtant on blâme Descartes d'avoir dit que « sentir n'est autre chose que penser » (p. 71); on blâme Helvétius d'avoir dit que la « faculté de penser est produite par deux puissances passives » (p. 70). Comment alors peut-on faire naître la volonté, qui est une faculté probablement active, de la sensation, qu'on regarde sans doute comme passive?

Nous trouvons à tout cela une réponse; c'est que *naître de* ne signifie pas *procéder de, être produit par,* mais tout simplement *venir après,* mais aussi en vertu d'autre chose. Or, cette autre chose, ce ne sont ni les nerfs, ni les lobes du cerveau, qui ont fait jusque là ce qu'ils pouvaient faire. Qu'est-ce donc? Nous dirions que c'est l'âme. Pourquoi M. Flourens reste-t-il en si beau chemin? Si la solution que nous avons l'honneur de lui soumettre pour le soustraire au sensualisme dont il ne veut pas, mais où il s'était bien un peu laissé prendre, pour le mettre d'accord avec lui-même par conséquent, pour compléter sa pensée enfin; si cette solution, disons-nous, pouvait lui convenir, nous en serions charmé; sinon, nous en attendons une autre qui soit préférable.

XIII.

Nous l'avions pressenti : M. Flourens, n'ayant opéré que sur des animaux, ne nous donne que les facultés intellectuelles des animaux. Il reconnaît que la raison est une faculté que l'homme possède en propre.

Il y a pourtant à cela une difficulté, et même deux :
si la raison appartient en propre à l'homme, n'est-il pas
présumable qu'elle a un organe propre dans l'encéphale
humain? Si tout propre qu'elle est à l'homme elle peut
avoir aussi pour organe le cerveau, rien ne semble donc
répugner à ce que des facultés, des propriétés très distinctes aient un organe commun. Et si la méthode veut
cependant qu'on distingue les propriétés par la distinction des organes (p. 47, 48), comment M. Flourens est-
il parvenu à distinguer l'organe de la raison d'avec celui
de l'intelligence, ou s'il ne l'a pas fait, de quel droit dis-
tingue-t-il l'une de l'autre?

Il paraîtrait que le problème philosophique n'est pas
complétement résolu ; et si le problème physiologique
ne l'est pas davantage (p. 56), il serait possible qu'après
M. Flourens même il y eût encore quelque chose à faire
en physiologie comme en philosophie.

Sans aller plus loin, nous rencontrons encore sur tout
ceci deux difficultés au moins. Considérant l'intelligence
dans sa plus vaste acception, M. Flourens y distingue
justement comme trois degrés, trois ordres de faits :
l'*instinct*, l'*intelligence proprement dite* et la *raison*. L'instinct, ajoute-t-il, est à peu près toute l'intelligence des
animaux inférieurs ; l'intelligence proprement dite commence avec les animaux supérieurs ; la raison n'appartient qu'à l'homme (p. 76).

Nous craignons qu'ici encore la méthode expérimentale ne soit mise en oubli. Et d'abord, par quelle
séparation d'organes M. Flourens est-il arrivé à distinguer ces trois forces ou propriétés dans l'intelligence en
général? S'il nous a donné l'organe de l'intelligence

proprement dite, il nous laisse ignorer celui de l'instinct,
tout aussi bien que celui de la raison.

Peut-être aussi qu'en cet endroit, comme ailleurs, la
séparation des forces est-elle trop absolue. Si le jugement appartient à l'intelligence proprement dite, à l'intelligence dont les vertébrés au moins sont déjà capables, et si, d'un autre côté, tout jugement produit une
notion de rapport, notion purement rationnelle, purement intelligible, ne paraît-il pas certain que la raison,
qui est bien la faculté propre de ces sortes d'idées, intervient déjà dans le jugement? Et alors nous arrivons
à ce résultat : ou que la raison est déjà un peu le partage des animaux, et qu'il n'y a pas une si grande différence qu'on veut bien le dire entre la raison et l'intelligence, entre l'homme et l'animal, ou qu'au contraire
cette différence est beaucoup plus tranchée qu'on ne le
suppose, puisque si l'animal était dépourvu de raison il
ne jugerait point.

Nous avouons n'être pas suffisamment éclairé sur ce
sujet par le livre de M. Flourens. Il en est un autre encore qui n'est pas pour nous d'une parfaite clarté : c'est
que l'instinct pourrait bien n'être pas plus isolé de l'intelligence que de la raison. En effet, si les actes instinctifs
de la vie de relation ne s'accomplissent pas sans perception, sans attention, sans mémoire, sans jugement et
sans volonté, comme il le paraît bien, il faut convenir
que l'instinct n'*est* pas *à peu près* toute l'intelligence des
animaux inférieurs, par exemple dans les insectes
(p. 76).

Serait-on plus heureux en donnant, comme caractère
distinctif de l'intelligence, ce qui se fait pour l'avoir

appris? Est-il bien démontré que les insectes, par exemple, n'apprennent rien? Est-il bien sûr encore que l'instinct ne soit pour rien dans la manière dont les animaux apprennent à faire quelque chose, soit de l'homme, soit de la nature? L'instinct lui-même ne se modifie-t-il pas dans une certaine mesure suivant la nécessité ou les circonstances où se trouve placé l'animal? Et n'est-ce pas là déjà une sorte d'apprentissage?

Nous ne suivrons pas M. Flourens dans ce qu'il a dit ailleurs sur l'instinct des animaux, comparé à l'intelligence humaine, quoiqu'il nous y invite. C'est bien assez, déjà trop, peut-être, d'insister autant sur un seul ouvrage; mais M. Flourens ne peut se plaindre de l'importance que nous attachons à son œuvre, et le lecteur qui partage notre estime pour cette grande célébrité, nous pardonnera sans doute volontiers d'avoir une bonne fois examiné avec un soin scrupuleux, pour en tirer tout l'enseignement possible, l'un des ouvrages où l'auteur semble s'être le mieux résumé et avoir le plus donné sa mesure philosophique.

Cela posé, nous revenons, suivant toujours pas à pas notre guide, à la raison, « qui n'appartient qu'à l'homme » (p. 76), « qui est infiniment au-dessus de l'instinct, et même de l'intelligence des bêtes » (p. 78), et nous nous demandons si elle ne consisterait « qu'à connaître et à se connaître? » (p. 78). On ne voit pas bien, si déjà « l'intelligence agit et connaît, » comment la raison aurait le double privilége de connaître et de se connaître (p. 78); il semble qu'elle n'en peut plus avoir qu'un seul, celui de se connaître.

Il n'est pas bien clair encore, pour nous du moins,

que la faculté de se connaître comme faculté pure et
simple soit possible, et, par conséquent, que ce soit là
l'unique fonction de la raison. Nous penserions plutôt
que la raison est la faculté d'avoir un ordre d'idées dont
nous avons déjà parlé, et qui ne semblent pas avoir été
bien démêlées par M. Flourens. Au nombre de ces idées
serait, nous en convenons, celle de soi-même, l'idée
constitutive du moi, de la personnalité; celles aussi
non seulement de la raison comme faculté spéciale,
mais celles encore de toutes nos aptitudes.

Ce n'est donc pas « parce que la raison se connaît, se
voit, se juge, qu'elle s'élève de l'intellectuel au moral »
(p. 78); c'est, au contraire, parce qu'elle est capable de
s'élever au moral [à l'intelligible, au rationnel pur],
qu'elle se connaît.

Nous voici parvenu à la fin de la première partie de
l'ouvrage; la seconde n'est pour ainsi dire qu'une application de la précédente aux doctrines des principaux
physiologistes : Buffon, Bordeu, Haller, Fouquet, Barthez, Gall et surtout Bichat.

CHAPITRE II.

Examen de la seconde partie du livre *De la Vie et de l'Intelligence*.

I.

Cette seconde partie commence par des remarques
préliminaires, destinées à expliquer un petit nombre de
mots qui sont tout un système. C'est la *tonicité* de Stahl,

l'*irritabilité* de Glisson, l'*irritabilité* de Haller, la *contractilité* de Blumenbach, la *contractilité* de Bichat, la
motricité nerveuse de M. Flourens.

Cette terminologie est assez importante pour que nous
devions un instant nous y arrêter.

M. Flourens donne la tonicité comme étant dans la
pensée du célèbre physiologiste de Hall, « le grand intermédiaire entre l'âme et le corps » (p. 4). Cette assertion ne nous paraît pas exacte; Stahl n'admettait pas
d'intermédiaire proprement dit entre l'âme et le corps;
c'est même là un des principaux caractères de sa physiologie spiritualiste. Sans doute l'âme ne fait rien dans
son corps sans mouvement, sans tonicité; mais la tonicité est si peu un moyen pour elle d'agir sur le corps
que c'est, au contraire, un premier effet de son action
immédiate sur le corps. Il est vrai de dire qu'elle fait
servir ensuite la tonicité à une foule d'opérations et de
fonctions ultérieures; si c'est là ce qu'on entend par intermédiaire, nous le voulons bien; mais il faut aussi que
l'on reconnaisse avec nous que cet intermédiaire n'est
pas entre le corps et l'âme, mais entre un premier état
du corps vivant et d'autres états consécutifs. Il faut que
l'on reconnaisse encore que cet intermédiaire n'est pas
un instrument proprement dit, mais un simple moyen.

Il est donc également inexact de dire, par forme de
conclusion dogmatique, résultat d'un exposé historique
infidèle, qu' « on a beau vouloir tout tirer de l'*âme* :
entre l'*âme* et le *corps*, il faut toujours un intermédiaire,
une cause *prochaine*, une *force vitale* quelconque, la
vie » (p. 4).

Ce passage ne peut passer inaperçu dans une étude

1.   34

telle que celle-ci, où il s'agit tout particulièrement des rapports entre l'âme et le corps. Si l'on veut insinuer que Stahl admettait un intermédiaire substantiel entre le corps et l'âme, nous croyons pouvoir nous inscrire en faux contre cette assertion historique. La tonicité n'est pas plus un intermédiaire de ce genre que les passions de l'âme elle-même (*pathemata animi*) que Stahl appelle aussi des moyens par lesquels elle agit sur son corps (p. 118 et 428 de la *Theoria med. vera,* ed. Hall. 1737, in-4°). Si Stahl admettait des intermédiaires, ce serait donc les affections de l'âme. Mais ces affections, fussent-elles des moyens, des stimulants pour mettre l'énergie de l'âme en action, n'empêcheraient en aucune manière l'âme, dans la pensée de Stahl du moins, d'être immédiatement présente au corps, d'agir immédiatement par et sur le corps, qui n'est que pour elle et par elle : *Corpus est propter animam, et hæc in illo est, atque per illud et in illud agit.*

Est-ce, au contraire, une insinuation dogmatique dont il s'agirait ici, et voudrait-on dire qu'il faut en réalité entre la matière du corps et l'âme un intermédiaire substantiel? Nous protestons contre l'évidence de cette nécessité; quand on nous aura donné autant de raisons pour, que nous en avons donné contre, et d'aussi fortes, nous pourrons aviser à changer de manière de voir.

Mais n'oublions pas cette insinuation; nous aurons l'occasion d'y revenir en parlant des opinions de l'auteur sur les doctrines de Bordeu et de Barthez.

Dès maintenant déjà, nous pouvons dire que l'intermédiaire entre le corps et l'âme, suivant M. Flourens, serait la vie, qu'il appelle indifféremment une cause prochaine, une force vitale, la vie.

Examinons. Trois choses sont ici en présence : l'*âme,* le *corps,* et l'entre deux, la *vie.*

1° De quel corps s'agit-il? du corps encore inanimé, de la matière inorganique qui doit servir à la formation? — Où serait alors la vie? Elle ne serait pas dans le corps, par hypothèse. Elle ne serait pas dans l'âme, par hypothèse encore. Elle serait donc distincte de l'un et de l'autre; ce serait un agent spécial, puisqu'elle serait une cause, une force, et qu'il n'y a pas de cause sans un être causateur ou qui soit cause, pas plus que de force sans un être fort. Voilà donc la vie, qui n'est en réalité qu'un état, une manière d'être des corps appelés vivants, qui est convertie en une réalité. Ah! si M. Flourens avait autant médité Condillac qu'il en a médit, il en aurait appris ce que c'est qu'une abstraction réalisée, et combien l'esprit humain est porté à donner dans cette erreur. Il aurait su qu'en faisant de la vie une entité, une force, une cause, un agent, il tombait lui-même dans cette erreur. Il ne suffit donc pas de *se donner une méthode,* même une *méthode expérimentale,* pour se prémunir contre de pareils écarts; il faut en outre l'appliquer sévèrement; il faut, de plus, avoir une saine théorie de la formation des idées et de leur valeur objective. Il faut être versé dans la psychologie et la métaphysique, alors surtout qu'on prétend faire de la physiologie et de la philosophie tout à la fois.

J'en demande pardon à l'illustre académicien; mais en nous faisant les grandes promesses qu'on sait, il nous avait fait concevoir de trop grandes espérances pour

qu'il ne soit pas naturel d'éprouver un peu de contrariété en les voyant déçues. — Continuons et revenons à
l'alternative posée plus haut.

2° S'il s'agit d'un corps déjà tout organisé, animé,
vivant, la vie sera-t-elle donc autre chose que l'état
même du corps vivant? Alors il y aurait deux vies,
celle du corps, et celle qui serait hors du corps; seulement celle-ci serait cause de celle-là.

3° Mais dans tout cela quel sera le rôle de l'âme? La
vie, comme cause prochaine de la vie, comme force vitale distincte de l'âme, intermédiaire entre le corps et
l'âme, cause de la vie phénoménale du corps vivant,
aura-t-elle donc besoin de l'âme pour produire son effet
propre, pour être un principe vivifiant? Si oui, cette
vie comme cause n'est donc pas une cause, ou c'est une
cause impuissante, insuffisante; et alors pourquoi l'avoir
imaginée? Si non, quelle sera la fonction de l'âme dans
l'animation, dans la vivification, et pourquoi cette âme?

Ainsi, ou l'âme, ou la vie comme entité intermédiaire
entre le corps et l'âme, est inutile.

Nous dira-t-on que ce n'est pas une entité? D'accord;
mais alors qu'on ne l'appelle ni une cause ni une force,
ou qu'on déclare nettement qu'il y a des forces et des
causes qui ne sont rien de réel, qu'il y a par conséquent des effets sans cause.

Je laisse à d'autres le soin de décider si l'irritabilité
de Glisson n'est, au fond, que la tonicité de Stahl, et
comment, s'il en est ainsi, Glisson serait « le premier
qui eût vu cette force de ton, d'énergie et de réaction,
qui est le premier trait de la vie » (p. 5). Si Glisson n'a
fait que donner un autre nom à une véritable propriété

vitale reconnue par Stahl, comment serait-il le premier qui eût reconnu cette propriété? Qu'on préfère avec raison la dénomination de Glisson, cela peut être, quoique au fond celle de Stahl pût valoir mieux, précisément parce qu'elle n'implique aucune espèce de sensibilité propre à l'organe. Nous avouons en effet, pour notre part, que le mot irritabilité, générale ou musculaire, nous semble une métaphore (et nous avons le plus grand éloignement pour les métaphores en matière scientifique), ou qu'il emporte au propre l'idée d'une sensibilité locale, qui ne serait point du ressort du *sensus communis* ou de la conscience psychique. Et, comme nous ne croyons pas du tout à l'existence d'une pareille sensibilité, comme nous l'estimons être une fiction, nous repoussons l'expression elle-même comme insinuant une erreur.

Mais précisément parce que M. Flourens n'a pas le même éloignement que nous pour une sensibilité locale (nous devrions dire des sensibilités), comme il admet, au contraire, une sensibilité latente dans les tissus qui ne sont pas [sensibles à l'état normal, mais qui le deviennent dans certaines lésions (p. 95 et 96), il est naturel qu'il préfère le terme d'*irritabilité* à celui de tonicité.

Nous croyons, quant à nous, qu'une sensation latente n'est pas une sensation, et qu'il y a tout simplement contradiction *in adjecto*. Une sensibilité latente, si l'on veut parler un langage clair pour soi et pour les autres, n'est qu'une sensibilité *possible,* mais point du tout une sensibilité réelle, véritable. Si elle n'est pas, il n'y a pas lieu de l'affirmer; la seule chose qui soit alors, ce n'est pas la *sensibilité même,* c'est la *possibilité seule* de la sensibilité.

M. Flourens applaudit à Haller d'avoir distingué l'irritabilité musculaire de l'irritabilité générale et commune à toute fibre animale, puis l'irritabilité musculaire ou autre de la sensibilité, qui n'est propre qu'aux nerfs. Haller admettait donc trois propriétés analogues dans les tissus vivants : 1° l'*élasticité,* qui est l'irritabilité générale de Glisson ou la tonicité de Stahl ; 2° l'*irritabilité* proprement dite, qui n'appartient qu'aux muscles ; 3° la *sensibilité,* qui est exclusivement propre aux nerfs.

Nous n'avons rien à dire sur ces dénominations, sinon que l'élasticité, qui est une des propriétés générales des corps, est peu propre à caractériser le phénomène de la tonicité ou de la tension propre aux corps vivants.

Quoi qu'il en soit, Blumenbach ne semble pas avoir été satisfait de la dénomination d'élasticité, puisqu'il y substitua celle de *contractilité* ou *force celluleuse,* qu'il distingua de l'irritabilité ou force musculaire, et de l'irritabilité ou force nerveuse. Cette dénomination nous semble, en effet, préférable à celle d'élasticité, et surtout à la circonlocution par laquelle Barthez désignait le même phénomène général : *mouvement à progrès non visible,* quand il n'employait pas l'expression même de Stahl.

M. Flourens ajoute pour sa part à cette liste des propriétés vitales « la motricité, force du nerf, que j'ai, dit-il, découverte le premier et dénommée » (p. 9).

Il distingue « dans le nerf deux forces : la *sensibilité* par laquelle il reçoit et transmet l'impression à l'animal, et la *motricité* par laquelle il agit sur le muscle, et provoque la contraction, etc. » (*Ibid.*) Nous sommes heureux de pouvoir rendre à César ce qui appartient à César, car nous croyions, jusqu'ici, que cette découverte de la double fonction des nerfs rachidiens était due à Ch. Bell et à Magendie. M. Flourens lui-même avait contribué à nous maintenir dans cette erreur. (V. p. 30 de la première partie, et p. 55, 56, 89 de la seconde partie.) Toutefois, nous ne pouvons pas accepter à la lettre les locutions suivantes, qui ne sont pas entièrement, nous le reconnaissons, de l'invention de M. Flourens, mais qu'il eût peut-être été digne de lui de ne pas employer, au moins sans explication et sans correctif : « Le nerf reçoit et transmet l'impression à l'animal. » Qu'est-ce que cette impression transmise? Est-elle distincte de la sensibilité? Si elle en est distincte, comme elle se passe dans les nerfs, ce ne sont donc pas les nerfs qui sentent, mais l'animal, comme dit M. Flourens. Et cet animal qui comprend tout le corps de l'individu, et qui reçoit quelque chose d'une de ses parties, ce qui fait que cette partie se transmet quelque chose à elle-même, tout cela est-il très intelligible et bien raisonné?

Quoi qu'il en soit, voici la nomenclature adoptée par M. Flourens, et qu'il donne comme l'état actuel du langage en ces matières :

Sensibilité, force par laquelle le nerf reçoit et transmet l'impression ;

Motricité, force par laquelle il provoque le muscle, la contractilité musculaire de Haller ;

Contractilité, force propre du muscle ;

Elasticité, la tonicité de Stahl, l'irritabilité générale de Glisson.

II.

Cette partie de l'ouvrage de M. Flourens est surtout critique. Il y reproche entre autres choses à Bichat d'avoir établi un contraste trop absolu entre la vie organique et la vie animale (p. 24-38). Ce reproche n'aurait-il pas été encouru par quelques-uns des successeurs du grand anatomiste ?

Nous trouvons ici une propriété du cerveau dont M. Flourens ne nous avait pas encore parlé, c'est qu'il est « le siége unique des passions. » C'est de là qu'elles partent, et non des autres viscères qui en reçoivent seulement les effets (p. 33). Pour apprécier la justesse de la thèse et celle de l'antithèse, il faudrait avoir fixé nettement le sens du mot passion ; la passion est un phénomène complexe ; elle a sa raison organique secrète, sa manifestation spontanée dans l'âme, sa réaction psychique encore, et son retentissement dans le corps. Suivant qu'on appellera passion telle ou telle partie du phénomène total, ou le fait tout entier, on pourra avoir également tort ou raison. Les bases de cette discussion ne se trouvant nulle part, il est impossible de juger entre l'assertion et la contradiction.

Nous serons moins embarrassé pour connaître et apprécier la doctrine de M. Flourens sur le principe vital. Il est clair qu'il n'est point stahlien, c'est-à-dire qu'il ne regarde pas l'âme comme la cause efficiente des phénomènes organiques. Ce n'est pas elle qui sent, qui contracte le muscle, qui meut le corps, qui détermine l'élas-

ticité vitale. Il applaudit à Bordeu se « moquant du
stahlisme, en finissant avec l'animisme par quelques
traits d'une ironie fine et judicieuse » (p. 46, 72 et
passim).

Il ignore ou feint d'ignorer que cette prétendue dé-
faite du stahlisme n'avait pas empêché ce système de
vivre et même de faire son chemin, comme nous le prouverons. Il ignore qu'en attribuant à l'âme raisonnable les
fonctions vitales, Stahl ne prétend pas qu'elle ait toujours
l'intelligence, la conscience et la volonté de ces sortes
d'actes. (V., par exemple, *Théor. méd. vera*, édit. citée,
p. 208 et 209.) Nous convenons sans peine que Stahl
n'est pas complétement satisfaisant à cet égard ; mais
s'il est juste de dire que l'âme ne sait rien ou ne sait
que fort peu de choses des opérations organiques qu'on
lui attribue, ce n'est pas une raison pour nier qu'elle
en soit l'auteur, lors surtout qu'il est bien établi que
l'âme est douée d'une activité première, indélibérée, involontaire, et souvent inconsciente ; qu'elle accomplit
une foule d'opérations somato-psychiques par une sorte
d'instinct. Ainsi le défaut d'intelligence, de conscience
et de volonté, qui est le grand argument des anti-ani-
mistes, n'a de valeur que contre ceux qui prétendent que
l'âme n'est douée que d'une activité volontaire et libre,
qu'elle n'agit qu'à la lumière de l'entendement, et
qu'elle a conscience de tout ce qu'elle fait. En dehors de
cette hypothèse, démontrée fausse par les faits, l'anti-
animisme est sans force.

Appeler « l'action nerveuse la source de toute fonction
essentiellement vitale » (p. 50), c'est non seulement renoncer à la grande division qu'on avait d'abord établie

d'une manière si tranchée entre l'irritabilité et la sensibilité ; c'est encore rester en chemin, car d'où vient l'action nerveuse, d'où vient le nerf lui-même, d'où vient
l'organisation ? La raison humaine ne consentira jamais
à ne pas poser ces questions.

Mais nous convenons que ce n'est pas les résoudre que
de recourir à une sensibilité purement organique, à des
sensibilités locales, et nous partageons le sentiment
de M. Flourens lorsqu'il invoque l'autorité de Cuvier faisant justice de ces sensibilités imaginaires (p. 51, 52,
54) ; seulement, nous nous étonnons que M. Flourens ait
professé ailleurs l'opinion contraire. (V. p. 29 de la première partie.)

Nous aimons à lui entendre dire que « ce n'est point
par eux-mêmes, par une vertu inhérente et propre, que
les organes sont sensibles ; que les organes ne sont sensibles que par leurs nerfs » (p. 55) ; mais nous sommes
persuadé, encore une fois, que les nerfs ne sont pas
plus sensibles par eux-mêmes que les organes auxquels
ils appartiennent. Nous en avons dit la raison.

Nous craignons aussi qu'en disant, dans la critique
de Bordeu, « que la tonicité est une toute autre force
que l'irritabilité » (p. 60), M. Flourens n'ait oublié qu'il
avait identifié ces deux choses, quelques pages auparavant ; c'est bien les identifier, en effet, c'est bien n'y voir
qu'une pure diversité nominale que de dire : « Au fond,
la tonicité de Stahl n'était que l'irritabilité de Glisson »
(p. 5 et 6). Peut-être s'agit-il ici d'une autre tonicité que
de celle de Stahl ; on pourrait le penser en voyant l'auteur en promettre une nouvelle définition, telle sans
doute que l'aurait entendue Barthez (p. 60, note 2). En

vain, cependant, nous l'avons cherchée à l'article qui
devait la contenir, à moins qu'il ne s'agisse de la force,
appelée par Barthez *situation fixe* (p. 90); mais encore
eût-il été bon d'en prévenir.

Nous voici en plein dans l'école de Montpellier, dont
M. Flourens est l'un des plus glorieux produits. Sera-t-il
vitaliste à la façon de cette école ou ne le sera-t-il pas?
Nous savons bien qu'il ne l'est pas à la façon de Stahl,
tel du moins qu'il le comprend. Il n'est pas vitaliste animiste. Sera-t-il vitaliste trinitaire, en admettant un principe substantiel distinct du corps et de l'âme tout à la
fois, ou vitaliste matérialiste en faisant résider la cause
seconde de l'organisation de la vie dans la matière
même; ou bien, enfin, ne sera-t-il vitaliste à aucun
titre, car c'est ne l'être d'aucune manière que d'expliquer la vie par la vie? — C'est ce que nous allons voir.

Il dit et prouve fort bien que les médecins de Montpellier sont très confus et fort peu d'accord sur toutes
les difficultés qui tiennent aux propriétés de la vie et à
leur principe (p. 60). Bordeu, qui ne raisonnait peut-
être pas trop mal en cela, posé certaines conditions du
moins, n'a jamais voulu souffrir que l'on séparât l'irritabilité de la sensibilité (p. 61). Fouquet veut, comme son
maître, que « le *principe sentant* et le *principe mouvant* ne
soient qu'un seul et même principe, qu'il n'y ait qu'un
principe, la sensibilité » (p. 63).

Mais, dit avec raison M. Flourens, « la sensibilité n'est
qu'un élément, une faculté, une force de la vie, et n'est
pas la vie. » La sensibilité n'est effectivement ou qu'une
faculté qui demande un sujet qui la revête, ou un état
qui veut un sujet encore, et une cause qui la produise.

De plus, comme état, la sensibilité n'est qu'une manifestation partielle de la vie. Et l'on sait déjà que nous entendons par vie phénoménale en nous toutes les manières d'être de l'homme vivant. Puisque l'homme est un dans sa complexité même, pourquoi refuser de l'envisager dans tout son ensemble? Sans doute on peut se partager la tâche scientifique de son étude, ne prendre que le côté psychique ou le côté physique; mais il faut convenir qu'en le faisant on n'étudie pas l'homme tel qu'il s'offre à nous, tel qu'il est. Il y a donc unité dans l'homme, et une raison de cette unité. Ce n'est pas en séparant complétement, comme on s'en flatte, les fonctions, les forces, les appareils, les organes, qu'on rendra compte de cette unité. Ce ne sont ni le cerveau, ni les nerfs, ni les muscles, qui, séparés violemment les uns des autres, expliqueront leur *consensus*, et par leur consensus celui de leurs opérations. Il faut donc sortir de tel ou tel tissu, de tel ou tel appareil, de tel ou tel organe, s'élever au-dessus de tout cela, à quelque chose qui ne soit ni musculaire, ni nerveux, ni cérébral, ni partie quelconque du corps, pour avoir la raison de son unité, de sa forme, de son être. Or, c'est ce quelque chose que M. Flourens ne veut point affirmer, quoiqu'il en reconnaisse la nécessité.

Mais il affirmera, sans nécessité, d'autres choses, par exemple que « la vie est l'ensemble des forces de la vie. » Ce qui est un cercle vicieux s'il s'agit de la vie comme cause, et une naïveté s'il s'agit de la vie comme effet. Quel est maintenant celui de ces deux sens, toujours confondus dans le langage et sans doute aussi dans la pensée de M. Flourens, quoique toujours nécessaires

à distinguer, que l'auteur semblerait indiquer ici? Pour
ne pas nous exposer à lui faire dire ce qu'il ne dit point,
nous supposerons successivement qu'il prend ici le terme
de vie dans les deux sens. Dans le premier cas, si par
vie l'on entend le principe de la vie, la cause de la vie,
ce n'est pas une seule cause qu'il y aurait en nous; ce
n'est pas une seule vie qui serait la vie de l'homme; il
y aurait autant de vies que de principes de vie distincts,
que de forces vitales, et l'on sait que M. Flourens en
admet plusieurs. Il y aurait donc en nous, malgré notre
individualité, plusieurs êtres vivants, et pas seulement
plusieurs formes de la vie d'un être unique, Or, cependant, nous le verrons bientôt, M. Flourens reconnaît
notre unité, l'unité harmonique des fonctions vitales, et
même la nécessité d'une cause qui l'explique. Sa définition de la vie comme cause est donc inadmissible.

Sera-t-elle plus juste si nous considérons la vie comme
effet? Non, car les forces ne font point partie de la vie,
ainsi envisagée; la vie n'est plus alors « l'ensemble des
forces de la vie » mais bien l'ensemble des effets de ces
forces, ou plutôt des fonctions diverses de la force vivifiante en nous.

III.

Mais cet ensemble, encore une fois, veut une cause
supérieure unique, et M. Flourens lui-même fait un
mérite à Barthez de « la supériorité avec laquelle il établit l'*unité* du principe de la vie » (p. 82). Il est encore
avec Barthez lorsque celui-ci s'attache à la recherche
des causes des facultés ou forces expérimentales, car
Barthez emploie indifféremment ces trois mots, et son

critique ne l'en reprend pas ; il l'approuve au contraire
formellement ; il le trouve d'accord avec Newton, en
cela du moins que, comme l'immortel géomètre anglais,
il veut que ces causes, facultés ou forces soient données
par l'expérience (p. 84-86). Mais il le reprend vivement
quand il s'agit pour Barthez de s'élever des causes connues ou qu'on croit connaître directement à d'autres
causes qui ne sont pas connues, à des causes relativement occultes. Et pourtant Barthez pourrait bien encore être ici d'accord avec Newton, dont la fameuse
attraction ne tombe assurément pas sous les sens.
Newton ne l'ignorait pas, et, sans rappeler l'expression
significative : *quasi attractio esset*, M. Flourens cite lui-
même un passage où le grand homme distingue nettement ce qu'on lui faisait confondre tout à l'heure, les
forces et les causes : « Je ne considère pas, dit-il, ces
forces comme des qualités occultes..., car elles sont manifestes ; il n'y a que leurs causes qui soient occultes. »
(p. 87). Voilà deux choses bien distinctes pour Newton,
les forces et leurs causes ; les forces sont les causes
physiques ou les phénomènes auxquels d'autres phénomènes se rattachent comme en étant les effets ; les causes
sont la raison expérimentalement inconnue, mais très
certaine toutefois de ces forces. Il ne fallait donc pas applaudir à Barthez lorsqu'il mettait les causes et les forces
sur la même ligne ; il ne fallait du moins pas dire que
« rien n'est plus conforme à l'esprit de Newton, c'est-à-
dire de la vraie méthode, de la méthode expérimentale »
(p. 86).

N'y aurait-il pas en tout ceci un autre vice, et M. Flourens entendrait-il bien Newton sur ce point ; s'enten-

drait-il bien lui-même? Citons : « Ce qui est *occulte* dans les *facultés* ou *forces expérimentales,* ce n'est pas la *faculté* même, ce n'est pas la *force,* laquelle est au contraire *très manifeste;* c'est la *cause* ou l'*essence* de la force, chose en effet qui nous échappe, et d'une manière absolue » (p. 87).

Si nous entendons bien ce passage, il signifie que *facultés* et *forces* sont une même chose. Ailleurs, les forces sont aussi appelées propriétés. Ces propriétés, forces ou facultés, sont visibles; mais leur essence, leur vertu causatrice, elles-mêmes enfin, en tant qu'elles sont causes, sont invisibles, absolument inconnues.

Si telle est bien la pensée de M. Flourens, et nous le croyons, voici les difficultés qu'elle entraîne comme conséquences nécessaires :

1° Au fond, les causes, les facultés, les forces, les propriétés sont une seule et même chose.

2° Cependant, quoique les causes soient l'essence des forces, ce qui en fait des forces ou des agents, elles nous échappent absolument, tandis que les forces elles-mêmes sont très manifestes. D'où il suit, ou que nous ne connaissons pas l'essence des forces, ou que nous connaissons la cause qui les constitue. Si nous ne connaissons pas l'essence des forces, ce qu'elles sont en réalité, qu'en connaissons-nous donc? Nous n'en pouvons connaître alors que l'accessoire, ce qui n'est pas de leur essence, ce qui n'est pour ainsi dire pas d'elles, ce qui, en tout cas, n'est pas elles. Pouvons-nous alors nous flatter de connaître ces forces? pouvons-nous dire qu'elles sont manifestes? Ne sont-elles pas, au contraire, aussi essentiellement occultes que leur essence causatrice? Mais que devient alors la vertu de cette méthode expérimentale appliquée aux forces de la nature?

3° Veut-on, au contraire, que les forces soient réellement manifestes en elles-mêmes, qu'elles soient connues dans leur essence par conséquent? Elles sont donc connues comme causes, leur vertu causatrice devient elle-même évidente, et il n'y a plus lieu de dire qu' « elle échappe d'une manière absolue. »

Ainsi nous voilà parvenus à ce point : ou de convenir que nous ne connaissons pas plus les forces que les causes qu'elles renferment, ou que nous connaissons aussi bien ces causes que les forces elles-mêmes, puisque ces deux choses sont essentiellement identiques.

Il faut donc que M. Flourens soit ou moins dogmatique, ou moins sceptique qu'il ne voulait l'être, ou qu'il pense et parle autrement qu'il ne le fait.

Voici, nous le prions de nous le pardonner, un moyen d'échapper aux étreintes du dilemme où il s'est engagé sans qu'il s'en doute.

Nous soupçonnons qu'il a mal entendu Newton, en pensant que les causes, dont il s'agit par rapport aux forces, sont celles qui résident dans les forces mêmes, leur vertu causatrice même ; peut-être Newton n'a-t-il voulu parler, au contraire, que de la cause productrice de ces forces, de ce qui les fait être et non de ce qu'elles sont, de ce qui les engendre et non de leur vertu génératrice. S'il en était ainsi, la cause de la force et la force elle-même seraient aussi distinctes que le sont en général la cause et l'effet, il pourrait donc se faire alors que l'effet fût manifeste quoique sa cause fût occulte.

Que pense M. Flourens de cette ouverture? Elle **nous**

a séduit au premier aspect, nous en convenons, mais nous serions un disciple indigne du plus grand maître de l'antiquité en fait de méthode, si nous nous contentions de cet aperçu. En effet, nous avons beau convertir nos forces en effets, leur donner des causes, mettre ces causes en dehors des forces qu'elles effectuent; toujours est-il que ces forces sont bien aussi des causes, et que si toute cause véritable est de sa nature occulte, nous ne connaissons pas plus celle qui fait l'essence des forces qu'on dit visibles, que nous ne connaissons celles qui produisent ces forces elles-mêmes. Et comme l'essence de ces forces, ce qui les fait telles, c'est-à-dire des forces et telles forces en particulier, est bien leur vertu causatrice, il en résulte toujours cette conséquence désespérante et contradictoire dans les termes, à savoir que ces forces, *très manifestes,* sont essentiellement *occultes,* qu'elles nous échappent d'une manière absolue.

IV.

Voulons-nous mieux nous comprendre encore? passons à l'application, et ne prenons pour exemple que les nerfs et la sensibilité.

Nous savons tous ce que c'est que sentir, qu'être affecté agréablement ou désagréablement. C'est là un fait du sens intime, une détermination du moi parfaitement connue du plus ignorant comme de M. Flourens lui-même. Mais ce que connaît M. Flourens mieux qu'aucun autre, c'est que cet état affectif tient souvent (je m'expliquerai tout à l'heure sur cette restriction) à un mouvement, à un état organique, et, dans l'organisme, à cette partie qu'on appelle les nerfs, particulièrement le système cérébro-rachidien. D'où M. Flourens est conduit à penser, non pas seulement que les nerfs sont parfois la condition du sentiment, mais encore qu'ils en sont le siége, que ce sont eux qui sentent, qu'ils sont sensibles, qu'ils sont la force sentante, la cause du sentiment. C'est là visiblement dépasser les faits; c'est en sortir; c'est être infidèle à la méthode expérimentale; c'est mettre, à l'aide du raisonnement, une imagination à la place d'un fait. Que dit, en effet, l'expérience? Que *nous* sentons, que *je* sens, mais qu'avant que *je* sente, et pour que *je* sente, soit que *je* rapporte ou que je ne rapporte pas ma sensation à tel ou tel nerf, il faut cependant que ce nerf fonctionne. Donc fonction, nerf, sensation, et sensation rapportée ou non à l'organe, et dans l'organe au nerf, comme à ce en quoi et par quoi *je* souffre, voilà tout. Le surplus, à savoir que c'est l'organe ou le nerf qui sent, qu'il est doué de sensibilité ou de force sensitive, ce surplus n'est qu'une imagination tout à fait sans fondement; je dis plus, il est contredit par le fait universel de rapporter la sensation au moi comme à son siége.

Mais voici bien autre chose, et c'est la restriction dont je voulais parler tout à l'heure. Il y a une multitude d'états affectifs, sensitifs, de plaisir ou de peine de l'ordre moral et de l'intellectuel que nous ressentons dans l'âme seule, dans le moi, qui ne sont point rapportés à une partie quelconque du corps, comme à ce par quoi et en quoi nous souffrons ou jouissons. Où est alors la sensibilité ou force, disons mieux, la capacité sentante? Est-elle ailleurs que dans le moi? Est-ce en-

core le nerf qui sent alors? Nous n'ignorons pas, assurément, que l'organisme peut être atteint consécutivement à ces sortes d'affections; mais nous savons aussi
deux choses : c'est qu'alors le point de départ n'est pas
dans l'organisme, c'est encore que l'affection organique
n'est point de même nature que l'affection morale qui l'a
produite. A son tour cette affection organique peut déterminer une affection morale d'une autre nature encore
que la première. Nous savons tout cela, et par la méthode expérimentale. Mais ce que cette méthode ne
nous dit point, le contraire même de ce qu'elle nous dit,
c'est que la sensibilité soit une force nerveuse; le nerf
est l'instrument ou la condition organique de certaines
affections sensibles, mais il n'en est ni le siége véritable,
ni même la cause efficiente, car si le moi ne réagissait
pas sur l'impression reçue à la suite du mouvement organique, il n'y aurait pas sensation. C'est à elle-même,
à son action immédiate et propre que l'âme doit tous ses
états, toutes ses déterminations, tant passives qu'actives.
Mais, grâce aux lois secrètes qui président à son union
avec le corps, l'action ou la réaction de l'âme a fatalement
lieu dans beaucoup de circonstances. Cette action, quand
elle n'est pas fatale, est encore involontaire, indélibérée,
spontanée dans les premiers temps de la vie.

V.

C'est là, dira-t-on, du vitalisme animique. Nous en convenons; mais c'est aussi le fruit de la méthode expérimentale, et, fussions-nous traité de «stahlien attardé,» comme
Whytt, qui osa mettre l'*âme* à la place de l'irritabilité

Haller (p. 77), nous n'en serions nullement ému. L'irritabilité est très conciliable avec le vitalisme animique, pourvu, toutefois, qu'on distingue le fait organique de l'irritabilité d'avec l'âme elle-même, que l'âme en soit ou n'en soit pas cause immédiate ou médiate, unique ou concurrente. Ce que nous n'avons pas à décider ici. Mais nous devons dire seulement que l'irritabilité, dans le système du vitalisme animique, ne met pas du tout dans la nécessité de rendre l'âme divisible, comme le croyait Haller, et comme le pense encore M. Flourens (p. 77, 79, 80). Nous avons fait voir ailleurs qu'il y a plusieurs réponses très plausibles à cette objection.

Si M. Flourens n'est pas *animiste*, malgré la méthode expérimentale, et quoiqu'il admette des causes occultes dans ses prétendues forces et en dehors d'elles, il n'est pas non plus *vitaliste* dans le sens propre du mot, c'est-à-dire dans le sens de Barthez et de plusieurs de ses successeurs de Montpellier et d'ailleurs. Il reproche très justement à Barthez d'avoir personnifié [réalisé] fort arbitrairement, au moins dans les termes, une imagination telle qu'un *principe vital* qui ne serait ni le corps ni l'âme, mais on ne sait quel intermédiaire obscur, équivoque, fantastique entre l'un et l'autre. Si Barthez a vu juste en s'attachant fortement à l'unité du principe de la vie, à un principe vital unique, s'il a servi la science et les savants en proclamant cette unité « avec l'autorité que donnent un profond savoir et le ton d'un homme qui pense fortement » (p. 92 et 93), il s'est mépris en prenant un fait pour une cause (p. 101).

Et pourtant il faut une cause à ce fait; et M. Flourens finit par en convenir. Il fait plus, il reconnaît que « la sensibilité, la motilité ne sont pas la vie; — qu'au-dessus de ces forces vitales et de toutes les autres il y a une force, un principe général et commun [par ses fonctions, car en lui-même il est nécessairement individuel, comme tout ce qui existe véritablement], que toutes les facultés particulières supposent, et qui, successivement, peut être isolé, détaché de chacune sans cesser d'être » (p. 96-97).

C'est là, précisément, le premier point que nous avons toujours cherché à établir contre la thèse opposée, soutenue jusqu'ici par M. Flourens. Enfin il le reconnaît, la cause suprême, mais naturelle encore de la vie, la vie comme cause, n'est plus « l'ensemble des forces de la vie; » c'est encore l'une quelconque de ces forces; c'est quelque chose de supérieur à elles toutes (p. 97).

On dirait qu'à cette hauteur M. Flourens est déjà saisi d'une sorte de vertige; et pourtant il faudrait s'élever plus haut encore : « Voici l'extrême difficulté, nous dit-il; c'est que l'*agent,* la force, le principe incompréhensible, qui est la *vie* [la vie comme cause cette fois], ne nous apparaît jamais par lui-même; c'est qu'il ne nous est manifeste que par ses propriétés, l'*irritabilité,* la *sensibilité,* etc., etc., de chacune desquelles il peut cependant être successivement détaché; il n'est donc ni l'une ni l'autre, prise séparément; il n'est pas plutôt celle-ci que celle-là : qu'est-il donc? Nous l'ignorons absolument; mais, quel qu'il puisse être, il est essentiellement un; il y a une force générale [nous avons dit dans quel sens] et une dont toutes les forces particulières ne sont que des *expressions* diverses, des *modes* [d'action]; et c'est ce que Barthez a admirablement vu » (p. 97).

On ne peut pas mieux dire ; mais on ne peut pas mieux contredire non plus cet empirisme, ce terre à terre expérimental qui ne pouvait sortir des effets pour affirmer la cause, si inconnue qu'elle puisse être en soi. Grâce à Dieu... et à Barthez, la voilà enfin reconnue cette cause : elle n'est pas, il est vrai, le *principe vital* de Barthez, pas plus que l'*âme* de Stahl ; mais elle n'est pas davantage cette fois les forces vitales dans les-quelles notre auteur s'était jusqu'ici obstiné à la pla-cer. Qu'est-elle donc? On n'est pas obligé d'avoir un parti pris à cet égard ; mais pour nier qu'elle soit l'âme, il faut avoir de bonnes raisons, et celles que nous a don-nées jusqu'ici M. Flourens ne sont d'aucune valeur. Au surplus, elles ne sont pas de lui ; elles sont empruntées au grand physiologiste bernois, à Bordeu, à Barthez lui-même (p. 95).

Mais ne nous fions pas trop à la fermeté de doctrine de M. Flourens ; s'il a reconnu tout à l'heure avec Barthez qu'un principe vital unique existe véritablement comme cause des forces mêmes de la vie, qu'il n'est par conséquent ni chacune d'elles en particulier, ni rien qui soit en elles, il ne tiendra pas longtemps à cette hauteur ; ou plutôt il n'aura fait cette ascension dans les régions déjà un peu métaphysiques de la pensée, qu'emporté sur les ailes du génie de Barthez, et les yeux pour ainsi dire fermés. Avant de tenter cette périlleuse aventure, et en inter-prétant à sa manière le principe vital de Barthez, il met sur le même plan la *sensibilité générale,* la *vie com-mune,* la *force de la vie,* et fait de tout cela indifférem-ment la *vie* : c'est, dit-il, « ce que nous appelons tout simplement la *vie* » (p. 93 et 94). Il ajoute, et fort mal

à propos, ces mots : « ce que Barthez appelle le principe
vital. »

Cela est si peu exact, suivant M. Flourens lui-même,
que « Barthez personnifie constamment son principe
vital » (p. 98, 99); « qu'il en parle toujours comme
d'un véritable être » (p. 100, note).

Or, M. Flourens fait-il de la sensibilité générale, de
la vie commune, etc., un être ! Nous ne le pensons pas.
Il n'y a donc pas similitude entre ces choses et le principe vital de Barthez. S'il en était ainsi, comment pourrait-on applaudir à Cuvier, faisant justice du principe
chimérique de Fizes et de Barthez (p. 100), comme il
avait fait justice de la sensibilité latente de Bordeu et
des archées de Van-Helmont (p. 51); ne serait-ce pas se
suicider?

VI.

Nous avons vu déjà tout un système de facultés intellectuelles, suivant M. Flourens, et nous croyions avoir
son dernier mot sur ce point (v. première partie, p. 43-
50; 55-98). Nous nous trompions. Dans son étude sur
Gall, il nous donne un autre système : ce n'est plus la
perception, l'attention, la mémoire, le jugement, la volition, et la raison quand il s'agit de l'homme. Non; c'est
maintenant la raison, la volonté et l'imagination. Nous
devons présumer que ces deux systèmes ne sont pas in-
conciliables, du moins dans la pensée de leur auteur;
mais ce qu'il y a de certain, c'est qu'on ne voit pas
même qu'il ait eu la pensée d'en montrer la coïncidence.
On conviendra cependant qu'elle n'est pas évidente.

Toutefois nous trouvons, à l'occasion de l'exposition

du nouveau système, un aveu que nous devons recueillir avec soin : c'est que la raison, la volonté et l'imagination, qui avaient été placées jusqu'ici dans le cerveau, comme dans leur siége immédiat ou direct, sont d'abord placées dans l'âme ; elles ne siégent dans le cerveau que parce que l'âme elle-même y réside (p. 137). Elle y réside « uniquement et exclusivement. »

Et comme le principe de la vie ne réside pas moins uniquement et exclusivement dans la moelle allongée, qui n'est pas le cerveau, il faut en conclure que l'âme, « l'esprit de l'homme, » n'est pas le principe de la vie.

Est-ce donc qu'en passant de Barthez à Gall, de Montpellier à Paris, M. Flourens serait devenu partisan d'une doctrine dont il se moquait tout à l'heure, de la doctrine vitaliste de Barthez, ou bien la vie serait-elle sans principe, ce principe ne serait-il qu'un vain nom ? Il faut opter : ou l'âme est le principe de la vie, et alors elle ne réside pas dans le cerveau, mais dans la moelle allongée (suivant vos propres doctrines). Si l'âme n'est pas le principe de la vie, il faut : ou que la vie n'ait pas de principe, que ce soit un effet sans cause ; — ou qu'elle soit à elle-même, comme phénomène, sa propre cause, ce qui est un cercle vicieux et une absurdité ; — ou qu'elle ait pour principe le corps, ce qui conduit au matérialisme ; — ou qu'elle soit due à un troisième agent, distinct du corps et de l'âme, et alors le vitalisme de Montpellier ou quelque chose de très analogue serait le vrai.

Nous laissons M. Flourens sur les cornes de ce dilemme, où il s'est lui-même placé. Nous ne l'y avons pas mis, nous l'y avons trouvé.

Constatons cependant, sauf à faire hommage de ce changement à l'influence de Gall, que le langage de M. Flourens s'est beaucoup rapproché de celui que nous aurions voulu lui voir parler toujours. Ce n'est plus le cerveau qui veut, c'est le moi par le cerveau ; ce n'est plus le cerveau qui éprouve la passion, c'est l'imagination par le cerveau où elle réside (p. 138).

Nous avions constaté que, dans le système de M. Flourens, tout un ordre de nerfs, le grand sympathique restait sans fonctions. Maintenant il est sous l'influence immédiate de l'imagination, comme les nerfs cérébro-rachidiens et leurs dépendances sont sous l'influence de la volonté (p. 139).

Disons cependant que cette doctrine pourrait bien être celle de Gall plutôt encore que celle de M. Flourens ; mais comme rien ne nous montre que M. Flourens ne parle pas ici en son propre et privé nom, bien au contraire (p. 152 et 153), nous aurions cru ne pas lui reconnaître une partie de tout son bien si nous ne lui avions pas fait honneur de tout ce qui peut absolument lui revenir d'estimable dans son œuvre.

Nous devons encore dire à sa louange qu'il montre d'autant plus de désir de relever les mérites de Gall qu'il s'est donné ailleurs la tâche moins agréable de le contredire, et qu'il paraît heureux d'avoir maintenant une autre justice à lui rendre. Un des points sur lesquels il partage les opinions de Gall, et qu'il nous importe particulièrement de constater, c'est que « la folie a son siége immédiat dans le cerveau » (p. 147). Ce qui veut dire dans l'âme, puisque d'autres physiologistes ont reconnu que le cerveau d'un aliéné ne présente, la plupart du

temps, aucune lésion, aucun accident visible qui permette de le distinguer du cerveau d'un homme sain d'esprit, et que les désordres, accidentels surtout, qu'on
rencontre parfois dans le cerveau d'un aliéné se voient
également dans celui d'un homme qui ne l'est pas.

Mais, comme il faut qu'à nos éloges se mêle toujours
un peu de blâme, nous devons dire, avec toute la réserve commandée par plus d'une raison, que M. Flourens distingue d'une manière trop absolue les passions
d'avec la vie organique, qu'il les place trop exclusivement dans le domaine de l'intelligence, par conséquent
dans le cerveau. Il nous semble aussi que l'auteur, qui
reproduit tant de grands noms, qui les rapproche si souvent d'une manière ingénieuse et piquante, eût pu se
rappeler celui de Cabanis, à propos des instincts humains, des passions qui s'y rapportent, et des organes ou
appareils qui en sont le siége d'après l'illustre auteur des
Rapports du physique et du moral de l'homme. Ses opinions sont assez répandues, et surtout assez spécieuses,
pour qu'elles méritent l'honneur d'une discussion. Il
n'eût certainement pas souscrit à un passage tel que
celui-ci : « Le cerveau seul est donc l'organe de l'âme,
et de l'âme dans la plénitude de ses fonctions ; il est le
siége de toutes les qualités morales comme de toutes les
facultés intellectuelles, de la folie comme de la raison ;
il est le siége de toutes les perceptions (car aucune
perception ne se fait dans les sens), de tous les penchants, de tous les instincts, de toutes les aptitudes in-
dustrielles... » (p. 153-54).

VII.

En résumé, et ne nous attachant qu'aux points capitaux de la la doctrine de M. Flourens sur la vie et l'intelligence, nous avons trouvé que :

1° La vie comme phénomène ou comme effet n'est pas suffisamment distinguée de la vie comme cause, bien qu'en finissant l'auteur distingue les *formes* de la vie, ses *modes,* ses *expressions* diverses, du *principe actif* qui les produit (p. 157, 161).

2° Ces formes de la vie sont incomplètes, puisque l'intelligence et l'activité n'y sont pas comprises.

3° L'unité de la nature humaine est donc faussement et irrémédiablement brisée, à tel point qu'au terme même de son étude, l'auteur en parlant de la vie comme cause, du principe de l'activité vitale, il l'appelle un principe complexe par l'ensemble des forces qui le composent (p. 161).

4° La vie, considérée comme cause, est trop souvent confondue, au moins quant à la lettre, avec ses organes ou instruments.

5° Les forces de la vie sont trop souvent prises pour des agents, quand, en réalité, elles ne sont, dans la pensée de l'auteur, que des propriétés organiques.

6° Un autre genre de forces, dont il ne parle point, et qui sont cependant la raison des forces dont il traite, ce sont les facultés du principe même de la vie.

7° En vain il voudrait éviter de se prononcer sur la nature, sur l'existence même de ce principe, il est obligé de le supposer et de se jeter en dehors des plus grandes vraisemblances.

8° Ne voulant être ni matérialiste ni animiste, ne voulant pas davantage d'un vitalisme intermédiaire, il est réduit à refuser de marcher jusqu'où l'évidence s'offre à le conduire, ou à tomber dans des contradictions.

9° L'objet de son ouvrage était surtout de distinguer les forces par les organes, de séparer les unes en séparant les autres. La séparation ayant été faite contre nature, à l'excès, entre les organes, le même excès et le même défaut de naturel et de vérité s'est trouvé dans les résultats.

10° Quand même on accorderait les trois ou quatre résultats partiels que l'auteur croit avoir obtenus, en ce qui regarde les phénomènes moraux et leurs conditions organiques, on n'en pourrait conclure autre chose, sinon que les organes sont la condition nécessaire de ces phénomènes, et non qu'ils en sont la cause efficiente ou qu'ils recèlent en eux-mêmes un agent particulier, une force propre qui les occasionne.

11° Cette manière de raisonner, qui est sans rigueur, sans vraisemblance même, quand on ne perd pas de vue l'unité et l'étendue complètes de la vie humaine, comme ensemble de phénomènes, conduit à l'erreur reprochée à Gall (p. 154), celle d'avoir séparé, divisé ce qui est de soi indivisible et inséparable.

Où est maintenant « cet ensemble de choses, originales et neuves, » offertes si libéralement aux physiologistes et aux philosophes? A cet appel, nous avons répondu en tendant les deux mains. Le lecteur sait ce que nous avons reçu.

Nous n'avons pris aucun plaisir à relever ce que nous pouvons au moins appeler des imperfections, loin de là. Mais notre respectueuse sévérité nous était commandée par l'autorité du nom même de M. Flourens, par le sujet de nos études, par le fruit que d'autres tireront peut-être d'un examen suivi, approfondi, sur une matière où la clarté spécieuse et le charme du langage ne semblaient permettre ni doutes ni objections.

Nous croyons donc avoir établi que l'agent organisateur ne peut être distingué de l'agent qui produit la pensée; qu'en d'autres termes, le principe de la vie et le principe de l'intelligence ne sont qu'un principe unique à deux grandes fonctions; que les organes qui seraient plus particulièrement en jeu dans l'une ou l'autre de ces opérations ne prouvent pas plus la distinction de la cause, sa multiplicité, que plusieurs instruments de musique ne prouveraient la pluralité du musicien; que c'est abuser des mots que de prendre la cause organique ou instrumentale pour cause efficiente, ou même pour le simple siége de cette cause; qu'en tout cas, jusqu'à ce qu'on ait démontré par l'expérience que la pensée peut exister dans l'homme sans la vie, on n'aura nullement prouvé que la pensée est le produit d'un agent, et la vie le produit d'un autre; que la survivance de la vie (mais d'une vie imparfaite, maladive, et généralement de peu de durée) à la pensée ne prouve pas plus la distinction substantielle de deux sujets, dont l'un présiderait à la vie et à la pensée, que la fonction de l'estomac qui continue après que la paralysie ou la gangrène a condamné un membre à l'immobilité ou à la mort ne prouve qu'il y a deux corps dans ce malade, l'un qui se porte bien, l'autre qui est privé de mouvement, de sensibilité et même de vie.

Plus tard nous prouverons directement la même thèse, l'identité du principe vivifiant et pensant (1).

(1) Voir le livre 1 de la IIᵉ partie de cet ouvrage.

APPENDICES.

I.

§ I. *Objet de la Psychologie.* — La psychologie est la science du principe pensant dans l'homme, considéré : 1° dans ses modes ou déterminations et dans les modes d'action correspondant à ces manières d'être; 2° dans sa nature; 3° dans ses rapports avec le corps qu'il anime, — avec le monde extérieur et avec Dieu. Ce dernier point de vue comprend les questions de l'origine de l'homme et de sa destinée. La question de la destinée comprend à son tour l'action de Dieu sur l'homme en ce monde, ce que l'homme doit faire et ce qu'il doit devenir.

Par les rapports que l'âme soutient avec le corps, avec le monde, avec Dieu, la psychologie tend à se confondre avec d'autres sciences. Cela doit être, puisque tout se tient et qu'entre une science et une autre il y a pour ainsi dire un terrain neutre ou commun par lequel ces deux sciences usurpent l'une sur l'autre et se pénètrent réciproquement.

Comment, en effet, ne point parler en psychologie du rapport si intime qui existe entre l'âme et le corps, et comment en parler suffisamment sans entrer dans le domaine de la physiologie?

Comment traiter des relations que nous soutenons avec le monde extérieur sans parler de ce monde ?

Comment enfin traiter des rapports qui nous unissent à la Divinité, sans parler de notre origine, de l'action de Dieu sur nous, de notre destinée présente et future par rapport à lui ?

La psychologie suppose donc, à certains égards et dans une certaine mesure la physiologie, la physique, prises dans le sens étymologique du mot, la théologie rationnelle et la morale. Nous

disons la morale, parce que nos rapports actifs avec le monde et
avec Dieu comprennent aussi la science des mœurs.

Nous renverrons pourtant à chacune de ces sciences diverses les
questions qui leur appartiendraient plus essentiellement; il suffisait
de faire entrevoir ici par quels liens nombreux et forts elle tient
aux autres sciences. Nous y reviendrons d'une manière plus spéciale.

§ II. *Division de la Psychologie.* — La psychologie, pouvant être
envisagée sous plus d'un point de vue, prête à plusieurs divisions.

En effet, si je considère la nature expérimentale ou rationnelle
des idées qui la composent, je serai naturellement conduit à la diviser en psychologie *expérimentale* et en psychologie *rationnelle*. Si,
au contraire, je m'attache à ce qu'il y a de général et de particulier
dans la science de l'homme, je distinguerai une psychologie *générale* et une psychologie *spéciale*. Si, enfin, je donne la préférence
au point de vue d'après lequel je ne vois dans l'âme que l'âme
elle-même avec ses modes d'une part et ses rapports de l'autre,
j'aurai une psychologie *absolue* et une psychologie *relative*.

Quelque division qu'on prenne, les matières restent les mêmes,
et doivent être traitées de la même manière.

Il y a plus : chacune de ces divisions comprend les deux autres.
Toute la différence, c'est que l'une peut être plus naturelle, c'est-
à-dire respecter davantage l'unité complexe de l'objet à étudier, en
exprimer plus complètement l'organisme vivant. A ce compte nous
donnerions volontiers la préférence à la troisième division, puisqu'elle est la plus naturelle, celle qui fait le moins violence au sujet,
et qu'il est, d'ailleurs, facile d'y rattacher les deux autres.

En effet, elle comprend d'abord assez nettement la première division, en psychologie expérimentale et en psychologie rationnelle,
puisqu'elle traite en premier lieu de l'âme considérée dans ses
modes, puis de l'âme considérée dans sa nature et ses rapports. La
nature et les rapports de l'âme sont plus affaire de raison et de raisonnement que d'observation. D'ailleurs, les faits et les idées, l'observation et le raisonnement sont si étroitement unis, qu'il est difficile de les séparer; sans cesse il faut passer de l'un à l'autre.
C'est donc une division peu naturelle que celle qui ne peut être
suivie avec quelque constance.

Notre division en psychologie absolue et psychologie relative
comprend aussi la seconde division, celle en psychologie générale
et psychologie spéciale. En effet, la psychologie spéciale, n'étant que
la psychologie générale modifiée par les circonstances particulières

où se trouve le sujet, rentre évidemment dans la psychologie relative. Quant à la psychologie générale elle trouve sa place et dans la psychologie absolue, et dans la psychologie relative, suivant la nature des questions.

Au fond, la division en psychologie absolue et psychologie relative n'en est pas une, et c'est en cela même qu'elle est excellente ; ce sont deux manières, d'ailleurs très naturelles, d'envisager un sujet réellement indivisible. Aussi laisserons-nous là les dénominations d'absolue et de relative, pour ne rappeler que les aspects sous lesquels le principe pensant sera plus spécialement envisagé ici et là, c'est-à-dire dans ses modes — et dans ses rapports.

Notons encore que la question de la nature du principe pensant est déjà une question de rapport, car il n'y a d'esprit que par opposition à la matière. C'est donc la première ou la dernière question spéciale à traiter dans la question générale des rapports du physique et du moral.

Mais il y a, pour certains esprits, une question préjudicielle plus grave en psychologie, et qui doit recevoir une solution immédiate ; c'est celle de la possibilité de la science.

§ III. *La Psychologie est possible.* — La prévention systématique seule a pu faire mettre en doute si nous pouvons savoir quelque chose de nous-mêmes, de nos pensées, de nos sensations, de nos idées, de nos sentiments, de nos déterminations, etc.

Mais il y a nécessairement là plus de malentendu encore que d'aveuglement systématique. On confond la connaissance du principe pensant avec la connaissance de la pensée, et l'on révoque en doute la seconde faute de voir clair dans la première, ou même on ne nie que la possibilité de connaître l'âme en soi, tout en se servant du terme générique de psychologie.

Ce n'est pas ici le lieu d'examiner si cette ignorance est aussi invincible qu'on le prétend ; ce qu'il y a de certain, c'est qu'elle ne peut être dissipée que par la réflexion scientifique, et en partant de la phénoménalité interne. C'est une raison peut-être suffisante de restreindre la question, et de nous attacher ici à démontrer seulement la possibilité de la phénoménologie interne.

Loin que la connaissance de nous-mêmes soit impossible, elle est, au contraire, universelle et nécessaire à un certain degré : il n'y a pas d'homme, en effet, pour peu qu'il en mérite le nom, qui s'ignore complétement, qui ne se sache même fatalement. Le sauvage s'affirme aussi bien que l'homme civilisé, l'ignorant comme le savant.

La parole seule, considérée comme expression de la pensée, et dans tout le matériel de la parole, le mot *moi* en particulier, est une démonstration de la possibilité de se connaître.

Tous les arts ou tous les actes extérieurs de l'homme en sont une autre preuve. Un art, un acte, n'est, en effet, dans l'homme que la traduction matérielle et volontaire de la pensée, son incorporation.

Les sciences n'étant que des systèmes ou assemblages d'idées réfléchies, méthodiquement obtenues et classées, seraient impossibles si l'observation de ces idées n'était pas elle-même possible.

L'homme, enfin, ne serait pas homme s'il n'avait pas de personnalité, s'il était sans conscience de lui-même, sans moi.

Dira-t-on qu'autre chose est la psychologie comme science, autre la connaissance fatale ou spontanée de soi-même! Autant vaudrait soutenir que nous ne pouvons regarder ce qu'il nous est possible de voir, ou que nous apercevons moins bien ce que nous regardons à dessein, que ce que nous regardons spontanément, sans intention, ou que nous percevons fatalement sans même le regarder. En effet, il y a la même différence entre l'intuition interne et la réflexion volontaire qu'entre la perception externe et l'attention.

On ne peut donc plus nier la possibilité de la connaissance scientifique du moi qu'en niant la possibilité même de connaître réflexivement ou par voie d'attention, c'est-à-dire en suivant tous les procédés de la méthode scientifique.

Qu'importe que les philosophes ne soient pas complétement d'accord dans la description des faits dans leurs classifications, dans les conclusions qu'ils en tirent, et surtout dans la manière de les nommer? Depuis quand ces différences en fait d'arrangement sont-elles une raison de nier la science où elles se produisent? Est-ce la faute de la science ou n'est-ce pas plutôt celles de ceux qui la cultivent bien ou mal? Quelle serait, à ce compte, la science possible? Les mathématiques mêmes n'ont-elles pas leurs points controversés?

Cette différence a, d'ailleurs, été fort exagérée en philosophie; il est une foule de faits sur lesquels on pourrait dire que tous les hommes à esprit droit et vraiment compétents sont unanimes. C'est dans la classification surtout qu'éclate les divergences; or, on sait que la classification peut être indéfiniment variée, sans que les détails, pris en eux-mêmes, soient moins vrais. La classification ou la mise en œuvre est pour ainsi dire la part de l'art dans la science; c'est celle de l'architecte, c'est en cela que ses vues individuelles se trahissent, sans qu'on puisse cependant l'accuser de mal connaître les matériaux que la nature lui a fournis.

Il suffit, d'ailleurs, de rappeler les conditions auxquelles une science est possible, pour qu'on ne puisse plus conserver le moindre doute sur la possibilité de la psychologie. Or, une science est possible quand elle a un objet bien déterminé, — à la portée de l'esprit, — une méthode et des moyens propres à favoriser l'étude de cet objet. La psychologie remplit toutes ces conditions, puisque son objet est aussi distinct de tout le reste que l'homme pensant lui-même, et que la faculté de nous replier sur nous-mêmes est incontestable, ainsi que les règles propres à diriger ce regard intérieur.

Tout ce qu'on pourrait dire sur la prétendue impossibilité qu'un être simple soit à la fois sujet et objet d'étude, est réfuté d'avance par le fait même de la réflexion. Et si l'on voulait soutenir que ce fait prouve la dualité du principe pensant, on aurait deux torts : celui d'anticiper sur une question qui doit être traitée ultérieurement, et celui de sortir de la question actuelle, qui est tout simplement de savoir si l'homme peut connaître ses états internes, quelle que soit la nature du principe qui les revêt.

Il y aurait là une erreur non moins grave de doctrine, puisqu'on prétendrait à tort, d'une part, qu'un sujet multiple peut seul se connaître, quand il n'y a, au contraire, de connaissance possible de soi qu'à la condition de l'unité absolue du principe pensant. Supposons qu'un principe qui n'est pas simple puisse, je ne sais jusqu'à quel point, percevoir par une partie de lui-même une autre de ses parties, comme l'œil perçoit la main ; pourrait-il se percevoir lui-même autrement qu'à la condition que ce qui est perçu et ce qui perçoit ne forment qu'un sujet unique?

Qu'on y pense, il y a là toute une démonstration de spiritualité de l'âme.

§ IV. *La psychologie est une science réelle.* — Non seulement la psychologie est une science possible; c'est, de plus, une science réelle, toute constituée, ayant son commencement, ses progrès, son histoire par conséquent.

Nous ne parlons pas des immenses matériaux psychologiques qui remplissent toutes les littératures, mais seulement des résultats scientifiques obtenus par l'étude philosophique de l'esprit humain.

Il suffit, en effet, de parcourir les travaux psychologiques en suivant l'ordre des temps pour s'apercevoir que le précepte d'Apollon de se connaître soi-même a été suivi, et que plus les sages ont mis de soin dans l'observation de l'homme, plus le fond historique de la psychologie s'est accru, plus la science de l'homme a pris de développement, plus aussi l'étude en est devenue facile et fructueuse. Quelle différence, par exemple, entre ce que les physiciens de l'école ionienne, ou les pythagoriciens nous ont laissé sur l'âme, et ce qu'en ont dit Platon et Aristote! Quelle différence encore entre les études déjà considérables de ces deux grands maîtres et les travaux d'un Descartes, d'un Leibniz, de l'école écossaise et de Kant, de Laromiguière et de Jouffroy.

On peut dire, sans trop hasarder, qu'aucune autre science n'est aussi avancée, et qu'il est vraisemblable qu'on fera plus de découvertes dans les autres sciences qu'en psychologie, et cela par la raison qu'on a découvert dans l'homme, dans l'homme normal du moins, à peu près tout ce qu'on peut y découvrir. Ce qui reste à faire surtout, c'est une étude plus achevée des matériaux déjà connus, et une mise en œuvre plus heureuse.

La science artistique ou descriptive de l'homme, la connaissance des phénomènes concrets qui composent le monde intérieur est plus avancée encore que la connaissance scientifique ou abstraite. Que peut-on dire, par exemple, sur les sentiments et les caractères en action, sur les passions et les travers, que la poésie lyrique ou dramatique n'ait décrit déjà? Cette connaissance de l'homme, qui mérite mieux le nom d'anthropologie (1) que celui de psychologie, puisque les hommes y sont plutôt représentés avec les accidents divers qui les caractérisent que l'homme lui-même dans son expression abstraite la plus générale, a précédé de beaucoup la connaissance scientifique, et a été bien plus cultivée; les poètes, les artistes, les romanciers, les historiens s'y sont appliqués à l'envi. Les femmes surtout y ont excellé.

Les hommes y sont, d'ailleurs, portés par un intérêt immédiat, celui de connaître leurs semblables, pour se diriger en conséquence.

Il ne faut pas croire cependant que la connaissance des hommes soit plus utile que celle de l'homme; la première fait des hommes à expédients, habiles en affaires, des hommes d'à-propos, de circonstances; la seconde seule peut faire de vrais législateurs, des hommes d'Etat dans la plus haute acception du mot. Ceux-là seuls, en effet, connaissent leur humanité dans ce qu'elle a d'essentiel, d'immuable, d'universel, dans ses lois, dans son idéal, dans ses tendances fondamentales, dans ses besoins les plus sérieux et les plus profonds, dans l'avenir que la sagesse créatrice lui réserve. Mais

---

(1) On entend encore par *Anthropologie* la connaissance de l'homme, comme composé de corps et d'âme, et, dans une acception plus restreinte, la science des différentes races humaines comparées entre elles.

l'homme d'Etat complet est celui qui possède également la connaissance de l'homme et la connaissance des hommes.

§ V. *Difficultés propres à la psychologie.* — De ce que la psychologie est une science très avancée, il ne faut pas en conclure qu'elle soit sans difficultés, et que pour en contrôler les résultats, et surtout pour y ajouter, il ne faille pas certaines précautions de méthode, certaines aptitudes mêmes qui ne sont pas données à tous. Mais ceux qui ne sont pas doués des unes et qui manquent de patience ou d'habileté pour employer les autres, peuvent s'en consoler; ce n'est pas, en tout cas, une raison suffisante de nier la réalité ou la possibilité même d'une science qu'ils n'ont pas pris la peine de cultiver, ou pour laquelle même ils sont peu faits.

Par malheur, et à cause même de la facilité de la psychologie à un certain degré, à cause surtout de la facilité de l'anthropologie, tout le monde se croit compétent en ces sortes de matières, et l'amour-propre saisit avec empressement cette occasion de se tranquilliser, en niant qu'il y ait une compétence au-dessus de la sienne, et que ce qui lui est impossible ou difficile soit facile ou possible à d'autres. Il sait sans efforts tout ce qu'on peut savoir; tout ce qu'on peut lui débiter sur l'homme en dehors de ce qu'il en connaît ne peut donc être qu'une rêverie. Et voilà la science éconduite, et ses efforts, même les plus heureux, considérés comme non avenus pour un très grand nombre d'esprits. Que faire à cela? S'en consoler aussi, et rechercher les causes pour lesquelles la psychologie ne se fait pas sans peine, pourquoi elle est venue après la poésie et l'éloquence, après beaucoup de sciences particulières.

Ces difficultés tiennent les unes plus spécialement aux phénomènes à observer, les autres à l'observateur lui-même.

Au phénomène ou à l'objet : par exemple l'enchaînement indissoluble de tous les phénomènes qui représentent la vie intérieure; — la cessation ou l'altération du phénomène, dès qu'il est observé, ou l'impossibilité de l'observer avec calme quand il existe, comme dans l'effroi ou la colère; — l'impossibilité de rappeler les opérations primitives de l'esprit, ces opérations qui ont précédé les associations habituelles des idées et les raisonnements secrets qui s'exécutent si rapidement aujourd'hui dans la pensée; — l'impossibilité d'observer directement les phénomènes internes dans l'enfant; — le danger d'être trompé dans les observations faites sur autrui; — la facilité à se tromper soi-même par amour-propre, par intérêt, par passion; — etc. (1). Mais ces difficultés, ces impossibilités mêmes

(1) On allègue encore comme difficultés du premier genre, mais sans raison, puisque ces

ne prouvent rien contre l'observation des faits de conscience qui ne
sont pas dans ce cas.

Il faut dire encore que c'est mal concevoir l'activité de l'esprit que
d'imaginer qu'il est tout entier soit à la production, soit à l'observation d'un phénomène; le fait est qu'il se connaît, qu'il se voit tout
au moins s'il ne s'observe pas, dans ses actes les plus spontanés et
les plus violents. De plus, par le fait même que ces actes sont violents, comme dans la colère, il n'est pas nécessaire que l'observation soit très attentive pour que le phénomène soit suffisamment
connu; il suffit qu'il soit perçu; le souvenir, d'ailleurs, en reste
gravé dans l'esprit, et quand l'agitation cesse, l'âme aisément se la
rappelle. L'observation d'autrui, aidée des souvenirs de nos états
analogues, et munie de l'induction, nous est encore un moyen de
mieux connaître ces sortes d'états.

Quant aux opérations primitives de l'esprit, sans doute le souvenir en est irrévocablement perdu. Mais : 1° il en est de même de
tout ce qu'il y a de primitif dans la nature; 2° l'analyse cependant
suffit pour retrouver, jusqu'à un certain point, dans le présent
même, ce passé en apparence si difficile à restituer, et pour suppléer
tant à l'observation directe qu'au souvenir; 3° l'induction dans
l'observation de l'enfance, dans l'observation des animaux mêmes,
ajoute une nouvelle lumière au travail d'analyse et de raisonnement dont nous parlons.

Sans doute on peut être trompé dans l'observation d'autrui; mais
le doute ou l'hypothèse sagement appliqués sont en ce point un pré-
servatif suffisant.

Nous pouvons également nous tromper au point de vue moral
dans l'appréciation de nous-mêmes; mais il est à remarquer que
cette fausse appréciation n'en est pas moins un fait de conscience,
que les autres faits sur lesquels elle porte sont incontestables, et que
l'erreur n'est ici qu'une affaire de jugement, qui ne repose que sur
un plus ou un moins, ou qui résulte de certaines abstractions faites
mal à propos. Et encore, qu'y a-t-il en tout cela de fatal et d'invin-

difficultés ou ne sont qu'apparentes, ou sont communes à toutes les sciences : par exemple la
diversité des phénomènes d'homme à homme, et souvent dans le même homme, suivant les
positions et les âges; — l'origine organique et insondable des phénomènes psychiques; —
l'origine psychique non moins impénétrable de certains phénomènes organiques; — l'ignorance absolue du mode d'action du corps sur l'âme et de l'âme sur le corps; — l'ignorance
non moins grande du mode d'union de ces deux principes; — l'enchaînement secret des phénomènes entre eux; — l'impossibilité physique ou morale de reproduire à volonté certains
phénomènes; — l'ignorance invincible où nous sommes de certaines influences secrètes soit
du monde, soit de Dieu sur nous; — l'extrême mobilité des uns, l'apparente immobilité des
autres; — le peu d'intensité de ceux-ci, la violence étourdissante de ceux-là; — etc.

ciblement erroné? Qu'y a-t-il même qui ne soit commun à tout ce
qui est susceptible d'être observé, au dehors comme au dedans,
pour peu que le préjugé ou la passion vienne appliquer son prisme
sur l'œil de l'esprit?

Les difficultés qui tiennent plus spécialement au sujet proviennent de l'impuissance où l'on s'est trouvé au début de la vie d'en
observer les premiers développements; — de l'absence complète
des souvenirs appartenant à cet âge; — de l'habitude générale
d'observer l'externe plutôt que l'interne; — du petit nombre
d'hommes qui savent et veulent s'observer et se décrire scientifiquement; — de la préoccupation systématique apportée par les
observateurs dans les résultats de leurs travaux, et de l'altération
des faits en conséquence; — de l'altération du fait par la réflexion
seule et par l'analyse descriptive; — etc.

L'état primitif de l'esprit peut être, jusqu'à un certain point, re-
construit par l'analyse raisonnée de l'état actuel.

Pour ce qui est de l'habitude d'observer au dehors plutôt qu'au
dedans, elle est incontestable, mais elle n'est pas exclusive; tout le
monde s'observe plus ou moins; et il vient un temps où l'on s'observe davantage encore, où le goût de ce genre d'étude est très
prononcé dans certains sujets. Alors l'observation du dedans l'emporte sur celle du dehors : les artistes, les poètes, les moralistes, les
métaphysiciens sont déjà dans ce cas; mais les psychologues sont
pourtant les observateurs par excellence du monde intérieur. Sans
doute l'esprit de système peut influer sur leur travail, mais beaucoup plus cependant sur la mise en œuvre des faits de conscience
que sur ces faits eux-mêmes.

Quant à l'altération des faits par la seule réflexion, nous ne pouvons pas plus l'admettre que l'altération des faits extérieurs par
l'attention; certains faits internes peuvent cesser du moment où la
réflexion survient, mais le souvenir en reste, et ils ne sont pas altérés. L'analyse descriptive, si elle est bien faite, tient compte des
rapports, et ne brise l'unité qu'en apparence et pour un moment;
elle n'altère donc pas plus le phénomène interne que la réflexion,
pas plus que l'étude des phénomènes du dehors n'altère l'unité de
ces phénomènes.

Les avantages des sciences physiques sur la psychologie, au point
de vue de la facilité d'exécution, sont encore plus apparents que
réels; ils sont, en tout cas, exagérés : tels sont les instruments
dont les sens peuvent être armés; — l'expérimentation ou la reproduction à volonté de la plupart des phénomènes; — la durée de
ces phénomènes; — le contrôle possible d'un sens par l'autre; le

contrôle de l'expérimentation d'un savant par l'expérimentation d'un autre; — une dépendance moins étroite entre les phénomènes; plus de facilité à les saisir; — un langage plus précis et plus uniforme; — plus de traditions dans la science, moins de vaines tentatives par conséquent, et marche progressive plus constante; — moins de préjugés systématiques; — influence des passions plus rare.

On peut dire avec autant de vérité pour le moins que la phénoménologie interne possède, à cet égard, les avantages suivants sur les autres sciences : qu'on n'a pas besoin de fortifier le sens des phénomènes internes; — qu'on n'est pas exposé à les dénaturer par ces moyens; — que tout homme est toujours à portée des faits à constater et à décrire: — qu'il possède toujours les instruments nécessaires à cet effet; — qu'il est presque toujours compétent pour apprécier les observations d'autrui; — que jamais fait de conscience, pris en soi, ne peut être illusoire.

§ VI. *Méthode et moyens pour faire de la psychologie.* — Les difficultés qu'on nous oppose ne prouvent donc rien contre la psychologie, ou prouvent trop, puisqu'elles rendraient toute science impossible. Elles peuvent donc être surmontées par une méthode sagement appliquée.

Cette méthode, pour la phénoménologie interne, c'est l'observation personnelle. Les résultats obtenus par l'observation étrangère doivent toujours, autant que possible, être vérifiés par soi-même, ou n'être acceptés du moins, s'ils sont exceptionnels, qu'avec une extrême réserve, et sur le témoignage d'hommes probes et compétents.

Il n'est pas donné à tout le monde d'être habile psychologue : il faut pour cela certaines qualités d'esprit qui se rencontrent rarement toutes ensemble, surtout portées à un certain degré de puissance. C'est d'abord la faculté de s'isoler du dehors, de s'enfoncer au dedans de soi, d'y lire comme dans le grand livre du monde extérieur, d'y voir aussi clairement ce qui s'y passe, d'y voir tout, de n'y rien ajouter par l'imagination et le souvenir, de saisir le phénomène à sa naissance, de le suivre jusqu'au moment où il s'éteint pour ainsi dire dans l'âme; de saisir les plus rapides au passage; de n'être pas tellement absorbé par d'autres, qu'il ne reste plus d'activité suffisante pour observer encore; d'avoir l'esprit d'analyse, c'est-à-dire de savoir distinguer les différences les plus délicates et les plus profondes; d'être en même temps doué de la faculté de comparer et de généraliser; de joindre la perspicacité, la finesse, à

la justesse d'esprit; d'unir également une sensibilité assez exquise
et assez forte à une imagination même, qui peut jouer ici le rôle du
microscope et du télescope, à la raison, au sang-froid, à l'exactitude et à la mesure ; d'avoir une mémoire nette, précise, fidèle et
tenace ; d'être pourvu, au plus haut degré, des qualités logiques de
l'esprit indispensables en toute science, et qui forme comme le contrepoids de l'imagination et de la sensibilité; nous voulons parler
surtout des facultés d'abstraire, de comparer, de généraliser, de
classer et de raisonner.

Les connaissances étrangères à la psychologie fournissent aussi
des termes de comparaison précieux pour l'étude de cette dernière
science, mais surtout les connaissances qui ont plus spécialement
l'homme pour objet, telles sont la médecine, le droit, la linguistique, la littérature, et dans la littérature la poésie lyrique, la dramatique, l'éloquence, le roman, l'histoire, les voyages, etc.

§ VII. *De la certitude de la psychologie, du moins comme phénoménologie interne.* — Rien de plus certain, nous l'avons déjà dit, que
les faits de conscience, puisqu'il impliquerait contradiction qu'ils
ne fussent pas quand ils sont, qu'ils fussent quand ils ne sont pas,
ou qu'ils fussent autrement qu'ils ne sont.

Si la phénoménologie de l'esprit était incertaine, aucune science,
même la physique et les mathématiques, ne pourrait se flatter
d'être en possession de la vérité, car toute science se compose d'i-
dées, et si l'existence des idées comme faits de conscience pouvait
être douteuse, leurs rapports ne pourraient être certains. Or, toute
science est pour l'esprit et dans l'esprit rapport d'idées, parce que
toute science se compose d'un ensemble de jugements. Les idées
premières qui donnent naissance à ces jugements sont des idées
sensibles ou des idées rationnelles, et les unes et les autres sont
des phénomènes de conscience; les unes, les idées sensibles qui se
rapportent au dehors, sont l'expression interne de ce qui se passe
à l'externe; les autres, les idées rationnelles, sont le produit immédiat de la raison ; mais ce produit, avec ses propriétés de même
nature que lui, rationnelles comme lui, n'est connu d'abord que
parce qu'il se manifeste à sa manière sous forme d'idées ou d'états
de l'esprit, de même que les choses et leurs propriétés. Telle est la
condition commune et comme le point où s'identifient l'idée sensible et l'idée rationnelle ; tout le reste diffère de l'une à l'autre.

Nous n'avons pas à parler encore de la certitude de la psychologie rationnelle; nous verrons, en temps et lieu, que cette partie de

la science du moi, bien entendue, n'est guère moins certaine que la phénoménologie elle-même.

§ VIII. *Beauté, dignité et importance de la psychologie.* — Si le mécanisme de la pensée est plus merveilleux encore que celui du corps, et si c'est la pensée seule qui fait la grandeur et la supériorité de l'homme, qui fait l'homme lui-même ; si c'est la pensée déjà qui rend sensible aux beautés du monde matériel, il faut bien reconnaître que cette lumière spirituelle de la pensée, la manière dont elle se produit, le foyer dont elle émane, est l'œuvre de la création où brille au plus haut degré la sagesse et la toute-puissance de l'Ouvrier divin.

La psychologie est donc supérieure en dignité à la science du monde matériel, de toute la supériorité de l'homme sur le monde, de toute la supériorité de l'esprit qui se sait et qui suit le monde, sur la matière qui s'ignore avec tout le reste.

Aussi est-ce par la connaissance de l'homme que la pensée prend pleine possession d'elle-même ; qu'elle s'admire dans son admiration même pour le monde, et surtout dans sa connaissance de l'auteur de l'homme et du monde. C'est en partant d'elle-même qu'elle peut concevoir dans l'univers un dessein, une idée, une pensée, une pensée créatrice, une pensée divine, un Dieu enfin.

La pensée humaine peut plus encore : elle peut, cessant de s'occuper du monde et de l'homme, même dans leurs rapports avec le Créateur, s'appliquer tout entière à Dieu, tenter d'en pénétrer l'essence, sauf à s'abîmer dans cette idée des idées, à laquelle se rattache plus immédiatement qu'aucune autre l'idée de l'esprit humain.

« Quel objet, dit Pezzi (1), peut donc être plus digne de notre attention que nous-mêmes ? Les opérations de l'intelligence, les inclinations du cœur, l'influence réciproque du corps et de l'âme, les modifications qui en dérivent dans l'exercice de nos facultés, les maladies et les erreurs auxquelles nous sommes exposés, les droits et les devoirs qui résultent de notre essence même, et les relations que nous soutenons avec les objets qui nous touchent, tout cela constitue sans contredit la connaissance la plus importante de toutes les sciences, celle que les philosophes, les précepteurs de l'enfance, les médecins, les magistrats, les législateurs, les directeurs des consciences doivent regarder comme la pierre fondamentale de toutes leurs sciences. »

(1) *Filosofia del mente e del cuore.*

Disons encore que les contempteurs des études psychologiques sont loin d'avoir l'autorité pour eux. C'est d'abord une sagesse antique réputée divine, qui ne voit rien de mieux à apprendre que la connaissance de soi-même. Jamais l'importance du précepte ne fut contestée par les grands hommes de l'antiquité ; et si, dans les temps modernes, de nos jours en particulier, il s'est rencontré des esprits assez égarés par des préjugés de profession, de secte ou de parti, leur autorité n'est rien quand on les compare aux grands noms qui font la gloire de la civilisation moderne.

Mais la dépendance nécessaire où se trouvent placées toutes les sciences à l'égard de la psychologie, dit mieux que tout le reste combien est insensé ce dédain, cette aversion même, pour l'étude de l'homme intérieur.

§ IX. *Rapport de la psychologie avec les autres sciences.* — *Son utilité.* — La méthode à suivre dans les différentes sciences, n'est encore que la méthode générale appropriée aux applications particulières. Or, les règles qui composent cette méthode sont prises de la nature même de l'esprit humain, de nos facultés intellectuelles. Point donc de méthode suffisamment comprise sans l'intelligence de sa raison psychologique.

Les sciences supposent toutes des premiers principes, tels que celui de contradiction, de la raison suffisante, de causalité, etc., des axiomes universels, qui sont essentiellement du domaine de la science des vérités premières, c'est à-dire de la psychologie et de la métaphysique.

Elles supposent, en outre, l'usage de l'instrument universel de toutes sciences, le raisonnement, dont la logique seule donne les lois, mais dont la psychologie fait connaître la faculté.

Elles supposent, enfin, certaines idées premières toutes spéciales, qui sont comme les idées mères de chaque science en particulier, telle que l'idée du juste, base de la science du droit ; celle du vrai, de l'utile, du beau, etc. Or, ces idées ne sont bien connues qu'autant qu'elles sont étudiées dans leur nature, leur origine et leur valeur ; étude qui est toute psychologique.

Il serait facile de montrer par détails comment chaque science se rattache à la psychologie, depuis les sciences physiques, mathématiques, morales et politiques, jusqu'aux sciences logiques et philologiques. Qui ne voit, en effet, l'importance des notions d'espace, de temps, de nombre, de substance et de mode, de cause et d'effet, de possible et d'impossible, etc., dans toutes les sciences? Et quelle autre science que l'ontologie, éclairée par la psychologie, fait connaître l'origine, la nature et la valeur de ces idées?

Les sciences métaphysiques, telles que la théologie, la cosmologie et la psychologie rationnelles reposent tout entières sur l'ontologie, dont elles ne sont qu'une application. En ce sens au moins la théologie positive a pour base nécessaire la théologie naturelle, et celle-ci l'ontologie, qui reçoit à son tour sa lumière de la théorie psychologique des idées. Comment, en effet, traiter de la cause première et universelle, de son éternité, de son infinité et de tous ses autres attributs, si l'on est étranger à la théorie des idées d'être, de cause, d'éternité, d'infinité, etc.? Toutes ces idées, la théologie positive les suppose et ne les donne pas; et suivant qu'elles sont bien ou mal conçues, la théologie positive elle-même est bien ou mal faite.

Qu'y a-t-il de plus évident, d'un autre côté, que les sciences pratiques qui ont l'homme pour objet? La pédagogie, la morale, la politique, l'économie sociale, la science de la législation, celle des mœurs, l'histoire elle-même supposent la connaissance plus ou moins approfondie de l'homme et des hommes? Admettrait-on, par exemple, que la législation positive, civile ou religieuse, est la raison dernière et suffisante de tout droit et de tout devoir? Mais quelle serait, à ce compte, la raison de ces décrets? et pourquoi seraient-ils conçus dans un sens plutôt que dans un autre, si avant qu'ils fussent rendus il n'y avait ni droit ni devoir, si l'indifférence la plus absolue était l'état naturel des hommes et des nations?

Ce n'est pas ainsi, du moins, que Cicéron concevait les choses lorsqu'il disait : « Quibus ratio a natura datur, iisdem etiam recta ratio data est; ergo et lex, quæ est recta ratio in jubendo et vetando. Si lex, jus quoque, dat omnibus ratio; jus igitur datum est omnibus. » (*De legib.*, I, 12.)

Ce n'est pas ainsi que le concevait l'immortel auteur de l'esprit des lois : « Dire qu'il n'y a rien de juste ou d'injuste que ce qu'ordonnent ou défendent des lois positives, c'est dire qu'avant qu'on eût tracé de cercle, tous les rayons n'étaient pas égaux. » (*Esprit des lois*, I, 1.)

Le vice logique de l'opinion que nous combattons a été mis en évidence par le cardinal de la Luzerne, dans les termes suivants : « Des conséquences effrayantes de ce système, remontons à son principe et considérons-en l'absurdité. Tant s'en faut que ce soit sur la loi civile que l'ordre moral soit fondé, qu'au contraire c'est cet ordre même qui est le fondement de la loi. Si, antérieurement aux lois, il n'y a aucun principe moral, sur quoi sont fondées l'auto-

rité de la dicter, l'obligation de s'y soumettre ? C'est, dit-on, sur
la convention de tous les membres de l'Etat. Mais cette convention
elle-même, quelle sera son autorité s'il n'existe pas un principe
moral, naturel d'exécuter ses conventions ? Dans ce système, ce
sera le pacte qui obligera à observer la loi, et la loi qui obligera à
tenir le pacte. Les prétendus moralistes qui intervertissent ainsi
l'ordre, en appuyant sur la loi civile ce qui en est la base, ressemblent à un architecte qui imaginerait de mettre en bas le toit de la
maison, et les fondements en haut. » (*Dissert. sur la loi nat.*,
XXVII.)

Eh bien ! ce que l'illustre cardinal vient de dire de la loi positive
humaine, on peut le dire de la loi positive divine ; si elle ne s'a-
dressait pas à un être essentiellement moral, si elle était autre
chose que l'expression fidèle de la conscience de l'homme, si elle
n'était pas fondée en raison à nos propres yeux, elle ne pourrait
être conçue comme obligatoire. L'autorité divine elle-même a besoin d'être reconnue par la raison pour exister à nos yeux. C'est là
une proposition identique, un véritable axiome, qui peut encore
s'énoncer ainsi : l'autorité divine elle-même repose sur celle de la
raison. Bossuet ne dit pas autre chose quand il s'écrie : « Dieu lui-
même a besoin d'avoir raison. » Ce qui signifie simplement que
Dieu est un être moral, qui a ses raisons d'agir, raisons saintes,
qu'il n'a point faites, qu'il ne peut changer, qui sont éternelles
comme son essence, et qui sont encore plus sacrées aux yeux de
Dieu qu'à ceux des hommes, parce qu'il en connaît infiniment l'infinie sainteté. Disons donc sans crainte de nous tromper, non pas
seulement que Dieu *lui même*, mais que Dieu *surtout* doit avoir
raison.

C'est un rayon de cette raison morale que Dieu a fait descendre
dans l'âme humaine en la créant ; et cette illumination commune à
tous les humains, qui fait partie de leur essence, est la source vraiment première ici-bas de toute morale, la condition même sans laquelle tout enseignement moral, émanât-il de la bouche de Dieu
même, serait nécessairement incompréhensible.

C'est donc à cette source qu'il faut l'étudier, qu'il en faut chercher le type et le caractère, si l'on veut comprendre et apprécier à
toute sa valeur un enseignement extérieur quelconque.

Cette loi naturelle, antérieure à toute révélation, est un fait ;
elle est reconnue par les théologiens les plus autorisés, qui ne font
en cela que marcher sur les traces des Pères, comme les Pères
eux-mêmes suivaient en cela les livres saints et les philosophes de
l'antiquité. Il suffit de citer saint Thomas (1ª 2ᵃ, q. 91, a 2 ; — q.

93, a 2 et 6 ; — q. 94, a 4 et 6) ; — saint Ambroise (*in psalm.* 36, n° 69 ; — *De liber. arbitr.*, I, 6, 15) ; — saint Jean Chrysostome (*in épist. ad Rom.*, XII, 6 ; — *ad pop. Ant.*, *homél.* 22).

La psychologie est plus évidemment encore la base indispensable des sciences et des arts qui concernent l'expression de la pensée par la parole, telle que la philologie, la grammaire, générale ou particulière, la rhétorique, la poétique, l'art d'écrire en général et la critique littéraire.

La philologie, qui s'occupe essentiellement de l'origine et de la formation des mots, de la synonymie, de la parenté des langues, de leur génie, ne peut le faire sans s'occuper d'une analyse minutieuse des pensées, sans rechercher les instincts et les habitudes de l'homme en fait de linguistique, ses mœurs philologiques si nous pouvons ainsi parler.

La grammaire générale, par son caractère *à priori*, n'est que la science des lois de la pensée à cet égard. La grammaire comparée n'est autre chose que l'induction appliquée à l'observation des faits grammaticaux puisés dans un certain nombre de langues, comme la grammaire particulière n'est à son tour qu'un système de règles puisées dans l'observation d'une seule langue.

Il suffit de lire les rhétoriques et les poétiques, depuis Aristote jusqu'à nos jours, celle d'Aristote surtout, qui est, ainsi qu'on l'a dit avec tant de justesse et de goût, « la plus ancienne et celle qui a le moins vieilli, » pour être assuré que l'observation des mœurs, des passions, du jeu des facultés intellectuelles, en est la principale affaire.

Il n'y a, du reste, qu'à se rappeler le but de la rhétorique et celui de la poétique pour comprendre qu'il n'en saurait être différemment.

L'art d'écrire, plus général que la poétique, la rhétorique et la grammaire particulière, ou plutôt qui les comprend toutes les trois, qu'est-il autre chose que l'art de se rendre un compte parfait de sa pensée et de ses sentiments, de la pensée et des sentiments de l'humanité dans des circonstances données, et de rendre ces sentiments et ces pensées de la manière la plus vraie et la plus conforme à cette exigence particulière de la raison qu'on appelle goût ?

La critique littéraire n'étant pas autre chose que l'application des règles de l'art d'écrire, suppose éminemment la connaissance de ces règles, et celle des lois de la pensée ou du sentiment qui en sont la raison. La critique littéraire, et j'en pourrais dire autant de toute critique, comme de tout art, n'est donc qu'un appel constant à la psychologie, à la connaissance de l'homme intérieur.

Et quand la psychologie serait moins utile à connaître dans ses rapports avec les autres sciences, ou quand la connaissance naturelle qu'on en possède suffirait à la rigueur, l'étude qu'on en ferait ne serait pas plus nuisible à la culture d'une science et d'un art étranger, que la connaissance approfondie des notions fondamentales de toutes les sciences et des règles de tous les arts, en particulier l'art d'écrire, n'est nuisible ou même inutile à l'homme d'intelligence qui possède naturellement ces idées fondamentales diverses, et qui a l'instinct de ces différents arts.

II.

LES FACULTÉS DE L'AME (p. 29).

On est loin d'être parfaitement d'accord sur le nombre et la classification des facultés de l'âme. Les dénominations non plus ne sont pas les mêmes chez tous. Nous avons pensé qu'il ne serait pas inutile de présenter ici une sorte de genèse des facultés, exécutée d'un autre point de vue que celui qui a présidé à l'étude que nous en avons faite, d'autant plus que l'ordre que nous allons indiquer ici se rapproche davantage de celui qui est généralement suivi.

Le mot faculté, pris étymologiquement, présente un sens actif, celui de *faire*, en général. Mais, en philosophie, il indique toutes les *dispositions* de l'âme, tant actives que passives. Pour donner une carte générale de l'esprit humain, il faut donc faire connaître les différentes sortes d'*états* de l'âme et ses *opérations* diverses. Les dispositions ou aptitudes de l'âme à éprouver ces états d'une part, à effectuer ces opérations de l'autre, s'appellent proprement, les premières, *capacités*; les secondes, *facultés*.

Mais comme on ne connaît les unes et les autres que par les phénomènes qui leur correspondent, il est nécessaire de déterminer d'abord le nombre et le caractère de chacun de ces phénomènes. Autant donc nous trouverons dans l'âme humaine de sortes de faits irréductibles, autant nous devrons distinguer d'aptitudes diverses. L'ordre que nous allons suivre dans cette esquisse est à peu près l'inverse de celui que nous avons suivi dans le corps de l'ouvrage; c'est une synthèse régressive.

1. Si nous faisons abstraction de l'excitation extérieure de la nature sur nous, excitation qui n'est que la condition externe de la

phénoménalité de l'esprit, et que nous suivions l'activité interne ou la réaction de l'âme sur la nature dans toutes ses manifestations, nous obtiendrons ainsi le résultat que nous cherchons. Tout fait interne ou de conscience, qu'il soit passif ou actif, exige donc, pour être produit, une activité interne; car si l'âme était inerte, si elle ne réagissait pas, si elle était purement passive, aucun phénomène interne n'aurait lieu. L'*activité* est donc la faculté mère de toutes les autres, ou plutôt l'élément commun qui en constitue l'unité, mais qui, par le fait même, ne sert point à les distinguer. L'activité ne peut donc, par cette raison, être envisagée comme une faculté spéciale; elle est comme l'étoffe commune de toutes et ne peut, par conséquent, pas plus figurer dans la division des facultés, que le tout ne peut figurer au nombre de ses parties.

II. L'activité se détermine d'abord par le *sentir* et le *connaître*; de là deux *capacités* primitives : la *sensibilité* et l'*intelligence*.

Suivant que nos affections sensibles sont rapportées à quelque partie du corps, ou qu'elles n'ont d'abord d'autre siége que le moi, la sensibilité est *physique* ou *non physique*. L'affection corporelle s'appelle plus particulièrement *sensation*, et l'affection incorporelle *sentiment*. La sensibilité physique se subdivise en *externe* et en *interne*, suivant qu'elle semble se localiser à la surface du corps ou dans ses profondeurs. On subdivise encore l'une et l'autre, suivant l'espèce de sensations, interne ou externe, dont on est affecté.

La sensibilité non physique, qu'il ne faut pas confondre avec les *sensations* internes qu'elle fait naître à la suite des *sentiments*, se divise en *morale, esthétique* et *logique*, suivant qu'elle est due à des idées de l'ordre du bien, du beau ou du vrai.

L'intelligence présente aussi deux grands points de vue d'abord, suivant qu'elle porte sur des phénomènes, des faits, des manières d'être réelles des choses ou de nous-mêmes, — ou qu'elle produit des notions qu'elle ne fait ensuite qu'appliquer, mais qui sont sans objets propres.

La capacité de connaître des phénomènes, d'en recevoir pour ainsi dire l'empreinte, peut être appelée du nom général de *réceptivité*. On la distingue en *externe* et en *interne*, suivant que les phénomènes se passent hors de nous ou en nous. La réceptivité externe s'appelle plus particulièrement *perception*, et l'interne, *conscience*. Mais on appelle aussi *perception* la connaissance fournie par la réceptivité. Kant l'appelle *intuition*. Si l'on adoptait cette dénomination, il y aurait alors des intuitions *externes*, par exemple celle d'une fleur, d'une maison, d'un homme, ou des qualités sensibles de quoi que ce soit d'extérieur, et des intuitions *internes*, par exemple celles d'une idée, comme modification actuelle du moi, d'un sentiment, d'une passion, d'une volition, etc.

La capacité de produire des notions ou de concevoir est la *raison*, dans le sens propre du mot. C'est aussi la faculté des idées de rapport. Toutes les connaissances de son ressort peuvent s'appeler proprement *conceptions*. Telles sont les idées d'espace, de temps, de substance, de cause, de vérité, de justice, etc.

Cette dernière faculté est très remarquable; c'est parce que les connaissances qui en sont le fruit n'ont point d'objet extérieur sensible que des philosophes en ont nié la légitimité; tandis que d'autres leur ont imaginé des objets intelligibles, éternels, des idées divines qui leur servaient de types, et que d'autres, enfin, ont cru que ces idées étaient innées, tandis qu'il n'y a réellement d'innées que nos facultés mêmes, comme l'a fort bien dit Laromiguière (IIe Partie, *Leçon IXe*).

III. Jusque là notre activité est pour ainsi dire à son premier degré, à sa première puissance; c'est l'activité constitutive des phénomènes; mais ces phénomènes doivent être suivis d'autres phénomènes 'dont ils ne sont que les antécédents. C'est ainsi que les sensations et les sentiments donnent naissance à une activité subséquente, ou plutôt à des actes ultérieurs qui prennent divers caractères et qu'on nomme *instinct, inclination, passion, émotion,* suivant les cas.

Le second degré de l'activité intellectuelle consiste ou à *rappeler* purement et simplement des intuitions, ou à les *modifier*. Ces deux ordres d'opérations portent le nom commun d'*entendement*. La *mémoire* est la faculté du premier ordre; la *synthèse* et l'*analyse* les facultés du second ordre. La mémoire est la seule de son espèce; il n'y a pas, en effet, deux facultés pour se rappeler le passé. D'un autre côté, il n'y a pas trois manières de traiter des idées, car on ne peut que les composer ou les décomposer, c'est-à-dire leur donner des rapports ou faire abstraction de ceux qui existent déjà. — Mais il faut remarquer que souvent une opération qui a reçu un nom, par exemple la *prévision*, n'est ni une analyse, ni une synthèse pure, mais bien le résultat de l'analyse et de la synthèse tout à la fois.

C'est pour ne pas avoir distingué ce qu'il y a de primitif au fond des différentes opérations intellectuelles, qu'on a imaginé tant de facultés diverses. Ce ne sont, la plupart, que les facultés combinées, ou appliquées à des ordres d'idées diverses. Or, il est évident que ces opérations, pour s'exécuter conjointement ou pour s'appliquer à différentes espèces d'idées, ne cessent pas d'être les mêmes. Si c'était ici le lieu, on ferait voir comment toutes les opérations intellectuelles secondaires rentrent dans les trois que nous venons d'indiquer, nous prendrions la plus longue liste que nous pourrions trouver des facultés, et nous montrerions, par l'analyse des opérations qu'elles indiquent, qu'elles se résolvent en définitive dans le souvenir, la synthèse et l'analyse. Nous pourrions faire voir, subsidiairement, comment ces trois dernières mêmes pourraient encore être réduites. Mais comme une trop grande réduction a un inconvénient analogue à celui d'une trop grande division, nous nous en tiendrons à ces trois formes principales de l'entendement.

Nous ne devons pourtant pas laisser ignorer quelles sont les autres facultés intellectuelles du second ordre plus ou moins généralement admises. De ce nombre sont : l'*attention*, la *réflexion*, l'*abstraction*, la *mémoire*, l'*imagination*, l'*association des idées*, la *faculté des signes* (la *parole*), la *prévision*, la *généralisation*, le *jugement*, la *comparaison*, le *raisonnement*, la *définition*, la *division*, la *classification*.

IV. Telles sont les différentes expressions du second degré de l'activité de l'esprit en général. Mais il est un troisième et dernier degré de cette activité; c'est celui par lequel l'esprit prend une connaissance plus distincte de toutes les opérations des deux degrés précédents, la *réflexion*, et se saisissant pour ainsi dire de sa propre activité, la dirige à son gré, *volontairement*, dans les limites de sa puissance. La *liberté* est le nom de cette nouvelle détermination de l'activité. Jusque là, en effet, toutes les opérations avaient été ou *fatales*, ou *spontanées*; mais dès qu'une fois la liberté s'en mêle, elle peut souvent prévenir ce qui, sans elle, aurait eu *nécessairement* lieu, ou régler une opération qui, sans elle encore, se serait accomplie d'une manière plus fortuite. C'est donc en vertu de la faculté que nous avons de nous replier sur nous-mêmes par la pensée (la réflexion), de diriger notre activité naturelle (la volonté), que nous sommes libres. C'est aussi ce qui fait de nous des *personnes*, car autrement nous ne serions pour ainsi dire que des forces expansives, avec un foyer d'activité d'où partirait chaque mouvement, mais où l'activité n'aboutirait jamais. C'est une chose vraiment merveilleuse que ce retour de l'activité intellectuelle sur elle-même pour se connaître et se posséder. C'est non seulement la raison immédiate de la personnalité, mais aussi celle du langage conventionnel, du langage proprement dit. On n'a pas assez remarqué jusqu'ici que tout signe, émis avec intention de signifier, exige réflexion ou retour de l'esprit sur lui-même.

En considérant l'âme par rapport au corps, elle a aussi la faculté de le mouvoir. Elle présente de plus les phénomènes surprenants du *somnambulisme* et du *magnétisme* animal, ainsi que beaucoup d'autres phénomènes anomaux résultant de certains états extraordinaires ou maladifs, mais que nous ne devons pas mentionner ici, où il ne s'agit que des facultés ordinaires et normales de l'esprit humain.

Nul mot ne devrait être plus transparent que celui-là; nul ne devrait avoir une signification plus précise et plus universellement admise. Il faut cependant convenir qu'il n'en est rien. C'est une raison pour que nous tâchions de jeter quelque jour sur un sujet aussi important.

III.

LES IDÉES (p. 30).

Si l'on croit l'étymologie (ἰδέα, apparence; ἰδεῖν, voir), la perception visuelle aurait donné son nom à tout mode de connaître. En effet, les perceptions visuelles sont les plus étendues, les plus frappantes, les plus constantes, les plus claires et les plus utiles.

Déjà cependant le mot *idée* avait dans le langage de Platon un sens plus spécial et surtout plus métaphysique; il indiquait, suivant toute apparence, le type divin de toutes les connaissances humaines susceptibles de généralité. Et quelles sont celles qui ne le sont pas? Les *formes*, les *espèces* d'Aristote signifiaient à peu près la même chose que les idées de Platon; seulement il ne leur accordait ni types divins, ni existence indépendante, quoiqu'il reconnût qu'elles peuvent être abstraites, généralisées, nommées et combinées entre elles de mille manières différentes, d'où naissent les diverses espèces de raisonnement et leurs différentes formes. — Le mot *idée* fut pris plus tard d'une manière plus grossière et beaucoup plus restreinte, car il signifia les *images* des choses; et l'on expliquait alors la perception par la présence de ces images émanées des choses, et parvenues dans le cerveau après avoir parcouru les organes. C'est même ainsi qu'Epicure expliquait les idées des dieux : ils apparaissaient en songe, et leur forme ou image s'imprimait dans notre esprit. Cette explication mécanique des idées remonte au moins à Démocrite, qui les appelait des εἴδωλα, des idoles, des apparences, et comme des ombres de choses. Ces *espéces*, plus ou moins subtiles, matérielles ou immatérielles, ont été admises jusqu'à nos jours. On les regardait comme des entités *point du tout méprisables*, suivant Malebranche. Mais enfin Reid a fait voir qu'elles étaient, au contraire, très peu respectables comme entités; il a complétement ruiné cette hypothèse d'espèces intermédiaires entre l'esprit et les choses; hypothèse qui n'aurait été bonne, en tous cas, que pour expliquer les perceptions, particulièrement celles de la vue, mais qui ne suffisait plus pour rendre raison des sensations, et encore moins des conceptions de la raison pure. Mais il faut convenir que Reid n'a rien mis à la place de ce moyen mécanique d'explication, et qu'il semble même ne pas avoir soupçonné la difficulté invincible qui s'attache au rapport de la connaissance à son objet dans les perceptions, et à la production des conceptions rationnelles.

Quoi qu'il en soit des systèmes et des opinions sur ce point, nous dirons que le mot idée, pris dans son acception la plus générale, s'entend de toute espèce de connaissance qui éclaire le moi et en fait un principe intelligent. L'idée est donc un genre suprême, dont l'*intuition*, la *notion* ou idée générale empirique et les *conceptions* ne sont que les espèces.

Nous ne quitterons point ce sujet sans nous expliquer sur un point de nomenclature important. Le mot *intuition*, indiquant une vue immédiate, nous semblerait particulièrement propre à signifier la connaissance réfléchie des phénomènes de conscience. Le mot *perception* conviendrait plutôt pour exprimer la connaissance que nous avons des corps *au moyen* des états intellectuels qui résultent de l'impression des choses du dehors sur nos organes. Le mot *notion* nous semblerait pouvoir être très convenablement employé pour indiquer les idées générales, ou, en un seul mot, les idées formées par l'entendement, à l'aide de l'abstraction, de la comparaison, de la généralisation, etc. On sait, en effet, qu'une idée de cette espèce peut être plus ou moins générale, plus ou moins précise par conséquent. Elle peut être aussi plus ou moins bien faite, en ce sens que les éléments peuvent être ou mieux ou plus mal choisis. Et comme le mot notion, dans la langue vulgaire, indique assez généralement une connaissance superficielle, vague, imparfaite, il y aurait ainsi plus de rapports entre la nomenclature scientifique et la nomenclature vulgaire.

Ajoutons que ce même mot a un sens actif, qu'il suppose un objet à la connaissance, une réalité, ou tout au moins une qualité sensible correspondante.

Le mot *conception*, par une autre convenance non moins marquée, serait exclusivement réservé pour signifier les idées que la raison tire de son propre fond, qu'elle produit quant à la matière et quant à la forme, qu'elle *conçoit* et engendre pleinement. Ces sortes d'idées, n'ayant rien à démêler directement avec les réalités, puisqu'elles n'ont point d'objet propre ou immédiat, n'ont jamais rien de l'incertitude et du vague des idées expérimentales, idées qui sont formées des matériaux fournis par l'intuition ou par la perception. Si elles sont parfois complexes, cette complexité est elle-même invariable et parfaitement déterminée. Il n'y a là ni plus ni moins, pas de degrés variables, de *généralité* plus ou moins grande, mais *universalité* absolue, que l'idée soit complexe ou incomplexe. Si elle est complexe, le nombre des éléments n'a rien d'arbitraire, et chacun d'eux est d'une parfaite lucidité.

Nous n'ignorons cependant pas que, suivant un certain usage, mais qui n'a pour lui ni le nombre, ni l'ancienneté, ni l'autorité des noms, le mot notion est, au contraire, employé pour signifier ce que nous appellerions plus volontiers, d'après des auteurs plus imposants, les conceptions de la raison, tandis que le mot conception est plutôt affecté aux idées expérimentales formées par l'entendement.

Suivant notre nomenclature donc, le mot *idée*, enfin, serait l'expression la plus générale de toute cette famille de mots; elle indiquerait ce qu'il y a de commun aux conceptions, aux notions, aux perceptions, aux intuitions, c'est-à-dire le fait de connaître un état intellectuel de l'âme. On pourrait donc se servir du mot idée, comme on le fait dans le langage ordinaire, toutes les fois qu'on n'aurait pas besoin d'indiquer avec plus de précision la nature de l'idée, son espèce, ou que cette indication résulterait suffisamment de l'ensemble des expressions.

IV.

IDÉALISME (p. 72).

C'est le nom qu'on donne à l'opinion philosophique qui nie à tort ou à raison certaines réalités admises avec ou sans fondement par un système contraire, appelé pour ce motif *réalisme*.

L'idéalisme, s'il est absolu, va jusqu'à la négation de toutes choses; il soutient que toutes nos connaissances sont sans objet. En ce sens, l'*idéalisme* est opposé au *réalisme* absolu, qui veut que toute idée ait un objet.

Mais l'idéalisme peut n'être que partiel; c'est ainsi qu'il peut nier la matière, mais pas l'esprit, principe de la pensée, de l'idée même. C'est alors un idéalisme *spiritualiste*. Il n'y a plus alors qu'une espèce de principe, celui de la pensée. C'est un *monadisme* universel, à peu près comme celui de Leibniz, ou un *monodyna-misme,* un *naturalisme* également universel, comme celui de quelques philosophes contemporains. C'est une sorte de *panthéisme*.

L'idéalisme, qui prétendrait que les êtres spirituels, incorporels, immatériels n'existent pas, que les idées que nous croyons en avoir ne correspondent à rien de réel, que le principe de la pensée est le même que celui des phénomènes corporels, serait l'idéalisme *maté-rialiste*, puisqu'il n'y aurait alors que de la matière.

L'idéalisme peut encore être la négation de toute réalité maté-rielle ou spirituelle, une seule exceptée, Dieu. C'est l'idéalisme *mys-tique* ou *religieux*, un vrai panthéisme spiritualiste. S'il accorde l'existence d'autres esprits, d'esprits créés, mais incapables de penser par eux-mêmes ou sans l'action de Dieu, c'est à peu près l'idéalisme de Berkeley, dont le spiritualisme de Descartes et de Male-branche sont les antécédents.

Si l'idéalisme nie toute autre réalité que celle du moi, sans aucune exception, c'est l'idéalisme *égoïste* ou *subjectif* de Fichte.

Si, au contraire, on résout tout être, toute véritable existence, toute connaissance, toute idée dans le non-moi, l'idéalisme est alors *objectif*. Tel serait celui de *Schelling,* si Schelling n'était pas plutôt réaliste absolu, et tellement absolu même qu'il nierait l'idée, en tant qu'elle serait distincte de l'objet.

La contre-partie de cet idéalisme était inévitable, car si l'idée revient à l'objet, si elle est tout un avec lui, l'objet lui-même pourrait bien revenir à l'idée, n'être que l'idée. Et alors on a l'idéalisme *absolu* de Hégel.

Ce n'est pas tout : l'idéalisme peut n'avoir aucun caractère dogmatique, et n'être que l'ignorance scientifiquement reconnue de toute réalité en soi. Alors l'idéalisme est *critique*. Mais comme il ne nie pas ce qu'il ne connaît pas, la réalité intelligible (non visible) des choses, il ne peut être équitablement appelé sceptique. C'est l'idéalisme de Kant.

Il est évident que l'idéalisme, pris à la rigueur, comme l'opposé de tout réalisme, n'a pas de point d'appui, car alors le principe pensant lui-même est sans réalité; il n'est plus qu'une idée sans quelque chose dont cette idée soit la forme. L'idéalisme, ainsi entendu, est donc opposé aux principes de causalité et de substantialité, c'est-à-dire au premier article de foi de la raison humaine, à l'une des lois nécessaires de la pensée.

Tout idéalisme partiel qui, admettant une réalité interne, nie une réalité externe, cosmique, ou hypercosmique, et réciproquement, nie aussi partiellement les mêmes principes.

La vérité n'est donc ni dans l'idéalisme absolu, qui est le *nihilisme*, ni dans l'idéalisme relatif ou partiel, qui est le matérialisme ou le spiritualisme exclusif, ou même l'athéisme; elle est dans un certain idéalisme et un certain réalisme réunis, c'est-à-dire dans le *criticisme*.

V.

LES PASSIONS (p. 234).

§ 1. *Des passions en général.* — Les passions sont un ordre de phénomènes très complexes, et qui, suivant qu'on donne à tel élément ou à tel autre la prépondérance sur tout le reste dans la signification qu'on attache au mot passion, peuvent être entendues très diversement.

On a souvent confondu les passions avec leurs éléments ou avec des états accessoires. On appelle d'ordinaire passions par excellence: l'amour et la haine, le désir et l'aversion, la crainte et l'espérance, la joie et la tristesse, etc.

Il n'y a pas de passion générale ou abstraite; il n'y a que des passions déterminées, dont les caractères dépendent de l'objet. Toutes ces passions ont un fond commun, l'amour. Mais les effets de l'amour varient singulièrement suivant la nature de l'objet aimé; c'est la raison pour laquelle on a distingué plusieurs passions.

La joie, la tristesse, le désir et l'aversion, l'espérance et la crainte, la haine elle-même ne sont que des accessoires de la passion essentielle, l'amour. Aussi ces états divers diffèrent-ils incomparablement moins d'une passion à une autre, que l'amour ne diffère de lui-même suivant les objets auxquels il s'attache; ce qui permet de ne les décrire qu'une fois pour toutes, les passions, leurs caractères étant toujours les mêmes.

Autant donc d'espèces de passions que d'espèces d'objets auxquels l'amour peut s'attacher, autant de passions diverses, autant d'états différents, qu'il importe de caractériser en anthropologie. Mais cette opération doit être précédée de deux autres, l'énumération et la classification des passions.

Comme toute passion a sa racine dans la sensibilité, il est naturel de partir des différents modes de sentir, des différentes espèces d'objets qui affectent la sensibilité organique et la sensibilité inorganique, qui déterminent la sensation et le sentiment, pour fixer le nombre et le rang des passions diverses : on aurait ainsi des passions qui se rattachent à la sensation, qui ont pour objet la jouissance physique ; des passions qui ont leur raison dans le sentiment, et qui ont pour objet des idées. Nous avons essayé ce travail ailleurs ; nous étudierons ici les passions en conséquence.

Disons, en terminant ces réflexions préliminaires, que l'étude des passions, dans leurs éléments abstraits, convient mieux à la psychologie, et celle des passions, considérées concrètement, à l'anthropologie.

Ajoutons que le nombre des passions, qui serait indéfini s'il fallait les compter rigoureusement d'après celui des espèces d'objets naturels ou artificiels auxquels nous pouvons nous attacher, se trouve singulièrement réduit dès qu'on fait attention qu'une multitude d'objets peuvent affecter le même mode de sensibilité. C'est ainsi qu'il est parfaitement inutile de distinguer, même en anthropologie, autant d'espèces de passions du goût ou de l'appétit qu'il y a d'espèces d'objets qui peuvent flatter l'un et satisfaire l'autre, bien qu'en réalité la passion du gibier ne soit pas celle du poisson ou des légumes, et qu'on puisse distinguer indéfiniment entre les différentes espèces de gibier et les différentes espèces de légumes. Toutes ces passions sont naturellement comprises sous la passion générale de la gourmandise, *gula, gluvies*. Mais comme la passion du vin a des caractères assez distincts, et des conséquences propres, il convient d'en faire une classe à part.

Les passions peuvent avoir leur siége apparent dans l'âme ou dans le corps plus particulièrement ; mais celles dont l'objet parait le plus bas, et s'adresse le plus au corps, se font encore vivement sentir à l'âme, et souvent même la dominent. Pareillement, les passions dont l'objet semble le plus élevé et le plus noble, tel que l'enthousiasme religieux ou scientifique, agit encore sur le corps, et souvent de la manière la plus frappante, comme dans l'extase. Néanmoins on pourrait dire que le foyer organique des passions sensuelles est plus particulièrement dans les régions abdominales, celui des passions sociales dans les régions thoraciques, et celui des passions intelligentielles dans la tête, et, par voie de réaction, dans le cœur et la poitrine également.

Point donc de siége exclusivement spirituel ou corporel ; mais l'appétit peut avoir un caractère de sensualisme ou de spiritualisme plus ou moins prononcé.

Spirituelle, sensuelle ou sociale, etc., la passion se manifeste au dehors par des caractères physiognomoniques qu'on a décrits avec plus ou moins d'habileté (1). Il est d'autant moins nécessaire de nous y arrêter que ces caractères, en tant du moins qu'ils font partie de la physionomie, sont faciles à reconnaître.

Les passions ont leur loi de croissance, d'apogée et de décroissance comme les autres phénomènes. Elles sont par conséquent plus ou moins intenses ; elles commencent par demander, puis elles exigent, et bientôt contraignent. Elles ont, comme les maladies, leurs prodrômes, leurs symptômes, leur paroxisme et leur terminaison. Comme les maladies encore, elles peuvent être aiguës ou chroniques, simples ou compliquées, et passer de l'un de ces états à l'état contraire ; telles ou telles sont aussi plus ordinaires, suivant les âges, les constitutions et les circonstances. Elles influent sur le moral et le physique, comme les maladies sur le physique et le moral.

Elles sont d'autant plus réglées dans leur objet, leur intensité et leurs rapports entre elles que le sujet qui les éprouve est plus réfléchi, plus judicieux et plus raisonnable.

Mais si l'amour des plaisirs, le besoin de paraître, l'enthousiasme pour un ordre quelconque d'idées l'emporte sur la raison, une passion correspondant à cette espèce d'entraînement pourra devenir le moteur principal de la vie, et précipiter dans des extravagances plus ou moins répréhensibles.

A degrés pareils de sensibilité, les passions deviennent plus ou moins intenses, suivant que leur objet acquiert ou perd de son prix, ou que les chances de l'obtenir s'accroissent ou diminuent.

L'imagination peut beaucoup en bien ou en mal, mais peut-être plus en mal qu'en bien, pour attiser ou éteindre le feu des passions.

Une passion très développée, et qui domine tout le reste des mobiles, est plus ou moins voisine de la folie, et peut aisément y conduire. Sur trois cent vingt-cinq cas d'aliénation mentale, cent trente-neuf étaient dus à des causes physiques, et cent quatre-vingt-six à des causes morales.

(1) Voir *Les Caractères des Passions*, par CUREAU DE LA CHAMBRE; les *Conférences sur l'expression des différents caractères des passions*, par LEBRUN; le *Traité de la Physionomie*, par le même; les *Études des Passions appliquées aux beaux-arts*, par DELESTRE. Voir aussi LAVATER, etc.

Méad assurait qu'il y avait dans les hôpitaux de Londres, consacrés au traitement des aliénés, beaucoup plus de personnes qui l'étaient devenues subitement par le commerce de la mer du Sud, que des gens réduits par des revers de fortune au dernier état de misère et de pauvreté (1).

On a remarqué aussi que, tout comme il est des passions plus ordinaires à chaque âge, il y a de même des espèces de folies qui atteignent plus particulièrement telle ou telle période de la vie.

Les causes des passions sont les appétits ou les besoins excessifs, qui deviennent comme le mobile des actions.

Mais indépendamment de ces causes fondamentales, il y en a d'accidentelles, les influences, qui sont très nombreuses : l'âge ; le sexe ; les climats ; la température ; les saisons ; la nourriture ; l'hérédité ; l'allaitement ; les tempéraments ou constitutions ; les maladies ; la menstruation et la grossesse ; la position sociale et les professions ; les relations de famille ; l'éducation ; l'habitude ; l'exemple ; le grand monde ; la solitude ; la vie champêtre ; les fortes préoccupations religieuses ; les spectacles ; les romans ; les différentes formes de gouvernement ; les degrés divers de civilisation ; et, par-dessus tout, la prépondérance de l'imagination sur la raison : voilà autant de circonstances qui contribuent à des degrés divers au développement des passions. Nous n'entrerons ici dans aucun détail (2).

Les effets des passions sont moraux et physiques : toutes exercent une certaine action, favorable ou contraire, sur les sentiments et les idées. Nous n'insistons pas sur ces effets, qui sont connus de tout le monde.

Toutes agissent aussi sur l'organisme : elles en ébranlent tout le système, et quelquefois assez fortement pour y jeter le désordre ou en occasionner la ruine. Les fonctions vitales en sont ou activées, ou ralenties, ou troublées. Quelquefois le premier de ces états amène le second, et l'un et l'autre sont inséparables, à différents degrés, du troisième. Si l'une des fonctions vitales s'accomplit avec une force ou une faiblesse anomale, le désordre ne consiste pas seulement dans cet excès ou dans ce défaut de vie particulier, mais aussi dans le défaut d'harmonie entre cette fonction et celles qui y tiennent plus ou môins étroitement. Un autre phénomène organique, qui s'observe encore dans la passion, c'est une sorte de dissipation ou de concentration de la force vitale ; elle semble se porter

---

(1) Méad, *Monit. et præcept. med.*, 1762, p. 48.
(2) Voir sur ce sujet M. Descuret, *la Médecine des Passions*, 2e édit., p. 31-110.

tantôt du centre à la circonférence, tantôt de la circonférence au centre, ou s'attacher plus particulièrement à telle ou telle région qui en est comme le siége ou le foyer. La même passion, prise dans ses différentes phases, ou même dans des sujets divers, présente quelquefois ces mouvements contraires ; après l'action, vient la réaction.

Si les passions agissent trop longtemps ou trop fortement sur l'organisme, elles peuvent y déterminer des perturbations et des vices qui deviennent le principe de maladies soit chroniques soit aiguës, ou qui compliquent et aggravent les affections qui auraient une autre cause.

§ II. *Du fond commun des passions.* — Toutes nos aspirations, même les plus désintéressées, ne partent de nous que pour y revenir. On a beau s'oublier en apparence, on s'accompagne toujours en réalité, et l'amour le plus désintéressé n'est pas le moins heureux.

Serait-ce un crime que cette jouissance du bonheur d'autrui, surtout quand on le procure ? Faudrait-il fermer son cœur à une délectation aussi pure ? Qu'y gagnerait l'humanité ? Je ne sais, mais il est facile de voir ce qu'elle y perdrait.

Bien plus, on ne peut douter qu'un pareil scrupule, et les efforts qu'il pourrait déterminer pour étouffer toute jouissance attachée à la pratique du bien, serait une révolte contre la nature, un acte de fanatisme.

Mais la passion est en général peu accessible à une pareille faiblesse : elle jouit dans ce qu'elle aime, et n'aime que parce qu'elle jouit. Elle se trouve bien déjà de la poursuite de son objet, et compte sur un plus grand bien encore dans la possession.

Aussi a-t-on dit que l'amour de soi-même est le fond commun de toute passion. Ne pas vouloir s'aimer serait encore se complaire ou s'aimer dans la haine de soi-même. C'est un état qu'on préférerait encore à un autre.

Après ce rapide coup d'œil jeté sur les passions en général, sur le terme extrême de leurs aspirations, la possession du plaisir, la suite de la peine, nous considérerons en particulier quelques-unes des passions principales, celles d'abord qui se rattachent à la sensibilité organique ou physique, celles ensuite qui ont leur source dans la sensibilité morale, celles enfin qui ont leur raison dernière dans la sensibilité esthétique, résultant de quelque conception de rapport qui plaît à l'âme.

Il va sans dire que cette division n'a rien de parfaitement rigoureux, et que les passions d'un ordre participent aussi d'un ou de plusieurs autres. Seulement elles prennent le nom des sentiments qui semblent prédominer dans l'ensemble du phénomène passionnel.

I. *Passions qui se rattachent plus particulièrement à la sensibilité organique.* — Voir, pour l'énumération, notre *Anthropologie.*

II. *Passions qui se rattachent plus particulièrement aux sentiments sociaux.* — Elles sont assez connues. En voir l'énumération dans notre *Anthropologie spéculative.*

III. *Passions qui se rapportent plus spécialement au sentiment rationnel.* — Un sentiment de plaisir ou de peine survient à la contemplation d'une idée pratique d'un intérêt supérieur. Il est même susceptible de trois ou quatre degrés d'intensité, quelle qu'en soit la nature et l'intérêt qui s'y rattachent, suivant que nous la concevons ou comme purement applicable, ou comme appliquée par d'autres et à l'égard de personnes étrangères, ou par nous ou pour nous.

Les passions qui peuvent s'y rattacher sont exclusivement humaines, à la différence des passions physiques que nous partageons avec les animaux, et des passions sociales qui leur sont encore communes avec nous dans une certaine mesure.

Aussi n'ont-elles rien d'organique comme les premières; pas même ce qui en reste aux secondes, dont la région thoracique semble encore être le foyer principal. Elles n'ont pas non plus pour objet quoi que ce soit de matériel, choses ou personnes; ce qui les excite, c'est la contemplation d'une idée; d'une idée pratique sans doute, et qui peut, par conséquent, s'appliquer à quelque être sensible, mais qui en diffère essentiellement.

Il est juste d'observer cependant que ces sortes de passions, lorsqu'elles sont agréables, produisent, comme tout ce qui est amour, joie, espérance, etc., un bien-être général dans le corps; c'est un effet médiat, et non une localisation; la sensation résultant du sentiment n'est nulle part parce qu'elle est partout; de plus, elle est consécutive au sentiment, tandis que dans la jouissance physique, la sensation précède, et le sentiment de joie vient après et réagit sur le corps. Il faut, d'ailleurs, distinguer ce sentiment, déjà possible dans les sensations, d'avec le sentiment qui s'attache à la contemplation des idées, qui précède la satisfaction et la produit.

Toutes les passions intellectuelles appartiennent à la région supérieure de notre âme, *templa serena*. Aussi leur action est-elle moins dangereuse que celle des autres; elles tendent au contraire à nous élever, tandis que les inférieures tendent à nous rabaisser. Ces passions, par là même, ne sont pas vulgaires, et quoique le germe en existe chez tous les hommes, il ne se développe et grandit que dans les âmes d'élite.

On peut en compter cinq ou six sortes, suivant qu'il s'agit : 1° de la convenance des moyens aux fins dans la nature ou dans l'art; 2° de l'harmonie ou de la proportion et de l'unité entre les parties d'un même tout; 3° de la grandeur disproportionnée d'un être ou d'une puissance avec la nature ou la puissance de l'homme, en un mot du sublime; 4° du rapport pratique entre l'homme et Dieu; 5° de la convenance logique des idées entre elles ou de la vérité; 6° de la convenance de nos actes avec l'idéal de notre vie pratique. On peut donc appeler les passions correspondantes : téléologiques, esthétiques, ipséliques, religieuses, logiques et morales.

Cette division n'a rien de bien strict, ni entre les membres qui la composent, ni comme passions intellectuelles en général par opposition aux deux classes précédentes de passions. Comme toutes les distinctions entre choses qui se tiennent étroitement et par mille nœuds divers, qui sont en état d'action et de réaction constante, comme le sont, en effet, toutes les pièces du mécanisme humain, celles qui précèdent n'ont rien, ne peuvent rien avoir de rigoureux; c'est un point de vue commode pour l'étude, mais qu'il faut soigneusement se garder de presser au-delà d'une certaine mesure.

Cette observation s'applique à ce qui suit.

1° *Passions téléologiques.* — Au nombre des passions téléologiques, qui ont pour fondement l'attrait spéculatif ou pratique pour les combinaisons *utiles*, le rapport des moyens aux fins, il faut compter la chasse, la pêche, la domestication des animaux, l'agriculture, tous les arts mécaniques, la gymnastique, la natation, l'équitation, la danse, l'escrime, la guerre et le jeu, etc.

L'art des jardins et celui de l'architecture sont comme les transitions de l'utile au beau.

Toutes ces applications diverses des forces humaines sont de nature à nous intéresser jusqu'à la passion.

Mais il faut se garder de confondre l'intérêt qui s'attache à une idée pratique, comme conception heureuse, comme invention, comme contemplation de rapport pur et simple d'un moyen à une fin, avec l'intérêt qui résulte de l'idée des avantages matériels qu'on peut se promettre d'une pareille conception; le premier intérêt est le seul dont nous avons à nous occuper ici; l'autre appartient à un ordre de passions différent; à moins que l'avantage en question ne soit encore spéculatif, par exemple celui qui peut résulter d'un moyen mécanique propre à faciliter la découverte de vérités dont on n'entrevoit encore aucune application pratique dans les arts utiles.

2° *Passions esthétiques et ipséliques.* — Les passions esthétiques, qui se rattachent au culte du beau, peuvent être aussi nombreuses que les genres de beauté. Et comme les caprices du goût prétendent eux-mêmes avoir le beau pour objet, nous rattachons aussi la mode aux passions de cet ordre. Mais il ne serait pas sage à nous de ne pas nous borner à renvoyer aux maîtres qui ont écrit sur ce sujet délicat, et nul, au point de vue anthropologique, ne nous semble avoir surpassé Kant dans ses *Observations sur le beau et le sublime*; seulement, l'histoire comparée de l'art, suivant les temps et les lieux, pourrait ajouter encore aux observations générales de l'auteur. Mais ce travail, en fussions-nous capable, nous écarterait beaucoup de notre sujet, qui n'est qu'une étude des passions. Il serait déjà mieux à sa place dans un traité d'esthétique.

3° *Passions logiques.* — L'amour de la vérité est le fondement des passions de cette espèce. Cet amour se manifeste à des degrés divers, depuis le simple respect de la vérité, qui n'est contrebalancé par aucun intérêt, jusqu'au dévoûment pour elle.

Ce dévoûment prend des formes très diverses : l'amour passionné des connaissances, utiles ou non, fait entreprendre aux curieux de la nature, aux géographes, aux moralistes, aux linguistes, aux historiens, aux savants de toutes espèces, des voyages plus ou moins longs et périlleux. Il les détermine à des sacrifices considérables, les expose à des privations de toutes sortes, à des contrariétés et à des dégoûts sans nombre et sans fin. Il y a, dans la persévérance et les douleurs morales d'un Képler, d'un Bernard de Palissy, et d'une infinité d'autres qui n'avaient même aucune gloire tardive à espérer, une abnégation bien plus difficile et plus héroïque que celle des champs de bataille.

Mais il est juste de reconnaître aussi que la conquête d'une grande et utile vérité doit être une source de satisfaction qui ne le cède qu'à celle d'une haute vertu. On conçoit l'enthousiasme d'un Pythagore et d'un Archimède, aussi bien que la douce consolation d'Epaminondas mourant. La découverte du vrai est aussi une victoire, dont les fruits mêmes sont moins mêlés d'amertume et doivent être plus longtemps goûtés que ceux qui coûtent tant de larmes et de sang à l'humanité.

4° *Passions morales.* — Ces sortes de passions tiennent à l'amour inné de l'honnête et du juste. Elles ont leurs degrés, depuis le simple respect des convenances les plus rigoureuses de la justice, jusqu'à la plus exquise délicatesse et au dévoûment le plus absolu.

Lucrèce qui croit devoir subir un outrage qu'elle abhorre plutôt que de perdre son honneur, mais qui se punit de cette souillure involontaire par la perte volontaire de la vie; Régulus qui va de lui-même au plus affreux martyre plutôt que de manquer à la parole donnée; Fabius qui met l'intérêt de sa patrie au-dessus de sa réputation et de sa gloire; les Codrus, les Décius, les Winkelried et les d'Assas qui arrachent la victoire par une immolation d'eux-mêmes; les Aristide et les Fabricius qui mettent la justice et l'honneur de leur patrie au-dessus de ses intérêts apparents; une infinité d'hommes victimes de leur dévoûment au salut de leurs semblables, et dans les circonstances souvent les plus obscures et les moins propres à exciter l'enthousiasme; toutes ces grandes actions prouvent un attachement vif, profond, sublime quelquefois, à la beauté morale, et relèvent singulièrement l'humanité. Nulle passion n'est plus noble et plus digne d'être honorée de l'humanité. Il en est d'autres plus grandes encore par leur objet, les passions mystiques, mais qui s'égarent trop aisément et sont en général moins fécondes en bienfaits. N'ayant ni la pureté ni l'utilité des passions pour le vrai et le juste; appartenant par le rôle qu'y joue le plus souvent l'imagination à l'ordre des phénomènes qui sont la matière du beau et du sublime, nous avons cru qu'elles ne pouvaient prétendre à la première place.

Nous ne parlerons point des nombreuses vertus où la passion morale peut avoir sa part. Le respect et l'admiration qu'on éprouve pour les grandes vertus imposent, d'ailleurs, silence à notre faiblesse. C'est les honorer de notre mieux que d'éviter de les décrire faiblement. Au génie seul appartient les récits des grandes vertus. C'est, il est vrai, les louer assez que de les raconter; mais encore faut-il savoir les raconter avec la fidélité et le ton qui leur conviennent. La médiocrité n'éprouvera pas ces scrupules en présence des grands crimes; elle pourra ne pas les peindre avec l'énergie nécessaire pour en inspirer une juste horreur, mais elle n'aura pas à craindre de les profaner par sa faiblesse même à les rendre. Toutefois, les passions contraires, celles dont nous parlons, ne nous occuperont pas davantage : le tableau vivant n'en est que trop commun.

VI.

L'INSTINCT (p. 251).

I. Quoique une bonne définition, en matière de faits, ne puisse être que le résultat, et comme le résumé le plus substantiel d'une étude, on peut néanmoins commencer par là lorsqu'il s'agit d'enseigner ce qu'on est censé connaître. La définition est alors comme un critérium à l'aide duquel le lecteur ou l'auditeur peut à chaque instant s'assurer si le professeur ou l'écrivain reste fidèle à son sujet.

Nous pouvons donc définir provisoirement l'instinct : un mouvement par lequel un être vivant tend à sa fin sans qu'il le sache. Si nous voulions être plus explicite, nous ajouterions : et par des moyens dont il ignore également la propriété.

Ainsi, l'instinct est au moins une tendance, une aspiration plus ou moins énergique vers un but, mais vers un but inconnu de l'agent; et les moyens propres à l'atteindre ne sont pas choisis par l'agent qui les emploie avec connaissance de cause : il ignore le rapport qui existe entre ces moyens comme cause et l'effet qu'il lui importe cependant d'obtenir par là.

Il y a donc quatre choses dans l'instinct : le but, les moyens, l'activité qui les choisit et les emploie avec une sagesse aveugle, et enfin l'état sensitif qui est comme l'occasion ou la cause connexe qui met en jeu l'activité. Je dis connexe, parce que nous ne voyons entre le sentir et l'agir aucune liaison nécessaire ou efficiente, et que nous ne pouvons nous expliquer l'agir à la suite du sentir, quelque régulière que soit cette succession, que par l'intervention d'une faculté particulière, l'activité.

En d'autres termes, sentir et agir sont deux états tellement distincts, tellement opposés même qu'ils ont beau se succéder avec une régularité plus ou moins constante; le premier n'explique pas le second. Il n'en explique pas même la mise en jeu; nous savons bien qu'à la suite du sentir vient généralement l'agir; que l'agir, lors surtout qu'il est instinctif, est généralement précédé du sentir, mais nous ne pouvons voir aucune liaison de cause à effet entre ces deux états, ni même entre le sentir et le vouloir, que le vouloir soit réfléchi ou spontané.

Cette liaison n'est pas plus visible dans les mouvements fatals, où l'activité se met en jeu sans la volonté et contre la volonté même.

En deux mots : il y a un abîme entre la sensibilité et l'activité ; ces deux états de l'âme ont beau se succéder le plus souvent, ils ne s'expliquent pas l'un par l'autre, le second par le premier. Et d'ailleurs, ce qui prouve, indépendamment de la différence radicale qui existe entre l'un et l'autre, qu'il n'y a pas de rapport de causalité entre eux, c'est que tout sentiment n'est pas suivi d'action, pas plus que toute action n'est suivie de sentiment : il y a des affections sensibles qui tendent plutôt à paralyser l'activité qu'à l'exciter, comme il y a des actions qui s'accomplissent sous l'empire de l'idée seule, contrairement même à ce que la sensibilité pourrait réclamer. Elle voudrait soit l'abstention, soit une action contraire, et cependant il faut agir, et agir ainsi : la raison en fait une loi, malgré les réclamations de l'appétit. C'est, du moins, ce qui s'observe dans l'homme.

Le but de l'instinct revient en général à l'être, au bien-être et au mieux être de l'agent, et par lui à l'être et au bien-être de son espèce. Conservation, bonheur et développement de l'individu, conservation, bonheur et développement de l'espèce, telles sont les grandes tendances instinctives.

Mais le fondement de tout acte instinctif étant la satisfaction d'un besoin, il y a dans les êtres autant d'espèces d'instincts qu'il y a d'espèces de besoins ou d'états sensitifs divers. Ainsi dans l'homme il y a des instincts organiques, mécaniques, esthétiques, logiques, moraux, juridiques, religieux, puisque nous avons toutes ces sortes de sensibilités et de tendances.

Et comme ces instincts sont de plus en plus élevés, qu'ils nous portent à une destinée de plus en plus haute, et qu'ils se développent à peu près dans l'ordre où nous venons de les énumérer, il convient de les étudier dans cet ordre même. Nous commencerons donc par les instincts organiques, c'est-à-dire par les instincts animaux.

Mais comme les instincts de cette nature sont bien plus marqués dans l'animal que dans l'homme, qu'ils y sont dans un état de pureté parfaite, il importe, pour en avoir une idée aussi exacte que possible, de les étudier dans l'animal d'abord, ensuite dans l'homme. On sera, de cette manière, en état de les mieux démêler dans des êtres où ils se trouvent comme oblitérés et obscurcis par des phénomènes d'un autre ordre, les phénomènes de l'intelligence. On verra mieux aussi, en suivant cette méthode, la différence qui existe entre l'instinct de l'homme et celui de l'animal. Il sera plus facile, enfin, d'établir les rapports d'identité et de diversité qui existent entre l'instinct animal et les mouvements organiques du règne végétal, mouvements où le défaut de sensibilité, de perception et de locomotion tend à dissimuler les opérations instinctives et à les rabaisser au niveau des mouvements mécaniques.

Avant de passer plus avant, et pour circonscrire plus nettement encore les opérations instinctives proprement dites ou animales, il importe, croyons-nous, de faire ressortir la limite qui les sépare des opérations purement psychiques d'une part, et des opérations purement vitales de l'autre. C'est entre ces deux extrêmes que les phénomènes instinctifs trouvent leur place.

Les faits purement psychiques peuvent bien révéler en nous des tendances naturelles et innées, des instincts d'un ordre supérieur; mais si ces tendances peuvent passer à l'état de mouvement et atteindre le but sans le jeu de quelque organe, le cerveau excepté peut-être, il n'y a pas à proprement parler instinct, instinct animal surtout.

D'un autre côté, toute opération physiologique qui s'accomplit primitivement sans le secours de l'organisme, c'est-à-dire sans que l'une quelconque des parties de notre corps doive servir d'instrument ou d'organe pour cette opération, n'est pas non plus un phénomène instinctif. Telles sont toutes les opérations qui aboutissent à la formation des germes, à leur nutrition, et une multitude d'autres dans l'état de santé et de maladie ; toutes celles, en un mot, qui ne peuvent plus être rapportées à des forces mécaniques, chimiques, ou autres analogues, et que pour cette raison des physiologistes ont attribuées à un principe distinct du corps, distinct de l'âme ou non, et qu'ils ont appelé principe vital. Ainsi, quoique le principe de la vie soit au fond de toutes les opérations instinctives, et qu'il les accomplisse par le moyen des organes, il remplit immédiatement d'autres fonctions sans les organes, tout au moins la formation de ces organes mêmes. Or, ces fonctions essentielles et premières de la vie organique, antérieures aux opérations instinctives proprement dites, ne pourraient être appelées des mouvements instinctifs que par extension et par analogie.

En d'autres termes, les instincts appartiennent plus particulièrement à la vie de relation, et les opérations vitales à la vie organique ou de formation, dont les effets ne sortent pas du sujet où ils se manifestent.

Mais il faut reconnaître qu'il y a une liaison intime entre ces deux ordres de phénomènes, puisque non seulement les organes sont nécessaires aux opérations instinctives, mais que leur jeu, en tant même qu'il appartient à la vie de relation, suppose une force qui les met en mouvement sans le secours d'aucun autre organe, et qu'un grand nombre des actes de la vie de relation, ceux de la nutrition par exemple, aboutissent à l'agent, et demandent encore, pour être consommés, l'action directe, immédiate, inorganique du principe de la vie, ou, pour parler le langage de toutes les écoles, de la force vitale. Dans un cas donc, la force vitale agit sur l'organe sans en faire usage; dans l'autre, il agit sur l'organe pour s'en servir; dans tous les deux, il agit sans organes sur les organes pour les former, les conserver, les fortifier et les guérir.

II. Les principales opérations instinctives de la vie de relation, quoiqu'elles ne se rencontrent pas toutes dans chaque espèce, peuvent se ranger sous seize chefs, suivant qu'il s'agit :

De la recherche des aliments (1);

Du choix des aliments et de leur préparation (2);

Des moyens de se mettre à l'abri des injures du temps et des poursuites de l'ennemi (3);

Des approvisionnements ou des changements de climat (4);

De la connaissance et de la fuite du danger (5);

De la lutte dans le péril (6);

Du choix et de l'emploi des remèdes dans les maladies (7);

Des préparatifs de la fin ou de la métamorphose (8);

De la recherche du mâle ou de la femelle (9);

Du choix de l'un et de l'autre (10);

De l'usage des organes reproducteurs (11);

Des préparatifs pour recevoir la progéniture (12);

---

(1) Animaux chasseurs, pêcheurs, émigrants, chassant isolément ou de compagnie, avec des animaux de leur espèce ou avec d'autres, ou même avec l'homme : le loup, le renard, le fourmilion, l'araignée, la fourmi, le faucon, le chien, etc.

(2) Choix d'après l'organisation et l'espèce, d'après le milieu où ils vivent : les souris et le chat-huant de La Fontaine, etc.

(3) Retraites, cavernes, terriers; abeilles, fourmis, guêpes, castors, etc.

(4) Souris des champs, abeilles, etc.

(5) La perdrix, le lièvre, le cerf, etc.

(6) Le rouge-gorge contre le coucou, les bêtes bovines et les chevaux contre le loup, les porcs, etc.

(7) Le moineau blessé par la vipère; le chien, etc.

(8) La teigne, la chenille, le culex, etc.

(9) Le papillon, la phalène surtout, le grillon, la cigale, le ver luisant, etc.

(10) Chaque animal choisit dans son espèce : on cite cependant quelques exemples du contraire (cerf et vaches); mais ce n'est, en général, qu'en captivité que l'animal s'écarte de cet instinct.

(11) Perception des organes sexuels, disposition du corps et mouvements pour s'en servir.

(12) Chez les insectes, les abeilles, les fourmis par exemple; chez les oiseaux, etc.

Des soins à lui donner (1) ;

De la protection qu'elle exige (2) ;

De l'éducation qu'elle reçoit (3) ;

Enfin, du démembrement de la famille (4).

Cette énumération suffit ; nous ne rapporterons pas ici les merveilles de l'instinct, qu'on trouve décrites dans un grand nombre d'ouvrages, particulièrement dans celui de Reimarus (*Observations physiques et morales sur l'instinct des animaux*, 2 vol. in-12, Amst., 1770), auquel nous renvoyons. On consultera encore avec fruit : la *Théologie physique* de Derham, surtout l'édit. française de 1726 ; Lesser, *Théologie des insectes* ; Georges Leroy, *Lettres philosophiques sur les animaux*, Par., 1802 ; Virey, *Histoire des mœurs et de l'instinct des animaux* ; William Kirby, *On the history habits and instincts of animals* : Brougham, *Théologie naturelle* ; Bullet, l'*Existence de Dieu démontrée par les merveilles de la nature* ; les auteurs qui se sont occupés d'histoire naturelle, particulièrement des insectes, tels que Réaumur, Roesel, Lyonnet, Huber ; tous les auteurs qui ont traité de l'âme des bêtes, tels que Boullier, Bonjean ; Flourens, *Résumé des travaux de Frédéric Cuvier*. L'auteur indique à la fin de son opuscule les recueils où se trouvent les articles de Cuvier. V. encore, mais avec esprit de critique, Delacroix, le *Portefeuille du physicien*.

Si nous avions à examiner le livre de Reimarus en particulier, il nous serait difficile de partager son avis sur la division des instincts. Il en distingue de mécaniques, de perceptifs et d'industriels, suivant qu'ils appartiennent à la vie végétative pure, à la perception et à la vie de relation. Il croit que les premiers sont un effet des forces mécaniques des corps et ne supposent pas d'âme ; que les végétaux sont par conséquent dépourvus de tout principe vivifiant ; que les seconds et les troisièmes supposent au contraire une âme, mais qu'ils ne pourraient cependant se manifester s'ils n'étaient précédés des instincts mécaniques.

Il est d'abord assez étrange d'appeler du même nom, du nom d'instinct, des effets dont les uns seraient dus à des forces toutes corporelles, et dont les autres seraient l'effet d'un principe tout différent. S'il n'y a pas moins de merveilles dans le plan, la forma-

(1) Les oiseaux, les quadrupèdes, les quadrumanes, tous les animaux, excepté la plupart des poissons, les mouches, les lézards, etc.

(2) Courage extraordinaire des mères ; les chattes qui défendent leurs petits contre les chats, etc.

(3) L'hirondelle, le chat et autres carnivores.

(4) Les oiseaux de proie, tels que l'aigle.

tion, le tissu et le jeu intime des organes, que dans leur exercice par rapport aux choses du dehors, on ne voit pas comment des forces purement mécaniques, physiques, chimiques, c'est-à-dire les forces qui se manifestent dans tous les corps, mais qui se montrent seules dans les corps inorganiques, pourraient rendre raison des phénomènes de l'organisme.

On ne sortirait pas d'embarras, en attribuant aux corps organisés des forces particulières résultant de l'organisation, puisque, d'une part, l'assertion est vague et sans fondement visible, et que d'autre part, on tomberait dans une pétition de principe, puisqu'il s'agit déjà de savoir d'où vient l'organisation. Avant donc de nous la donner comme cause, il faut l'expliquer comme effet. Avant d'attribuer, un peu arbitrairement même, sans du moins savoir bien nettement ce qu'on entend par là, des forces particulières et propres aux corps organisés, des forces résultant de l'organisation même (des propriétés, passe encore; mais des forces!), il faut trouver dans la matière comme telle, ou hors d'elle, la cause même de l'organisation. Et c'est précisément parce qu'elle ne peut s'expliquer par les lois et les forces générales de la matière, — puisqu'autrement toute matière serait organisée, — qu'il est nécessaire de recourir à une cause immatérielle de l'organisation. C'est d'autant plus nécessaire même que la matière organisée n'est pas au fond différente de celle qui ne l'est pas; organisée ou non, ce sont en partie les mêmes principes chimiques, fondamentaux ou derniers, et, en tout cas, les mêmes propriétés générales de ces principes.

A moins donc de nier ici la possibilité d'une cause seconde, et de faire intervenir directement la Divinité, ce qui est toujours un acte de désespoir en matière de sciences, il faut nécessairement reconnaître une force organisatrice dans le monde. Et cette force ne peut être quelque chose de général, d'indéterminé, un sujet abstrait, la nature en un mot; elle doit être un sujet spécial, agissant ici et là, dans chaque individu, en étant le principe exclusif et propre. Or, une pareille force est tout simplement le principe de vie, qu'il soit l'âme elle-même chez les animaux et l'homme, ou qu'il en soit distinct.

Or, comme on ne doit pas multiplier les êtres sans nécessité, il n'y aurait de bonnes raisons d'admettre un principe de vie différent de l'âme qu'autant qu'il serait démontré que l'âme ne peut remplir à son insu certaines fonctions organiques, toutes les fonctions de la vie végétative pure, y compris la formation même des germes, et toutes les fonctions instinctives. Et comme cette démonstration n'a pas été faite, comme nous croyons même avoir prouvé dans notre traité de l'âme qu'elle ne peut l'être ; que les faits, bien observés, rendent le contraire très vraisemblable ; nous attribuerons à l'âme tous les phénomènes de la vie organique, les instincts mécaniques de Reimarus, ainsi que les instincts perceptifs et les industriels.

Ce qui fait qu'on a cru pouvoir refuser à l'âme ces sortes de fonctions, c'est qu'on est parti de cette idée préconçue de l'âme, qu'elle doit avoir intelligence, ou tout au moins conscience de toutes ses opérations. Rien n'est plus faux ; c'est confondre l'âme avec un résultat de ses fonctions, le moi. Rien n'est plus erroné. Nous l'avons prouvé dans la partie psychologique de cet ouvrage.

Là nous répondons aux objections tirées de la vie organique dont les fonctions s'accomplissent jusque dans le sommeil, surtout dans le sommeil ; des mouvements qui se manifestent dans les corps privés de la vie de relation, dans les tronçons mêmes de ces corps.

Et encore bien que nous ne pussions résoudre d'une manière complétement satisfaisante ces difficultés et d'autres analogues, ce ne serait là qu'une insuffisance, une obscurité incomplétement dissipée, mais qui laisserait subsister la force de nos raisons ; tandis que nos objections réduisent à l'impossible, ou tout au moins à la plus grande invraisemblance, l'hypothèse soit du matérialisme pur, soit de l'organisme pur, soit d'un principe vital qui serait distinct de l'âme. Nous croyons donc à l'unité d'un principe de vie dans l'homme, dans l'animal, comme dans la plante. S'il y a plusieurs principes immatériels de cette espèce dans l'animal, et surtout dans le végétal, ces principes sont de même nature, de même espèce, et un seul a la direction de la machine ; tous les autres lui sont subordonnés et semblent plutôt sommeiller et être mis en réserve pour des besoins accidentels ou ultérieurs, que destinés à fonctionner pendant la durée normale de l'individu qui les renferme.

Quant aux instincts appelés perceptifs par Reimarus, ils supposent incontestablement une âme, une âme sensitive, douée du premier degré de l'intelligence, de la perception, et même de l'activité spontanée. Mais est-ce là autre chose que la perception elle-même ? Qu'importe qu'elle soit tantôt vague, indistincte, ou que, par une attention spontanée, elle devienne déterminée en s'appliquant à un objet spécial ? Qu'importe même que la perception soit souvent plus vive, plus nette, plus durable dans l'animal que dans l'homme ? Tant que l'animal ne fait que percevoir et se rappeler, tant qu'il n'agit pas, il n'y a pas instinct. Ce n'est donc pas la perception qui est instinctive, bien qu'elle puisse, qu'elle doive même être une condition de l'instinct; c'est l'action qu'elle éclaire.

Tout ce qui, dans la perception, pourrait à la rigueur prendre le nom d'instinct, c'est l'attention que donne l'animal à l'objet qui l'intéresse, la direction spontanée et soutenue de ses organes vers les objets qui l'appellent. Mais alors ce n'est pas la représentation ou la perception qui est instinctive, c'est l'acte spontané de l'attention dans le percevoir.

Il n'y a donc pas plus de raison d'admettre des instincts perceptifs que des instincts sensitifs : la sensation, elle aussi, est une condition fondamentale des actes instinctifs, plus fondamentale et plus générale même que la perception. Si cependant on n'en fait pas une espèce d'instinct, pourquoi donc la perception en serait-elle une ?

Des trois espèces d'instincts admis par Reimarus et par d'autres, nous ne retenons donc que les instincts qu'il appelle *volontaires* ou *spontanés*, ou bien encore *industriels*, et qui appartiennent à la vie de relation.

Reimarus distingue dix classes d'instincts industrieux, qu'il subdivise et porte jusqu'au nombre de cinquante-sept (ch. VII. p. 205-213). Nous n'entrerons pas dans ces détails. Lui-même se résume en vingt-sept points (p. 213-266).

Il y a une autre marche possible dans l'étude de ces mœurs des animaux : c'est de suivre l'échelle zoologique, comme l'a fait Virey, soit en montant, soit en descendant. Nous nous bornerons à cet égard aux remarques suivantes, en descendant l'échelle de l'animalité.

Les vertébrés n'ont déjà pas plus d'instinct que les invertébrés, particulièrement que les insectes; mais ils ont plus d'entendement; ils sont plus rapprochés de l'homme par l'organisation, le nombre et la disposition des sens, par le volume du corps, par les mœurs, et peuvent plus facilement former société avec lui; tels sont le chien, le cheval, l'éléphant, le singe, etc.

On a remarqué que les mammifères carnivores sont plutôt monagames que polygames, et qu'ils sont moins féconds que les herbivores; qu'ils redoutent même de s'appareiller, et que le mâle, quelquefois même la femelle, dévore ses petits. On a cru voir dans cette mesure relativement restreinte de leur multiplication une prévoyance de la nature. Du reste, et sans doute à cause de la difficulté de vivre pour ces sortes d'animaux, ils peuvent jeûner plus longtemps, et les mâles partagent avec les femelles les soins de la chasse pour alimenter les petits.

Les oiseaux qui ont le vol le plus rapide, tels que le milan, qui peut faire de deux à trois cents lieues par jour; le faucon, qui n'est pas moins agile; la frégate, qu'on a vu à cinq cents lieues des côtes les plus rapprochées, sont presbytes, tandis que les autres ont la vue plus courte. En général la portée de la vue est proportionnée à la rapidité du vol. Le chant des oiseaux n'est pas toujours le même dans la même espèce; il varie quelquefois suivant la tradition, et même suivant les individus, surtout s'il est compliqué et pour ainsi dire savant. Mais chez tous il est plus ample, plus éclatant, plus diversifié, plus fréquent et respire plus la joie et l'enthousiasme en la saison des amours que dans d'autres temps. Les vives couleurs des poissons se montrent aussi avec un éclat particulier à l'époque du frai.

L'encéphale des reptiles et des poissons ne remplit pas même la cavité d'un crâne si aplati. Aussi ces sortes d'animaux sont-ils très peu susceptibles d'éducation. On parle cependant de couleuvres qui ont appris à se mouvoir en cadence, de poissons qui viennent recevoir leur pâture au son d'une clochette.

Le foyer de la vie est déjà bien moins concentré chez ces espèces que chez les mammifères : des tortues ont vécu dix-huit jours après l'enlèvement du cerveau; une salamandre décapitée vivait encore deux mois après cette opération; des grenouilles s'agitent longtemps après avoir subi une mutilation semblable, et le cœur d'une vipère arraché possède encore assez de vie pour battre quarante jours après lorsqu'on le pique.

Quoique la stupidité des poissons soit presque aussi proverbiale que leur mutisme, ils ont cependant leur instinct de chasse, de défense, de migration, d'association, même entre espèces différentes, tels que l'épinoche et le requin, etc. Ils savent se servir des armes que la nature leur a données : c'est un dard, une épée, une scie, une machine électrique, etc.

Mais ce qu'il y a de plus remarquable chez ces habitants de l'humide empire, c'est leur multiplication excessive, la fécondation qui s'opère après la ponte, et sans accouplement; l'absence de soins de la plupart des espèces de ce genre pour leur postérité (la mère mange quelquefois ses œufs), le nombre bien supérieur des mâles sur celui des femelles; l'agilité, la longévité possible des individus, au moins dans certaines espèces, telles que la carpe. Ici encore la vie est parfois si tenace qu'on a vu des anguilles avalées par des cigognes, en sortir vivantes. Aussi la sensibilité des poissons semble-t-elle déjà très obtuse.

Chez les poissons, comme chez les mammifères, et sans doute

partout ailleurs, ceux qui multiplient le plus sont les plus innocents, ceux qui ont le plus d'ennemis, qui sont destinés à servir de
pâture aux autres, et qui vivent ou d'insectes ou de végétaux marins, tels que les harengs et autres poissons voyageurs ou émigrants, qui sont comme la manne des mers. La morue pond en
une fois jusqu'à 9,344,000 œufs, et le mâle donne jusqu'à 150 mil-
liards de laite. Il y a là une telle abondance que les nombreuses
chances d'infécondation, de perte, de destruction, s'en trouvent
suffisamment corrigées.

La vitesse des poissons est telle, dans certaines espèces, qu'ils
peuvent rivaliser avec les oiseaux les plus agiles : des requins accompagnent les navires les plus diligents pendant les plus longues
traversées sans paraître en éprouver la moindre fatigue. Le sau-
mon parcourt plus de 480 mètres en une minute.

Plus on descend dans l'échelle zoologique, plus le foyer de la vie
semble s'étendre dans toutes les parties du corps : c'est ainsi que
déjà chez les mollusques, la perte de la tête même n'est pas irrépa-
rable.

Cette classe d'animaux est plus remarquable encore par son extrême fécondité que la précédente : les débris de ses enveloppes,
les coquilles recouvrent notre sol, et composent parfois nos vallées
(celle de la Marne par exemple) et nos montagnes (les Apennins).
Les mollusques ont laissé sur notre continent d'autres traces non
moins remarquables : certaines espèces, les dails ou pholades, les
moules lithophages, les pétricoles, les saxicaves, et tous les autres
mollusques bivalves marins, ont rongé ou perforé autrefois plusieurs de nos rochers les plus durs.

S'il fallait en croire certains auteurs, cette classe d'animaux comprendrait les plus énormes habitants des mers : le poulpe kraken
serait si monstrueux que sa tête pèserait jusqu'à 700 livres, et sa
force si grande qu'il arrêterait les vaisseaux, produirait le phénomène terrible connu sous le nom de maestron dans les mers du
Nord, sur les côtes de Suède. On lui fait avaler une baleine comme
nous ferions d'un œuf au jus.

Les annélides nous offrent aussi leurs instincts et leurs merveilles : l'arénicole se construit une maison de sable en forme de
fourreau, sur le modèle de son corps; les vers intestinaux se développent dans les entrailles des animaux, dans celles de l'homme,
sans qu'on sache généralement d'où le germe en provient. Nous
sommes sujets à plus de 14 espèces, et l'une d'elles est le plus long
de tous les êtres créés : le ver solitaire s'accroît sans cesse par son
extrémité antérieure, par la tête; et chacun de ses nombreux an-

neaux est peut-être capable de devenir à lui seul le germe d'un autre tænia. On sait que nos différents tissus renferment souvent des vers d'une espèce particulière connue sous le nom d'hydotides; on en trouve jusque dans le globe de l'œil. Ne serions-nous donc, nous aussi, qu'un composé d'autres animaux?

Il semble que plus l'on descend dans l'échelle zoologique, plus les merveilles se multiplient : c'est ainsi que les crabes et les insectes, dont on ne connaît ni les organes de l'ouïe ni ceux de l'odorat, entendent et sentent cependant; qu'une vile chenille, celle du saule, par exemple, a plus de muscles que l'homme ; que l'aile de la mouche est plus rapide que celle de l'oiseau (1,000 battements en une seconde) ; que la force relative de la puce est incomparablement supérieure à la nôtre ; que la fécondité des sauterelles, des chenilles, des éphémères, peut occasionner des disettes, des épidémies effroyables, et qu'ainsi des insectes sont plus redoutables pour l'homme que le lion et le tigre.

C'est surtout parmi ces chétifs animaux que l'instinct se manifeste au plus haut degré : l'histoire des abeilles et des fourmis, telle seulement que l'ont fait connaître les Huber, est merveilleuse: des républiques aristocratiques, un accroissement de population par l'enlèvement des sujets naissants du voisinage, sujets d'une nature laborieuse, et qui rempliront avec amour toutes les fonctions de la cité, jusqu'à servir à manger à leur maître, jusqu'à leur porter le morceau à la bouche. D'autres s'approvisionneront de pucerons, qu'ils soigneront comme nous faisons d'un troupeau de bétail, pour se nourrir d'une liqueur sucrée qu'ils savent leur faire rendre sans les blesser, sans exercer sur eux aucune violence, mais plutôt par des caresses.

D'autres animaux de cet ordre, quoique doués d'un instinct moins merveilleux, ont cependant des mœurs très remarquables : tous ceux qui sont sujets aux métamorphoses les accomplissent par des préparatifs d'une conception d'autant plus étonnante qu'ils sont mieux appropriés à un lendemain qui n'a pas eu de veille, et qui sera lui-même un jour sans lendemain, mais où l'insecte, arrivé à son degré de perfection, déposera ses œufs dans un milieu qui n'est pas toujours celui où il passe la dernière période de sa vie, mais qui est approprié au premier et prochain état des vers de son espèce. Que de précautions dans le choix des lieux où doit séjourner et se développer ce précieux dépôt ! Il faut le mettre à l'abri des intempéries, des regards et des atteintes de l'ennemi de sa race. Ces précautions sont d'autant plus nécessaires qu'un grand nombre de ces espèces ne peuvent être protégées dans leur enfance par leurs parents; le mâle succombe après l'acte de la procréation, et la femelle après la ponte : les individus n'ont visiblement de prix aux yeux de la nature qu'à cause de l'espèce; jamais deux générations ne coexistent; le germe de l'une n'est pas plutôt venu que l'autre disparaît ; point de société domestique pour ces éphémères, excepté celle des frères et sœurs, ou des générations contemporaines ; point de traditions de famille ou de race, point d'éducation possible ; et cependant genre de vie complet, embrassant même plusieurs phases d'existence.

D'autres fois les soins prévoyants qu'exige la conservation de l'espèce se rapportent à l'individu même qui les remplit : comme s'il avait passé déjà par la vie qui l'attend, il sait les précautions à prendre pour que sa forme future puisse se réaliser, pour que ce travail intérieur, ce changement de forme s'accomplisse à l'abri de tout danger; pour que le sujet nouveau qui doit sortir de l'ancien trouve autour de lui toutes choses en harmonie avec son nouvel état et ses besoins nouveaux. Les chenilles de toute espèce sont admirables dans ce travail de longue prévoyance. Il en est de même du hanneton, qui doit mettre quatre à cinq ans à sortir de son état de ver, et qui, pendant cette vie souterraine, devra se nourrir de la racine de plantes qu'il ne connaîtra plus, qu'il dédaignera même ou rebutera sous sa dernière forme.

Les insectes destinés à subir une métamorphose ont aussi des séries d'instincts appropriés chacune aux besoins de l'une et de l'autre de leur forme d'existence. C'est une chenille qui se couvre d'une feuille sèche, qu'elle se colle sur le corps, et emporte ainsi son toit avec elle; c'en est une autre qui, paraissant savoir que sa couleur est celle d'une petite branche sèche de l'arbre qu'elle habite, se dresse immobile pour mieux tromper l'œil ; c'est la bête à Dieu, les nitidules et les byrrhes qui contrefont habilement le mort, se laissent choir comme des fétus ou de petites graines; la larve de la cigale se couvre d'écume; la criocère du lis s'enveloppe de ses excréments. Un petit crabe se couvre d'un caillou qu'il retient sur son dos avec deux de ses pattes, et marche ainsi protégé par un bouclier. Une espèce d'ichneumon, qui dévore les pucerons, se revêt, nouvel Achille, de la peau de sa victime. Une mante prend l'attitude de la dévotion, en face du soleil, d'où son nom de *Prie-Dieu*. Elle le prie comme l'oiseau et l'éléphant l'adorent, et sans doute par la même raison. Il n'est pas étonnant, du reste, que des dévots musulmans respectent fort cette espèce de sauterelles, et qu'ils en débitent mille contes superstitieux. La vrillette (ou le *ptirus pubator*), par son bruit de tic-tac dans les vieilles boiseries de nos ap-

partements, jette au contraire l'effroi parmi nos populations supers-
titieuses : ce bruit interrompu et repris, pareil à celui d'une
montre, est appelé l'*horloge de la mort*, quand il est en réalité un
appel à la vie. C'est un scarabée qui, d'un choc de tête répété,
appelle sa compagne qui lui répond par le même procédé.

Un phénomène fort digne de remarque, c'est l'art avec lequel les
cynips du chêne, du hêtre, du rosier savent procurer à leurs vers
futurs des habitations végétales aussi commodes qu'agréables et
sûres.

D'autres insectes, en s'introduisant dans nos céréales, dans nos
fruits, dans nos maisons, dans notre propre corps, tels que la
bruche du bois, la calandre du blé, les forficules ou perce-oreilles,
les termites, les insectes parasites, plus redoutables pour des têtes
couronnées, pour un Philippe II par exemple, que les armées ennemies, nous causent beaucoup de mal. Mais il est juste de dire
aussi que les insectes nous rendent de grands services, en assainis-
sant nos campagnes et nos demeures, par l'habileté et la promptitude avec laquelle ils savent convertir en aliments une multitude
de substances impures ou corrompues.

Les zoophytes, qui n'ont ni tête, ni yeux, ni organes sexuels, qui
ne sont pour ainsi dire qu'estomac, sembleraient devoir être dépourvus de toute espèce d'instinct et de moyen d'éducation : eh
bien, ces animaux, les derniers de l'échelle, discernent les substances propres à les nourrir; ils se meuvent, changent de place, s'é-
tendent, se resserrent, nagent en flottant, rampent sur les rochers,
et, quoique sans nerfs visibles, sont doués de sensibilité de mouvement, d'un toucher très délicat. Ils ont leurs moyens d'attaque et
de défense très redoutables.

Les polypes d'eau douce et les vorticelles sont particulièrement
remarquables, les premiers, par l'absence de tout foyer de vie, ou
par la propriété de chaque partie de zoophyte de devenir un foyer
de cette nature ; les seconds, par la vertu de pouvoir passer un
temps indéfini dans une sorte de mort, et de revivre à la faveur de
l'humidité ou de la pluie.

Les coralligènes, les ouvriers de notre globe qui travaillent le
plus en grand, et dont les œuvres plus durables et bien autrement
vastes que celles de l'homme forment toute une immense population de créatures destinées peut-être à faire sortir l'Océan de son
lit, et à révolutionner insensiblement notre globe (1).

D'où viennent tous ces animaux divers, toutes ces espèces? d'où

_____

(1) Virey, *Hist. des Mœurs et de l'Instinct des Anim.*, t. I, p. 429, etc.; t. II, p. 112, etc.

viennent leurs mœurs, leurs instincts plus variés encore que leurs formes déjà si diverses ? Y a-t-il eu dans la nature une formation spontanée d'êtres qui n'existerait plus aujourd'hui, et à quelle cause faudrait-il attribuer cette formation, pourquoi cette cause aurait-elle cessé d'agir? Une formation de ce genre existerait-elle encore pour les infusoires, pour les anguilles de la farine, du vinaigre, du blé carié, du seigle ergoté, de la liqueur spermatique des animaux ? Toutes ces questions appartiennent à un autre ordre d'idées, à une autre espèce de science, à la science de la vie organique, à laquelle nous renvoyons. Nous avons nous-même essayé d'approfondir quelque peu ce grand mystère (1).

III. Si nous considérons maintenant l'instinct dans la plante, nous en retrouverons des traces incontestables dans le mouvement des étamines vers le pistil; chez quelques-unes d'entre elles; dans la veille et le sommeil apparent de certaines autres; dans l'enveloppe écailleuse des bourgeons; dans celle des fruits; dans les ailes ou les aigrettes, dont les graines d'autres plantes sont munies; dans la direction des racines vers les lieux où se trouvent les aliments propres à nourrir le sujet; dans la direction de la plumule en haut et de la radicule en bas; dans la direction des bourgeons des pommes de terre ou autres tubercules et racines vers les soupiraux des caves; dans le nombre ou la force et la direction des racines des arbres, suivant les expositions, c'est-à-dire suivant la fréquence et la violence des vents, afin de leur présenter plus de résistance ; etc.

IV. Quoique l'intelligence soit destinée à remplacer dans l'homme le rôle de l'instinct dans l'animal, néanmoins l'homme commençant par être animal avant d'être homme, et n'étant jamais complétement dépouillé de cette première nature, il en conserve toujours quelque chose d'instinctif, mais d'autant moins cependant que sa raison est plus forte.

Pour ceux qui, comme Virey, ne voient déjà dans les mouvements de la vie organique qu'un premier ordre de phénomènes instinctifs, il est certain qu'ils se rencontrent dans l'homme comme dans l'animal, comme dans la plante. Et cette opinion nous semble d'autant plus raisonnable que toutes les fonctions de la vie de la relation, en tant du moins qu'elles se rapportent à la conservation de l'individu et de l'espèce, ne sont que des préliminaires des fonctions de la vie organique, et qu'ainsi le dernier mot des premières est dans les secondes. La vie de relation se trouve ainsi subordonnée à la vie organique; elle en est la condition.

(1) Dans notre *Anthropologie* et dans le volume qui fait suite à celui-ci.

L'une et l'autre forment comme deux séries d'opérations dont la connexion est d'autant plus sensible, qu'il y a des actes corporels qui tiennent une sorte de milieu entre les mouvements organiques purs et les mouvements volontaires, tels que la déglutition, la respiration, l'éructation, l'orgasme vénérien, etc.

Il est, d'ailleurs, certains actes qui, bien qu'ils ne puissent s'accomplir sans le secours de la volonté, sont cependant d'une telle importance aux yeux de la nature, qu'elle a tout fait pour rendre la liberté complice de l'instinct. La conservation de l'espèce ne devait pas être abandonnée à une liberté d'indifférence qui aurait pu la compromettre.

Mais, sans parler des fonctions de la vie organique, ni de l'instinct sexuel, il en est beaucoup d'autres, appartenant à la vie de relation, qu'on peut observer dans l'homme : c'est le mouvement de succion sans lequel l'enfant ne pourrait se nourrir en venant au monde; c'est le mouvement de préhension qu'il accomplit; de très bonne heure avec ses mains; le mouvement par lequel il se retient peu de temps après la naissance encore à des corps étrangers pour ne point choir (1); c'est le jeu harmonique des muscles pour se dresser et se tenir debout; c'est le besoin de se déplacer et d'apprendre à marcher; c'est le besoin d'imitation qui est l'un des principaux moyens d'éducation et de sociabilité; ce sont tous les mouvements involontaires qu'on exécute spontanément, fatalement, dans les circonstances périlleuses pour échapper au danger, ou pour y soustraire ses semblables, etc.

On voit que nous prenons le mot instinct dans son acception étymologique la plus large, et qu'il suffit pour qu'un mouvement soit instinctif, qu'il parte du dedans, qu'il soit indélibéré, plus ou moins puissant, alors même qu'il ne devrait s'exécuter dans toute sa perfection qu'après un long apprentissage.

Il y a plus : c'est qu'un grand nombre de mouvements plus ou moins uniformes, lorsqu'ils sont devenus habituels, lors encore qu'ils ont été exécutés régulièrement à des intervalles très rapprochés, déterminent dans l'organisme un besoin périodique de les reprendre, et une telle facilité de les exécuter, qu'ils s'accomplissent souvent d'autant mieux qu'on y fait moins d'attention : tel est le mouvement habituel du tricot, de la couture, du jeu d'un instrument, de la danse, etc. Telle est encore la lecture faite avec distraction, le dessin, le chant fredonné, etc.

---

(1) J'ai vu s'exécuter dans mon fils ces deux derniers mouvements le jour même de sa naissance.

Tous ces actes, aussi bien que celui de la marche une fois résolue et commencée, et quelquefois même sans qu'il y ait résolution, s'accomplissent comme par instinct.

A ces mouvements instinctifs de la nature ou qui le deviennent dans une certaine mesure, il faut joindre les sympathies physiques et morales dans l'état sain comme dans l'état maladif.

Enfin, les dispositions qu'on regarde comme la base des vocations ne sont pas autre chose que des instincts supérieurs : instincts mécaniques, esthétiques, moraux, politiques, logiques, mystiques, etc. La plupart même de ces instincts tout humains se rencontrent chez tous les hommes, mais dans des proportions et à des degrés divers : les uns sont beaucoup plus marqués que les autres dans le même sujet, et ceux qui prédominent dans un sujet sont loin d'être les plus saillants chez un autre.

Tous ces instincts divers, combinés dans des proportions très variées, sont une des raisons fondamentales de la diversité qui s'observe entre les individus. Et si les circonstances sociales ou autres, ainsi que l'éducation, permettaient à ces goûts divers et aux facultés correspondantes de se développer librement, harmoniquement, suivant une proportion marquée par la différence naturelle des énergies primitives; si surtout ce développement était favorisé avec toute la puissance dont les individus et la société pourraient à la rigueur disposer, nul doute qu'on ne tirât des hommes un parti bien supérieur, que la cité ne fût beaucoup plus prospère et les citoyens bien plus heureux.

Il faut cependant reconnaître qu'il y a dans toutes ces dispositions naturelles chez chacun de nous une telle souplesse, une telle *habileté*, que nous sommes tous plus ou moins propres à tout, malgré le *non omnia possumus omnes*. Mais cependant quelle différence d'un extrême à l'autre! Ce n'est que dans les degrés avoisinants ou chez les sujets bien équilibrés, également puissants ou impuissants, que la prédestination est presque nulle et la vocation peu marquée.

Les uns pourront, à peu près également bien, réussir dans une partie ou dans une autre, mais à la condition qu'elles soient analogues, qu'elles se tiennent de près. Les autres seraient en réalité capables d'exécuter avec un succès à peu près égal tous les genres de travaux corporels ou intellectuels. Il en est, au contraire, qui sont tellement obtus, qu'ils n'auraient pu se distinguer en rien. Il faut reconnaître qu'il en est enfin qui ont des aptitudes spéciales, et c'est peut-être le plus grand nombre. Ceux-là feront bien, médiocrement ou mal, suivant qu'ils seront dans la voie que la nature leur a tracée, ou qu'ils en seront plus ou moins éloignés.

La position sociale est assurément l'une des causes de l'aberration dans le choix d'un but d'activité; mais il y en a une autre raison, c'est que les aptitudes spéciales ou sont peu marquées, ou ne se dessinent que tard.

Il serait fort heureux qu'on pût les reconnaître à des signes soit corporels, soit spirituels; mais toutes les tentatives de cette nature n'ont pu aboutir encore à une science et à un art qu'on puisse appliquer avec quelque certitude. Les lumières et la sagacité personnelles de l'instituteur sont ici la seule chose qui puisse servir de guide.

Il faut, d'ailleurs, plus d'une aptitude pour réussir dans une profession quelconque, et ce qui manque aux unes peut se rencontrer dans d'autres avec une surabondance propre à produire une moyenne qui corrige suffisamment la plupart des erreurs ou des fatalités en fait de vocations. De cette manière la nature atteint encore son but, grâce à la multitude de ses ressources.

Arrivés à ce point de notre étude sur l'instinct, c'est peut-être le cas de nous demander s'il y a entre l'instinct et l'intelligence une ligne de démarcation saisissable, et quelle est cette ligne.

L'auteur qui a le plus fait pour arriver à la solution de cette question, c'est F. Cuvier. Il distingue avec raison plusieurs degrés d'intelligence chez les animaux, suivant qu'on s'élève successivement des rongeurs aux ruminants, aux pachydermes (surtout le cheval et l'éléphant), aux carnassiers (singulièrement le chien), et enfin aux quadrumanes (l'orang-outang et le chimpanzé particulièrement). Ainsi, le rongeur ne distingue pas individuellement l'homme qui le soigne de tout autre; le ruminant distingue son maître, mais à la condition qu'il ne change pas d'habit; deux d'entre eux ne se reconnaîtront même pas après qu'ils auront été tondus.

Il paraîtrait d'après cela, et d'après le trait d'un orang-outang qui, poursuivi sur un arbre où il s'était réfugié, le secouait vivement comme pour effrayer l'ennemi et l'empêcher de monter plus haut, que Cuvier faisait résider l'intelligence dans le discernement, dans une sorte de jugement qui distingue des différences ou qui généralise d'après des ressemblances : il voit même dans la conduite citée de l'orang-outang un raisonnement.

Nous craignons que Cuvier n'ait confondu le jugement avec la perception, et la généralisation et le raisonnement avec l'association des souvenirs et des perceptions, association qui opère une sorte d'identité entre l'un et l'autre de ces états, ainsi qu'on l'a dit précédemment.

Est-il bien sûr encore que les actes que Cuvier attribue à l'intelligence soient prévus et voulus par l'animal, si surtout il ne réfléchit pas, s'il ne se conçoit pas existant, s'il ne pense pas sa pensée? Ne peut-on pas dire qu'à la suite de certaines perceptions et de certains souvenirs il agit comme il le fait par instinct, c'est-à-dire sans savoir ce qu'il fait, sans concevoir un rapport de moyen et de fin, sans le vouloir?

En vain l'on nous dit que tout dans l'instinct est aveugle, inné, particulier, fatal et immuable, tandis que tout dans l'intelligence est électif, acquis, général, libre et divers. D'abord je ne verrais là qu'une opposition assez violemment tranchée, surtout en ce qui regarde la liberté et la généralité. Je serais de plus porté à croire que tout ce qu'il y a de varié dans les opérations qu'on regarde comme intellectuelles résulte tout simplement de la souplesse même de l'instinct, dans la manière dont il se plie aux circonstances exceptionnelles. Seulement, cette souplesse s'élève avec les degrés de l'échelle animale.

Nous ne voyons donc de distinction certaine à faire entre les actes instinctifs et les actes intelligentiels que chez l'homme : les premiers s'accomplissent sans intelligence comme sans volonté, tandis que les seconds sont conçus et voulus avant d'être exécutés.

Ne voyons-nous pas, d'ailleurs, chez les invertébrés, chez les insectes, les fourmis par exemple, un grand nombre d'opérations exceptionnelles, commandées par des circonstances imprévues, où brillerait presque autant d'intelligence qu'il en paraît dans le mammifère le plus développé? Là aussi se montre une certaine observation et une apparence de raisonnement à la suite. Si les insectes sont plus difficilement apprivoisables, la différence de leurs mœurs et des nôtres, celle de la conformation de leurs yeux et des yeux des vertébrés, celle du volume disproportionné de notre corps et du leur, n'y seraient-elles donc pour rien? Leur société entre elles est-elle donc moins intime, moins liée que celle des animaux supérieurs : n'y a-t-il pas concert, langage, travail d'ensemble, affection et bons offices mutuels?

Nous ne prétendons cependant point nier les différents degrés de société distingués par Cuvier chez les animaux; seulement ils nous semblent parfois un peu trop tranchés. C'est ainsi, par exemple, qu'il nous est difficile de ne voir qu'un *assemblage physique* dans une fourmilière, dans une ruche ou un guêpier.

TABLE DES CHAPITRES.

LA VIE DANS L'HOMME.

                                                 Pages.

AVERTISSEMENT.   V
INTRODUCTION GÉNÉRALE.   1

PREMIÈRE PARTIE.

MANIFESTATIONS DE LA VIE.

—

LIVRE I.

Faits spirituels, ou Psychologie expérimentale.

CHAP. I. Esquisse des faits ou phénomènes spirituels. — Classifica-
        tion de ces faits   15
CHAP. II. Phénomènes cognitifs. — Ordre dans lequel ils seront étu-
        diés.   30
     § I. De la Connaissance en général, ses espèces. — Dif-
        férences.   31
     § II. Conceptions de la Raison.   36
     § III. Notions de l'Entendement, ou Connaissances expéri-
        mentales et rationnelles tout à la fois. — Opéra-
        tions de l'Entendement.   82
        I. Attention.   87
        II. Abstraction.   92
        III. Mémoire   96
           1º Association des idées 109
           2º Parole. 115
           3º Imitation 128
           4º Imagination. 130

        A. Les Songes 139
        B. Les Prévisions; les Pressentiments 143
        C. Les Préjugés. 145
        D. Le Merveilleux 147
    IV. Comparaison. 149
    V. Jugement 151
    VI. Généralisation 155
    VII. Raisonnement 162
    VIII. Méthode. 169
§ IV. Intuitions et Perceptions, ou Connaissances expérimen-
    tales pures. 176
  I. Intuitions de la Conscience et de la Réflexion. — Con-
    ceptions de Moi et de Non-moi 176
  II. Perceptions des cinq sens. 188
    1º Du Toucher 193
    2º De la Vue 198
    3º De l'Ouïe. 202
    4º Du Goût 206
    5º De l'Odorat. 208
CHAP. III. Phénomènes affectifs ou sensitifs 209
  § I. De la Sensibilité en général. 209
  § II. Différence entre sentir et connaître. 214
  § III. Sentiments, Sensations. — Plaisir et Peine. — Deux
    espèces de sensibilité 219
    I. Sentiments 219
    II. Sensations. 221
    III. Plaisir, Douleur; — Sensibilité. 225
CHAP. IV. Action et Réaction dans les faits sensitifs 227
  § I. Action et Réaction fatale, ou des Besoins, des Incli-
    nations, des Passions et des Habitudes 227
    I. Besoins 227
    II. Inclinations. 229
    III. Passions. 232
    IV. Habitudes 238
  § II. Action ou Réaction intelligente et volontaire. —
    Volonté, Caractère, Liberté, Fatalité 242
  § III. Action et Réaction sans intelligence ni volonté
    libre, ou Instinct. 246

LIVRE II.

Phénomènes organiques.

Chap. I. Caractères et division des Phénomènes de la Vie organique. 255

Chap. II. Fonctions de la Vie organique relatives à la conservation de l'individu. 257

Chap. III. Fonctions de la Vie organique relatives à la conservation de l'espèce. 286

Chap. IV. Instruments éloignés des fonctions conservatrices de l'individu et de l'espèce 307

Chap. V. Du Mouvement comme condition et comme manifestation de la Vie organique 333

LIVRE III.

Corrélation dynamique entre les Phénomènes spirituels et les Phénomènes organiques.

Chap. I. Influence du Corps dans les opérations de la Raison et dans celles de l'Entendement en général. 347

Chap. II. Influence du Corps sur quelques opérations de l'Entendement en particulier 380

Chap. III. Influence de la Raison et de l'Entendement sur le Corps. 393

Chap. IV. Part du Corps dans les Sensations et les Perceptions. . . 401

Chap. V. Rapport du Physique et du Moral dans le Plaisir et la Peine. 422

Chap. VI. Rapports du Physique et du Moral dans les Besoins, les Inclinations, les Passions, les Habitudes, les Instincts et les Mouvements. 426

Chap. VII. Modifications apportées par des influences diverses dans les rapports du Physique et du Moral. 437

Chap. VIII. Caractères auxquels on a cru pouvoir reconnaître le Moral par le Physique. 439

§ 1. Caractères qui seraient en conséquence l'indice du développement plus ou moins grand des facultés et de la prédominance de l'une quelconque d'entre elles 440

§ II. Caractères physiques auxquels Lavater a cru pouvoir reconnaître les Dispositions, les Habitudes et les Etats de l'âme. 461

CHAP. IX. Résumé et Conclusion de la première partie, ou de la Vie, de ses Formes et de l'Unité harmonique de ces formes. 464

LIVRE IV.

Identité du Principe de l'Intelligence et de la Vie.

CHAP. I. Examen de la première partie du livre : *De la Vie et de l'Intelligence*. 480

CΠAP. II. Examen de la seconde partie du livre : *De la Vie et de l'Intelligence*. 528

APPENDICES. I. Considérations générales sur la Psychologie. 559

II. Les Facultés de l'âme. 575

III. Les Idées. 579

IV. L'Idéalisme 581

V. Les Passions 583

VI. L'Instinct 591

Dijon, imp. J.-E. Rabutòt, place Saint-Jean, 1 et 3.

www.ingramcontent.com/pod-product-compliance
Lightning Source LLC
Chambersburg PA
CBHW060843220326
41599CB00017B/2369